高等院校土建类专业"互联网+"创新规划教材

工程管理BIM实训教程

主　编　孔静静　朱美春

北京大学出版社
PEKING UNIVERSITY PRESS

内 容 简 介

本书结合 BIM 在建设工程全寿命周期各阶段的主要应用场景，介绍了相关的 BIM 应用软件和平台，并讲解了详细的软件实操流程和工程实例。本书主要内容包括 BIM 技术概论，以及 BIM 在工程设计阶段、工程招投标阶段、工程施工阶段、工程运维阶段的应用。为方便教学，本书在章前设有教学目标和教学要求，章末设有习题。

本书可作为工程管理、工程造价、土木工程、智能建造等专业的教材，还可作为建筑工程技术人员和管理人员的学习参考。

图书在版编目（CIP）数据

工程管理 BIM 实训教程 / 孔静静，朱美春主编. —— 北京：北京大学出版社，2025.8. ——（高等院校土建类专业"互联网+"创新规划教材）. —— ISBN 978-7-301-35472-8

Ⅰ. TU71-39

中国国家版本馆 CIP 数据核字第 2024GC3602 号

书　　　名	工程管理 BIM 实训教程 GONGCHENG GUANLI BIM SHIXUN JIAOCHENG
著作责任者	孔静静　朱美春　主编
策 划 编 辑	吴　迪
责 任 编 辑	林秀丽
数 字 编 辑	金常伟
标 准 书 号	ISBN 978-7-301-35472-8
出 版 发 行	北京大学出版社
地　　　址	北京市海淀区成府路 205 号　100871
网　　　址	http://www.pup.cn　新浪微博：@北京大学出版社
电 子 邮 箱	编辑部 pup6@pup.cn　总编室 zpup@pup.cn
电　　　话	邮购部 010-62752015　发行部 010-62750672　编辑部 010-62750667
印 刷 者	河北滦县鑫华书刊印刷厂
经 销 者	新华书店
	787 毫米×1092 毫米　16 开本　17.25 印张　419 千字 2025 年 8 月第 1 版　2025 年 8 月第 1 次印刷
定　　　价	55.00 元

未经许可，不得以任何方式复制或抄袭本书之部分或全部内容。
版权所有，侵权必究
举报电话：010-62752024　电子邮箱：fd@pup.cn
图书如有印装质量问题，请与出版部联系，电话：010-62756370

近年来，我国建造能力不断增强，BIM 等信息技术得以迅速推广，工程设计、施工和运维信息化水平不断提升。2020 年 8 月，住房和城乡建设部等 13 部门联合印发《关于推动智能建造与建筑工业化协同发展的指导意见》，明确提出了推动智能建造与建筑工业化协同发展的指导思想、基本原则、发展目标、重点任务和保障措施。在此背景下，工程管理专业发展面临着知识重构、能力交叉、素养综合等方面的挑战，提升学生 BIM 应用能力和创新能力已成为人才培养的重要方向。

本书针对工程管理 BIM 软件和实训进行编写，主要有以下三大特点。

（1）内容覆盖建设工程全寿命周期，介绍了 BIM 技术在工程设计、工程招投标、工程施工、工程运维各阶段的主要应用场景及相关软件的实操流程，提升学生的 BIM 软件实操能力。

（2）强化工程应用案例讲解，将软件实操流程具象化，方便学生"在做中学，在学中做"，帮助学生更高效、更快速地掌握 BIM 软件的主要功能、操作流程和具体步骤，提高学生的学习效率。

（3）以 BIM 综合应用为重点，介绍多个 BIM 软件，以及 BIM 软件与其他专业软件联合应用的操作流程和应用案例，提高学生运用 BIM 技术分析和解决复杂工程问题的能力。

本书由上海师范大学的孔静静和朱美春担任主编。在本书编写过程中，上海师范大学赵兴祥做了大量的准备工作，并给予了精心的指导；硕士研究生程亚超协助完成了第 1 章的编写；本科生陈嘉怡、刘依然、杨晓妮等人协助完成了工程案例的整理和编辑工作，在此向他们一并表示衷心的感谢！

感谢上海市级新工科研究与改革实践项目"核心素养导向的新工科人才培养模式研究"和国家自然科学基金面上项目（72371163）对本书编写提供的支持。同时，本书在编写过程中参阅了许多学者的文献，在此向相关作者表示深深的谢意。大多数被引用的著作和论文列在本书参考文献中，有些参考资料可能由于疏漏没有列出，敬请谅解。

由于编者水平所限，书中难免存在疏漏和不当之处，恳请读者批评指正。

编 者
2024 年 5 月

【资源索引】

目 录

第1章 BIM 技术概述 ·· 1
   1.1 BIM 的概念与特点 ··· 1
   1.2 BIM 技术发展现状 ··· 7
   1.3 BIM 技术应用前景 ··· 19
   本章小结 ·· 22
   习题 ··· 22

第2章 BIM 在工程设计阶段的应用 ·· 23
   2.1 工程设计阶段 BIM 应用场景 ·· 23
   2.2 相关软件简介 ··· 24
   2.3 GTJ 建模实操训练 ··· 30
   2.4 GTJ 建模工程应用案例 ··· 37
   本章小结 ·· 74
   习题 ··· 74

第3章 BIM 在工程招投标阶段的应用 ··· 76
   3.1 工程招投标阶段 BIM 的应用场景 ·· 76
   3.2 相关软件简介 ··· 77
   3.3 软件实操训练 ··· 79
   3.4 工程应用案例 ··· 89
   本章小结 ·· 127
   习题 ··· 127

第4章 BIM 在工程施工阶段的应用 ··· 128
   4.1 工程施工阶段 BIM 应用场景 ·· 128
   4.2 相关软件简介 ·· 129
   4.3 软件实操训练 ·· 132
   4.4 工程应用案例 ·· 143
   本章小结 ·· 176

习题 ·· 176

第 5 章　BIM 在工程运维阶段的应用 ··· 177
5.1　工程运维阶段 BIM 的应用场景 ··· 177
5.2　相关软件简介 ·· 178
5.3　软件实操训练 ·· 183
5.4　工程应用案例 ·· 193
　　本章小结 ··· 267
　　习题 ·· 268

参考文献 ··· 269

第1章 BIM技术概述

教学目标

掌握 BIM 的概念与特点，了解 BIM 技术的发展趋势，熟悉 BIM 相关软件、标准和应用现状。

教学要求

知识要点	能力要求	相关知识
BIM 的概念	掌握 BIM 的概念与特点 了解 BIM 的发展趋势	（1）BIM 的概念与特点 （2）BIM 的出现和发展
BIM 的应用	熟悉 BIM 相关软件和标准 熟悉 BIM 的应用现状	（1）BIM 软件 （2）BIM 标准 （3）BIM 的应用

1.1 BIM 的概念与特点

1.1.1 BIM 的概念

BIM 的英文全称为 Building Information Modeling，中文全称为建筑信息模型。BIM 思想可以追溯到 1974 年由 Chuck Eastman 提出的 Building Description System。"Building Information Model" 一词最早出现在 1992 年 G. A. VAN. Nederveen 和 F. P. Tolman 发表的论文中，但当时并未引起广泛关注。随着计算机软硬件技术的日益成熟以及建筑领域信息需求的快速增加，BIM 技术逐渐受到越来越多的关注。2002 年，Autodesk 收购了创立于 1996 年的 Revit，BIM 技术得到广泛推广与应用。

BIM 是一种应用于工程设计、建造与管理的数据化工具。它通过参数模型整合建设工程全寿命周期信息，实现规划设计、建造实施、运营维护等阶段的信息共享和高效传递。这使得工程技术人员能够准确理解建设工程数据和信息，从而做出科学高效的决策。同时，BIM 为建设工程参与方搭建协同工作平台提供基础，在提升效率、降低成本、缩短工期等方面发挥重要作用。

美国国家BIM标准（NBIMS）对BIM的定义中，包括以下三个部分。

① BIM是对一个设施（建设工程）的物理和功能特性的数字化表达。

② BIM是一个共享的知识资源，是一个分享有关这个设施的信息，为该设施从概念到拆除的全寿命周期中的所有决策提供可靠依据的过程。

③ 在设施的不同阶段，不同利益相关方通过在BIM中插入、提取、更新和修改信息，以支持和反映其各自职责的协同作业。

2007年年底，NBIMS-US V1（美国国家BIM标准第一版）正式颁布。该标准认为：BIM代表新的概念和实践，它通过创新的信息技术和业务结构，将大大减少建筑行业各种形式的浪费和低效率。无论是用来指一个产品——Building Information Model（描述一个建筑物的结构化的数据集），还是指一个活动——Building Information Modeling（创建建筑信息模型的行为），或者是指一个系统——Building Information Management（提高质量和效率的工作以及通信的业务结构），BIM都是一个减少行业废料、为行业产品增值、减小环境破坏、提高居住使用性能的关键因素，也就是说，BIM具备三个独立而又相互联系的功能。

Building Information Model是设施的物理和功能特性的一种数字化表达。因此，它作为设施信息共享的知识资源，在其全寿命周期中从开始起就为决策形成了可靠的依据。

Building Information Management是对资产全寿命周期中利用数字模型信息实现信息共享的业务流程的组织与控制。其优点包括集中的、可视化的通信，多个选择的早期探索，可持续发展的、高效的设计，学科整合，现场控制，竣工文档，等等。这使资产的全寿命周期过程与模型从概念到最终退出都得到有效发展。

Building Information Modeling是一个在建筑物全寿命周期内设计、建造和运营过程中产生和利用建筑数据的业务过程。BIM让所有利益相关者有机会通过技术平台之间的互用性同时获得同样的信息。

从上述内容可以看出，BIM的含义发展到现在已经有了很大的拓展，它既是Building Information Model，同时也是Building Information Modeling和Building Information Management。

① Building Information Model，称为BIM模型。BIM模型是设施所有信息的数字化表达，是一个可以作为设施虚拟替代物的信息化电子模型，是共享信息的资源。

② Building Information Modeling，称为BIM建模。BIM建模是在开放标准和互用性基础之上建立、完善和利用设施的信息化电子模型的行为过程，设施有关各方可以根据各自职责对模型插入、提取、更新和修改信息，以支持设施的各种需要。

③ Building Information Management，称为BIM管理。BIM管理构建了透明化、可重复、可追溯的协同工作环境。建设工程全寿命周期内的各参与方能够实现实时沟通与高效协作，及时共享涵盖设计、施工、运维等各阶段的信息。通过对这些信息的深度分析，各方得以科学决策，并持续优化设施交付流程，显著提升建设工程的整体质量与管理效能。

BIM模型提供了共享信息的资源，是BIM建模和BIM管理的基础，BIM管理是实现BIM建模的保证。如果没有一个实现有效工作和管理的环境，各相关方对模型的维护更新将得不到保证。BIM建模是一个根据实施信息持续完善模型、不断应用信息的行为过程，最能体现BIM的核心价值。

1.1.2 BIM 的构成

从逻辑的层面来看，BIM 模型是一个包含产品模型、过程模型、决策模型的复合结构。其中，产品模型涵盖建筑组件，以及空间与非空间信息及其拓扑关系。空间信息包括建筑构件的空间位置、大小、形状以及相互关系等；非空间信息则涉及建筑结构类型、材料属性、荷载属性、建筑用途等施工相关信息。过程模型聚焦建筑运行的动态演变，将建筑构件置于持续变化的环境中，通过模拟构件间、构件与外部环境间的相互作用，动态呈现建筑构件在规划、施工、运维等不同阶段的属性演变过程，甚至能预测构件在极端工况下的存续状态，实现对建设工程全寿命周期动态行为的数字化仿真。决策模型指人类行为对产品模型与过程模型所产生的直接和间接作用的数值模型。

住房和城乡建设部于 2016 年 12 月 2 日发布第〔1380〕号公告，批准《建筑信息模型应用统一标准》为国家标准，编号为 GB/T 51212—2016，自 2017 年 7 月 1 日起实施。《建筑信息模型应用统一标准》"术语"一节中对于 BIM 的相关定义中明确了 BIM 模型结构由资源数据、共享元素、专业元素组成。这一结构体现了 BIM 技术在建筑信息模型中的应用和构成要素。其中，资源数据包含模型创建和使用所需的基础资源信息，是模型构建的基础。共享元素则确保在建设工程全寿命周期的各个阶段、各项任务和各相关方之间，模型数据能够被交换和应用，实现信息的高度共享和协同工作。专业元素在建设工程全寿命周期内被唯一识别，根据专业或任务需要可以增加模型元素种类及模型元素数据，以满足不同阶段的专业需求。

同时，该标准明确了 BIM 模型结构包括以下八个方面的内容。

① 模型中需要共享的数据应能在建设工程全寿命周期各个阶段、各项任务和各相关方之间交换和应用。

② 通过不同途径获取的同一模型数据应具有唯一性，采用不同方式表达的模型数据应具有一致性。

③ 用于共享的模型元素应能在建设工程全寿命周期内被唯一识别。

④ 模型结构应具有开放性和可扩展性。

⑤ BIM 软件宜采用开放的模型结构，也可采用自定义的模型结构。BIM 软件创建的模型数据应能被完整提取和使用。

⑥ 模型结构由资源数据、共享元素、专业元素组成，可按照不同应用需求形成子模型。

⑦ 应根据不同专业或任务需求创建和统一管理子模型，并确保相关子模型之间的信息实现共享。

⑧ 应根据建设工程各项任务的进展逐步细化模型，其详细程度宜根据各项任务的需要和有关标准确定。

1.1.3 BIM 的特点

BIM 技术以统一的信息基准贯穿建设工程全寿命周期，从源头规避信息孤岛、数据矛盾等问题。同时，利用 BIM 技术的真实性模拟和建筑可视化功能，建设工程各参与方能够直观且精准地掌握工期进度、现场实况、成本预算等核心信息，不仅大幅提升沟通效率，还能助力各方提前预判潜在风险，为科学决策提供有力支撑，实现项目的高效推进与精细化管控。

1. 模型信息的完备性

BIM 是对建筑物理特性与功能特性进行数字化表达的技术，它以三维模型为载体，整合了建筑从规划设计、施工建造到运营维护全寿命期各阶段的几何信息、材料属性、设备参数、施工进度、运维管理等相关信息，形成一个共享的数字化信息库。BIM 定义体现如下信息的完备性。

① 工程对象 3D 几何信息及拓扑关系。

② 工程对象完整的工程信息描述。如：对象名称、结构类型、建筑材料、工程性能等设计信息；施工工序、进度、成本、质量、人力、机械、材料资源等施工信息；工程安全性能、材料耐久性能等维护信息；等等。

③ 工程对象之间的工程逻辑关系。例如，在创建建筑信息模型的过程中，将设施的前期策划、设计、施工、运营维护各个阶段都连接了起来，将各阶段产生的信息存入 BIM 模型中，使得 BIM 模型的信息来自单一的工程数据源。BIM 模型内的所有信息均以数字化形式保存在数据库中，以便更新和共享。

信息的完备性使得 BIM 模型具有良好的基础条件，可以支持可视化操作、优化分析、模拟仿真等功能，为在可视化条件下进行各种优化分析（体量分析、空间分析、采光分析、能耗分析、成本分析等）和模拟仿真（碰撞检测、虚拟施工、紧急疏散模拟等）提供了方便。

2. 模型信息的关联性

模型信息的关联性体现在两个方面：一是工程信息模型中的对象是可识别且相互关联的；二是模型中某个对象发生变化，与之关联的所有对象都会随之更新。在数据之间创建实时的、一致性的关联，对数据库中任意的数据更改，都可以立刻在其他关联的对象中反映出来。

模型信息的关联性这一技术特点很重要。对设计师来说，设计建立起的信息化建筑模型就是设计的成果，至于各种平面图、立面图、剖面图以及门窗表等图表都可以根据模型随时生成。这些源于同一数字化模型的所有视图、图表均相互关联，避免了用 2D 绘图软件画图时易出现的不一致现象。而且，在任何视图（平面图、立面图、剖面图）上对模型的任意修改，都视同对数据库的修改，会立刻在其他关联的视图或图表上反映出来，并且这种关联变化是实时的。这样就保持了 BIM 模型的完整性和健壮性，在实际生产中大大提高了工作效率，消除了不同视图之间的不一致现象，保证了工程质量。

这种关联变化还表现在各构件实体之间可以实现关联显示、智能互动。例如：模型中的屋顶是和墙相连的，如果要把屋顶升高，墙的高度就会跟着变高；门窗都是开在墙上如果把模型中的墙平移，墙上的门窗也会同时平移；如果把模型中的墙删除，墙上的门窗立刻也被删除，而不会出现墙被删除了而窗还悬在半空的不协调现象。这种关联显示、智能互动表明了 BIM 技术能够支持对模型的信息进行计算和分析，并生成相应的图形及文档。

信息的协调性使得 BIM 模型中各个构件之间具有良好的协调性。这种协调性为建设工程带来了极大的方便。例如：在设计阶段，不同专业的设计人员可以通过应用 BIM 技术发现彼此不协调甚至相冲突的地方并及早修正设计，避免造成返工与浪费；在施工阶段，可以通过应用 BIM 技术合理地安排施工计划，保证整个施工阶段衔接紧密、合理，使施工能够高效地进行。

3. 模型信息的一致性

在建设工程全寿命周期内，BIM 技术确保各阶段模型信息的高度统一，彻底消除信息重复输入的冗余操作。凭借信息互用性，BIM 模型中的数据只需一次性采集录入，便能在设计、施工、运维等过程中实现无障碍共享、交换与流动。这种特性使得 BIM 模型可伴随建设工程的推进而自动更新迭代，从根源上规避因信息矛盾引发的错误风险。通过免除建设工程全寿命周期各阶段的数据重复录入，BIM 技术显著降低人力成本与时间成本，大幅减少数据错误率，全方位提升执行效率，为多方协同构建了高效的信息共享生态。值得强调的是，在 BIM 应用场景下，无论参与方使用何种专业软件或工具，信息交互均不受阻碍，且能在传输交换过程中始终保持完整性，杜绝信息损耗与丢失，真正实现建设工程全寿命周期信息的一致性。

实现一致性最主要的一点就是 BIM 支持 IFC 标准。另外，为方便模型通过网络进行传输，BIM 技术也支持 XML（Extensible Markup Language，可扩展标记语言）。

4. 模型信息的可视化

模型信息能够自动演化、动态描述建设工程全寿命周期各阶段的过程。可视化是 BIM 技术最显而易见的特点。BIM 技术可以在可视化的环境下进行建筑设计、碰撞检测、施工模拟、避灾路线分析等一系列的操作。

传统的 CAD 只能绘制 2D 图。业主和用户为了便于理解 2D 图就需要委托相关公司制作 3D 效果图，甚至委托模型公司做一些实体的建筑模型。虽然 3D 效果图和实体的建筑模型提供了可视化的视觉效果，但仅仅是展示设计的效果，却不能进行节能模拟、碰撞检测和施工仿真。

随着建筑物规模不断扩大、空间布局日趋复杂，加之人们对建筑功能的要求持续提升，传统设计模式面临巨大挑战，在缺乏可视化手段时，仅靠设计师的记忆与分析难以应对。BIM 技术的诞生彻底改变了这一局面，其丰富的构件信息（涵盖构件的几何、关联、技术等维度信息）为可视化操作筑牢根基。借助 BIM，诸如应力分布、温度变化、热舒适性等抽象信息得以直观呈现，建设工程全寿命周期各阶段、各要素间的复杂关系也能实现动态展示。这种可视化特性有效推动生产效率提升、生产成本降低与工程质量优化。

5. 模型信息的协调性

由于各专业设计师之间的沟通不到位，会出现专业之间的碰撞问题，如暖通管道在进行布置时常遇到碰撞问题。BIM 的协调性服务就可以帮助处理这种问题，BIM 建筑信息模型可在建筑物建造前期对各专业的碰撞问题进行协调，生成和提供协调数据。当然，BIM 的协调作用并不是只能解决各专业间的碰撞问题，它还可以解决诸如电梯井布置与其他设计布置及净空要求的协调、防火分区与其他设计布置的协调、地下排水布置与其他设计布置的协调等问题。

6. 模型信息的模拟性

BIM 不仅可以模拟设计出的建筑物模型，还可以模拟无法在真实世界中进行操作的事项。在设计阶段，可以进行节能模拟、紧急疏散模拟、日照模拟、热能传导模拟等。在招投标和施工阶段，可以进行 4D 模拟（三维模型+项目的发展时间），也就是根据施工的组织设计模拟实际施工，从而确定合理的施工方案来指导施工；还可以进行 5D 模拟（基于 4D 模型的造价控制），从而实现成本控制。在后期运营阶段，可以进行日常紧急情况处理方式的模拟，如地震人员逃生模拟及消防人员疏散模拟等。

7. 模型信息的优化性

事实上，项目整个设计、施工、运营的过程就是一个不断优化的过程，当然优化和 BIM 也不存在实质性的必然联系，但在 BIM 的基础上可以做更好的优化、更好地做优化。优化受三个因素的制约——信息、复杂程度和时间。没有准确的信息做不出合理的优化，现代建筑物的复杂程度大多超过参与人员本身的能力极限，BIM 及与其配套的各种优化工具提供了对复杂项目进行优化的可能。BIM 模型不仅集成了建筑物的几何信息、物理信息、规则信息等实际存在的数据，还能够动态呈现建筑物在各种变化后的状态与属性信息。基于 BIM 的优化可以做下面的工作。①项目方案优化。把项目设计和投资回报分析结合起来，设计变化对投资回报的影响可以实时计算出来，这样业主就会清楚地知道哪种项目设计方案更有利于满足自身的需求。②特殊项目的设计优化。例如，裙楼、幕墙、屋顶、大空间的异形设计看起来占整个建筑的比例不大，但是其投资和工作量所占比例却往往要大得多，而且通常是施工难度比较大和施工问题比较多的地方，对这些内容的设计施工方案进行优化，可以带来显著的工期和造价改进。

8. 模型信息的可出图性

BIM 模型通过对建筑物进行可视化展示、协调、模拟、优化以后，可以直接导出以下图纸。

① 综合管线图（经过碰撞检查和设计修改，消除了相应错误）；
② 综合结构留洞图（预埋套管图）；
③ 碰撞检查报告和建议改进方案。

9. 模型信息的一体化性

基于 BIM 技术，能够对建设工程实施从设计、施工到运营的一体化管理。BIM 技术的核心是一个由计算机三维模型构建而成的数据库，该数据库不仅涵盖建设工程的设计信息，还包括从规划设计、施工建设、运营使用，直至报废处理的全过程信息。

BIM 技术大大改变了传统建筑业的生产模式，利用 BIM 模型，使建设工程的信息在其全寿命周期中实现无障碍共享、无损耗传递，为建设工程全寿命周期中的所有决策及生产活动提供可靠的信息基础。BIM 技术较好地解决了建设工程全寿命周期中多专业、多阶段的信息共享问题，使整个工程的成本大大降低、质量和效率显著提高，为传统建筑业在信息时代的发展提供了光明的前景。

1.2 BIM 技术发展现状

1.2.1 BIM 的出现

BIM 的发展历程见图 1-1。

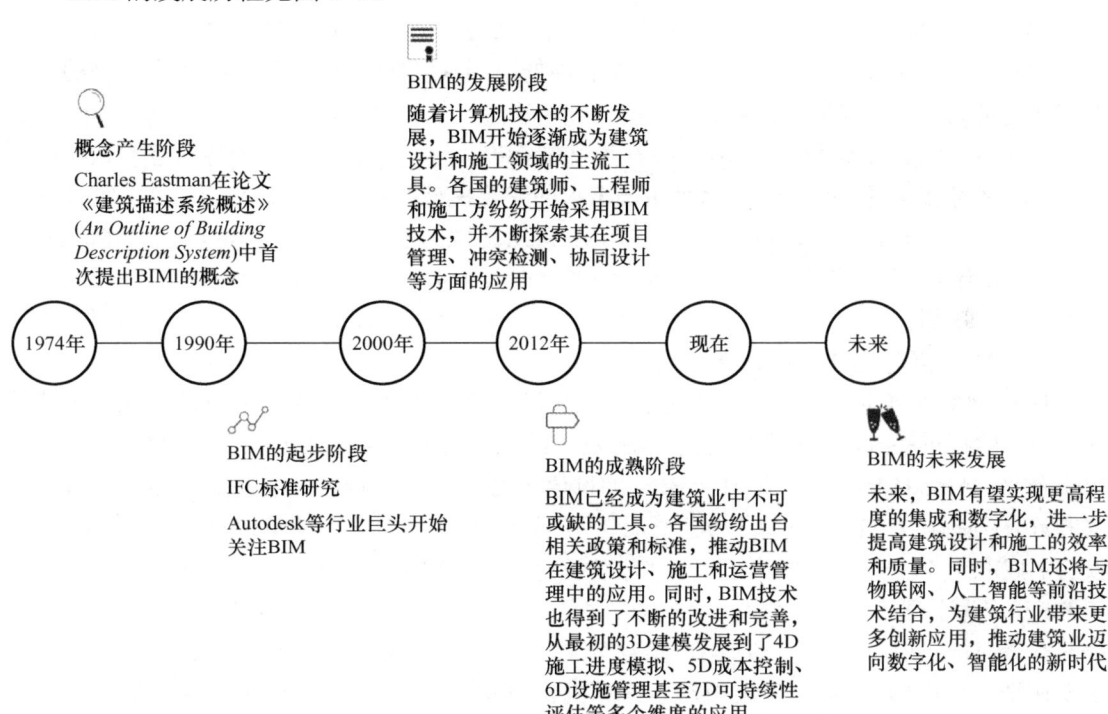

图 1-1　BIM 的发展历程

BIM 的概念最早诞生于 Charles Eastman 在 1974 年发表的一篇论文《建筑描述系统概述》（An Outline of Building Description System）中，Charles Eastman 在这篇论文中提出了以下问题。

① 建筑图纸是高度冗余的，建筑物的同一部分要用几个不同的比例描述。一栋建筑至少由两张图纸来描述，一个构件的尺寸至少被描绘两次。设计变更需要花费大量的努力才能使不同图纸的信息保持一致。

② 即使花费大量的努力，通常总会有一些图中所表示的信息不是最新的。因此，一组设计师可能是根据过时的信息做出决策，这使得他们未来的任务更加复杂化。

③ 大多数分析需要的信息必须由人工从施工图纸上摘录下来。数据收集在任何建筑分析中都是主要的成本。

伊斯曼教授随后在 1975 年 3 月发表的论文《在建筑设计中应用计算机而不是图纸》（The Use of Computers Instead of Drawings in Building Design）中高瞻远瞩地陈述了以下一些观点。

① 应用计算机进行建筑设计是在空间中安排 3D 元素的集合，这些元素包括强化横杠、预制梁板或一个房间。

② 设计必须包含相互作用且具有明确定义的元素，可以从相同描述的元素中获得剖面图、平面图、轴测图或透视图等；对任何设计安排上的改变，在图形上的更新必须一致，因为所有的图形都取之于相同的元素。

③ 计算机提供一个单一的集成数据库用作视觉分析及量化分析，可以测试空间冲突与制图等。

④ 大型项目承包商可能会发现这种表达方法便于调度和材料的订购。

BIM 技术验证了伊斯曼教授上述观点的预见性，他在当时已经明确提出了在未来的三四十年间建筑业发展需要解决的问题。

G. A. V Nederveen 和 F. P. Tolman 在论文中指出，建筑工程中的参与方对建筑数据各有所需，建筑信息建模有助于形成满足这些需求的建筑模型结构。这篇论文的一个关键词就是"Building Information Model"，这是 BIM 首次出现的明确证据。"Building Information Model"第一次出现的期刊是 *Automation in Construction*，这个期刊至今仍是 BIM 领域影响最为广泛的期刊。尽管这篇论文正式创建了"Building Information Model"一词，但是当时依旧缺乏 BIM 兴起的软硬件条件。

1990—2000 年是 CAD 技术快速发展的时代，尤其是 AutoCAD，几乎成为国内外建筑图纸设计的标准格式。BIM 因其更广阔的发展前景，逐渐受到行业关注。作为 CAD 领域的龙头企业，Autodesk 敏锐地意识到 BIM 的价值与潜力。2002 年，Autodesk 发布了《BIM 白皮书》，明确指出 CAD 系统基于图形设计的局限性，难以全面管理建筑信息。同年，Autodesk 收购了成立于 1996 年的 Revit 公司，这一战略举措对 BIM 软件市场产生了深远影响，最终使 Revit 成为全球应用最广泛的 BIM 软件。

尽管 Autodesk 等行业巨头早在 2002 年就开始布局 BIM，但 BIM 技术的爆发式增长却出现在 2012 年之后。这一发展得益于计算机软硬件性能的大幅提升，以及建筑行业对信息数字化需求的急剧增长。在此期间，高水平 BIM 研究论文数量显著增加，BIM 的实际应用也迅速普及。

如今，BIM 技术已成为提升工程建设质量与效率、减少资源浪费和施工返工、降低项目成本的核心工具，为建筑企业创造了显著的经济效益。

1.2.2　BIM 的应用

BIM 作为建筑工程领域数字化设计与管理的一种工具，正在成为行业智能化变革的核心动力。建筑工程作为一门工程学科，它与水力学、生态学、测量学等众多学科相互交叉，是拥有较长上下游产业链的一门综合性学科。不同业主的具体需求，导致项目整体的设计、施工和后期运营维护存在显著差别，但相对整个工程建设行业来说，其项目运作流程和项目管理流程基本趋同。下面我们将以划分的建筑工程项目的四个阶段来具体说明 BIM 在其中的实际应用。

对所有建筑工程项目来说，大致可分为四个阶段：规划阶段（项目前期策划阶段）、设计阶段、施工阶段、运营维护阶段。

1. 规划阶段（项目前期策划阶段）

规划阶段的主要任务是对项目需求及可行性进行调查研究，从而选择最优方案，使业主利益最大化，使整个项目能够顺利进行。BIM 技术在规划阶段的应用很广泛，包括投资估算、现状建模、总图规划、环境影响评估等。

（1）投资估算：应用 BIM 系统强大的信息统计功能，在规划阶段可运用数据指标等获得较为准确的土建工程量及土建造价，同时可用于不同方案的对比，快速得出成本的变动情况，权衡出不同方案的造价，为项目决策提供重要而准确的依据。BIM 技术可运用计算机强大的数据处理能力进行投资估算，这大大减轻了造价工程师的计算工作量，造价工程师可节省时间从事更有价值的工作如确定施工方案、评估风险等，能进一步细致考虑施工中许多节约成本的专业问题，这些对于编制高质量的预算是非常重要的。

（2）现状模型：根据现有的资料把现状图纸导入到基于 BIM 技术的软件中，创建出道路、建筑物、河流、绿化以及高程的变化起伏，并根据规划条件创建出本地块的用地红线及道路红线，生成面积指标。

（3）总图规划：在现状模型的基础上根据容积率、绿化率、建筑密度等建筑控制条件创建工程的各种建筑体块方案，创建体量模型，有助于做好道路交通规划、绿地景观规划、竖向规划以及管线综合规划。利用 BIM 技术创建细致精确的施工图，可以具体到地上的道路、地下管线等细节，使得设计方案更加完整和可实施。在工程项目的初期选址时，BIM 技术的应用为设计师提供了强大的地形分析工具，可依据原始地形数据快速建立模型，进行坡度、流域及高层分析，以协助做出更准确的场地选择和设计决策。

（4）环境影响评估：根据项目的经纬度，借助相关的软件采集的太阳及气候数据，并基于 BIM 模型数据利用相关的分析软件进行气候分析，对方案进行环境影响评估，包括日照环境影响、风环境影响、热环境影响、声环境影响等。某些项目还需要进行交通影响模拟。

2. 设计阶段

设计阶段的主要任务是根据业主需求，对建筑工程进行全面、详细的设计，以保证建筑工程的外观、空间安排及实用性能，最大化满足业主需求，并能确保项目实施。这个阶段中的概念设计、方案设计、初步设计、施工设计需要不同专业协同配合作业，共同为同一目标而不懈努力。BIM 在建筑设计中的应用范围非常广泛，无论在设计方案论证，还是在设计方案论证、设计创作、协同设计、绿色建筑评估、工程量统计等方面都有广泛的应用。

（1）设计方案论证：BIM 三维模型展示的设计效果十分方便评审人员、业主对方案进行评估，甚至可以就当前设计方案讨论施工可行性以及如何削减成本、缩短工期等问题，并提供可行的修改方案。由于采用可视化方式进行论证，可获得来自业主的积极反馈，使决策的时间大大缩短，促成共识。

（2）设计创作：在 BIM 软件中，整个设计由门、窗、墙体等单个 3D 构件元素构成。因此，设计过程本质上就是不断确定和修改各类构件参数的过程。值得注意的是，这些建筑构件在软件中通过数据建立关联，实现智能互动，最终交付的设计成果即为 BIM 模型。基于该模型，建筑的平面图、立面图、剖面图等均可按需生成。由于所有图纸的数据均来源于同一 BIM 模型，因此各图表数据不仅相互关联，还能实时联动更新。这从根本上杜绝了不同视图、不同专业的图纸之间可能出现的不一致问题。

（3）协同设计：BIM 技术使不同专业甚至是身处异地的设计人员都能够通过网络在同一个 BIM 模型上展开协同设计。以前各专业、各视图之间不协调的事情时有发生，即使花费了大量人力物力对图纸进行审查仍然不能把不协调的问题全部改正。有些问题到了施工时才能发现，给材料、成本、工期造成了很大的损失。应用 BIM 技术以及 BIM 服务器，通过协同设计和可视化分析就可以及时解决上述设计中的不协调问题，保证了后期施工的顺利进行。

（4）绿色建筑评估：BIM 模型中包含了用于建筑性能分析的各种数据，只要数据完备，将数据通过 IFC、gbXML 等交换格式输入到相关的分析软件中，即可进行当前项目的节能分析、采光分析、日照分析、通风分析以及最终的绿色建筑评估。

（5）工程量统计：BIM 模型在工程量统计方面能够高效、准确地提取建筑项目所需的物理和功能特性信息，以便用于施工计划、预算和成本控制。BIM 模型信息的完备性大大简化了设计阶段对工程量的统计工作，模型的每个构件都和 BIM 数据库的成本库相关联，对模型元素进行分类和数量统计，将统计结果导出为电子表格或数据库格式，便于与合同清单工程量进行对比、分析和应用。当设计师在对构件进行变更时，成本估算会实时更新。

3. 施工阶段

BIM 技术在施工阶段的应用包括碰撞综合协调、施工方案分析、数字化建造、施工科学管理。

（1）碰撞综合协调：在施工开始前利用 BIM 模型的可视化对各个专业（建筑、结构、给排水、机电、消防、电梯等）的设计进行空间协调，检查各个专业管道之间的碰撞以及管道与结构的碰撞。如发现碰撞及时调整，这样就较好地避免了施工中管道发生碰撞及重新安装的问题。

（2）施工方案分析：在 BIM 模型上对施工计划和施工方案进行分析模拟，充分利用空间和资源整合，消除冲突，得到最优施工计划和方案，特别是对于新形式、新结构、新工艺和复杂节点，可以充分利用 BIM 的参数化和可视化对节点进行施工流程、结构拆解、配套工器具等角度的分析模拟，改进施工方案实现可施工性，以达到降低成本、缩短工期、减少错误的目的。

（3）数字化建造：数字化建造的前提是详尽的数字化信息，而 BIM 模型的构件信息都以数字化形式存储。如像数控机床这些用数字化建造的设备需要的就是描述构件的数字化信息，这些数字化信息为数控机床提供了构件精确的定位信息，为建造提供了必要条件。

（4）施工科学管理：通过 BIM 技术与 3D 激光扫描、视频、图片、GPS、移动通信、RFID（二维码射频识别技术）、互联网等技术的集成，可以实现对现场的构件、设备以及施工进度和质量的实时跟踪。通过 BIM 技术和管理信息系统的集成，可以有效支持造价、采购、库存、财务等的动态精确管理，减少库存开支，在竣工时可以生成项目竣工模型和相关文件，有利于后续的运营管理。业主、设计方、预制厂商、材料供应商等可利用 BIM 模型的信息集成化与施工方进行沟通，提高效率、减少错误。

4. 运营维护阶段

运营维护阶段是整个建设工程全寿命周期中最长的一个阶段，也是经济收益不断产生的阶段。漫长的运维管理阶段不只是维持整个建筑物的正常运营使用，还要不断挖掘其他的潜在经济价值，在其整个寿命周期中尽最大可能地创造经济效益。在运营维护阶段，BIM 可以有如下这些方面的应用：竣工模型交付与维护计划、资产管理、防灾模拟、空间管理等。

（1）竣工模型交付与维护计划：施工方竣工后对 BIM 模型进行必要的测试和调整再向业主提交，这样运营维护方得到的不只是设计和竣工图纸，还能得到反映真实状况的 BIM 模型，其中包含了施工过程记录、材料使用情况、设备的调试记录以及状态等资料。BIM 能将建筑物空间信息、设备信息和其他信息有机地整合起来，结合运营维护管理系统，可以充分发挥空间定位和数据记录的优势，合理制订运营、管理、维护计划，尽可能降低运营过程中的突发事件。

（2）资产管理：通过 BIM 建立维护工作的历史记录，可以对设施和设备的状态进行跟踪，对一些重要设备的运行状态进行预判，并自动根据维护记录和保养计划提示到期需保养的设备和设施，对故障的设备从派工维修到完工验收、回访等均进行记录，实现过程化管理。如果基于 BIM 的资产管理系统能和诸如停车场管理系统、智能监控系统、安全防护系统等物联网结合起来，实行集中后台控制与管理，则能很好地解决资产的实时监控、实时查询和实时定位，并且实现各个系统之间的互联、互通和信息共享。

（3）防灾模拟：利用 BIM 及相应灾害分析模拟软件，可以在灾害发生前模拟灾害发生的过程，分析灾害发生的原因，制定避免灾害发生的措施，以及发生灾害后人员疏散、救援支持的应急预案。当灾害发生后，BIM 模型可以提供救援人员紧急状况点的完整信息，通过与楼宇自动化系统，及时获取建筑物及设备的状态信息，BIM 模型能清晰地呈现出建筑物内部紧急状况点的位置，甚至找到到达紧急状况点最合适的路线，提高应急行动的成效。

（4）空间管理：空间管理是指利用 BIM 技术对建筑空间进行规划、分析和优化的过程，旨在提高空间利用率和工作效率，同时降低运营成本。应用 BIM 技术可以处理各种空间变更的请求，合理安排各种应用的需求，并记录空间的使用、出租、退租的情况，实现空间的全过程管理。BIM 空间管理通过集成和共享建筑物信息，实现了更高效、精确和灵活的空间利用方式。这不仅提高了空间利用率和工作效率，还降低了运营成本，为企业带来了显著的经济效益。

作为辅助工具，BIM 技术能够为建设工程全寿命周期（从建设到拆除）内的所有决策提供依据，在不同阶段满足各参与者的需求，显著提升参与者的工作效率，同时增强使用的便捷性。作为管理者，借助 BIM 技术不仅能很好地把握整个项目，还能随时随地地浏览具体实施细节，从而让管理决策更加高效、可靠。可以说，在建设项目的全生命周期中，BIM 技术是无处不在、无人不用的。但就目前行业整体发展来看，BIM 技术在前三个阶段的使用，得到了建设方的普遍认可，运维阶段的应用因各地 BIM/CIM 平台的不断建设与完善在快速发展中。

BIM 技术应用的广度还体现在应用 BIM 技术的使用人群相当广泛。当然，各类基础设施建设的从业人员是 BIM 技术的直接使用者，此外建筑业以外的人员也有不少需要用到 BIM 技术，如业主、设计师、工程师、承包商、分包商这些和工程项目有着直接关系的人员，也有房地产经纪房屋估价师、贷款抵押银行、律师等服务类的人员，还有法规执行检查、环保、安全与职业健康等政府机构的人员，以及废物处理回收商、抢险救援人员等行业相关的人员。

2007年发布的美国国家BIM标准第一版（NBIMS）把BIM应用定义为4个层级。第4层级Tier 4：聚合视图，例如"国土安全"——来源于多个建筑物的数据支持社会对信息的需求。第3层级Tier 3：衍生视图，例如"集成工作场所管理"，来自信息交换和模型视图的数据支持业主业务运营需求。第2层级Tier 2：模型视图，如"LEED认证、结构设计、加工安装"，交换信息支持一个业务案例。第1层级Tier 1：IDM活动，如"建筑师和结构工程师，设备制造商和机电工程师"，互相分离地交换。

1.2.3 BIM 软件

作为一种先进的技术，BIM技术的应用与软件开发是密不可分的。目前BIM软件数量已达上百种，主要用于实现参数化建模、出图、碰撞检查、能耗分析、渲染、进度可视化等功能。

1. BIM软件分类及功能特点

BIM技术可应用于建设工程全寿命周期，能有效提高行业工作效率，降低各环节生产成本，为企业数字化转型提供基础，为企业研发创新提供动力。BIM软件依据功能可划分为11个类别（表1-1），其功能覆盖建设工程全寿命周期，包括设计、实施和过程管理等各阶段。其中核心建模软件是BIM技术的核心，如同房屋的梁柱，支撑着整个房子的结构。而深化设计、造价管理、碰撞检查、模型浏览、可视化等软件都是以核心建模软件为基础进行的应用开发，进一步拓展了BIM这项技术的应用范围。

表1-1 BIM软件分类及功能特点

软件分类	软件名称	功能特点
核心建模软件	Revit、Bentley、ArchiCAD、广联达、Xsteel	针对建筑、结构、机电、基础设施、工业设计等方面的基础建模工具
深化设计软件	Xsteel、Autodesk Navisworks、Bentley Projectwise	检查冲突与碰撞、模拟分析施工过程、施工协调和预算纠偏
造价管理软件	Innovaya、Solibri、鲁班软件、BIM5D	利用BIM模型提供的信息进行工程量统计和造价分析
结构分析软件	ETABS、STAAD、Robot、PKPM	实现结构与建模信息双向交换，对模型数据进行优化改进
机电分析软件	Desigmaster、lES、Virtual Enviroment、TraneTrace	实现机电管线的全过程分析
碰撞检查软件	鲁班软件、Autodesk Navisworks、Bentley Navigator、Solibri Model checker	检查模型中的冲突点，以避免空间冲突，尽可能减少碰撞，优化专项方案
方案设计软件	Onuma、Planning、System、Affiniry	将设计任务书中的项目转化为几何形体建筑方案
模型浏览软件	BlMx、Navisworks Freedom、Tekla BlMsight、e建筑、BIM看图大师	BIM模型轻量化快速浏览，快速查看构件参数，现场手机CAD快速看图

续表

软件分类	软件名称	功能特点
可视化软件	3ds Max、Artlantis、AccuRender、Lightscape	减少建模工作量、提高设计精度、快速产生可视化效果
运营软件	ArchiBUs、FacilityONE	提高场所利用率、建立空间使用指标全周期控制软件
可持续分析软件	Echotect、IES、Green Buiding Studio、PKPM	利用 BIM 模型进行热工、日照、风环境等分析

从我国目前各 BIM 软件的市场占有率来看，Revit 软件是 BIM 设计的行业标准软件之一，也是建筑业 BIM 体系中使用最广泛的软件之一。它主要是一款针对建筑、结构、机电、基础设施、工业设计等方面的基础建模软件，支持各类使用人员以三维空间设计建筑物的外观、结构及其相关对象与族群；还可以利用平面设计中的图形元素对模型进行开发和解释，并从建筑模型或构件数据库中获取材料、尺寸和构造方法等信息，为后续的建筑施工、运营维护和最终的拆除提供完整的数据基础；同时也为业主、设计师、工程师、施工人员提供更加便捷、直观的设计方案和沟通方式，有效提高整个行业的运转效率。

2. BIM 相关主流公司简介

国外主要有 6 家从事 BIM 软件开发的公司，分别是 Autodesk 公司、Bentley 公司、Graphisoft 公司、Trimble 公司、Rhino 公司、达索公司。

Autodesk 公司成立于 1982 年，是全球最大的二维和三维设计、工程与娱乐软件公司之一，总部位于美国加利福尼亚州。公司拥有超过 13000 名员工，分别来自全球 40 多个国家和地区。公司有 7 款代表软件：AutoCAD、Revit、Maya、3ds Max、Inventor、Civil 3D、SketchBook。Revit 作为 BIM 设计领域的行业标准软件之一，广泛应用于建筑、结构、机电、给排水、暖通空调等专业。它集成了三维建模、信息管理、协同工作等功能，并提供完善的技术支持体系，能够为建设工程全寿命周期的各个阶段和各个环节提供有力支撑。

Bentley 的核心软件包括 MicroStation、OpenBuildings Designer、OpenRoads Designer、OpenRail Designer 以及 OpenPlant 等。这些工具支持建设工程全寿命周期的 BIM 应用，涵盖规划、设计、施工和运维阶段。此外，Bentley 还提供强大的参数化建模功能，允许用户定义复杂的几何构件，并已在众多大型基础设施项目中得到验证。其协同平台 ProjectWise 和数字孪生解决方案 iTwin 进一步提升了项目的全流程管理能力。

Graphisoft 公司于 1982 年在匈牙利布达佩斯创立，现为德国 Nemetschek 集团旗下子公司。作为 BIM 技术的先驱，Graphisoft 专注于为建筑设计行业提供创新的数字化解决方案。公司旗舰产品 ARCHICAD 是全球首款面向建筑师的 BIM 软件，兼容 Windows 和 macOS 操作系统，可高效处理超百万构件级的复杂模型，基于"虚拟建筑"技术实现平面、立面、剖面和 3D 视图的实时协同更新，同时提供了强大的剖面工具和自动详图生成功能。Graphisoft 构建了完整的 BIM 生态系统，主要产品包括：ARCHICAD、BIMx、EcoDesigner、DDScad。ARCHICAD 通过其创新的参数化建模技术和开放 BIM 工作流，已成功应用于全球众多标志性建筑项目，显著提升了建筑设计效率和质量，推动着建筑行业的数字化转型。

Robert McNeel & Associates 公司开发的专业 3D 建模软件 Rhinoceros（简称 Rhino）以其

强大的曲面建模功能而闻名,广泛应用于工业设计、产品开发、建筑设计和机械工程等领域。该软件提供专业的 NURBS(Non-Uniform Rational B-Splines,非均匀有理性 B 样条)曲面建模工具,支持复杂曲面的创建和编辑,且不受模型复杂度、阶数和尺寸的限制,同时还能处理多边形网格和点云数据。Rhino 具有出色的兼容性,可导入、导出 OBJ、DXF、3DM 等多种格式,与 3ds Max、Maya 等主流 3D 软件良好兼容,能有效提升团队建模效率。Rhino 还提供丰富的应用扩展,包括逆向工程工具 RhinoResurf、高质量渲染解决方案 Keyshot/Flamingo,以及参数化设计插件 Grasshopper。Rhino 支持从概念草图到生产模型的完整设计流程,适用于渲染表现、工程制图和分析评估等多种需求,并兼容 Windows 和 Mac 双平台。凭借精确的曲面建模功能和灵活的工作流程,Rhino 已成为工业设计师和工程师的首选工具之一,其开放的插件架构也吸引了大量第三方开发者,进一步扩展了软件的应用范围。

Dassault Systèmes 自 1981 年成立以来,始终致力于 3D 设计、数字化建模和产品生命周期管理(PLM)领域的创新,构建了以 CATIA 3DEXPERIENCE 平台为核心的完整产品矩阵,包括经典的 CATIA V5 机械设计解决方案、SIMULIA 仿真分析工具、ENOVIA 产品生命周期管理系统、DELMIA 数字化制造方案以及面向中小企业的 SOLIDWORKS 3D 设计软件。通过将先进的 3D 设计技术与仿真分析能力深度整合,Dassault Systèmes 持续巩固其在产品研发设计领域的技术领导地位,其解决方案已广泛应用于航空航天、汽车制造、工业设备和高科技电子等高端制造领域,为全球制造业的数字化转型提供强大支撑。

国产化 3D 建模软件厂商主要有如下。

广联达科技股份有限公司(以下简称"广联达")自主研发了包括 MagiCAD 机电 BIM 设计软件、基于 AutoCAD 平台的 BIM5D 施工管理系统、国产轻量化 BIM 建模工具 BIMMAKE 以及全过程成本管理系统 PMCore 在内的百余款专业产品。其中,公司创新研发的轻量化图形平台以操作简便、符合国内用户习惯为特色,而 BIM5D 产品通过整合进度、成本等多维数据,实现了 BIM 技术在施工管理中的深度应用。这些创新成果不仅展现了广联达在 BIM 技术领域的探索突破,更有力推动了中国建筑行业的数字化转型进程。

北京构力科技有限公司(以下简称"构力科技")成功自主研发了具有完全自主知识产权的 BIMBase 平台,打造了国内首个建筑行业国产 BIM 二次开发平台,构建起我国自主可控的 BIM 软件生态体系。公司基于 BIMBase 平台创新研发了 PKPM-BIM 全专业协同设计系统、装配式建筑全流程集成应用系统、BIM 报建审批系统及智慧城区管理系统等系列产品,形成覆盖 BIM 全产业链的整体解决方案。其核心产品包括 PKPM 系列软件、BIMBase 平台及绿色低碳系列软件,其中 PKPM 结构设计软件市场覆盖率超过 95%,已成为国内房屋建筑设计领域的主流软件。依托中国建科院深厚的技术积累,构力科技持续引领建筑业数字化转型,通过自主创新研发的覆盖建筑、结构、机电、绿色建筑全专业,贯穿设计、生产、施工、运维全生命周期的软件产品体系,为我国工程建设行业高质量发展做出了重要贡献。

广州中望龙腾软件股份有限公司(简称中望软件)是领先的 All-in-One CAx(CAD/CAE/CAM)解决方案提供商、国内 A 股第一家研发设计类工业软件上市企业,专注于工业设计软件超过 20 年,建立了以"自主二维 CAD、三维 CAD/CAM、电磁/结构等多学科仿真"为主的核心技术与产品矩阵。公司有 4 款代表软件:中望 CAD、中望 3D、中望结构仿真、ZWMeshWorks。中望软件持续聚焦于 CAx 一体化核心技术的研发,以经过 30 多年工业设计验证的自主 3D 几何建模引擎技术为突破口，打造一个贯穿设计、仿真、制造全流程的自主 3D 设计仿真平台，同时建立可持续发展的、多赢的产业生态系统，为全球用户提供可信赖的 All-in-One CAx 软件和服务，为世界工业进步贡献力量。

鲁班软件股份有限公司（以下简称鲁班软件）依托二十余年在建筑信息化领域的深厚积累，打造了覆盖建设工程全寿命周期的国产 BIM 解决方案体系。其核心产品包括鲁班 BIM 平台、鲁班工场（Luban Works）协同管理系统、鲁班造价等系列软件，其中自主研发的 Luban BIM 平台突破了多项行业关键技术瓶颈，实现了从建模到施工管理的全流程国产化替代。公司创新研发的"BIM+物联网"智慧工地管理系统已在全国数千个重点项目成功应用，通过将 BIM 技术与云计算、大数据等新一代信息技术深度融合，构建了贯穿设计、施工、运维的全产业链数字化解决方案。鲁班软件始终坚持自主可控的发展道路，其 BIM 技术在上海中心大厦、北京大兴国际机场等国家重大工程中取得显著应用成效，为推动中国建造向数字化、智能化转型升级做出了突出贡献。

深圳市斯维尔科技股份有限公司（以下简称斯维尔科技）成立于 2000 年 5 月，是由深圳清华大学研究院发起组建，专业致力于为工程建设行业（包括工程建设、工程设计、工程施工、工程监理、造价咨询、专业院校及政府相关主管部门）提供行业信息化产品及解决方案和 BIM 及绿色建筑咨询服务的专业性科技公司。公司有 9 款代表软件：三维算量 for CAD、安装算量 for CAD、CAD 图纸工具、CAD 看图软件、建模快手、审模 for Revit、算量 for Revit、BIM5D、uniBIM 系列。斯维尔科技现已形成涵盖工程设计、工程造价、工程管理、智慧政务、智慧建造五大产品线，并依托 BIM 技术与"互联网+大数据"技术，构建了覆盖建设工程全寿命周期的信息化整体解决方案，同时为客户提供专业化的 BIM 咨询服务与绿色建筑技术服务。

1.2.4　BIM 标准

BIM 技术的应用涉及建设工程全寿命周期的各阶段和众多参与方，要想通过 BIM 达到协同设计、技术集成与信息共享等目的，就必须制定一套完整的 BIM 相关标准来明确界定和规范操作。目前，国际上 BIM 标准主要划分为两类：一类是由国际 ISO 认证的国际标准，具有普适性；另一类是各个国家或地区根据其国情、地情、经济、建设情况以及 BIM 实施情况制定的国家或地方标准，具有一定的针对性。

1. 国际标准

由 ISO 认证的国际标准主要分为 3 类：工业基础类（Industry Foundation Class，IFC）标准、信息交付手册（Information Delivery Manual，IDM）标准及国际字典框架（International Framework for Dictionaries，IFD）标准。

（1）IFC 标准。

IFC 标准是由国际协同产业联盟 IAI 发布的面向建筑工程数据处理、收集与交换的国际标准。IFC 标准解决了计算机无法识别 CAD 图纸上所表达的信息问题，是一个计算机可以处理的建筑数据表示和交换标准。IFC 模型包括整个建设工程全寿命周期内各方面的信息，其目的是支持用于建筑的设计、施工和运行等各阶段中各种特定软件的协同工作。IFC 标准是连接各种不同软件之间的桥梁,很好地解决了项目各参与方、各阶段间的信息传递和交换问题。当建设工程项目中同时使用多个软件时,各软件间的数据格式不兼容,往往会导致数据交换困难、信息共享受阻等问题。IFC 标准作为建筑行业的通用数据交换格式,能够有效解决这一问题。通过采用 IFC 标准,不同软件之间的数据可以实现无缝对接与共享,显著提高工作效率,减少因数据转换造成的时间成本和信息损失,实现信息协同管理。

（2）IDM 标准。

随着 BIM 技术的深入发展,确保信息共享的完整性和数据传递的协调性已成为行业新需求。针对 IFC 标准在解决此类问题上的局限性,IDM 标准通过明确定义项目各阶段的信息需求并规范工作流程,实现了三大核心价值。首先,将标准化的项目信息需求提供给软件开发方；其次,与既有 IFC 标准建立映射关系；最后,显著降低建设工程信息传递过程中的失真率,提升信息交互质量。这一创新标准体系的建立,为 BIM 技术的深化应用创造了重要价值。

（3）IFD 标准。

随着全球化进程的加速,跨国、跨区域的建设工程项目日益增多。然而,不同国家和地区的文化背景与语言差异,往往导致对同一事物的表述和理解存在分歧,这为 BIM 软件间的信息交换设置了障碍。尽管 IFC 标准和 IDM 标准在数据交换和工作流程标准化方面发挥了重要作用,但仍无法完全解决全球化背景下的语义统一性问题。为此,国际标准化组织开发了 IFD 标准,该标准创新性地采用"概念-标识"分离机制,为每个建筑概念分配全球唯一标识码（GUID）,类似于身份证号码系统。通过将不同语言的名称和描述与统一的 GUID 相对应,IFD 标准有效解决了因语言、文化差异导致的信息定义不统一问题。当出现跨文化信息交流障碍时,各方可通过 GUID 索引获取准确一致的信息内容,从而确保全球范围内 BIM 数据的语义一致性,为建设工程全寿命周期管理提供了可靠的标准化支撑。这一创新机制不仅弥补了现有 BIM 标准的不足,更推动了全球建筑行业的数字化协同发展。

2. 国外国家标准

ISO 所发布的 BIM 相关标准,是立足于国际视野下发布的适用于大多数国家和地区建设领域的 BIM 标准,普适性较强但针对性较弱。由于各个国家的基本国情不同,美国、英国、澳大利亚、新加坡、日本等国陆续发布符合本国基本国情的 BIM 标准,以针对性地指导各国 BIM 技术的实际应用。

（1）美国国家标准。

BIM 技术最早源于美国,美国在 BIM 相关标准制定方面具有一定的先进性和成熟性。美国的 BIM 标准由美国国家建筑科学院颁布,内容较为全面,在全球范围内影响力较大。2007 年,美国发布了依据 IFC 系列标准制定的第一版 NBIMS。2012 年发布了第二版 NBIMS,对第一版中的 BIM 参考标准、信息交换标准与指南和应用进行了大量补充和修订。2015 年发布第三版 NBIMS,基于第二版进行了扩展和深化。美国的国家标准包括 3 部分内容：引用标准、信息交换标准和应用实施标准。前两部分标准主要面向软件开发人员；应用实施标准则面向工程建设人员,指导 BIM 技术的实践应用。

（2）英国国家标准。

英国的 BIM 技术在政府强制推广下发展迅速。2009 年,英国发布面向设计企业的 BIM

通用标准，包括项目执行、协同工作、模型、二维出图、参考5部分。2011年6月和9月，英国分别发布基于Revit和Bentley平台的BIM标准。这些标准更侧重操作层面，与软件结合紧密，在文档管理、模型命名与拆分规则、模型样式规范等方面提供了具体指导。

（3）澳大利亚国家标准。

澳大利亚工程创新合作研究中心于2009年7月发布标准《国家数码模型指南和案例》，标准由BIM概况、关键区域模型的创建方法和虚拟仿真的步骤及案例3部分组成，以指导和推广BIM在建设工程各阶段（规划、设计、施工、设施管理）的全流程应用。

（4）新加坡国家标准。

新加坡是亚洲较早开始制定BIM标准的国家，于2008年制定了第一版BIM标准：BIM e-Submission Guideline，用于指导BIM应用。2016年，新加坡发布了新版BIM指南，参考了大量其他国家、地区、行业及软件公司的BIM标准，包括BIM说明书和BIM建模及协作流程两部分。该指南将一个项目分为概念设计、初步设计、深化设计、施工、竣工及设施管理6个阶段，在BIM说明书部分明确了每个阶段的BIM应用和可交付成果，对交付成果中的各专业构件进行了定义；在BIM建模及协作流程部分，将工作流程划分为单专业建模、多专业模型协调、生产模型与文件、归档4个步骤，对BIM模型的质量控制也进行了要求。

（5）日本国家标准。

2012年由日本建筑师协会（Japanese Institute of Architects，JIA）发布了从设计师角度出发的JIA BIM导则，明确了BIM组织机构以及人员职责要求，对企业BIM组织机构建设、BIM数据的版权与质量控制、BIM建模规则、专业应用切入点以及交付成果做了详细指导。

3. 中国标准

为了推动BIM标准的建立，中国政府及众多高校、企业等积极投入BIM的研究与应用中，借鉴国际BIM标准和其他国家BIM标准，同时基于建筑行业的规范等，制定了中国BIM技术应用标准。中国国家建筑信息模型（BIM）产业技术创新战略联盟（简称"中国BIM发展联盟"）提出了P-BIM，设立"中国BIM标准研究项目"，首先开展专业BIM技术和标准的研究，然后集成专业BIM，在此基础上形成阶段BIM（包括工程规划、勘察与设计施工、运营阶段），最后连通各阶段BIM，从而形成建设工程全寿命周期的BIM。住房和城乡建设部在2012年至2013年间分两批发布了6项国家BIM标准制定项目，构建了完整的BIM标准体系。该体系采用三级架构：第一级为1项统一标准《建筑信息模型分类和编码标准》（GB/T 51269—2017），第二级包括2项基础标准《建筑信息模型设计交付标准》（GB/T 51301—2018）和《建筑信息模型施工应用标准》（GB/T 51235—2017），第三级则包含3项执行标准。与此同时，全国多个省市如北京、上海、广东等地，以及交通、电力等行业主管部门也相继出台了配套的BIM技术应用标准和实施细则，形成了国家、地方、行业协同推进的BIM标准化工作格局，这一标准体系的建立为我国BIM技术的规范化应用奠定了重要基础。

（1）国家标准。

① 国家统一标准。

《建筑信息模型应用统一标准》（GB/T 51212—2016）对BIM在建设工程全寿命周期的

各个阶段建立、共享和应用进行统一规定，包括模型的数据要求、模型的交换及共享要求、模型的应用要求、项目或企业具体实施的其他要求等。

② 国家基础标准。

《建筑信息模型分类和编码标准》（GB/T 51269—2017）与 IFD 关联，基于 OmniClass，面向建筑工程领域，规定了各类信息（建设资源、建设行为建设成果）的分类方式和编码办法。

《建筑信息模型存储标准》（GB/T 51447—2021）规范了建筑工程信息模型的存储方式，确保数据的一致性和可互操作性。这一标准的实施，对于提高建筑工程的设计、施工、管理效率，以及促进建筑行业的信息化、智能化发展具有重要意义。

③ 国家执行标准。

《建筑信息模型设计交付标准》（GB/T 51301—2018）含有 IDM 部分概念，包括设计应用方法规定了交付准备、交付物、交付协同 3 方面的内容，包含基本架构（单元化）、模型精细度、几何表达精度、信息深度、交付物、表达方法、协同要求等。

《制造工业工程设计信息模型应用标准》（GB/T 51362—2019）主要参考 IDM，面向制造业工厂，规定了在设计、施工运维等各阶段 BIM 具体应用，内容包括该领域的 BIM 设计标准、模型命名规则数据交换、单元模型拆分规则、模型简化方法、交付与精细度要求等。

《建筑信息模型施工应用标准》（GB/T 51235—2017）规定了在施工过程中如何应用 BIM 完成施工模型信息的交付，包括深化设计、施工模拟、预施工进度管理、成本管理等。

（2）地方和行业标准。

在推进 BIM 技术实施的背景下，国内各省市也陆续出台相关的 BIM 技术标准和实施指南。北京于 2014 年推出首个地方 BIM 应用标准《民用建筑信息模型设计标准》（DB 11/T 1069—2014），内容主要包括 BIM 基本概念及定义、BIM 的资源要求、模型深度要求、交付要求。该标准面向北京市民用设计单位，旨在使北京市民用设计单位可依据标准中的适用原则和基础标准制定出企业自身的 BIM 标准。上海市于 2015 年提出了《上海市建筑信息模型技术应用指南（2015 版）》，于 2017 年进行了修订，针对设计、施工和运维阶段的 23 个 BIM 技术基本应用，描述了应用的意义、数据准备、操作流程、建模深度及应用成果，增加了预制装配式混凝土 BIM 技术应用以及基于 BIM 的协同管理平台实施指南，为企业 BIM 技术的应用提供了更好的指导和参考。深圳市于 2015 年颁布了《深圳市建筑工务署政府公共工程 BIM 应用实施纲要》以及《实施管理标准》，是我国首个政府公共工程 BIM 实施纲要和标准，主要面向业主，规范及流程化建设工程项目的 BIM 应用，为业主 BIM 应用提供指导依据。另天津、贵州、福建、安徽也相继颁布了 BIM 技术应用指南及标准。

在实行 BIM 国家、地方标准的同时，各行业也在推进相关的 BIM 技术应用标准。市政工程、轨道交通及铁路工程等领域的建设工程更加复杂，对 BIM 技术的要求更高，需要针对性的 BIM 标准。中国勘察设计协会市政工程设计分会在 2014 年 10 月组织编写《中国市政行业 BIM 实施指南（2015 版）》，以设计人员为对象，考虑规划和设计两个阶段，对给水、排水、桥梁、道路 4 个子行业针对性地出台了市政设计行业 BIM 实施指南，从资源、行为、交付、管理 4 个方面展开，旨在提高市政设计行业设计效率和设计质量。上海市市政工程行业的《市政道路桥梁信息模型应用标准》（DG/TJ 08—2204—2016）、《市政给排水信息模型应用标准》(DG/TG 08—2205—2016),以及多家公司联合发布的《城市轨道交通 BIM 实施管理规范》(T/CSPSTC 35—2019)均是针对不同领域制定的标准。

1.3 BIM 技术应用前景

1.3.1 BIM 技术发展战略

如今,数字化转型已经成为全球各国经济持续向上发展的新动力和新引擎。BIM 技术作为建筑工程产业数字化转型的强有力工具和产业变革的催化剂,正在改变行业发展结构和未来企业核心竞争力。

1. 美国

美国作为 BIM 技术的最早实施者,一直以来十分重视长远规划和顶层设计,通过提出 BIM 理念、制定 BIM 政策、编制 BIM 标准、发展 BIM 技术和培育 BIM 市场等举措,推动并保持自身 BIM 技术研究和应用水平始终处于世界领先地位。美国的 BIM 发展战略主要以产业为主导,采用自下而上的推动方式,首先将 BIM 技术和理念应用在实际的工程案例中。通过具体工程案例的经验积累,再逐步要求企业、机构、政府制定相关的政策与制度,以加速 BIM 的推广。软件商与科研机构、协会合作,基于 BIM 理论体系不断研发产品与设备,并推向企业,企业在应用的过程中根据经验形成 BIM 标准与指南,再由科研机构及协会进行整合形成 BIM 国家标准。

2. 英国

英国是目前全球 BIM 应用增长最快且成效显著的国家之一,也是全球 BIM 标准体系最健全及实施推广力度最大的国家。英国是国家层面在推动 BIM 技术的发展,2011 年英国政府发布政策白皮书《政府建设战略》,强制推动 BIM 技术在国内的应用。2015 年 2 月 17 日,英国技术战略委员会发布《2015—2018 数字经济发展战略》,提出在未来 4 年每年资助 3000 万英镑,支持数字经济领域的创新性商业项目,保证英国占据全球数字创新的最前沿。截至目前,英国的 BIM 应用系列标准以及相关 BIM 应用资源远远超过其他国家,英国的相关政策文件把输出英国的标准体系作为政府行业战略的主要目标之一。根据英国政府发布的《建造 2025》,英国政府正在努力实施其数字化转型计划,目标是在 2025 年之前实现其数字和数据路线图,旨在创建面向未来的数字基础设施,计划到 2025 年,将建设工程全寿命周期成本降低 33%,进度加快 50%,温室气体排放减少 50%,建造出口增加 50%。围绕这一战略,英国制定了建筑业数字化创新发展路线图,提出将业务流程、结构化数据以及预测性人工智能进行集成,实现智慧化的基础设施建设和运营。

3. 新加坡

新加坡作为亚洲城市数字化的标杆,在 BIM 技术的应用上走在了前列。早在 2006 年,新加坡就推出了"智能城市 2015"发展蓝图,致力于建设成一个智能化都市。为了引导行业，BCA 与政府采购实体合作，从 2012 年起要求在项目管理中使用 BIM，这种政策对于推动整个行业具有显著影响。新加坡规定，超过 5000m² 的新建工程项目必须通过 Corenet 在网上使用 BIM 电子提交系统，这促进了 BIM 在设计文档中的广泛应用。新加坡希望通过实施 BIM 技术来减少建筑行业中外籍工人的数量，因为这些工人的技能有时无法满足总承包商的要求。

4. 中国

2001 年，建设部制定了《建设事业信息化"十五"计划》，指出要加快建设事业信息化建设步伐，阐述了建筑业信息化的国际发展趋势。同年，科技部制定了《"十五"科技攻关计划》，决定开展"基于 IFC 国际标准的建筑工程应用软件研究"的课题研究，为 BIM 技术的应用研究提供了支持。

2021 年 3 月 11 日，十三届全国人大四次会议表决通过了关于国民经济和社会发展第十四个五年规划和 2035 年远景目标纲要的决议。我国经济进入新的五年规划历程，而加快数字化发展，建设数字中国，打造数字经济新优势成为未来发展重点之一。2022 年 1 月 12 日，国务院印发《"十四五"数字经济发展规划》（国发〔2021〕29 号），明确了数字经济是继农业经济、工业经济之后的主要经济形态，是以数据资源为关键要素，以现代信息网络为主要载体，以信息通信技术融合应用、全要素数字化转型为重要推动力，促进公平与效率更加统一的新经济形态。文件同时要求大力推进产业数字化转型，加快企业数字化转型升级，全面深化重点产业数字化转型。同月，住房和城乡建设部印发《"十四五"建筑业发展规划》（建市〔2022〕11 号），提出要加快智能建造与新型建筑工业化协同发展，完善智能建造政策和产业体系，夯实标准化和数字化基础；加快推进建筑信息模型（BIM）技术在建设工程全寿命周期的集成应用，健全数据交互和安全标准，强化设计、生产、施工各环节数字化协同，推动工程建设全过程数字化成果交付和应用。

作为中国经济先行示范区的深圳，在 2021 年 12 月 7 日就发布《关于加快推进建筑信息模型（BIM）技术应用的实施意见（试行）》（深府办函〔2021〕103 号），文件要求到 2025 年年末，全市所有重要建筑、市政基础设施、水务工程建立 BIM 模型并导入空间平台，对接城市信息模型（CIM）平台，实现城市全要素数字化、城市运行实时可视化、城市管理决策协同化和智能化，打造国际新型智慧城市标杆和数字中国城市典范。

从初期的探索阶段、初步发展阶段，到如今的调整优化阶段，一系列政策的颁布与实施，标志着我国在 BIM 技术领域的研发持续深入，技术应用也逐步落地见效。随着 BIM 技术应用日趋成熟，BIM 标准体系不断完善并得到有效贯彻执行，BIM 行业由此进入调整发展期。在此阶段，BIM 技术不断突破传统应用领域的限制，全面赋能建筑行业数字化转型，有力推动行业高质量发展。

智能建造作为新一代信息技术和工程建造的有机融合，是实现我国建筑业高质量发展的重要依托。工程建造领域逐渐形成了以 BIM 为核心，包括设计建模、工程分析、项目管理等类型在内的面向全产业链一体化的工程软件体系，贯穿建设工程各阶段，支持建设工程全寿命周期业务的自动化和决策的科学化。为了迈入智能建造世界强国行列，我国坚持推进自主化发展，遵循"典型引路、梯度推进"原则，通过补短板、显特色、促升级、强优势，研发智能建造关键领域技术。

工程软件加强"补短板",解决软件"无魂"问题,具体措施有:在明确工程软件差距的基础上,大力支持工程软件技术研发和产品化,集中攻关"卡脖子"痛点,提升3D图形引擎的自主可控水平;面向房屋建筑、基础设施等工程建造的实际需求,加强国产工程软件创新应用,逐步实现工程软件的国产替代;加快制定工程软件标准体系,完善测评机制,形成以自主可控BIM软件为核心的全产业链一体化软件生态。

人才是产业发展的关键之一,BIM应用自然面临人才培育的挑战。目前的学校教育虽已逐渐纳入一些BIM相关课程,但还称不上普及与充分,建筑相关专业的多数毕业生没有掌握足够的BIM知识与技能。行业中,虽有一些短期的教育培训课程,但培训课时和深度有限。此外,BIM教育需要与实践结合才能成功,例如,只会操作建模软件工具但不具备足够的工程专业与实践知识与经验,所建立的BIM模型常不符合应用需求。因此,推进BIM教育的产学协同育人机制建设尤为重要。BIM教育需要构建多层次人才培养体系,其培养对象应覆盖建筑行业全产业链,主要包括:业主单位管理人员、施工企业决策层和项目管理人员、设计院所技术负责人和专业工程师、高等院校在校学生等不同层级的从业人员。在BIM技术应用即将迎来爆发式增长的关键窗口期,如何系统性地培养适应行业发展需求的BIM人才队伍,避免因人才短缺制约技术推广应用,已成为当前亟待解决的战略性课题。这一挑战的应对不仅关乎BIM技术落地应用的成败,更可能引发建筑工程教育体系的深度变革,通过创新人才培养模式、重构课程体系、强化实践教学等举措,为建筑产业数字化转型提供坚实的人才支撑。

1.3.2　BIM技术应用展望

未来的BIM会是什么样呢?这一问题没有明确的定论。

首先,BIM根据工程中具体的方向产生深入的结合与发展形成CIM。CIM是智慧城市的基础,可由BIM和GIS及物联网等构成,是BIM的发展趋势。BIM和GIS融合形成宏观的CIM。CIM应用领域很广阔,包含城市和景观规划、建筑设计、旅游和休闲活动、3D地图、环境模拟、热能传导模拟、移动电信、灾害管理、国土安全、车辆和行人导航、训练模拟器、移动机器人、室内导航等,室内外一体化导航就是CIM的一个典型应用案例。目前,借助GPS等多种定位功能的室外导航已经非常成熟了,但是室内导航一般都是建筑的二维电子图,甚至只是示意图。如果运用BIM,那这一问题就能迎刃而解。通过BIM提供的建筑内部模型配合定位技术可以进行三维导航,央视新大楼的室内导航系统就是利用了BIM和GIS,可以为员工进行跨楼层、跨楼体的导航,同时还可以在模拟突发事件时,预演室内人员的疏散路线等情况,这将极大降低因灾害引起的人员伤亡。

其次,随着物联网技术的不断发展,BIM可能会与物联网集成应用。BIM与物联网集成应用实质上是建筑全过程信息的集成与融合。BIM技术发挥上层信息集成、交互、展示和管理的作用,而物联网技术则承担底层信息感知、采集、传递、监控的功能。二者集成应用可以实现建筑全过程"信息流闭环",实现虚拟信息化管理与实体环境硬件之间的有机融合。目前BIM在设计阶段应用较多,并开始向建造和运维阶段应用延伸。物联网应用目前主要集中在建造和运维阶段,二者集成应用将会产生极大的价值。BIM与物联网的深度融合与应用,势必将智能建造提升到智慧建造的新高度,开创智慧建造新时代,是未来建筑行业信息化发展的重要方向之一。未来建筑智能化系统，将会出现以物联网为核心，以功能分类、相互通信兼容为主要特点的建筑"智慧化"大控制系统。

最后，随着数字化技术的不断发展，BIM 技术在建筑行业中的应用将会越来越广泛。未来，BIM 技术会与人工智能、大数据等技术相结合，实现建筑物的智能化运维。同时，BIM 技术将深入城市规划、基础设施建设等领域，为城市发展提供更加科学和有效的支持。总的来说，BIM 技术的应用将会为建筑行业带来巨大的变革，提升设计、施工和运营管理的效率和质量，推动建筑行业向数字化、智能化方向迈进，助力城市建设和可持续发展。

本章小结

本章介绍了 BIM 的概念、特点、应用和发展，综述了目前 BIM 相关软件、国际标准、国家标准、地方标准和行业标准，讲解了现阶段 BIM 模型在建设工程全寿命周期各阶段的应用及发展趋势。

习 题

一、简答题

1. 什么是 BIM？它如何改变建筑行业的工作方式？
2. 描述 BIM 与 CAD 的主要区别。
3. 描述 IFC 对 BIM 的影响。
4. BIM 技术中通常包含哪些类型的信息？
5. 简述 BIM 在建设工程项目管理中的作用。

二、论述题

1. 你了解或参与过哪些 BIM 与新技术结合的案例？
2. 谈谈你对 BIM 的认识及对 BIM 发展趋势的展望。

第2章
BIM在工程设计阶段的应用

教学目标

了解工程设计相关 BIM 软件，熟悉运用软件进行 BIM 建模的流程；明确 BIM 设计的前期准备内容，在正确识读建筑施工图和结构施工图的基础上，掌握广联达 BIM 模型的基本操作；能够运用广联达 GTJ 绘制基本图元，学会混凝土框架结构 BIM 模型设计方法。

教学要求

知识要点	能力要求	相关知识
工程设计相关 BIM 软件	了解 BIM 设计软件 熟悉 BIM 建模流程	（1）BIM 设计软件 （2）BIM 建模前期准备
广联达 BIM 设计软件操作流程	掌握 BIM 模型的基本操作	（1）广联达 GTJ 土建计量平台建立项目 BIM 模型的流程 （2）广联达 GTJ 土建计量平台 BIM 建模工程应用案例

2.1 工程设计阶段 BIM 应用场景

工程设计是工程全寿命期中的一个阶段，是指在可行性研究批准之后，工程开始施工之前，根据已批准的设计任务书，为具体实现拟建工程的技术、经济要求，拟定建筑、结构、安装及设备制造等所需的规划、图纸、数据等技术文件的工作。工程设计是建设项目由计划变为现实具有决定意义的工作阶段。设计文件是建筑安装施工的依据。拟建工程在建设过程中能否保证进度、质量和节约投资，在很大程度上取决于工程设计的优劣。工程建成后，能否获得满意的经济效果，设计工作起着决定性的作用。

根据《建筑工程设计文件编制深度规定（2016 年版）》，民用建筑工程的设计程序一般分为方案设计、初步设计和施工图设计三个阶段。对于技术要求相对简单的民用建筑工程，当有关主管部门在初步设计阶段没有审查要求，且合同中没有做初步设计的约定时，可在方案设计审批后直接进入施工图设计。

在设计阶段，BIM 技术主要用于汇总各专业设计图纸，进行三维模型整合，并开展模型构建、碰撞检测、可视化设计、协同设计和图纸深化等。

1. 模型构建

BIM 建模打破了以往二维建模的局面，将建筑模型建立在三维立体模型之上，使得模型更加直观、清晰。近年来，BIM 建模已逐渐成为建筑行业的一种普遍实践。

2. 碰撞检测

随着建筑物规模和使用功能复杂程度的增加，机电管线综合设计的需求越来越多，通过构建各专业的 BIM 模型，能够在虚拟的三维环境中检查并发现设计中的碰撞冲突，提高管线综合的设计能力和工作效率。

3. 可视化设计

BIM 可以将建筑的外部布局、内部构造以及地上地下细节按照需求展示出来，使得设计师不仅拥有了三维可视化的设计工具，更重要的是使设计师能使用三维的思考方式来完成建筑设计，也使业主及最终用户通过模型直接获得真实体验感的建筑效果。

4. 协同设计

协同设计使分布在不同地理位置、不同专业的设计人员能通过网络协同展开设计工作。BIM 技术为协同设计提供底层技术支撑，形成多专业集成的信息模型，大幅提升协同设计的技术含量。目前，借助 BIM 的技术优势，协同的范围从单纯的设计阶段扩展到建设工程全寿命周期。

5. 图纸深化

深化设计是指结合各专业图纸及施工现场情况，在业主/设计单位提供的蓝图的基础上，对图纸进行细化、补充和完善，使其满足设计单位的技术要求，符合行业设计规范和施工规范，并通过图纸审核。BIM 模型中包含与实际情况一致的建筑工程信息库，利用 BIM 技术，不仅能呈现与现实一致的虚拟模型，还能有效地解决二维图纸深化过程中经常遇到的多种问题。

2.2 相关软件简介

2.2.1 Revit 三维建模软件

Revit 是一款由美国 Autodesk 公司开发的 BIM 软件，专为建筑设计师，结构工程师，机械、电气、管道工程师和承包商设计，旨在为建设工程的各个阶段提供一个统一的建模环境。这款软件可以在建筑、结构和机电工程设计中创建精确的三维模型，同时还能生成施工图纸和各种报告，为各类建设工程的设计和管理提供全方位的支持。

在 Revit 模型中，二维视图、三维视图、明细表等，都是同一个基本建筑模型数据库的信息表现形式。Revit 全面创新的概念设计功能，方便用户进行自由形状建模、参数化设计和基础分析。借助这些功能，用户可以自由绘制草图，快速创建三维形状并进行交互处理。Revit 能够围绕最复杂的形状自动构建参数化框架，从概念性研究到最详细的施工图纸和明细表的整个设计流程都可以在同一个直观的、可视化的环境中完成。Revit 具有强大的联动功能，平面图、立面图、剖面图和明细表等全部关联，一处修改，处处更新，自动避免低级错误。Revit 能解决多专业协同的问题。它具有建筑、结构、设备三大专业模块，以及专业协同、远程协同等功能，还可以输入到 3ds MAX 中进行渲染、碰撞分析、绿色建筑分析等。

目前，Revit 具有以下四个功能特点。

1. 参数化设计

Revit 采用参数化设计，设计师可以创建和修改建筑元素的参数（如长度、宽度、高度等），系统会自动更新模型中与此有关的所有部分。参数化设计使得设计变得更加灵活和高效，可以快速应对设计变更和调整。

2. 多方协同工作

Revit 支持多方协作，可以让多个设计师同时在同一个项目中工作。通过云端协同平台（如 Autodesk BIM 360），多个设计师可以实时共享和更新项目数据，以提高协作效率。Revit 还支持与其他 Autodesk 软件（如 AutoCAD、Navisworks 等）的无缝集成，便于各专业团队协作。

3. 施工图纸生成

Revit 可以自动生成施工图纸，包括平面图、立面图、剖面图、详图等。这些图纸可以直接从三维模型中提取，保证了图纸的准确性和一致性。此外，Revit 还可以生成各种工程报告和统计数据，为项目管理和施工提供有力支持。

4. 分析与模拟

Revit 具有强大的分析和模拟功能，可以进行结构分析、能耗分析、光照分析等。通过这些分析工具，设计师可以在设计初期预测和优化建筑性能，确保设计的可行性和可持续性。

Revit 作为一款强大的 BIM 软件，凭借其丰富的功能和广泛的应用，为建筑设计、结构工程、机电工程和施工管理提供了全方位的支持。设计师可以使用 Revit 创建从概念设计到详细设计的完整三维模型，并生成高质量的渲染图像和动画。此外，Revit 辅助设计师在设计过程中考虑更多的因素，如节能、环保、可持续性等。在结构设计领域，Revit 可创建和分析建筑结构，包括钢结构、混凝土结构、木结构等。Revit 可以与结构分析软件（如 Autodesk Robot、Structural Analysis）集成，进行详细的结构分析和计算，提高结构设计的效率和准确性。在机电工程领域，机电工程师可以使用 Revit 创建和管理机电系统的三维模型，包括暖通空调、给排水、电气等系统，帮助工程师优化机电系统的布局和设计，提高系统的性能和可靠性。在施工管理领域，Revit 可以用来进行施工计划、进度管理、成本控制等。通过 BIM 模型，施工管理人员可以更好地了解和控制施工过程，减少施工风险和成本。Revit 还可以生成施工模拟动画，帮助施工人员更直观地理解施工步骤和方法。

2.2.2　Civil 3D 建模软件

Civil 3D 是由 Autodesk 公司开发的一款面向土木工程领域的计算机辅助设计（CAD）

和建筑信息模型（BIM）软件。Civil 3D 专为土木工程师、设计师、规划师和制图员设计，旨在为工程项目建设提供强大的建模和设计工具。通过 Civil 3D，用户可以在一个统一的平台上进行道路设计、场地规划、排水系统设计、地形建模等土木工程设计和分析工作。

目前，Civil 3D 具有以下七个方面的功能特点。

1. 动态建模

Civil 3D 采用动态建模技术，允许用户在设计过程中进行实时修改和调整模型。当用户对模型中的某一部分进行修改时，所有相关部分都会自动更新，确保设计的一致性和准确性。这种动态建模功能极大地提高了设计效率，减少了因设计变更而导致的错误和返工。

2. 地形建模

Civil 3D 具备强大的地形建模功能，可以利用多种数据源（如 LIDAR 数据、地形图、实地测量数据等）创建高精度的地形模型。用户可以对地形模型进行编辑、分析和可视化，生成等高线图、坡度图和体积计算报告等。这些功能对于场地规划和土方工程设计至关重要。

3. 道路设计

Civil 3D 提供全面的道路设计工具，包括路线设计、横断面设计、纵断面设计和道路放样等。用户可以根据道路设计规范和标准，创建精确的道路几何模型，并生成施工图纸和报告。Civil 3D 的道路设计功能可以用于优化道路设计，提高道路的安全性和通行能力。

4. 排水和雨水管理

Civil 3D 具有强大的排水和雨水管理功能，可以进行管道网络设计、雨水管理和洪水分析。用户可以创建和分析排水系统的三维模型，进行流量计算和水力模拟，优化排水系统的设计和布局。此外，Civil 3D 还可以生成排水系统的施工图纸和报告，提供全面的排水设计支持。

5. 土方工程设计

Civil 3D 具备强大的土方工程设计，可以进行土方量计算、平衡分析和施工放样。用户可以创建土方工程的三维模型，进行挖方和填方计算，优化土方工程的设计和施工方案。Civil 3D 的土方工程设计可以帮助工程师提高土方工程的效率和准确性，降低施工成本。

6. 桥梁和隧道设计

Civil 3D 支持桥梁和隧道设计，用户可以创建、分析桥梁和隧道的三维模型，进行结构分析和施工放样。通过与其他 Autodesk 软件（如 Revit、InfraWorks 等）的集成，Civil 3D 可以提供全面的桥梁和隧道设计解决方案，提高设计和施工的效率和质量。

7. 团队协同工作

Civil 3D 支持团队协作，可以让多个设计师同时在同一个项目中工作。通过云端协同平台（如 Autodesk BIM 360），设计师可以实时共享和更新项目数据，提高了协作效率。Civil 3D

还支持与其他 Autodesk 软件（如 AutoCAD、Revit、Navisworks 等）的无缝集成，方便各专业团队之间的协作。

Civil 3D 作为一款强大的 CAD 和 BIM 软件，凭借其丰富的功能和广泛的应用，为城市规划、道路和桥梁工程、排水和雨水管理工程、土方工程、环境工程等领域提供了全方位的支持。

2.2.3　Tekla Structures 钢结构设计软件

Tekla Structures 是由 Tekla 公司开发的钢结构设计软件，通过绘制三维模型，明确钢结构详图深化设计和混凝土结构详图中各构件间的关联性，同时自动生成钢结构详图、混凝土结构详图和各种报表。用户可以在虚拟的空间中搭建一个完整的结构模型，模型中不仅包括结构零部件的几何尺寸，还包括材料规格、节点类型、材质、用户批注语等在内的所有信息。同时，用户可以从不同方向连续旋转地观看模型中任意零部件，以便检查人员查看模型中各杆件空间的逻辑关系有无错误。

Tekla Structures 是一个基于面向对象技术的智能软件，模型中所有元素包括梁、柱、板、节点螺栓等都是智能对象。Tekla Structures 自带的绘图编辑器能对图形进行编辑，当需要改变设计时，只需改变模型，其他数据均相应地改变，即当梁的属性改变时，相邻的节点也自动改变，零部件安装及总体布置图都相应改变，将人为所引起的错误降低到最低限度。

Tekla Structures 在钢结构设计领域具有显著优势。用户可以使用 Tekla Structures 创建复杂的钢结构模型，包括各种连接、节点和详细构件。Tekla Structures 提供多种标准化连接库，并支持用户自定义连接，以满足不同项目的需求。此外，Tekla Structures 还可以自动生成详细的钢结构施工图纸和材料清单。

Tekla Structures 作为一款 BIM 软件，凭借其强大的功能和广泛的应用，为建筑、桥梁、工业设施、能源与基础设施等领域提供了全方位的支持。在建筑工程中，建筑设计师和结构工程师可以使用 Tekla Structures 创建详细的建筑和结构模型，并生成高质量的施工图纸和报告。Tekla Structures 的多专业协同工作功能使得建筑设计、结构设计和施工管理可以在同一个模型中进行，提高项目的协作效率和设计质量。在桥梁工程中，工程师可以使用 Tekla Structures 创建包括桥墩、桥台、梁、板等构件的复杂的桥梁结构模型，并为每个构件添加详细的配筋和连接信息。通过 Tekla Structures，设计师可以进行详细的桥梁设计和分析，提高桥梁设计的效率和准确性。在工业设施设计中，Tekla Structures 可以用来创建和管理复杂的工业结构模型，包括钢结构厂房、储罐、管道支架等。通过 Tekla Structures 的详细建模和信息管理功能，工程师可以优化工业设施的设计，提高工业设施的安全性和可靠性。在能源与基础设施领域，工程师可以使用 Tekla Structures 创建和管理能源设施（如发电厂、变电站、输电塔等）与基础设施（如污水处理厂等）的三维模型，并进行详细的设计和施工管理。

2.2.4　Rhinoceros 三维建模软件

Rhinoceros 简称 Rhino，是由 Robert McNeel & Associates 公司开发的一款强大的三维建模软件。Rhino 以其自由形态的曲面建模功能而著称，广泛应用于建筑设计、工业设计、珠宝设计、船舶设计、汽车设计、游戏开发以及其他需要高精度三维建模的领域。其灵活的建模工具、高度可定制化的界面以及丰富的插件支持，成为许多设计师和工程师的首选工具。

目前，Rhino 具有以下七个方面的功能特点。

1. 自由曲面建模

Rhino 最显著的特点是其强大的自由曲面建模能力。用户可以使用 Rhino 的 NURBS 工具创建复杂的自由曲面模型。这些曲面不仅可以非常精确地描述复杂的几何形状，还可以进行高效的编辑和修改。通过 Rhino，设计师可以自由地表达创意，创建各种具有高度复杂性和精确性的三维模型。

2. 精确的建模工具

Rhino 提供了一系列精确的建模工具，包括曲线、曲面、实体、网格和点云等工具。用户可以通过这些工具进行精确的几何建模，满足各种工程和设计需求。Rhino 的建模工具支持多种几何运算，如布尔运算、倒角、圆角、拉伸、缩放等，帮助用户创建复杂的几何形状。

3. 兼容性与互操作性

Rhino 具有极高的兼容性，支持多种常见的文件格式，包括 DWG、DXF、OBJ、STL、IGES、STEP、3DS 等。这使得 Rhino 可以与其他 CAD 软件（如 AutoCAD、SolidWorks、Revit 等）以及三维建模软件（如 Blender、Maya、3ds Max 等）进行无缝的数据交换。

4. 高度可定制化

Rhino 允许用户根据需求和工作流程进行定制。用户可以通过修改界面布局、创建自定义工具栏和快捷键，以及编写脚本来提高工作效率。Rhino 支持多种脚本语言，包括 RhinoScript、Python 和 VBScript，使得用户可以编写自定义脚本，自动操作重复性任务，进一步提升工作效率。

5. 强大的插件支持

Rhino 拥有丰富的插件生态系统，用户可以根据需要安装各种插件来扩展软件的功能。例如，Grasshopper 是一个强大的参数化设计插件，广泛应用于建筑和工业设计领域。V-Ray for Rhino 是一个高质量的渲染插件，能够生成逼真的渲染效果。此外，还有许多其他插件，如 T-Splines、RhinoCAM、Orca3D 等，可以满足不同领域的专业需求。

6. 渲染与可视化

Rhino 内置了基本的渲染工具，可以生成高质量的模型预览图像。Rhino 支持多种第三方渲染插件，如 V-Ray、KeyShot、Maxwell 等，使得用户可以创建逼真的渲染效果和动画。这些渲染工具不仅可以提高模型的视觉表现力，还可以用于产品展示和项目汇报。

7. 工程分析与优化

Rhino 不仅可以用于三维建模，还可以进行各种工程分析与优化。通过插件和脚本，用户可以进行结构分析、流体动力学分析、优化设计等。Grasshopper 插件中的多种分析组件使得用户可以进行复杂的参数化分析和优化，帮助用户找到最佳设计方案。

2.2.5　广联达 BIM 土建计量平台 GTJ

广联达 BIM 土建计量平台 GTJ（以下简称 GTJ）可通过智能识别 CAD 图纸、一键导入 BIM 三维设计模型、云协同等方式建立 BIM 土建计量模型。GIJ 采用了广联达公司自主研发的 GDB 几何数据库、三维建模及扣减算法，基于 Opengl 的三维显示引擎，使用多线程充分挖掘多核芯片的机器性能，能支持大规模的复杂建筑模型场景的构造、显示及运算；明确定义了与上游三维设计软件的接口定义及数据规范，对建筑业务进行了模型抽象，采用了模式识别等人工智能算法解决二维到三维、设计模型到预算模型的重建，并通过拓扑关系有效提升转换的准确率；基于 CS（client/server，客户端/服务器）的架构，在服务器端充分利用了云计算、大数据等技术，能高效地实现协同工作和数据提供，实现快速的服务更新与优化；客户端采用了基于内核插件的架构，能够实现模块的快速扩展和更新。

目前，GTJ 在建模方面具有五项核心功能。

1. 全适配主流操作系统

GTJ 适配多款操作系统及 CPU，确保市场主流操作系统和 CPU 的兼容可用；确保数据互通，方便用户切换过渡；界面风格保持不变，减少用户切换学习成本。

2. 支持自定义异形构件建模

工程项目中屋面零星构件形状复杂、种类多样、可复用性低。GTJ 提供自定义节点构件，支持异形截面零星构件的高效建模和快速计算，支持智能识别节点截面及钢筋，支持按构件调整属性设置。

GTJ 提供自定义楼梯构件，包含梯段、平台板、梯梁、栏杆扶手四类子构件，支持智能识别图纸参数、自由绘制异形平台板、一键布置梯梁栏杆扶手，满足了非标准楼梯样式业务场景下的快速建模需求。

GTJ 提供快速完成坡道自定义建模、坡度线绘制及变坡点设置等，实现坡道量筋合一，提高建模效率。

3. 覆盖装配式业务

装配式模块作为 GTJ 的独立模块，覆盖国内常见装配式项目中 80%以上的预制构件。如水平构件：叠合板、预制梁、预制楼梯，竖向构件：预制墙（夹心保温墙、PCF 板）、预制柱、ALC 轻质隔墙。GTJ 支持 CAD 图纸识别和自动生成构件，快速完成预制构件建模出量；支持识别预制钢筋和套筒埋件表；快速统计报表并直接计算预制构件含钢量和埋件信息。

4. 覆盖基坑支护业务

GTJ 基坑支护模块面向全客户类型，突破了支护类型多样、钢筋配筋复杂、节点形式多三大难题，覆盖排桩、土钉墙、自然放坡、桩板式挡墙、地下连续墙五大支护类型，均可单一或组合处理，且各构件类型灵活设置，满足各类建模需求。

5. 覆盖钢混业务

GTJ2025 钢结构模块覆盖理钢骨柱、钢管砼柱、纯钢构件业务，突破性解决了混凝土、钢筋、钢构件三种材质强交互的复杂场景下模型的快速创建、不同材质之间的精确扣减，以及型钢节点、钢筋节点计算统计的难题。新增钢柱、钢梁、型钢混凝土柱、钢板、栓钉、桁架楼承板六大构件类型，以及钢骨柱、钢管混凝土柱两大钢混凝土柱构件类型的高效建模功能。

2.3 GTJ 建模实操训练

2.3.1 BIM 建模准备

1. 软件下载和安装

【第一步】登录广联达官网，选择"广联达加密锁驱动"及"广联达 BIM 土建计量平台 GTJ2025"（以下简称 GTJ2025）进行下载。

【第二步】安装包下载完成后，在安装窗口中选择安装路径，单击"立即安装"，如图 2-1 所示。

图 2-1　GTJ2025 软件安装

【第三步】根据安装提示，进行软件安装。在使用软件过程中，需一直登录加密锁进行驱动，否则软件将无法使用。

2. 熟悉软件操作界面

【第一步】浏览软件主界面。主界面包含工程设置、建模功能、工程量、绘图区、构件树等功能区域，如图 2-2 所示。

第2章 BIM在工程设计阶段的应用

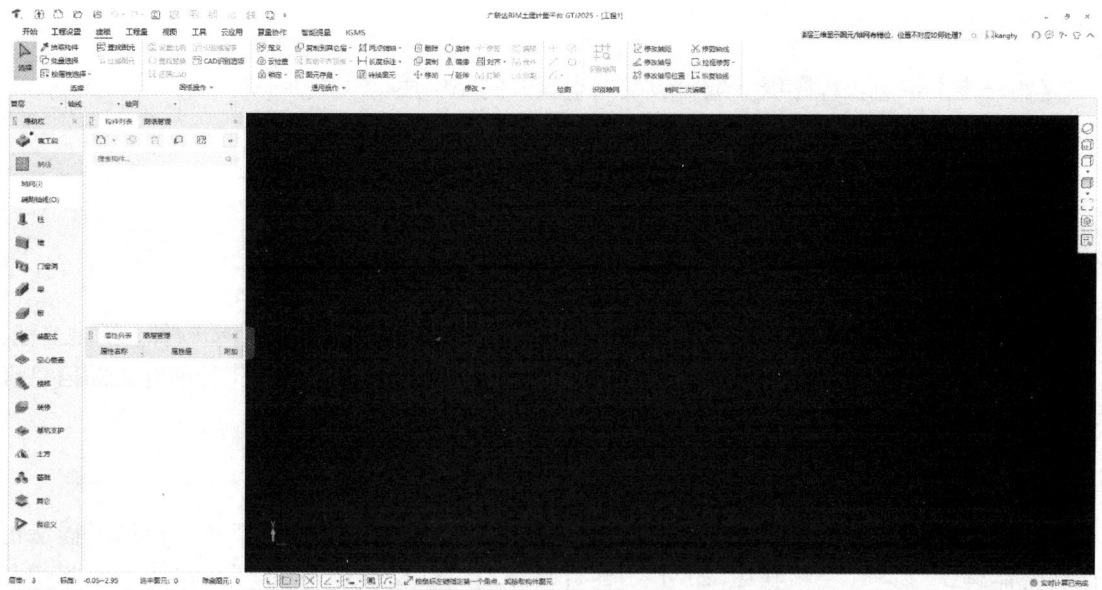

图 2-2 GTJ2025 主界面

【第二步】查看"建模"工具栏。建模工具栏包括选择、图纸操作、通用操作、修改、绘图等功能区域，如图 2-3 所示。

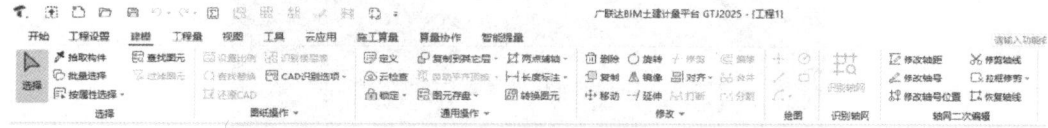

图 2-3 "建模"工具栏

【第三步】查看导航栏。导航栏包括施工段、轴线、柱、墙、门窗洞、梁、板、楼梯、装修、土方、基础等区域，如图 2-4 所示。

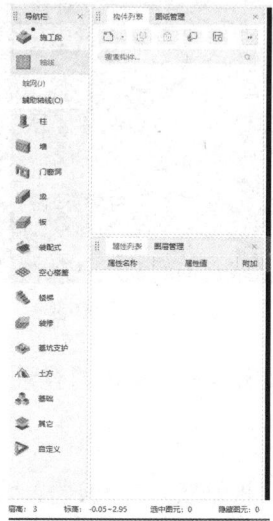

图 2-4 导航栏

3. 熟悉工程设计信息

【第一步】审查工程图纸（纸质版或电子版）的完整性。
【第二步】阅读工程设计总说明，了解相应设计规范和参数设置。
【第三步】依据工程设计概况，明确建设工程计算规则。

2.3.2 软件实操流程

利用广联达 BIM 土建计量平台 GTJ 建立建设工程模型的流程为：启动软件、新建工程、工程设置、建立轴网、新建构件。构件的类型、尺寸、布局可依据相应工程的施工图信息确定。本节介绍流程内各步骤的操作方法。

1. 启动软件

【第一步】单击桌面快捷图标或是单击"开始""所有程序""广联达建筑工程造价管理整体解决方案""广联达 BIM 土建计量平台 GTJ2025"图标打开软件，如图 2-5 所示。

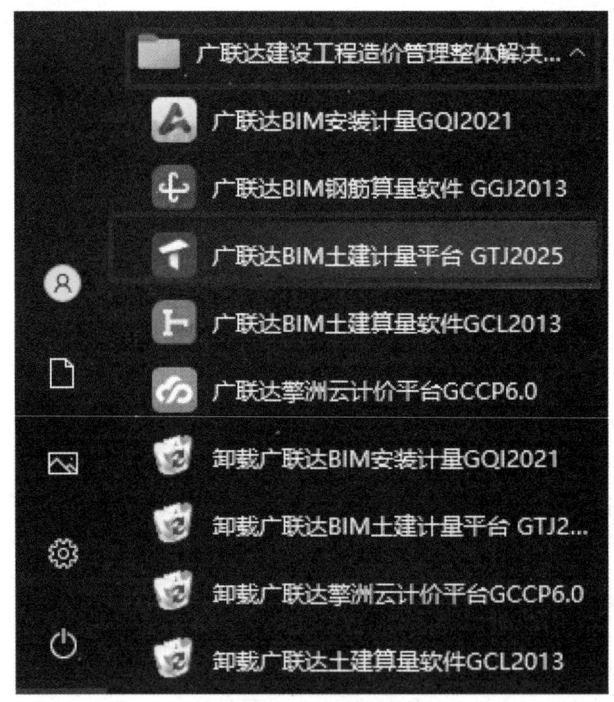

图 2-5 打开软件

【第二步】输入广联达云账号及密码后，单击"登录"，进入运营入口，如图 2-6 所示。

2. 新建工程

【第一步】单击"新建工程"，根据实际工程选择"计算规则""清单定额库""钢筋规则"，如图 2-7 所示。

第 2 章　BIM在工程设计阶段的应用

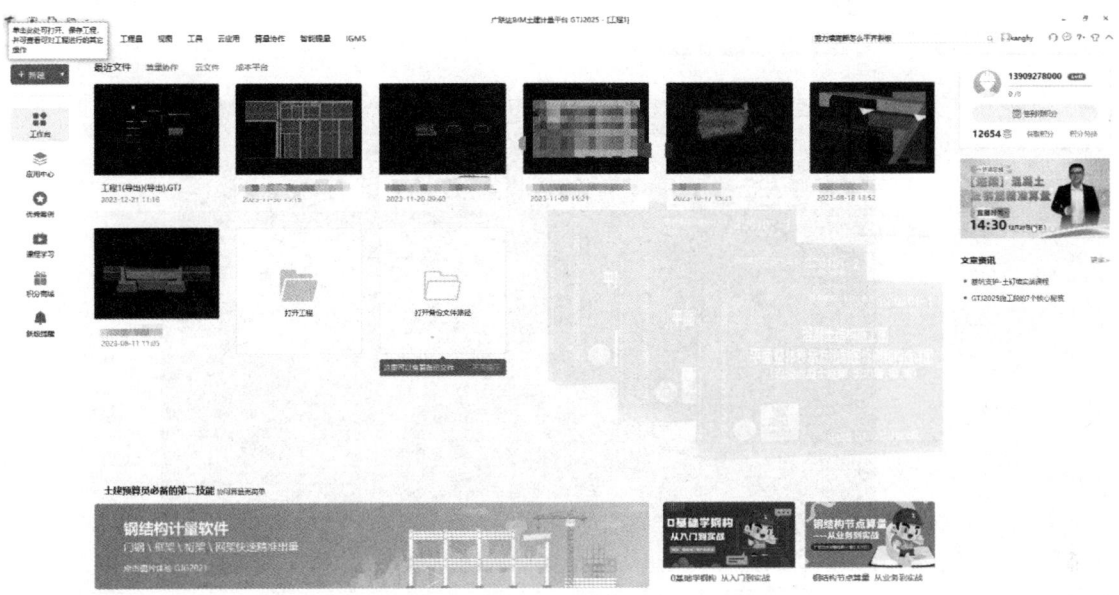

图 2-6　登录

图 2-7　"新建工程"窗口

【第二步】单击"创建工程"后，进入软件操作界面，如图 2-8 所示。

3. 工程设置

【第一步】单击"工程设置""楼层设置"，进行楼层设置，如图 2-9 所示。

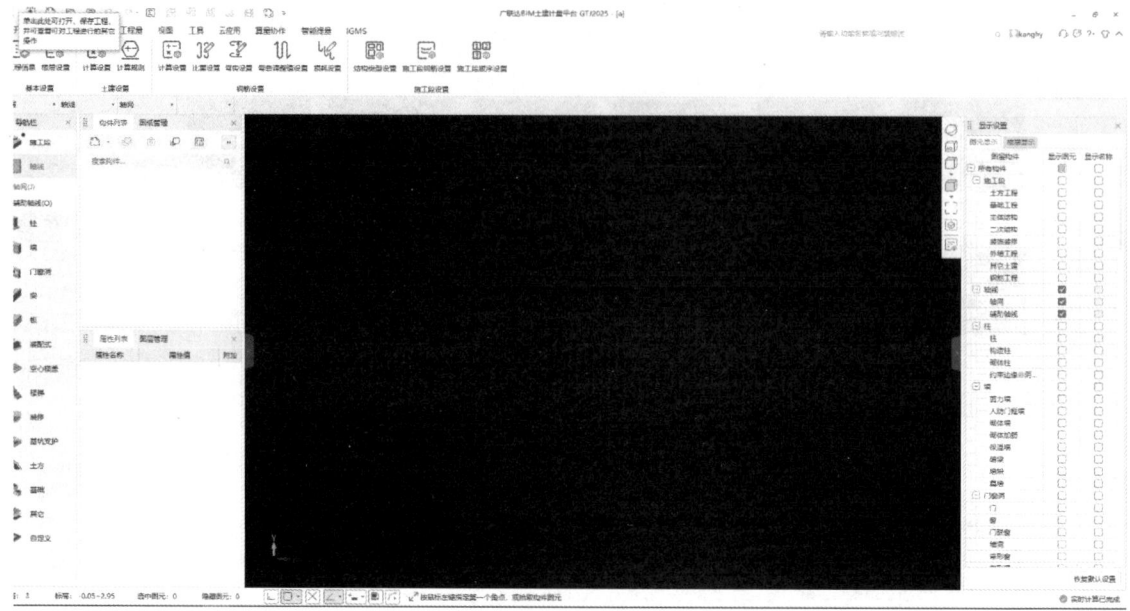

图 2-8　操作界面

图 2-9　设置楼层

【第二步】单击"插入楼层",添加楼层,如图 2-10 所示。

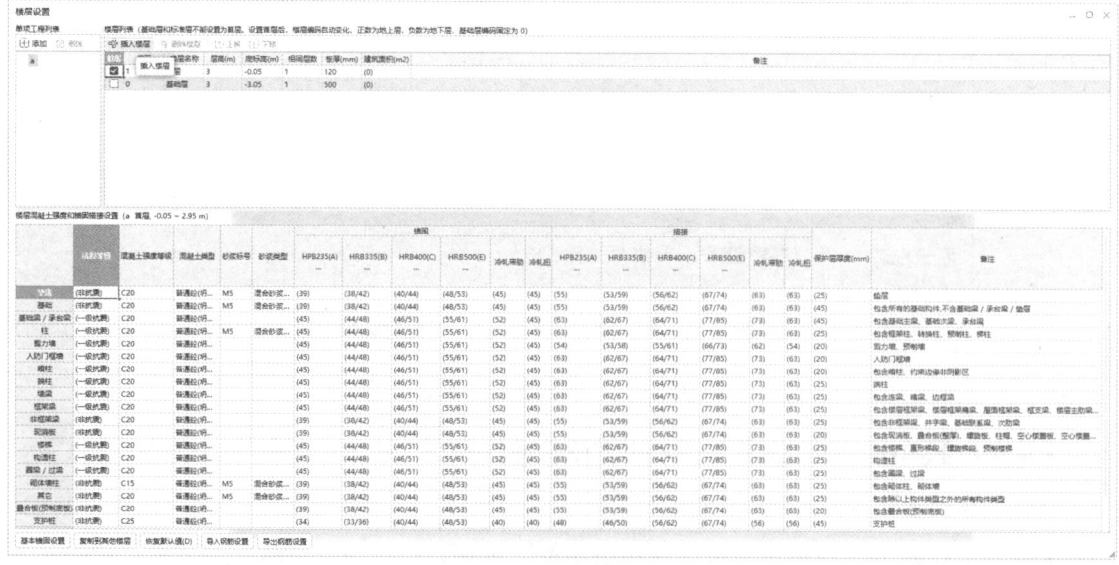

图 2-10　添加楼层

【第三步】根据图纸输入各层层高及首层底标高，首层底标高在软件中默认为-0.05m，如图 2-11 所示。

插入楼层 删除楼层 上移 下移

首层	编码	楼层名称	层高(m)	底标高(m)	相同层数	板厚(mm)	建筑面积(m2)
☑	1	首层	3	-0.05	1	120	(0)
☐	0	基础层	3	-3.05	1	500	(0)

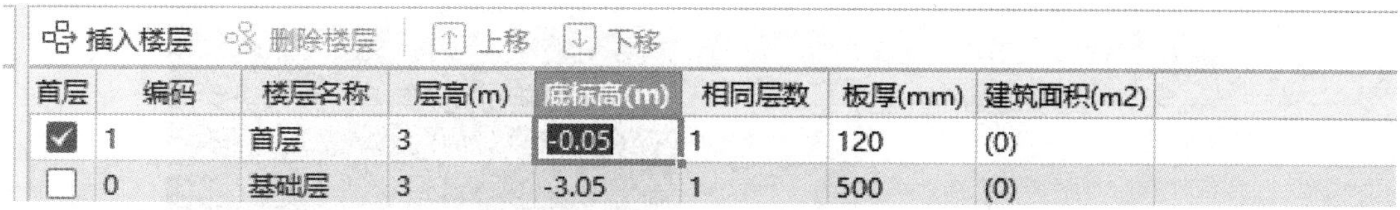

图 2-11　设置楼层标高

4. 建立轴网

【第一步】单击“轴网”，选择构件类型，如图 2-12 所示。

【第二步】单击“构件列表”“新建正交轴网”或“新建斜交轴网”或“新建圆弧轴网”，如图 2-13 所示。

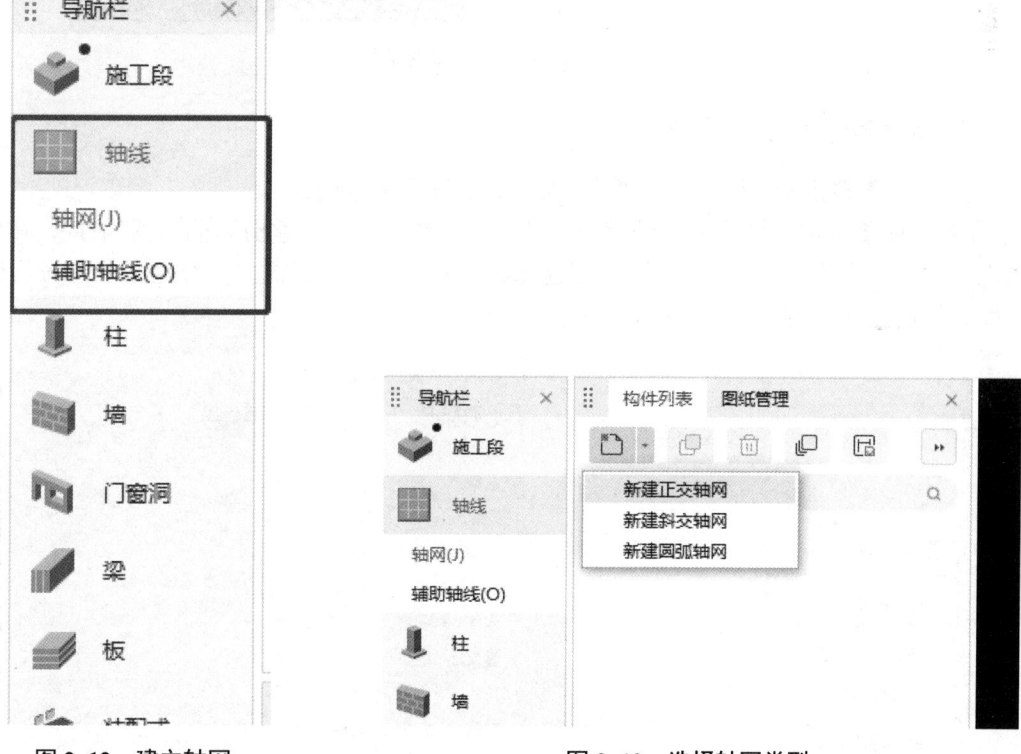

图 2-12　建立轴网

图 2-13　选择轴网类型

【第三步】软件默认为“下开间”数据定义界面，在常用值的列表中选择与图纸上轴距相同的数字作为下开间的轴距，并单击“添加”，在左侧的列表中会显示您所添加的轴距（也可直接在“添加”下方输入图纸上的轴距）。

【第四步】选择“左进深”，输入图纸上的进深轴距数据。这样轴号为 1 的轴网就定义好了，如图 2-14 所示。

【第五步】关闭“定义”窗体，自动弹出“输入角度”，输入图纸上的轴网旋转角度（一一般是不旋转的，输入 0 就可以了），单击"确定"，就会在绘图区域画出定义的轴网。

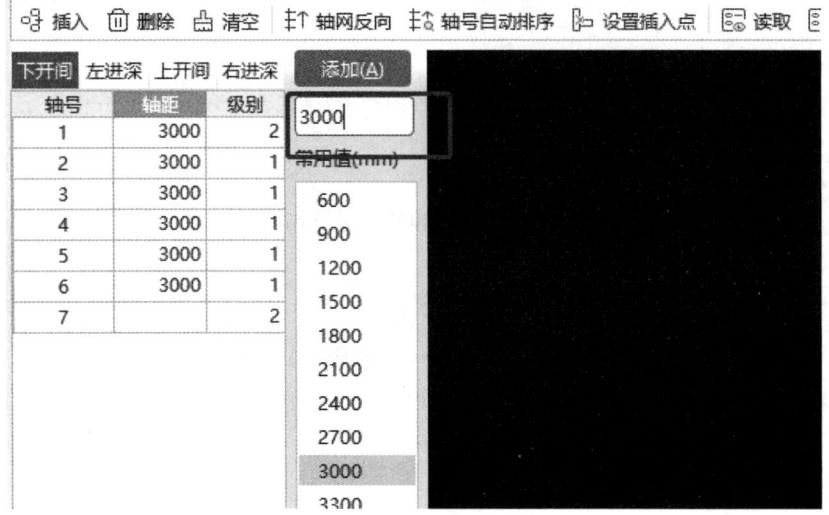

图 2-14　设置轴网参数

5. 新建构件（以墙体为例）

【第一步】单击构件树"墙""剪力墙"，如图 2-15 所示。

【第二步】单击构件列表中的"新建""新建内墙""新建剪力墙内墙构件"，在"属性列表"框中命名为"JLQ-1"。根据工程图纸实际情况，选择或直接修改墙的基础属性，如厚度、拉筋、材质等，如图 2-16 所示。

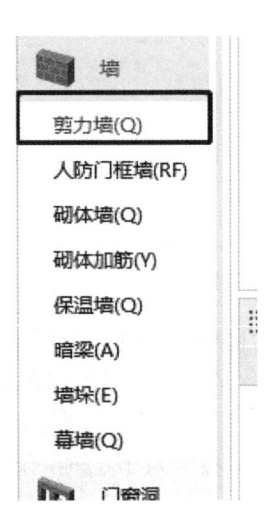

图 2-15　新建剪力墙

图 2-16　设置剪力墙属性

【第三步】单击"建模""绘图""直线",光标在绘图区域内变成"x"后,单击鼠标,确定绘制剪力墙起点。在绘图区域按照图纸上的形式绘制剪力墙图元,再次单击鼠标,确定剪力墙终点,完成绘制,如图 2-17 所示。

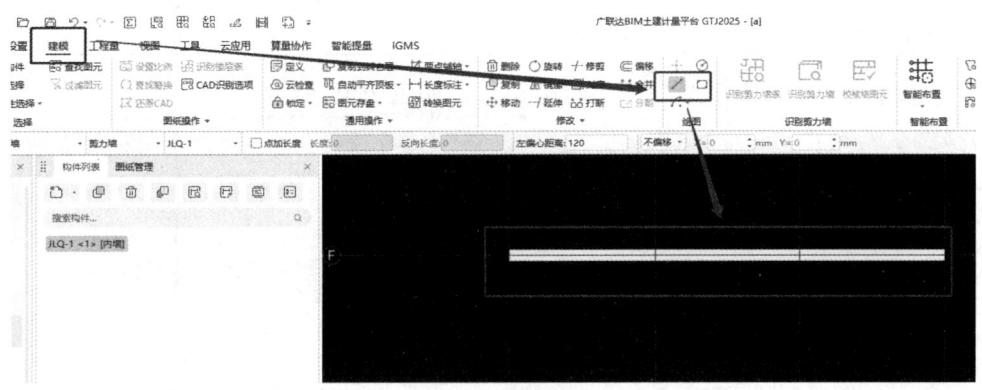

图 2-17　绘制剪力墙

在进行构件绘制时,一般按照先地上、后地下,先主体、后零星的顺序绘制。针对不同的结构类型,采用不同的绘制顺序。框架结构绘制顺序:柱→梁→板→砌体结构→基础→其他。剪力墙结构绘制顺序:剪力墙→墙柱→墙梁→板→基础→其他。砖混结构绘制顺序:砌体墙→门窗洞→构造柱→圈梁→板→基础→其他。

2.4　GTJ 建模工程应用案例

2.4.1　工程案例简介

××区拟建一个商业项目,总建筑面积约 10694.9m²,为地上五层、地下一层的大楼。地上五层为购物中心,建筑面积 6696.0m²,地下一层为停车场,建筑面积 3998.9m²。结构类型为钢筋混凝土框架结构,基础类型为桩筏基础,设计使用年限为 50 年。抗震设防类别为丙类,抗震等级为三级抗震,抗震设防烈度为 7 度,基本地震加速度为 0.10g,设计地震分组为第二组,环境类别为四类。

目前,该工程已完成施工图设计,现需要根据建筑施工图和结构施工图,利用 GTJ2025 构建土建模型,以便后续工程量计算和招投标阶段 BIM 应用。

2.4.2　BIM 模型设计

1. 新建工程

【第一步】打开 GTJ2025,单击页面左上角"+新建"选择"新建工程"。

【第二步】由于 GTJ 为土建计量平台,在构建 BIM 模型之前需根据工程所在地区,选择相应的计算规则。例如,本工程所在地为上海,工程为房屋

【BIM模型设计】

建筑与装饰工程，则选择清单规则为"房屋建筑与装饰工程计量规范计算规则（2013-上海）"，定额规则为"上海市建筑和装饰工程预算定额工程量计算规则（2016）"，如图 2-18 所示。

2. 设置工程基本信息

【第一步】单击"工程设置""工程信息"，如图 2-19 所示。

图 2-18　新建工程

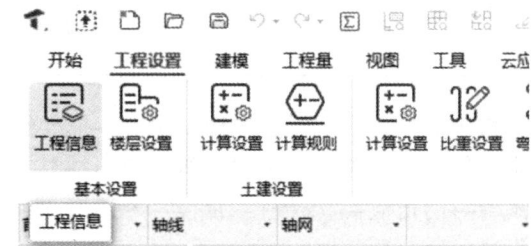

图 2-19　工程信息

【第二步】按照工程实际，分别设置"工程信息""计算规则"和"编制信息"，如图 2-20 所示。

图 2-20　工程信息录入

【第三步】单击"工程设置""楼层信息",根据工程图纸,单击"添加",可设置"楼层名称""层高""底标高",如图 2-21 所示。

图 2-21 楼层信息录入

3. 导入图纸

【第一步】打开"图纸管理"界面,选择"添加图纸",如图 2-22 所示。

【第二步】若多张图纸在一个 CAD 文件中,单击"手动分割"或"自动分割",对导入的图纸进行分割,如图 2-23 所示。

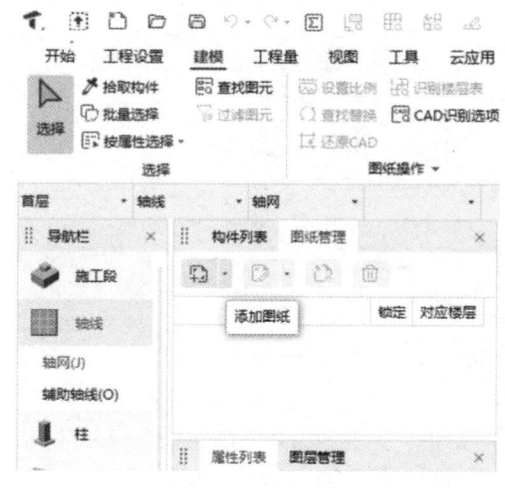

图 2-22 添加图纸

图 2-23 分割图纸

【第三步】根据不同的底标高,将分割后的图纸布置到对应楼层,如图 2-24 所示。

4. 绘制轴网

【第一步】选择"新建正交轴网",如图 2-25 所示。

图 2-24　布置图纸到对应楼层

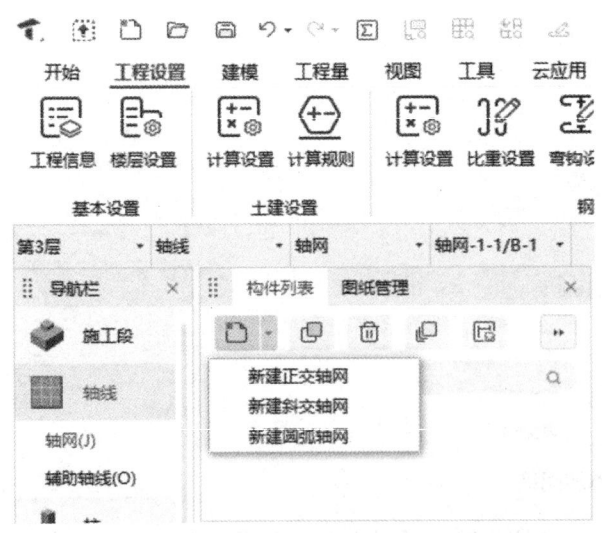

图 2-25　选择"新建正交轴网"

【第二步】选择某一边缘轴线相交处，建立正交轴网，如图 2-26 所示。
【第三步】将分割后的图纸定位到此正交轴网对应的交点处，如图 2-27 所示。

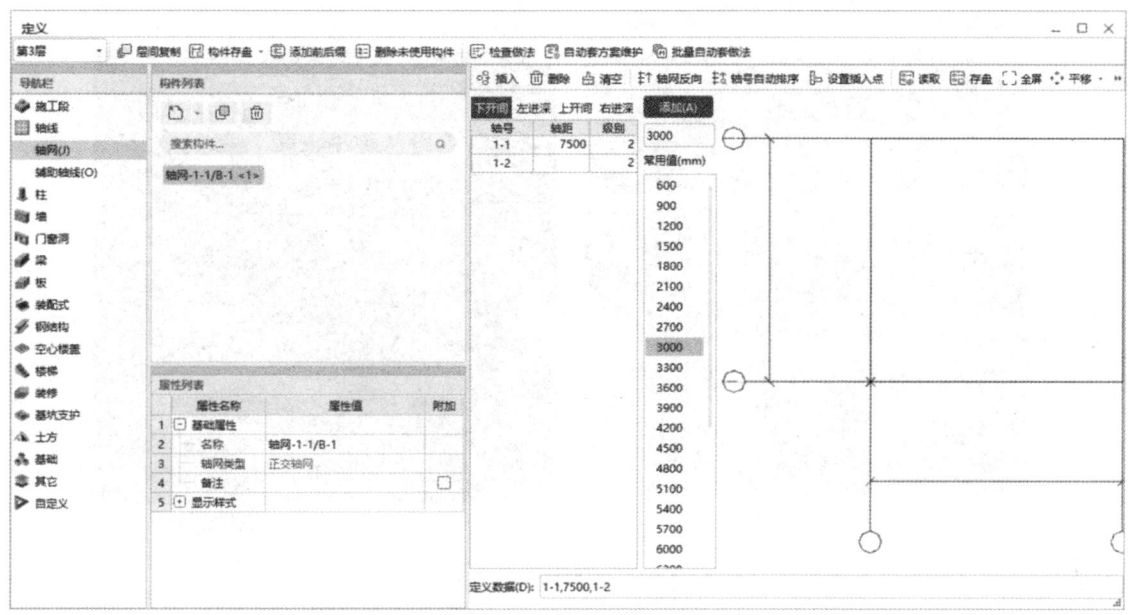

图 2-26 建立正交轴网

5. 绘制基础结构

（1）泥浆护壁成孔灌注桩。

根据桩大样图及结构总说明可知，××区商业项目基础类型为桩筏基础，桩类型为泥浆护壁成孔灌注桩，桩截面形状为圆形，直径均为 800mm，混凝土强度等级均为 C35。

【第一步】选择"新建参数化桩"，如图 2-28 所示。

图 2-27 图纸正位

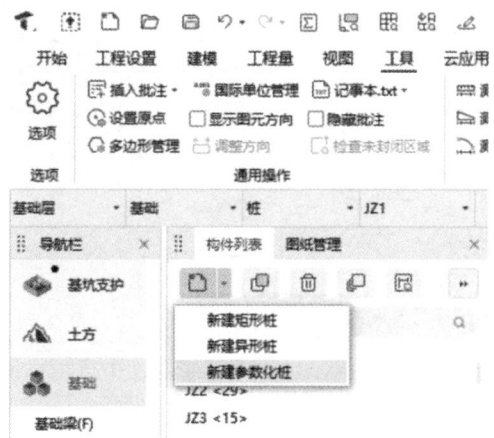

图 2-28 新建参数化桩

【第二步】根据图纸要求，选择合适的桩身类型，设置桩的截面尺寸，如图 2-29 所示。

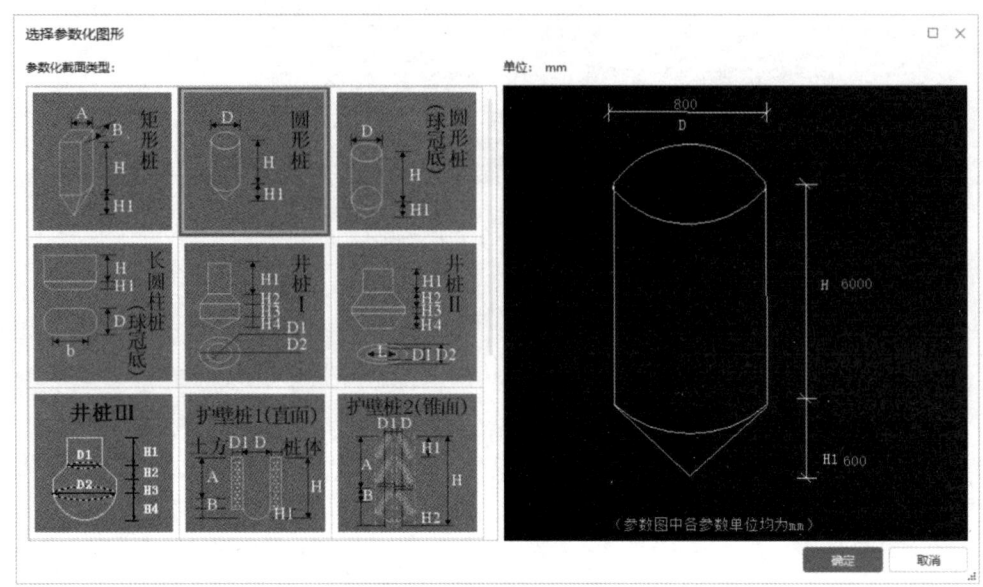

图 2-29 设置桩的截面尺寸

【第三步】选择"工程量"分类中的"表格算量",如图 2-30 所示。

图 2-30 表格算量

【第四步】新建节点,将其命名为"桩",如图 2-31 所示。

图 2-31 桩的命名

【第五步】在"桩"项目下新建"构件",同名参数化桩的名称。选择"参数输入",根据桩大样图,在"图集列表"中选择"16G101-3 灌注桩中灌注桩通常等截面配筋构造"

类别，修改数据，完成桩的钢筋信息输入，如图2-32所示。

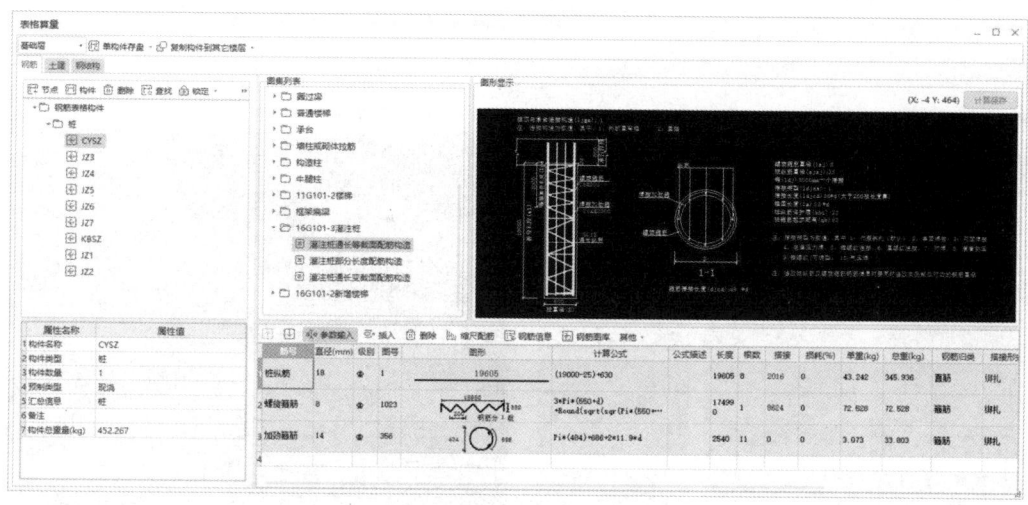

图 2-32 输入桩的钢筋信息

【第六步】根据图纸所示，完成桩构件的布置。

（2）桩承台。

根据基础结构平面布置图可知承台的尺寸及配筋信息。承台单元材质均为预拌混凝土，混凝土强度等级均为C35；承台形状均为规则形状，顶标高均为-6.1m。

【第一步】单击"新建桩承台""属性列表"，按对应的图纸设置构件"名称""顶标高"和"底标高"，如图2-33所示。

【第二步】在对应桩承台下，单击"新建桩承台单元"，如图2-34所示。

图 2-33 新建桩承台

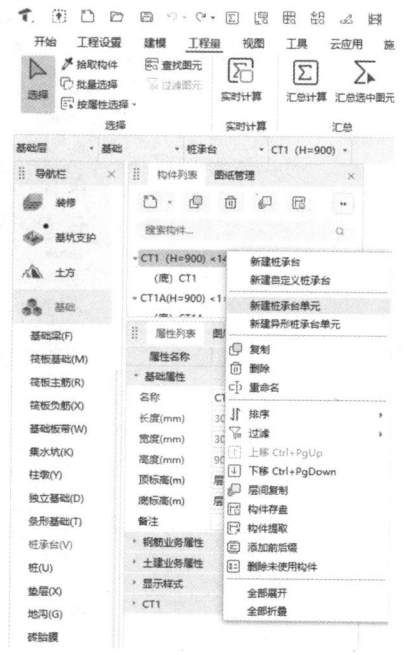

图 2-34 新建桩承台单元

【第三步】根据桩承台大样图，单击"参数化截面类型"，设置钢筋信息，如图 2-35 所示。

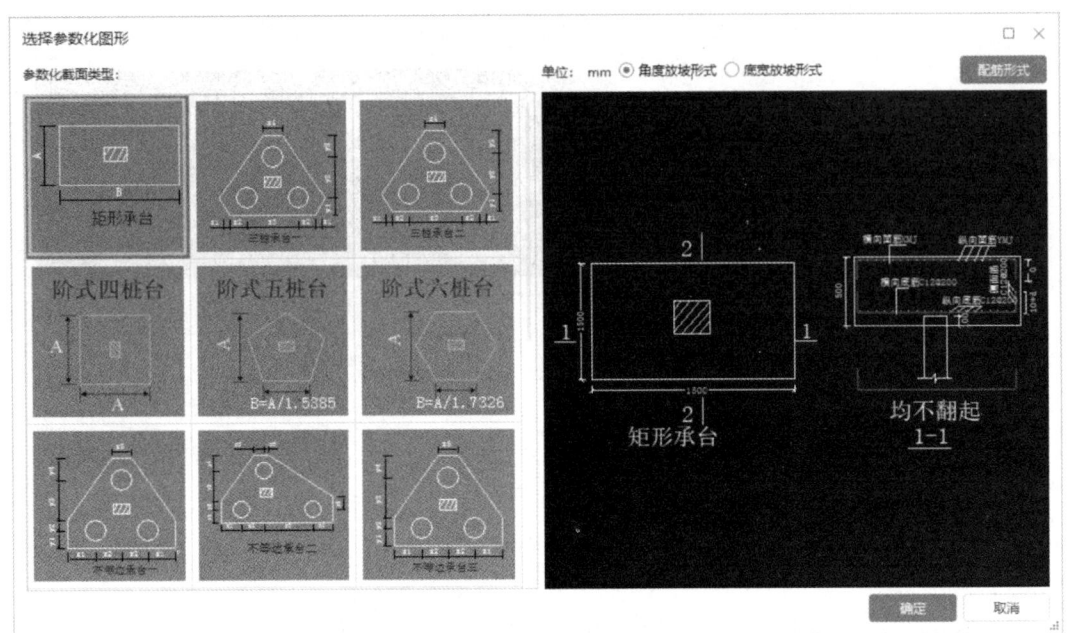

图 2-35 设置桩承台单元的钢筋信息

【第四步】单击"预拌混凝土"，混凝土强度等级设为 C35，如图 2-36 所示。

图 2-36 设置桩承台单元混凝土信息

【第五步】按照图纸所示，在对应位置布置桩承台，如图 2-37 所示。

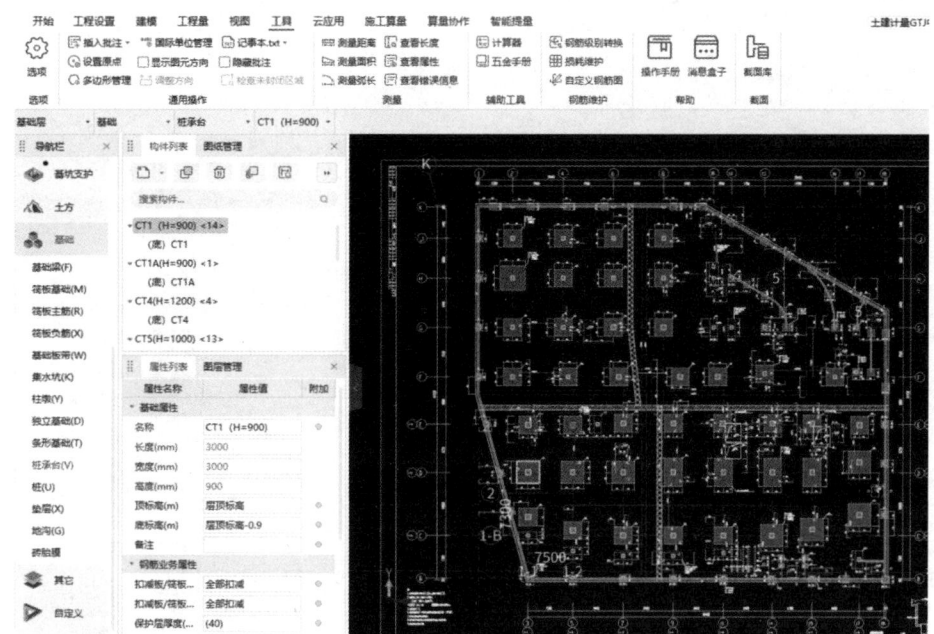

图 2-37 布置桩承台位置

（3）承台梁。

根据基础结构平面布置图，得出承台梁的相关信息。

【第一步】单击"新建矩形基础梁"，按照图纸要求为其命名，如图 2-38 所示。

图 2-38 新建矩形基础梁

【第二步】设置梁的类别为"承台梁"，如图 2-39 所示。

【第三步】依次设置承台梁的尺寸、钢筋信息，承台梁的材质为"现浇混凝土"，混凝土强度等级默认为 C35，设置"起点底标高"与"终点底标高"，如图 2-40 所示。

（4）筏板。

根据基础结构平面布置图中的剖面图和说明可知，筏板厚度为 500mm，无抗渗等级。由于筏板为地下室底板，且在地下室外墙外边线基础上拓宽 300mm，据此绘制基础工程的筏板构件。

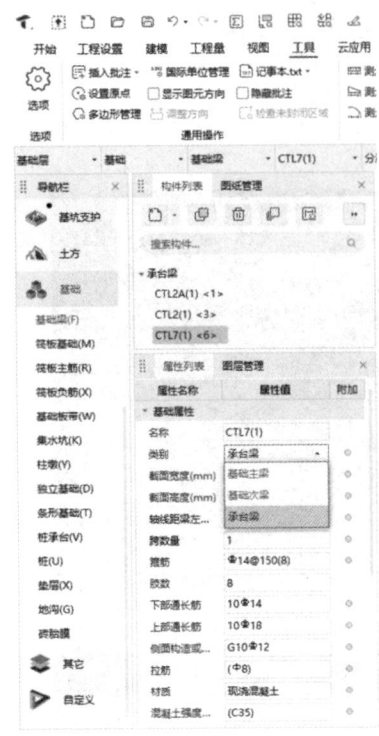
图 2-39 设置梁的类别为承台梁

图 2-40 设置承台梁信息

【第一步】单击"新建筏板基础",按照设计要求,在"属性列表"下设置"厚度""混凝土强度""底标高"和"顶标高",如图 2-41 所示。

图 2-41 新建筏板基础

【第二步】由于筏板平面存在标高不一致的情况，故将现有筏板进行分割处理，并根据图纸要求，设置不同的标高，如图 2-42 所示。

图 2-42　分割筏板基础

【第三步】分割完成后，单击"设置变截面"。分别选中"变截面区域"筏板与"原"筏板，右击确认，如图 2-43 所示。

图 2-43　设置筏板基础变截面

【第四步】单击"所有边"，完成变截面筏板的设置，如图 2-44 所示。

（5）垫层。

根据结构总说明可知，垫层混凝土强度等级为 C20，由基础顶面～-0.100m 墙柱平面布置图中 DWQ 地下室外墙剖面图可知，垫层厚度为 150mm。

【第一步】单击"新建面式垫层"，在"属性列表"下设置垫层"厚度""材质""混凝土强度等级"及"顶标高"，如图 2-45 所示。

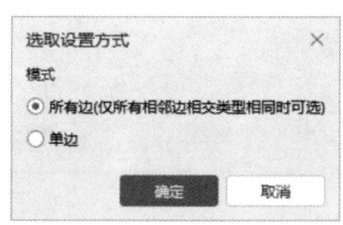

图 2-44　完成筏板基础变截面设置　　　　图 2-45　新建面式垫层

【第二步】单击"建模""绘图",选择"直线"工具,沿着图纸中筏板的边缘轮廓线,构建垫层模型,如图 2-46 所示。

图 2-46　构建垫层模型

【第三步】对于桩承台处底部垫层,可选择"智能布置"中的"桩承台"选项,按照图纸所示逐一布置,如图 2-47 所示。

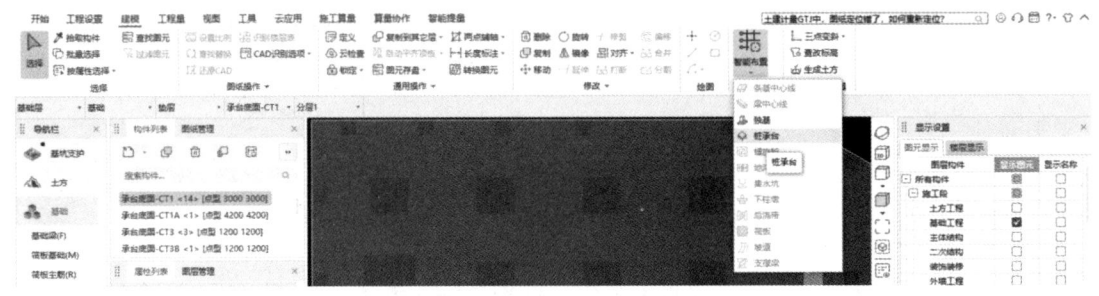

图 2-47　桩承台处底部垫层布置

【第四步】对于桩承台梁底部垫层,单击"新建线性矩形垫层",在"属性列表"下依次设置相应参数,完成桩承台梁底部垫层的布置,如图 2-48 所示。

图 2-48　桩承台梁底部垫层信息设置

(6)排水沟。

根据基础结构平面布置图所示,设置排水沟底标高为-6.9m,宽度为 300mm,高度为 500mm,现浇混凝土强度等级为 C35,构建基础层排水沟。

为简化工程量汇总,首层、二层、屋面层排水沟均按地沟单元建立,从而得到排水沟构件。

【第一步】选择"新建地沟",设置"截面宽度"和"截面厚度",如图 2-49 所示。

【第二步】选择"地沟",设置"底标高",如图 2-50 所示。

【第三步】根据图纸所示绘制地沟构件。

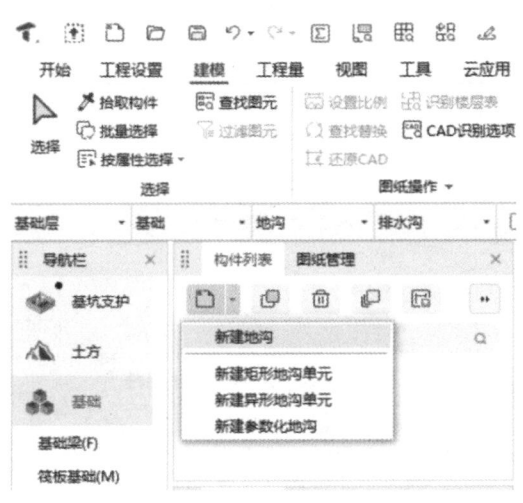

图 2-49 新建地沟

图 2-50 设置地沟信息

6. 绘制主体结构

(1)钢筋混凝土柱。

由结构总说明可知,柱标高和混凝土强度等级:基础顶~5.220m,C40;5.220~小塔楼,C35。将结构施工图图纸按楼层进行分割,得到每层的柱平面布置图。

【第一步】单击"新建矩形柱",如图 2-51 所示。

【第二步】根据图纸中柱的标记,"KZ"的结构类别是"框架柱"。按照图纸所示,依次在"属性列表"下设置"截面尺寸""钢筋信息"及"柱类型",如图 2-52 所示。

【第三步】对柱截面的钢筋信息进行设置时,可单击"截面编辑"选项进行设置,如图 2-53 所示。

(2)钢筋混凝土梁。

将结构施工图图纸按楼层进行分割,得到梁平面布置图。采用识别梁的方法,提取梁边线,先识别集中标注,编辑支座后识别原位标注,统一将梁材质设置为现浇混凝土,梁混凝土强度等级设置为 C35,从而完成梁构件的快速绘制。

【第一步】单击"建模""识别梁",如图 2-54 所示。

【第二步】单击"提取边线",选中梁的轮廓线,右击确认。轮廓线消失即为提取成功,如图 2-55 和图 2-56 所示。

图 2-51　新建矩形柱

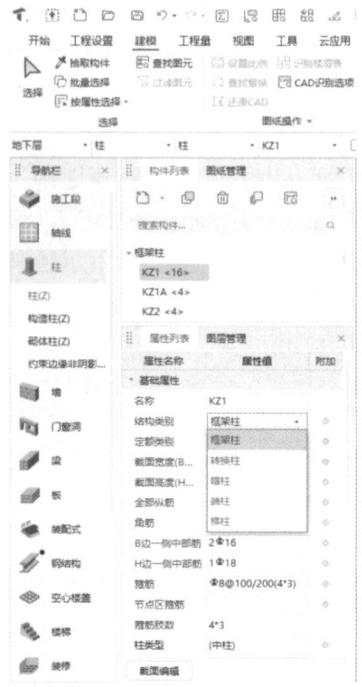

图 2-52　设置框架柱

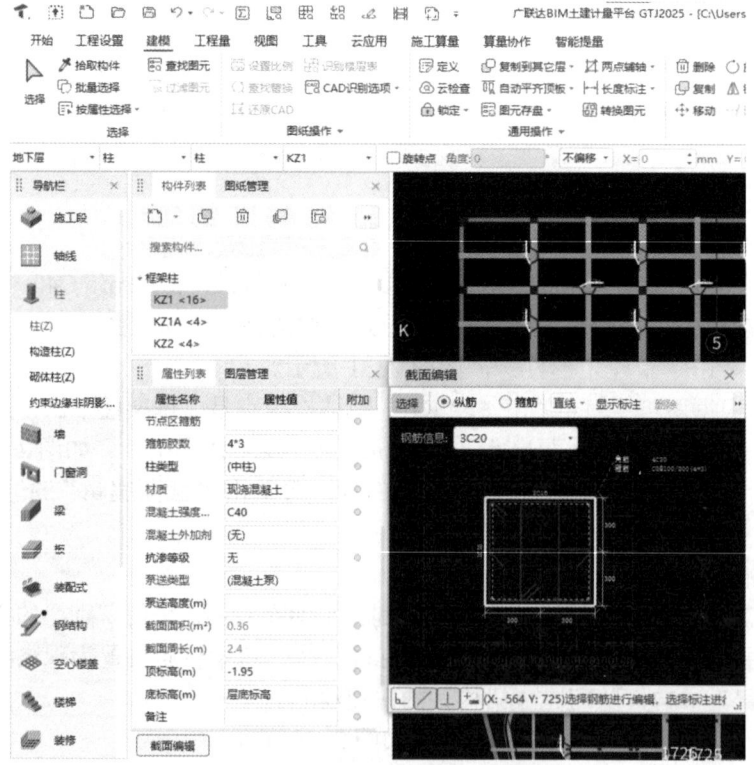

图 2-53　设置框架柱钢筋信息

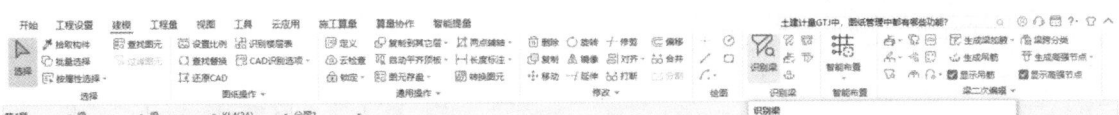

图 2-54　识别梁

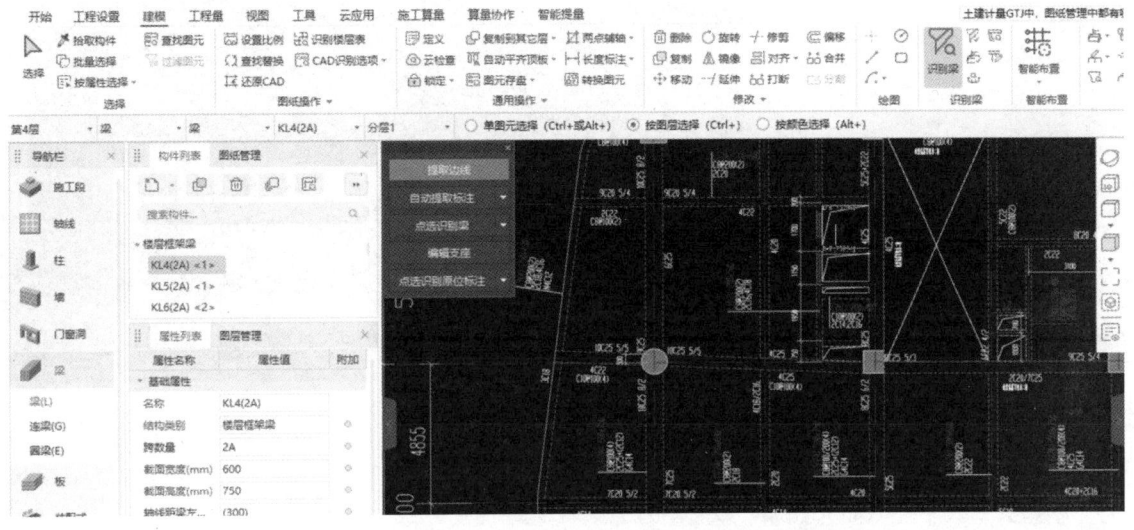

图 2-55　提取梁边线

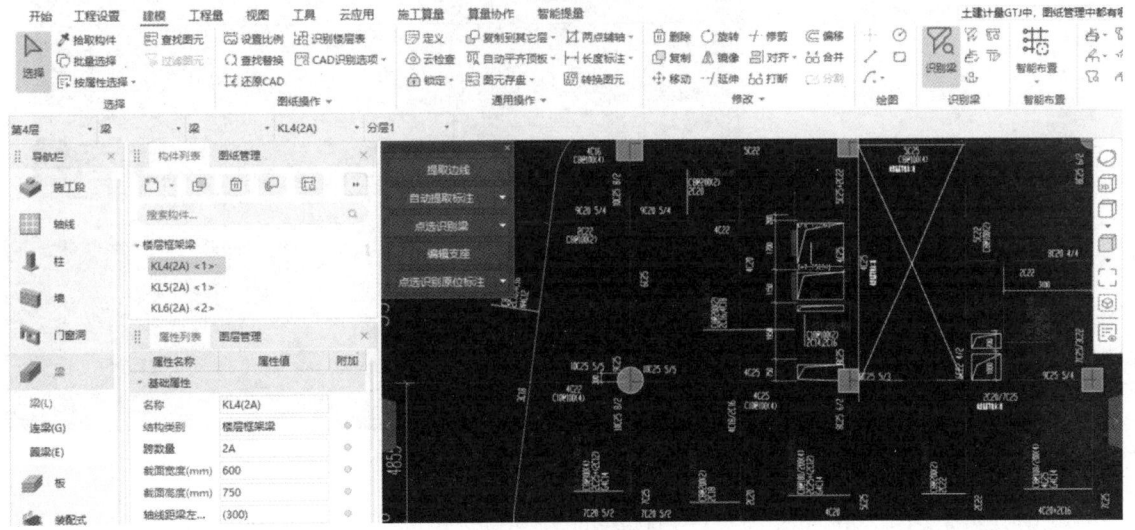

图 2-56　成功提取梁

【第三步】单击"自动提取标注"栏下的"提取集中标注"选项，选中集中标注，右击确认，标注消失即为提取成功，如图 2-57 和图 2-58 所示。由于系统设置，无法区分集中标注与原位标注，故先统一提取全部标注，再单独识别原位标注。

【第四步】先打开"图层管理"中的"CAD 原始图层"（图 2-59），再选择"点选识别梁"（图 2-60），可根据图纸要求设置梁的标高，最后选择梁边框线，右击确认，梁颜色变为粉红色即为初步绘制成功，如图 2-61 所示。

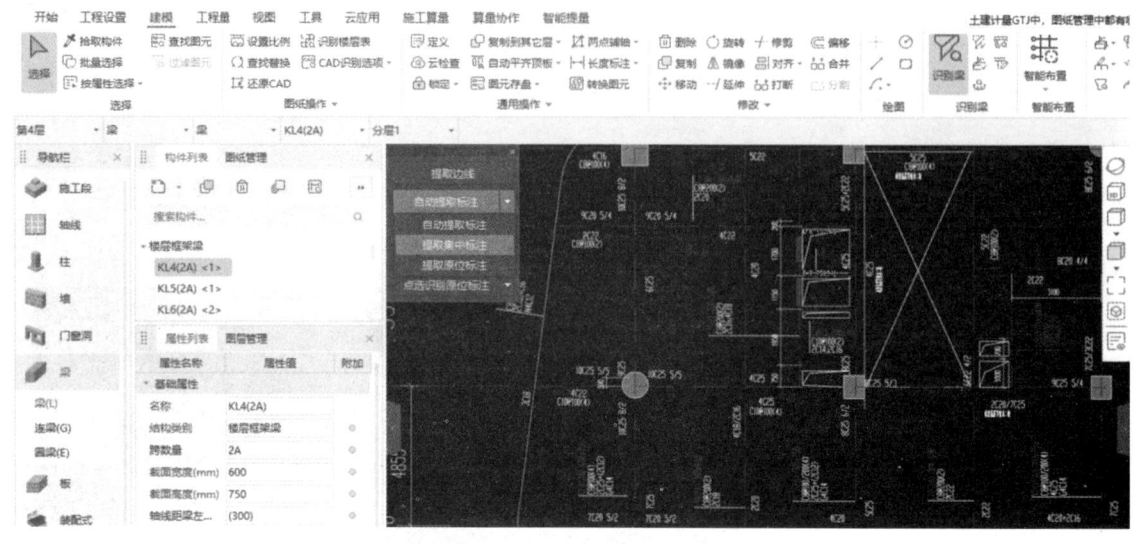

图 2-57 标注钢筋混凝土梁

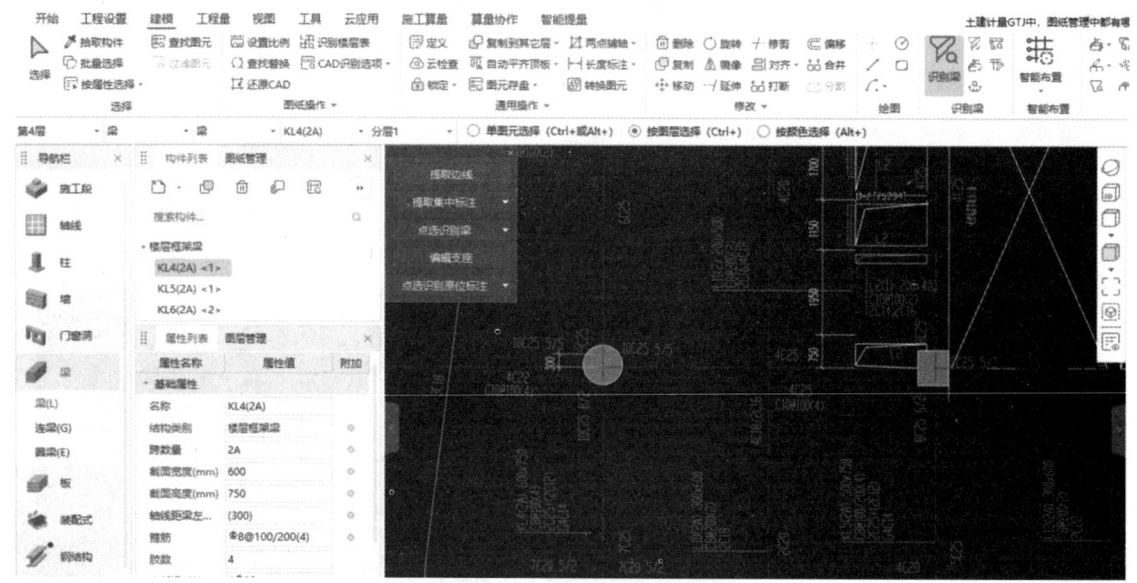

图 2-58 成功标注钢筋混凝土梁

【第五步】选择"编辑支座"，点选梁的交点，设置支座，如图 2-62 所示。

【第六步】单击"提取原位标注"（图 2-63），"点选识别原位标注"，如图 2-64 和图 2-65 所示。

（3）现浇混凝土板。

根据板配筋图可知现浇混凝土板的标高和厚度，混凝土强度等级均为 C35，且在地库范围内的混凝土采用防水抗渗混凝土，抗渗等级为 P6。新建混凝土现浇板模型，按照图纸设置板厚及标高，构建现浇混凝土构件模型。

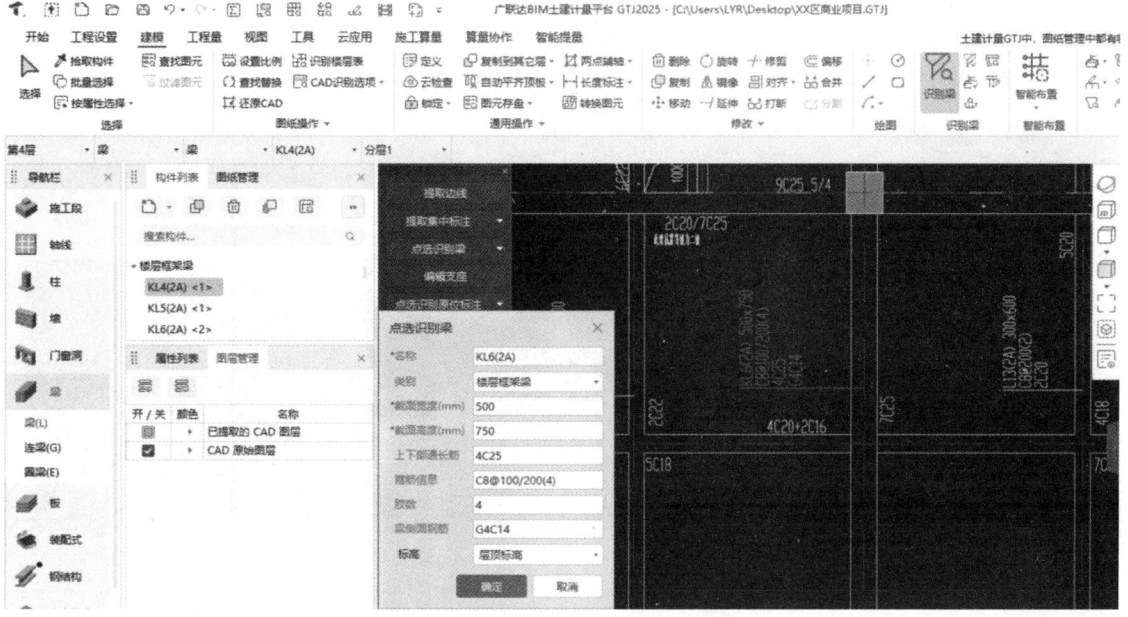

图 2-59 打开梁所在的 CAD 图纸

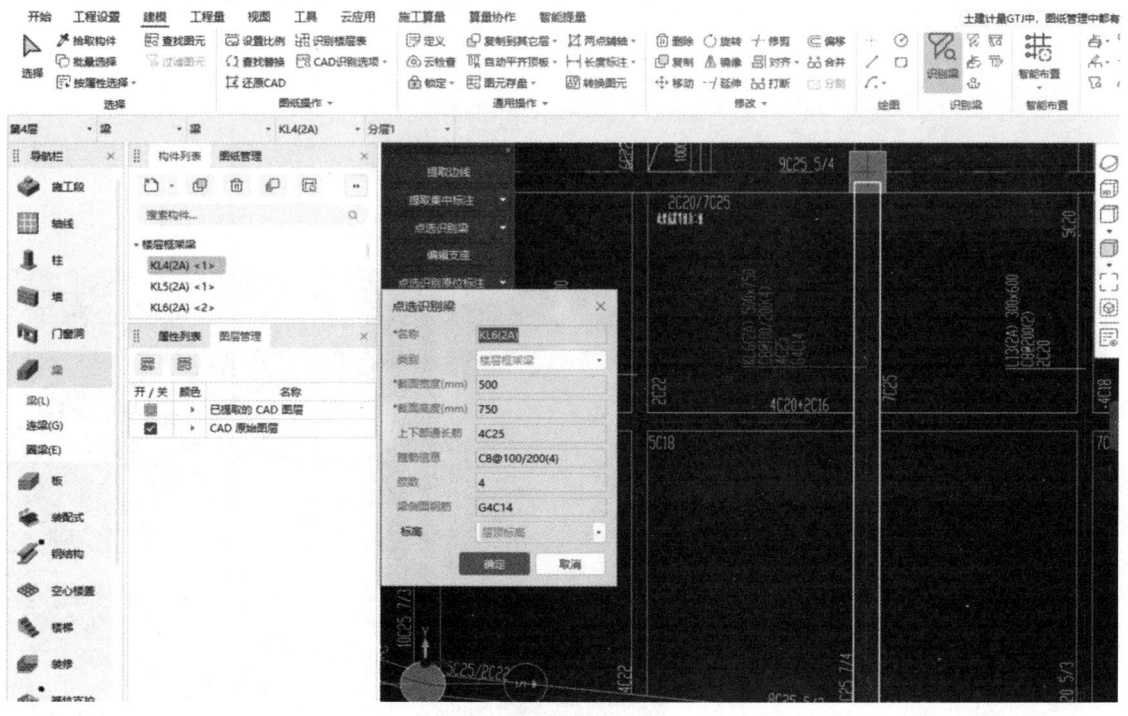

图 2-60 自动识别梁

【第一步】单击"新建现浇板",在"属性列表"中的"基础属性"中设置"名称""结构类别""厚度""顶标高",按照图纸所示,绘制现浇板构件,如图 2-66 所示。

【第二步】单击"识别受力筋",绘制板受力筋,如图 2-67 所示。跨板受力筋是指横跨多块现浇板构件的钢筋,而板受力筋一般是指单个板内的钢筋。图纸中钢筋弯钩处开口朝右和朝下的为面筋,钢筋弯钩处开口朝左和朝上的为底筋。

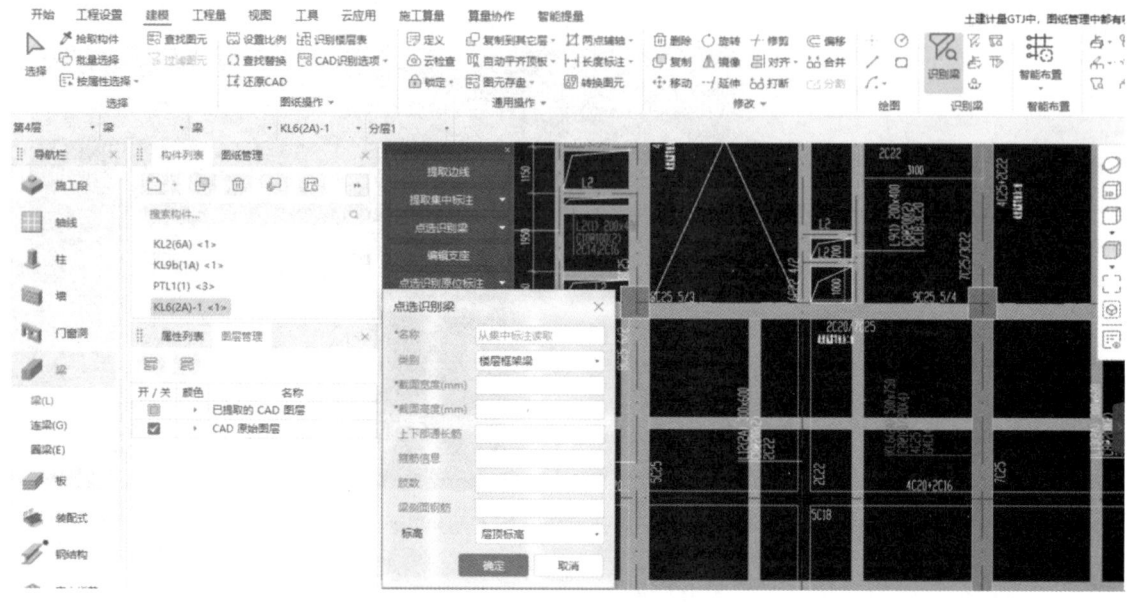

图 2-61　绘制梁

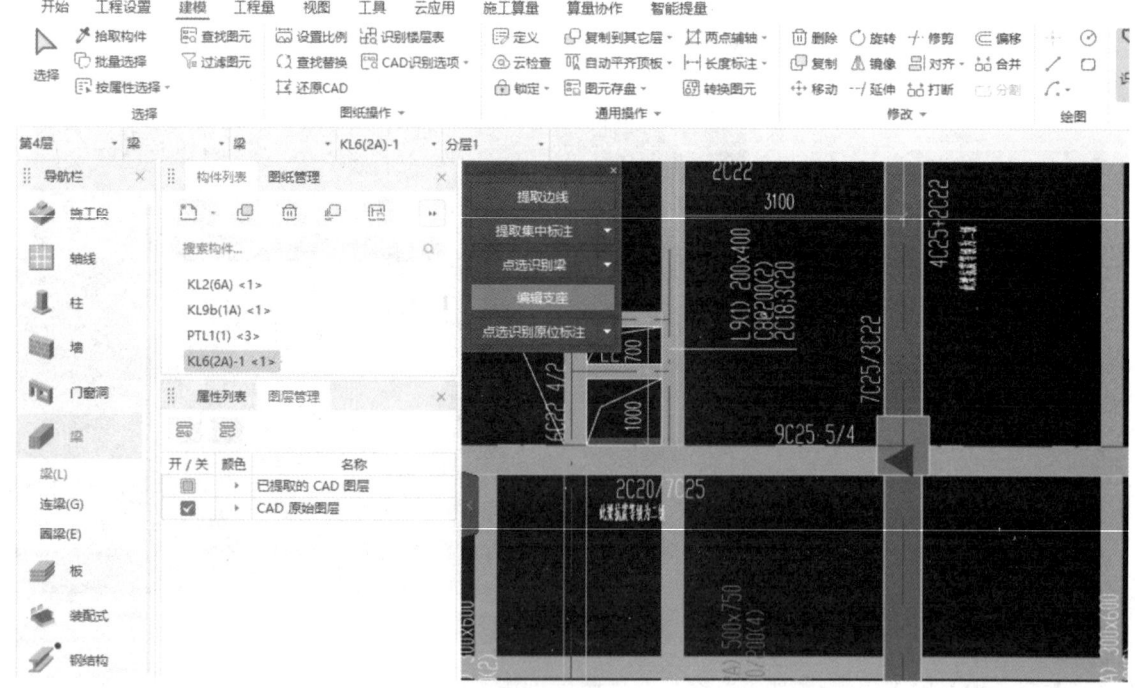

图 2-62　设置梁的支座

第2章 BIM在工程设计阶段的应用

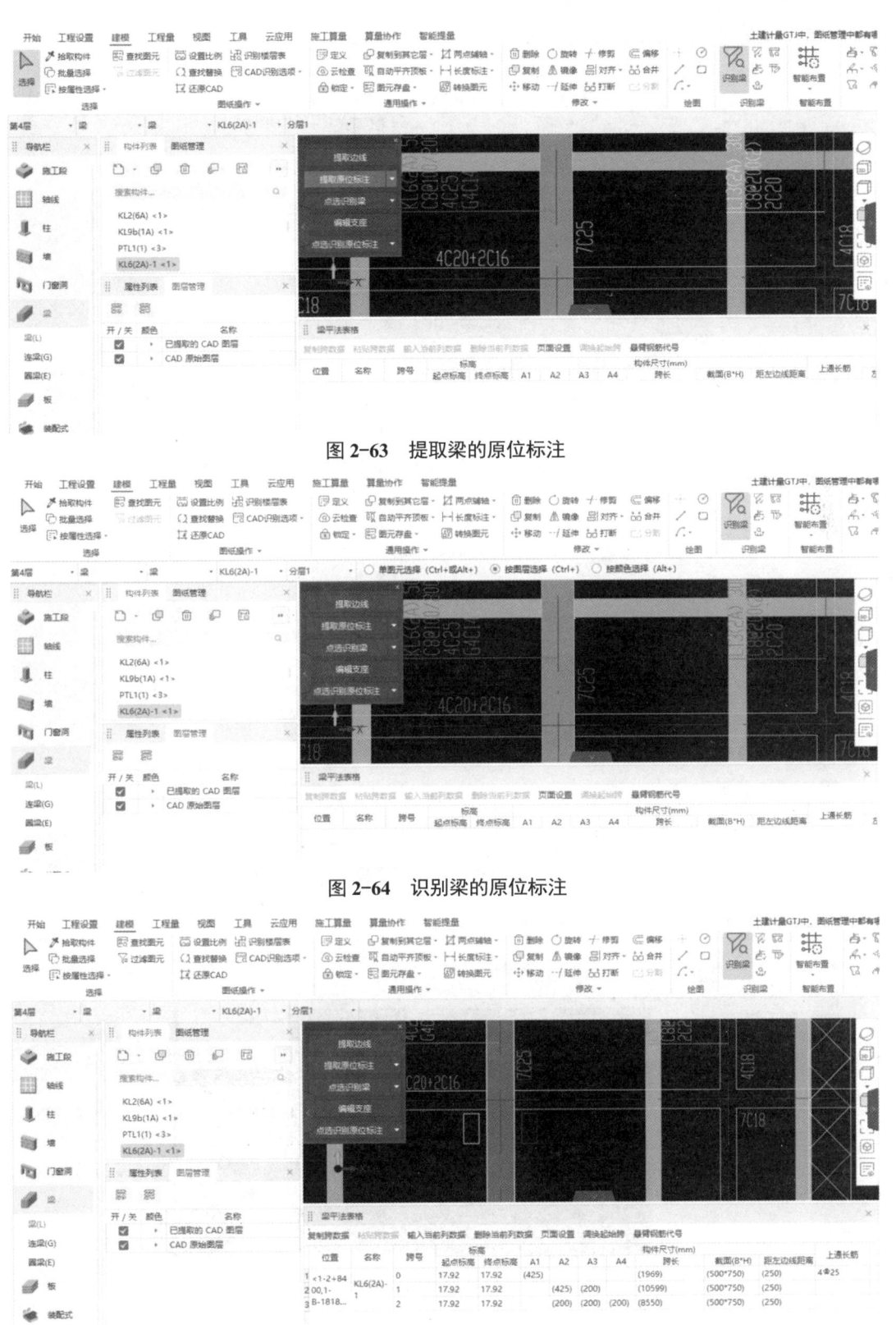

图 2-63　提取梁的原位标注

图 2-64　识别梁的原位标注

图 2-65　设置梁的信息

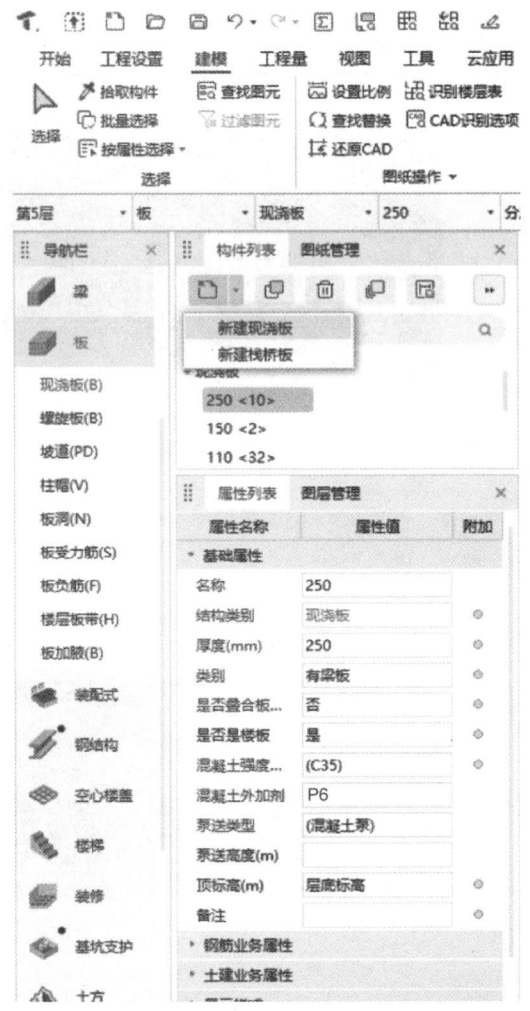

图 2-66 新建现浇板

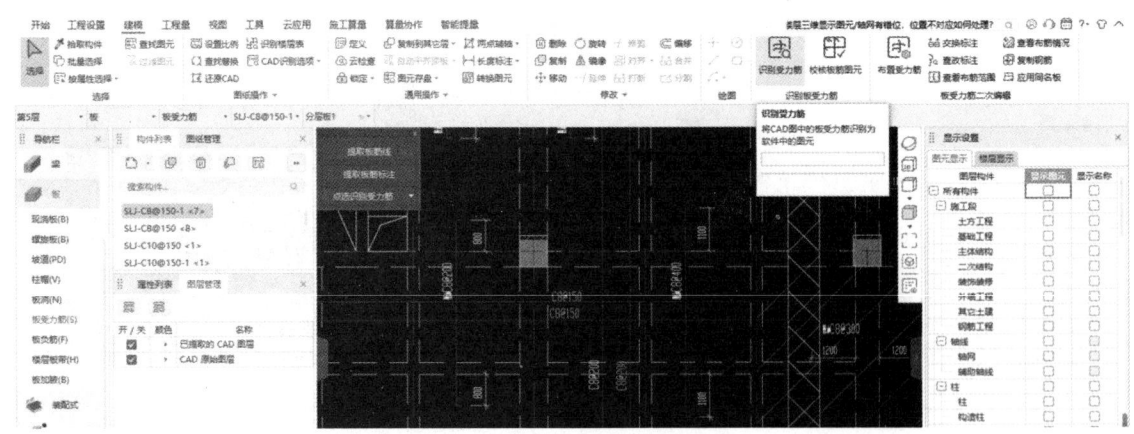

图 2-67 识别板受力筋

【第三步】单击"点选识别受力筋",绘制跨板受力筋构件,如图 2-68 所示。

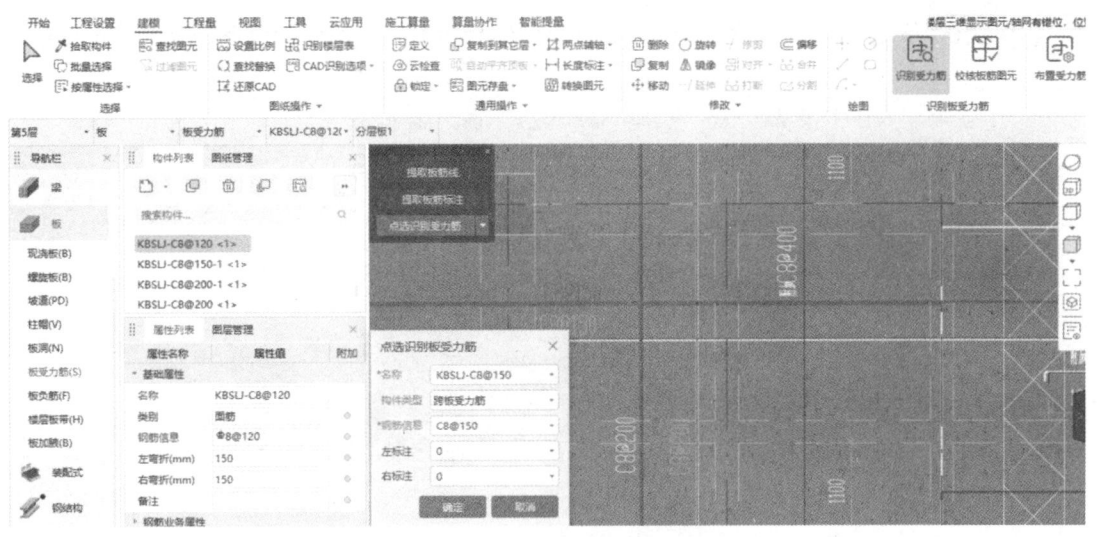

图 2-68　绘制跨板受力筋构件

【第四步】选择"板负筋",采用"识别负筋"的方式,绘制现浇板的附加钢筋,如图 2-69 所示。

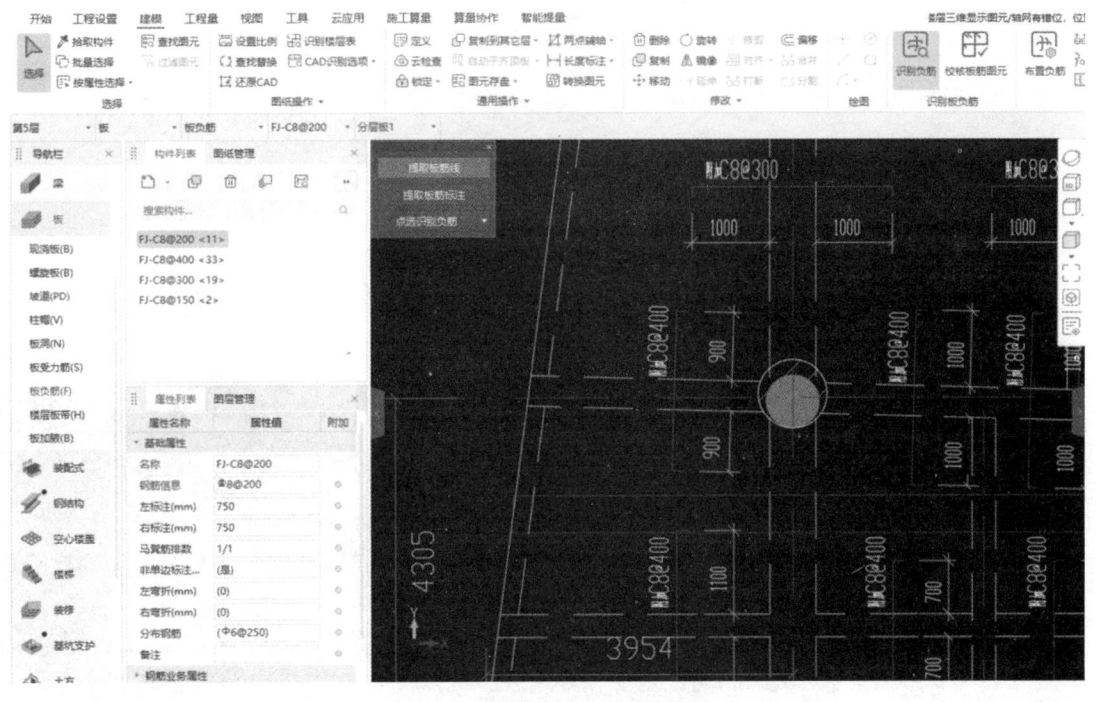

图 2-69　绘制现浇板的附加钢筋

(4) 现浇钢筋混凝土楼梯。

根据楼梯剖面图可知楼梯的名称、踏步数、踏步宽、平台长、梯板宽,上下跑楼梯的踏步高度、梯板厚度、梯板配筋,平台板厚度,平台梁尺寸及配筋,可据此设置楼梯构件的相关信息,完成 C35 现浇混凝土楼梯的构建。

【第一步】单击"新建参数化楼梯",在"属性列表"中设置楼梯的基础属性,如图 2-70 所示。

图 2-70　新建参数化楼梯

【第二步】单击"标准双跑楼梯",设置楼梯的尺寸和钢筋参数,如图 2-71 所示。

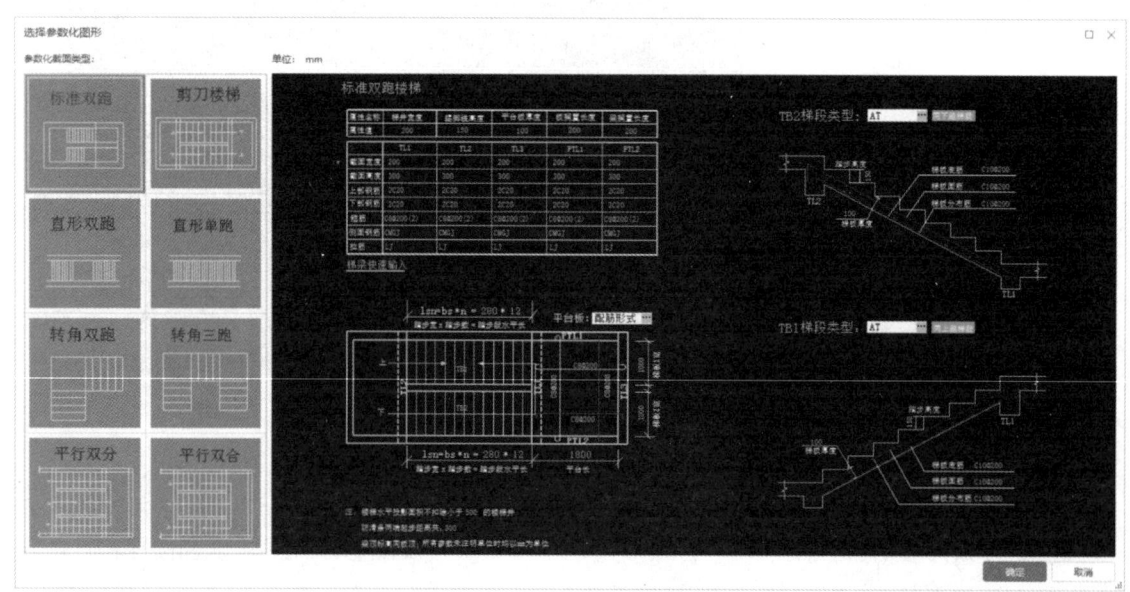

图 2-71　设置楼梯的尺寸和钢筋参数

【第三步】根据图纸所示，对楼梯构件进行布置。

7. 绘制二次结构

（1）砌体墙。

根据施工图可知，砌块种类均为蒸压加气混凝土砌块墙，墙厚有 100mm、150mm、200mm 三种类型。根据结构总说明可知，块体的强度等级均为 MU5，砂浆的强度等级均为 M5。

单击"砌体墙"，在"属性列表"中设置"厚度""材质"和"标高"等数据，如图 2-72 所示，完成墙体的绘制。

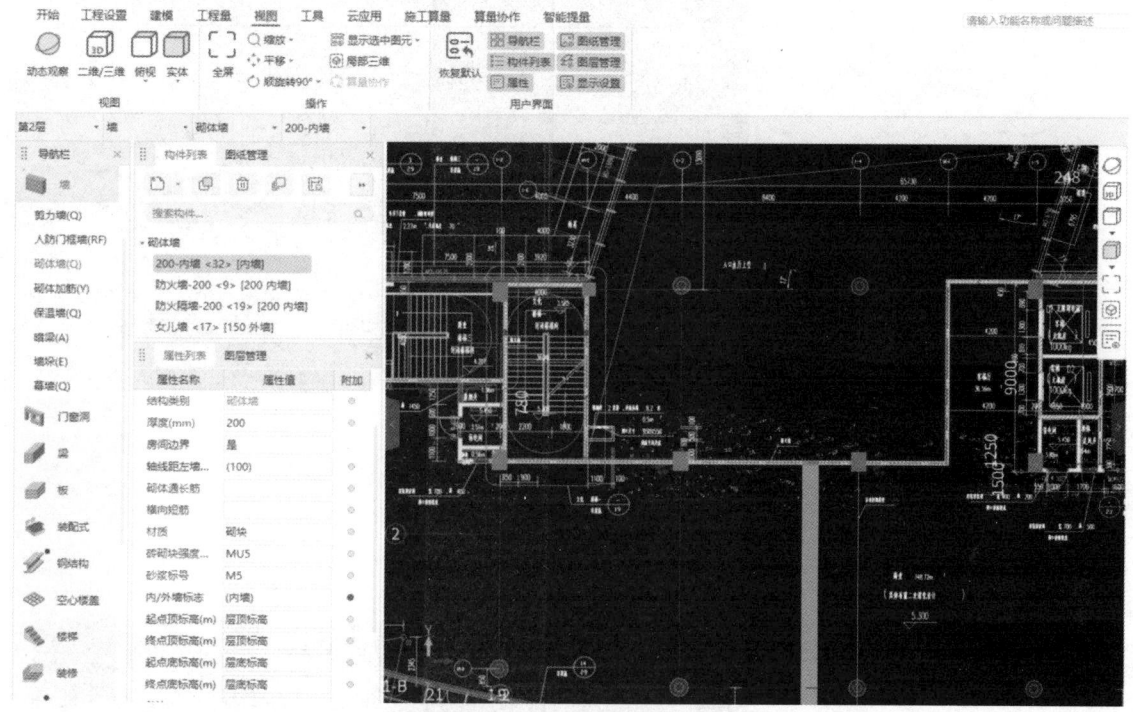

图 2-72 设置砌体墙

（2）散水。

根据 2-2 剖面图可知，散水厚度为 1800mm，混凝土强度等级为 C35，底标高为-1.95m，根据建筑平面图可知散水宽度为 600mm。单击"新建散水"，在"属性列表"下设置"基础属性"，完成散水的绘制，如图 2-73 所示。

（3）坡道。

根据非机动车坡道配筋图可知坡道的钢筋信息及标高信息，由于此处涉及板的高差变化，需建立坡道构件而非现浇板构件。结合地下一层板平面布置图可知坡道的钢筋信息及板厚为 250mm，绘制坡道构件。

【第一步】单击"新建坡道"，在"属性列表"下设置坡道的基础属性，绘制坡道构件，如图 2-74 所示。

【第二步】单击"绘制坡度线"，沿着坡道中间处进行分割，设置"坡度"，如图 2-75 和图 2-76 所示。

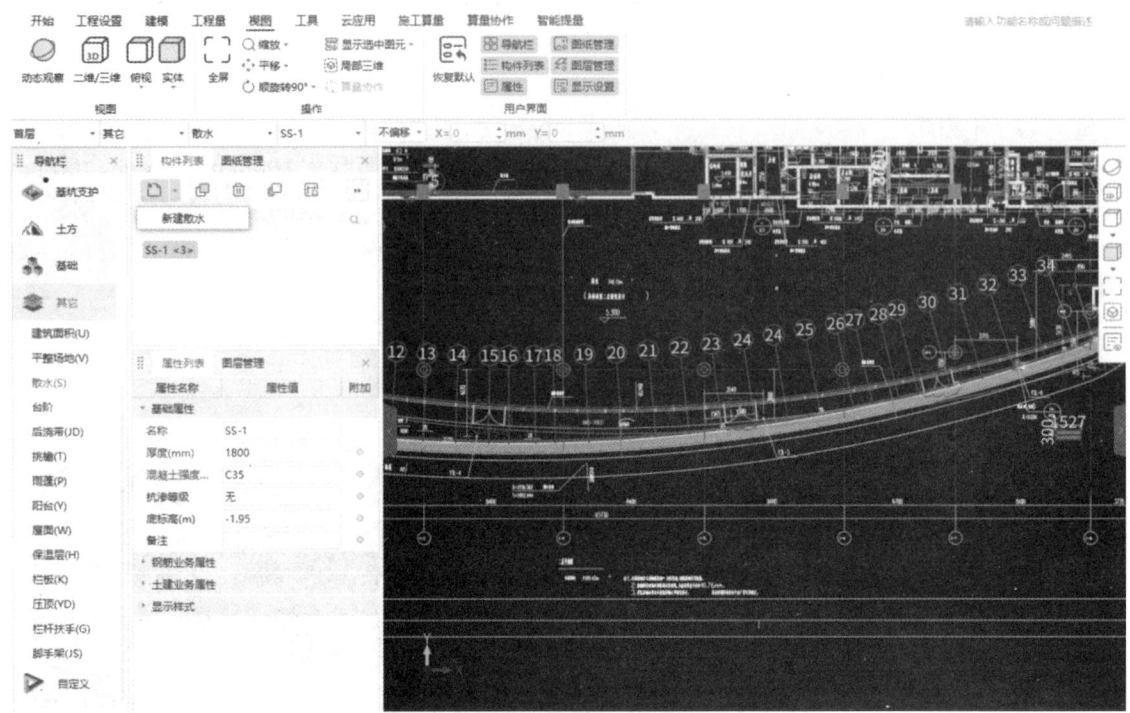

图 2-73 新建散水

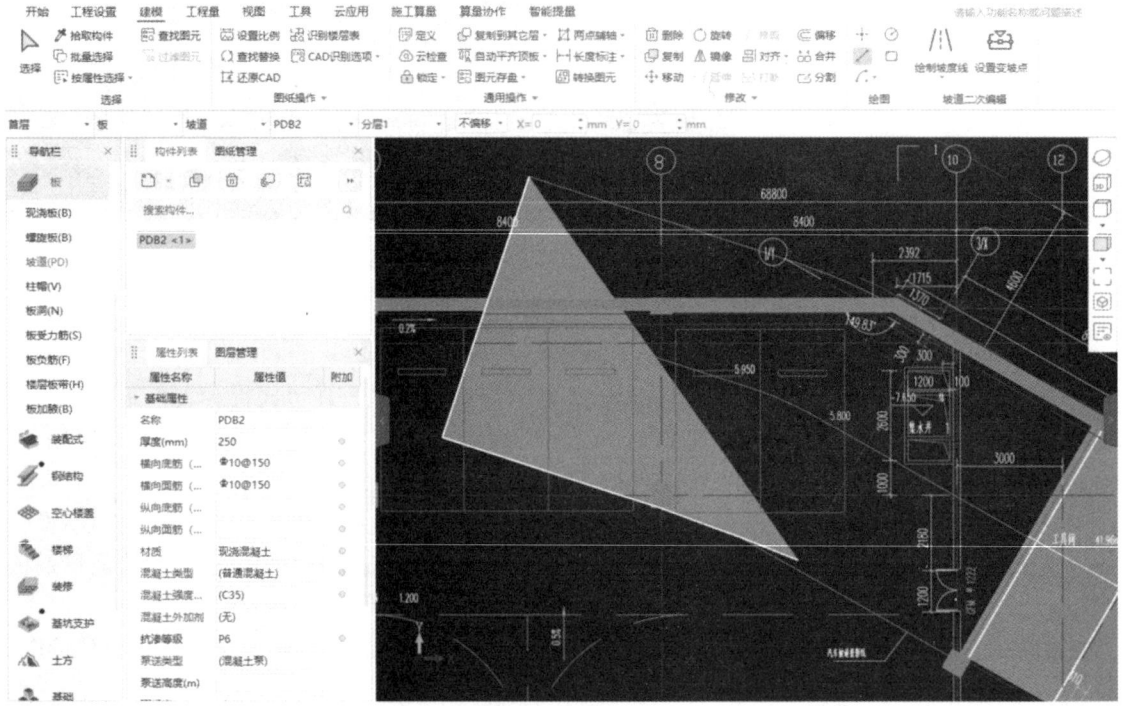

图 2-74 新建坡道

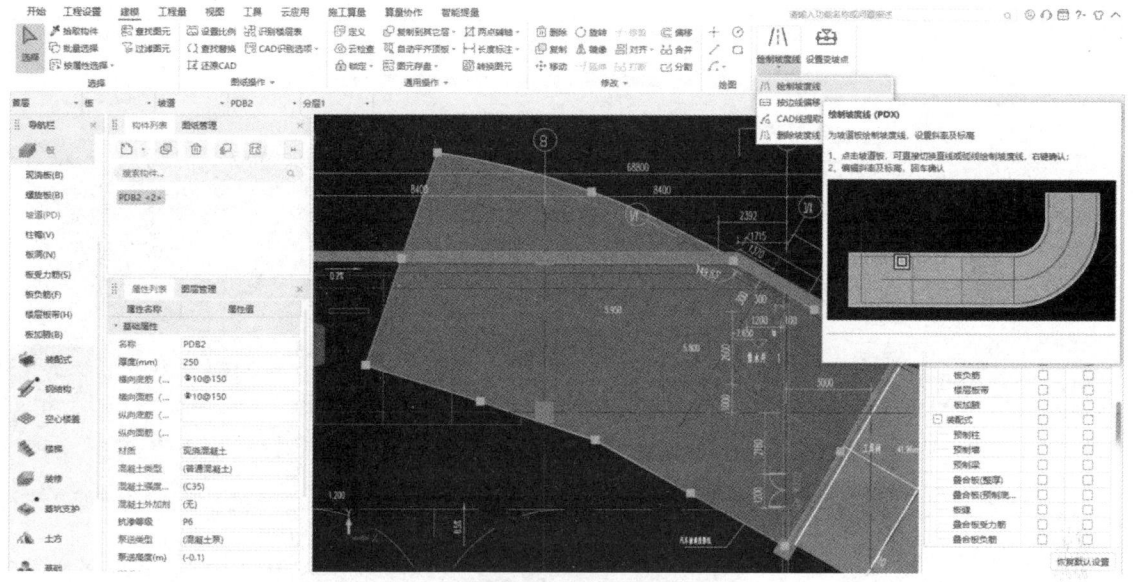

图 2-75　绘制坡度线

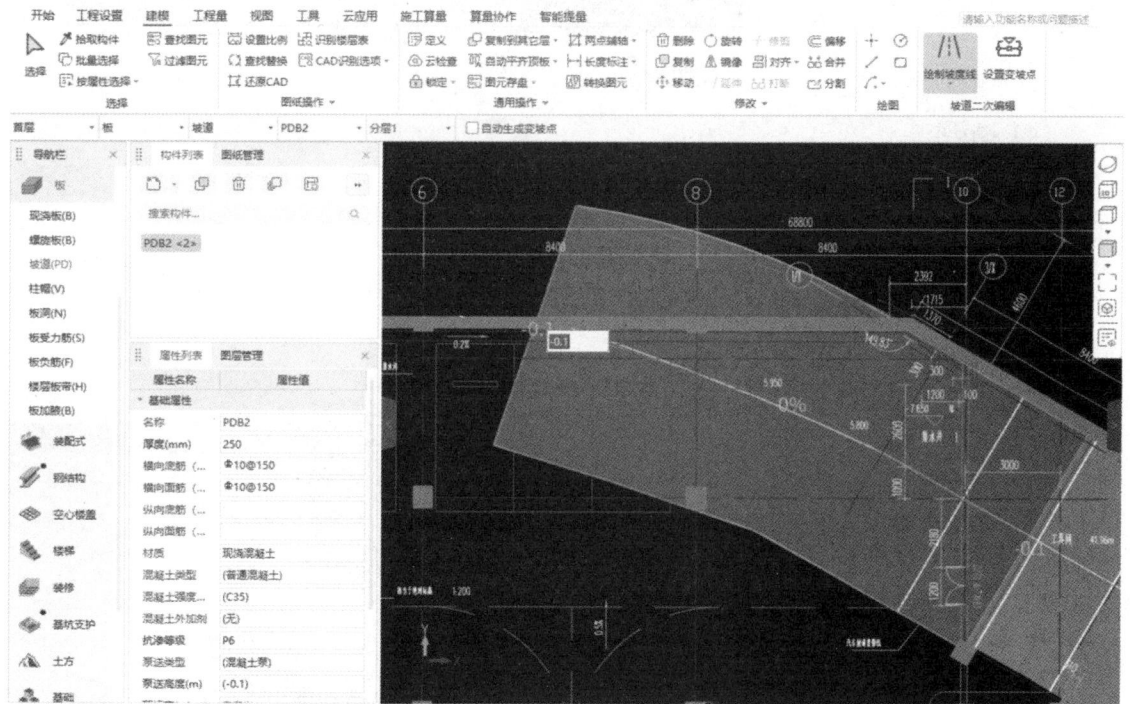

图 2-76　设置坡度

【第三步】单击"设置边坡点",设置边坡点位置,如图 2-77 所示。
【第四步】右击,完成坡道构件的绘制。

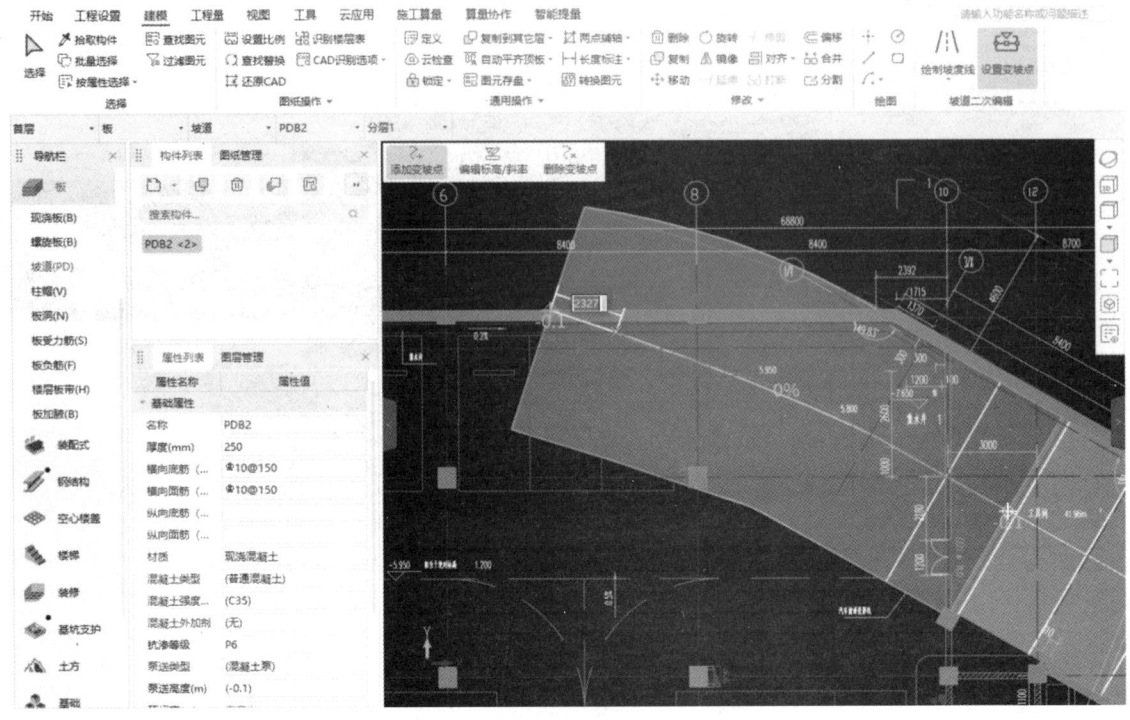

图 2-77 设置边坡点位置

(4) 圈梁。

根据结构总说明可知圈梁梁高 200mm，上部钢筋为 2Φ10，下部钢筋为 2Φ10。箍筋为 Φ6@120，据此在地下层到屋面层自动生成圈梁构件。

【第一步】单击"建模""圈梁二次设计""生成圈梁"，新建圈梁如图 2-78 所示。

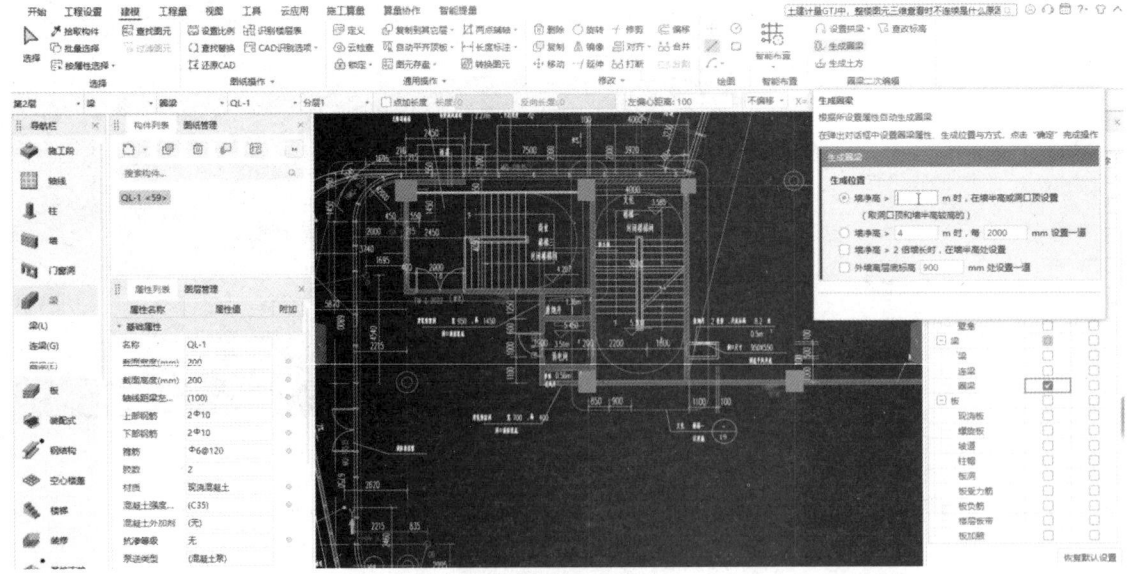

图 2-78 新建圈梁

【第二步】单击"生成圈梁""选择楼层",设置圈梁信息的楼层和钢筋,如图 2-79 所示。

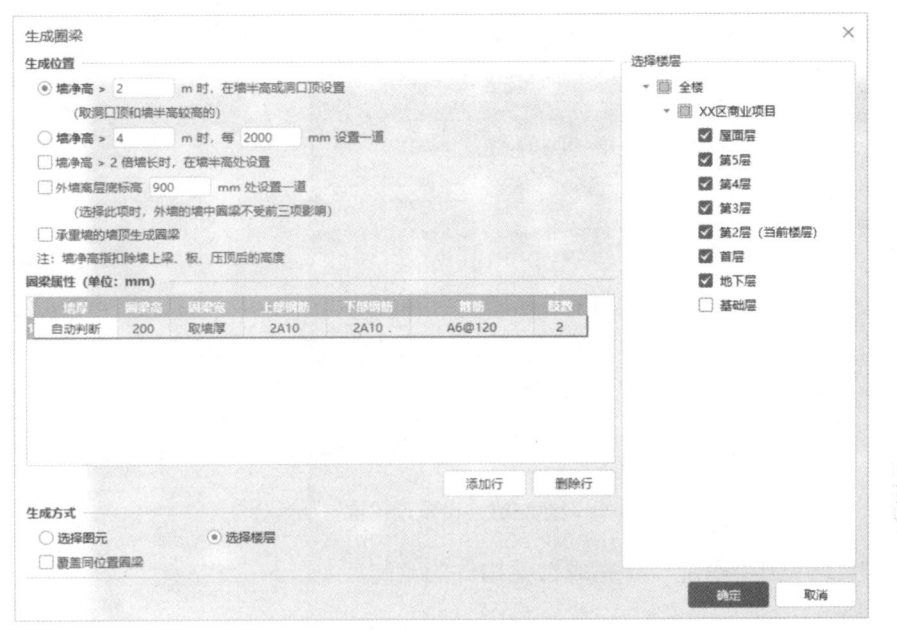

图 2-79 设置圈梁所在楼层和信息

【第三步】单击"确定",完成圈梁构件的绘制。

(5)过梁。

根据结构总说明中过梁断面信息及配筋表,设置过梁布置条件,并将过梁左右各超出门、窗宽度 250mm,自动生成过梁,从而构建地下层到屋面层的过梁构件模型。

【第一步】单击"建模","生成过梁",如图 2-80 所示。

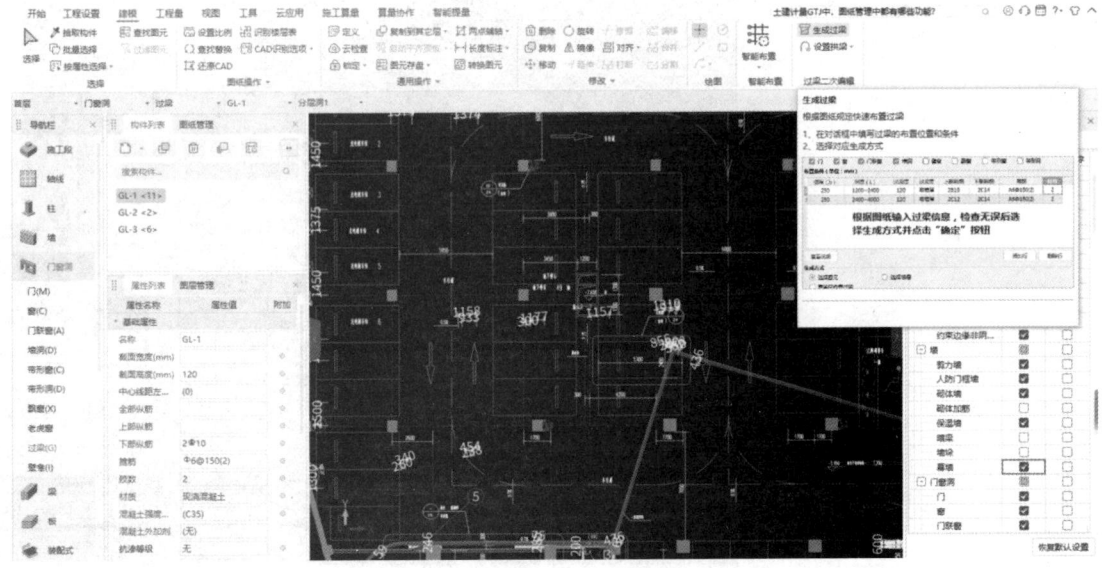

图 2-80 新建过梁

【第二步】单击"生成过梁",在"布置位置"下选择"门""窗""门联窗""墙洞",在"生成方式"下选择"选择楼层",如图2-81所示。

图 2-81 设置过梁位置

【第三步】单击"确定",完成过梁构件的绘制。

(6)屋面。

根据建筑施工图设计说明中的屋面构造,可知屋面名称及做法。根据建筑室内材料对照表绘制屋面。单击"新建屋面",在"属性列表"中设置"基本属性",对屋面构件进行绘制,如图2-82所示。

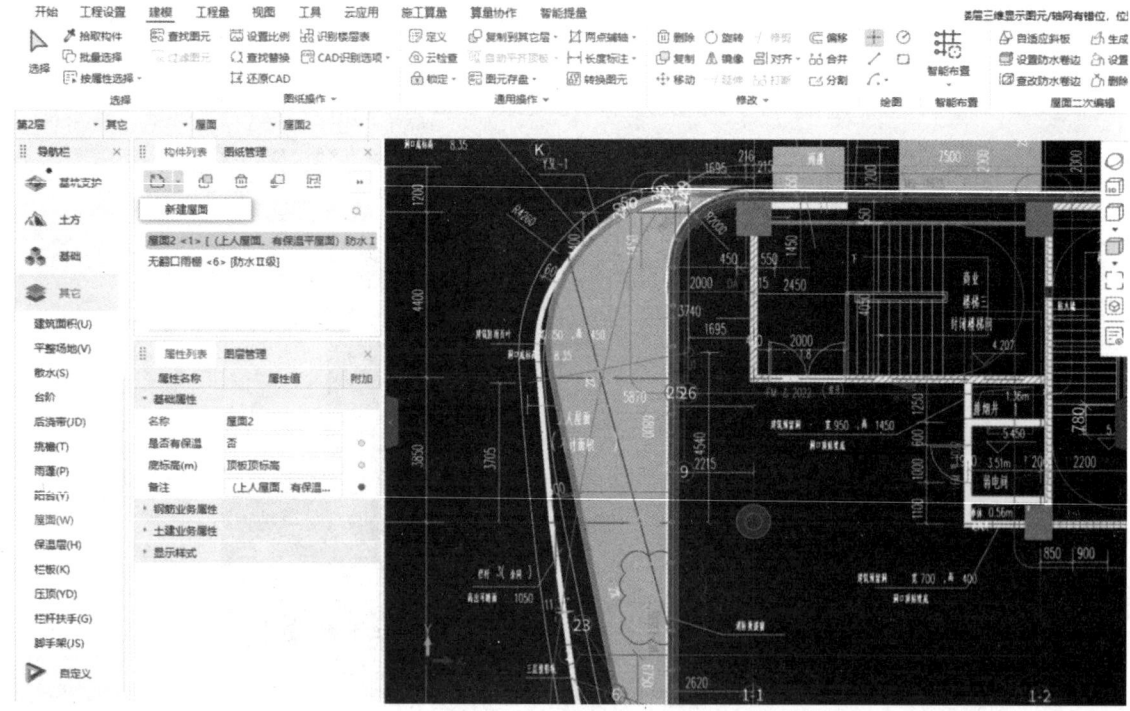

图 2-82 绘制屋面构件

(7) 后浇带。

根据各层平面图可知，基础层到首层后浇带的类型为沉降后浇带和温度后浇带，二层到屋面层后浇带的类型为温度后浇带，后浇带宽度均为 800mm。单击"新建后浇带"，根据图纸要求设置后浇带宽度，完成后浇带构件的绘制，如图 2-83 所示。

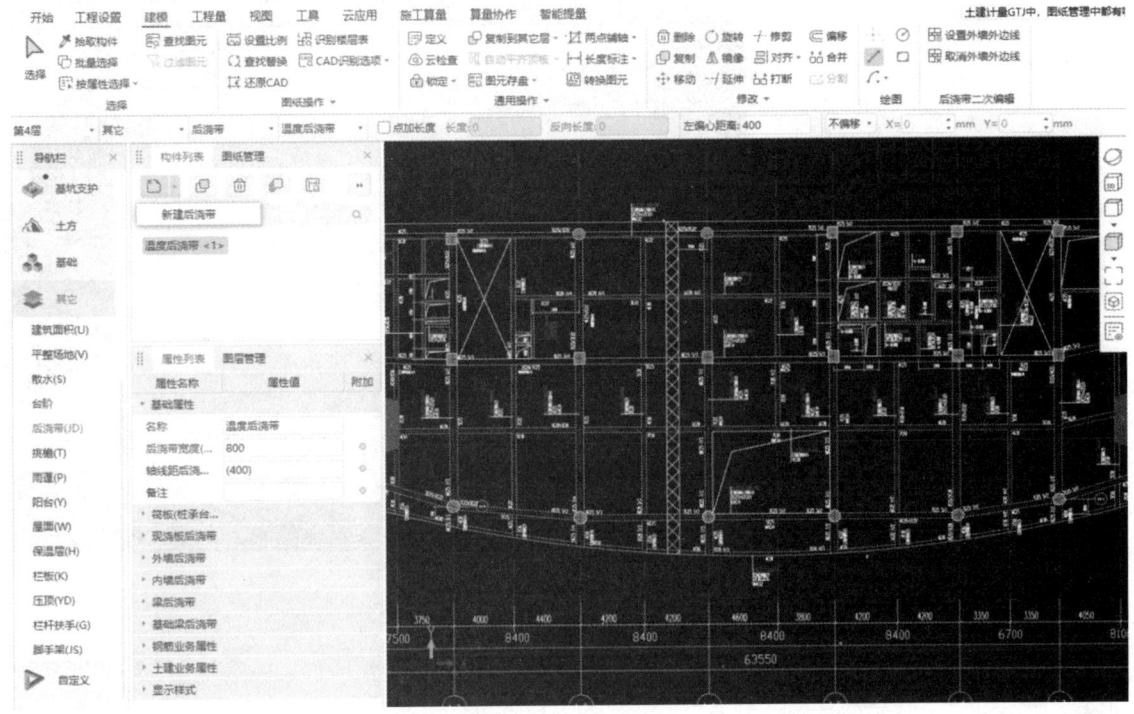

图 2-83　后浇带绘制

8. 绘制土方工程

(1) 挖一般土方。

在桩筏基础中，选择扣除 150mm 厚垫层的筏板底标高即-6.75m 作为土方开挖的底标高，室外地坪标高-0.15m 作为土方开挖的顶标高。根据结构总说明中的地质资料可知，该地土层为黏土和淤泥质黏土，土壤类别为一、二类土，且其挖土深度超过 1.2m，因此必须对其进行放坡处理，机械挖土坑内作业的放坡系数为 0.33，同时基础施工过程中该混凝土垫层需支设模板，所以基础施工所需工作面宽度每边需各增加 300mm。

单击"新建大开挖土方"，在"属性列表"下设置基础属性，根据图纸内容进行绘制，如图 2-84 所示。

(2) 挖基坑土方。

该工程基础类型为桩筏基础，桩承台、承台梁与筏板相连接，因此根据桩承台、承台梁、集水井和电梯井存在的位置进行挖基坑土方。但集水井、电梯井与筏板相连处存在 60°且边长拓宽 500mm 的放坡。

单击"智能布置""桩承台"，选择桩承台类型，自动绘制该位置处的挖基坑土方构件，如图 2-85 所示。

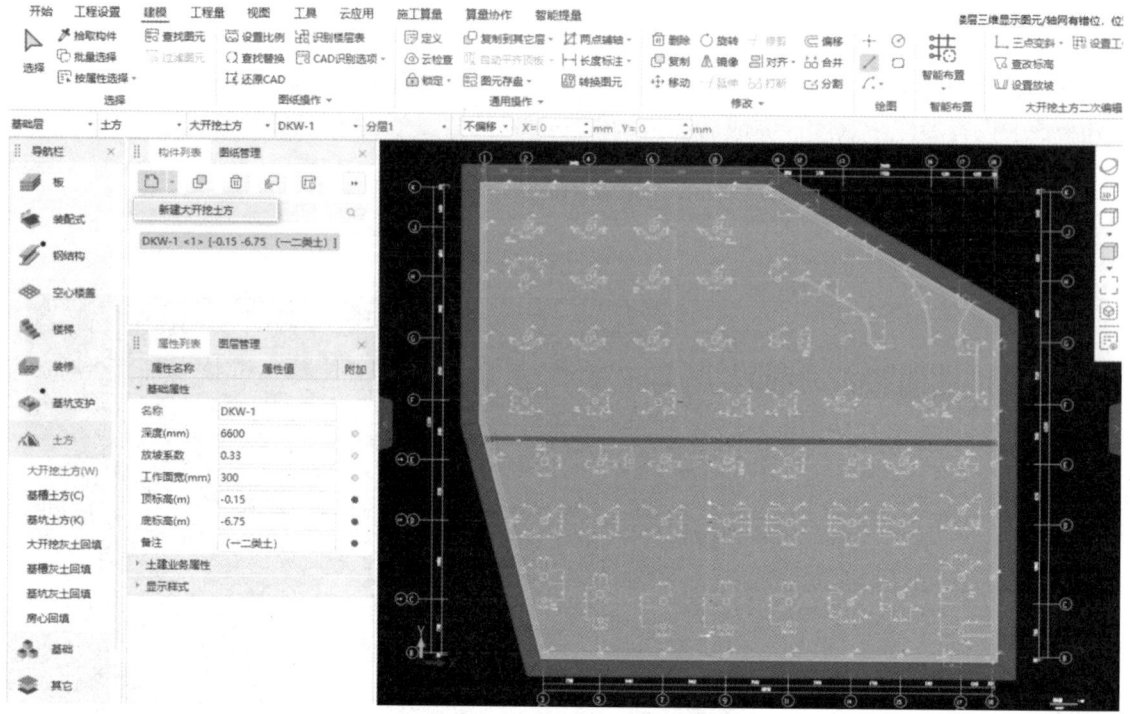

图 2-84 挖一般土方的绘制

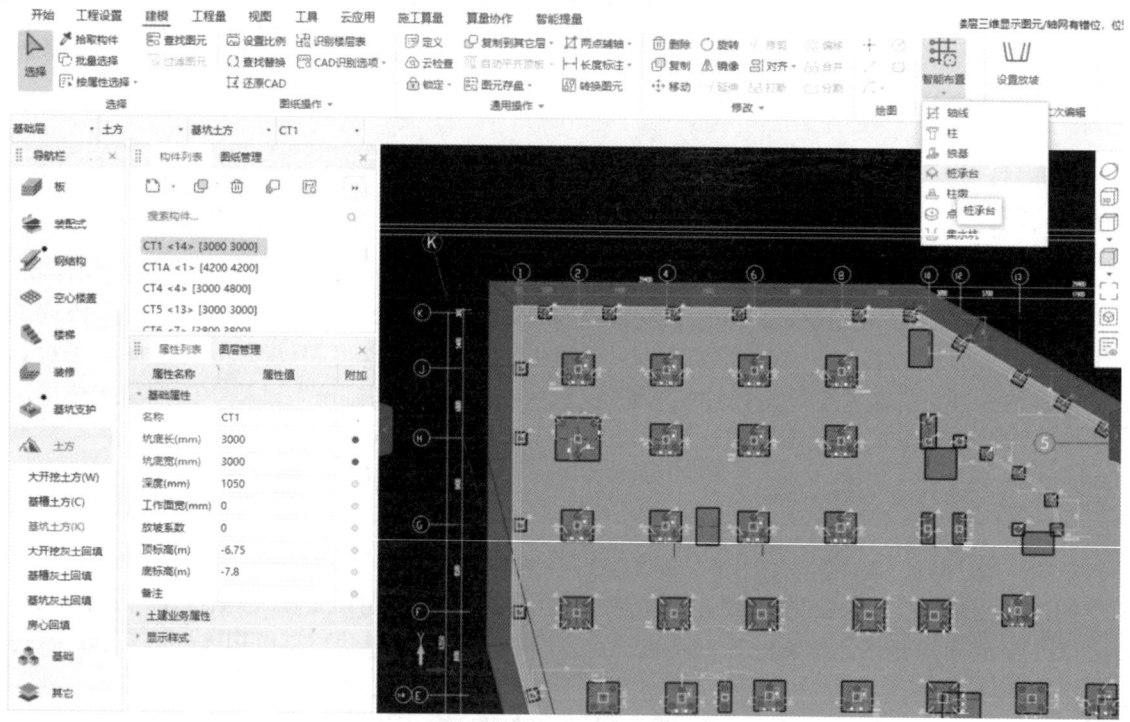

图 2-85 挖基坑土方的绘制

(3）土方回填。

根据建筑立面图和地下室一层平面图可知，-8.35～-0.15m 需进行大开挖灰土回填，设置放坡系数为 0.33，工作面宽为 300mm，用一、二类土进行土方回填。

【第一步】单击"新建大开挖灰土回填"，在"属性列表"中设置"放坡系数"及"标高"，如图 2-86 所示。

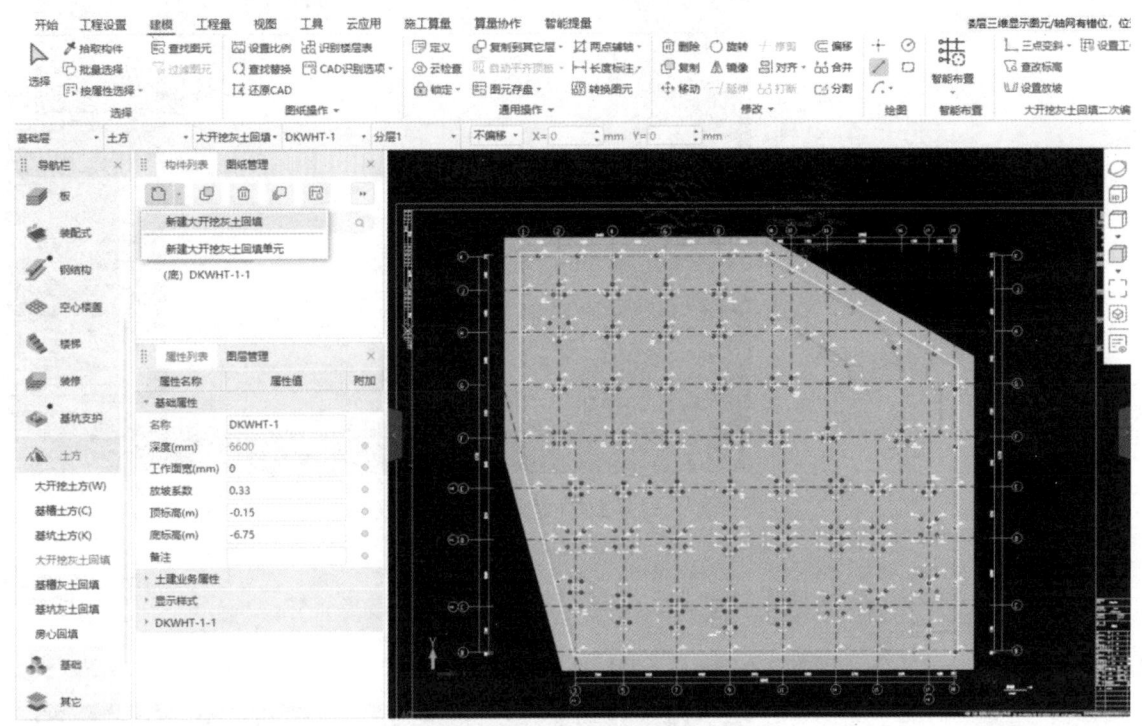

图 2-86 新建土方回填

【第二步】单击"新建大开挖灰土回填""新建大开挖灰土回填单元"，在"属性列表"中设置"材质"及"深度"，如图 2-87 所示。

【第三步】按照图纸所示其他参数完成土方工程绘制。

9. 绘制装饰装修工程

（1）玻璃幕墙。

根据建筑施工图设计说明，玻璃幕墙结构类型为带骨架幕墙，根据幕墙表—幕墙立面图确定每层玻璃幕墙的尺寸，据此在每个楼层平面图的基础上绘制 260mm 厚玻璃幕墙。

单击"新建外幕墙"，在"属性列表"中设置"基本属性"，根据图纸内容进行玻璃幕墙绘制，如图 2-88 所示。

（2）门窗。

根据门窗表—门窗立面图确定门窗代号、尺寸及材质，识别门窗表，自动生成门窗构件。在每层平面图中根据门窗代号手动布置门窗。

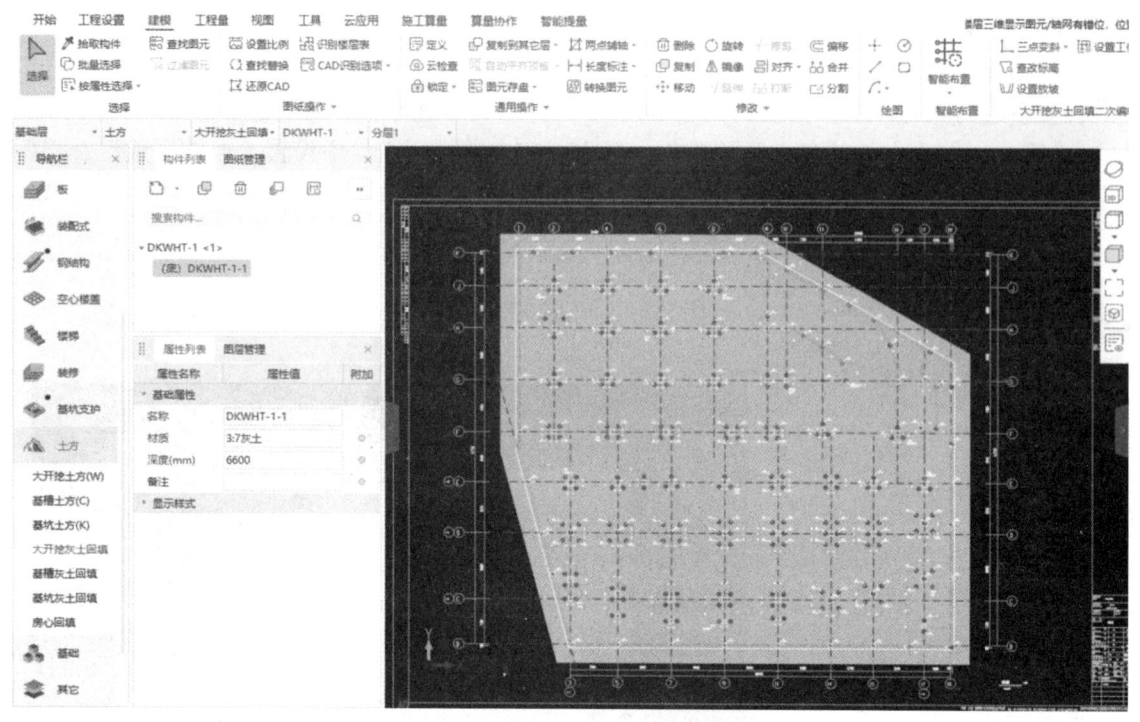

图 2-87　设置土方回填的材质和深度

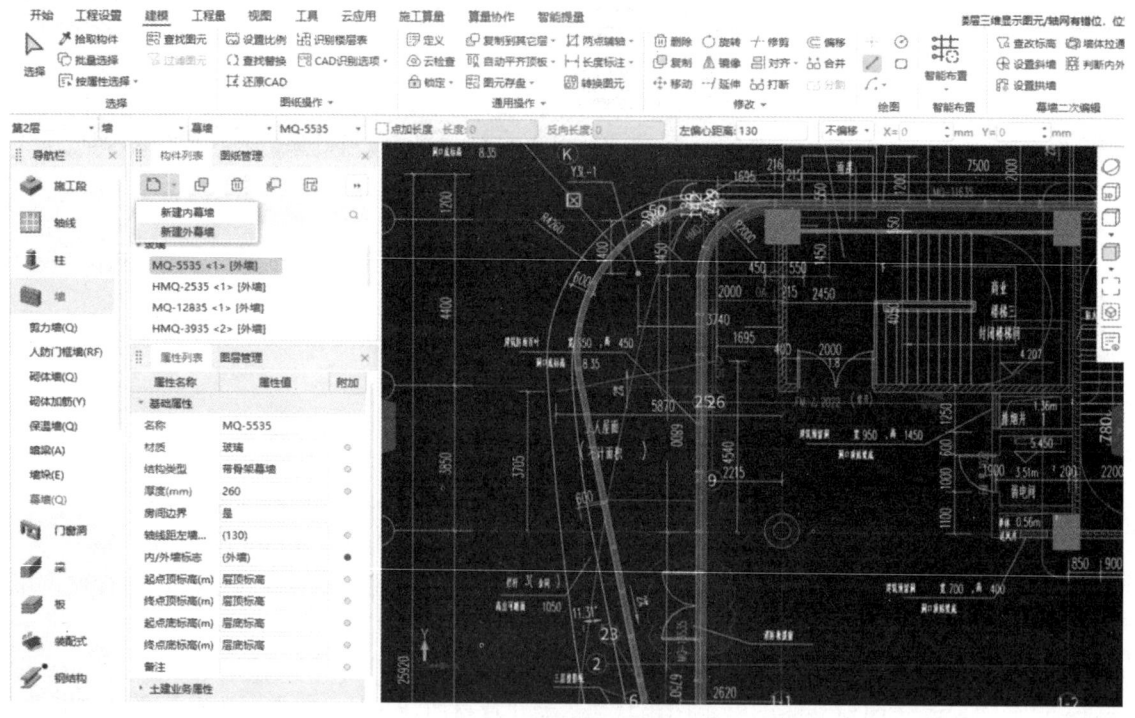

图 2-88　玻璃幕墙的绘制

【第一步】单击"识别门窗表",如图 2-89 所示。

第2章 BIM在工程设计阶段的应用

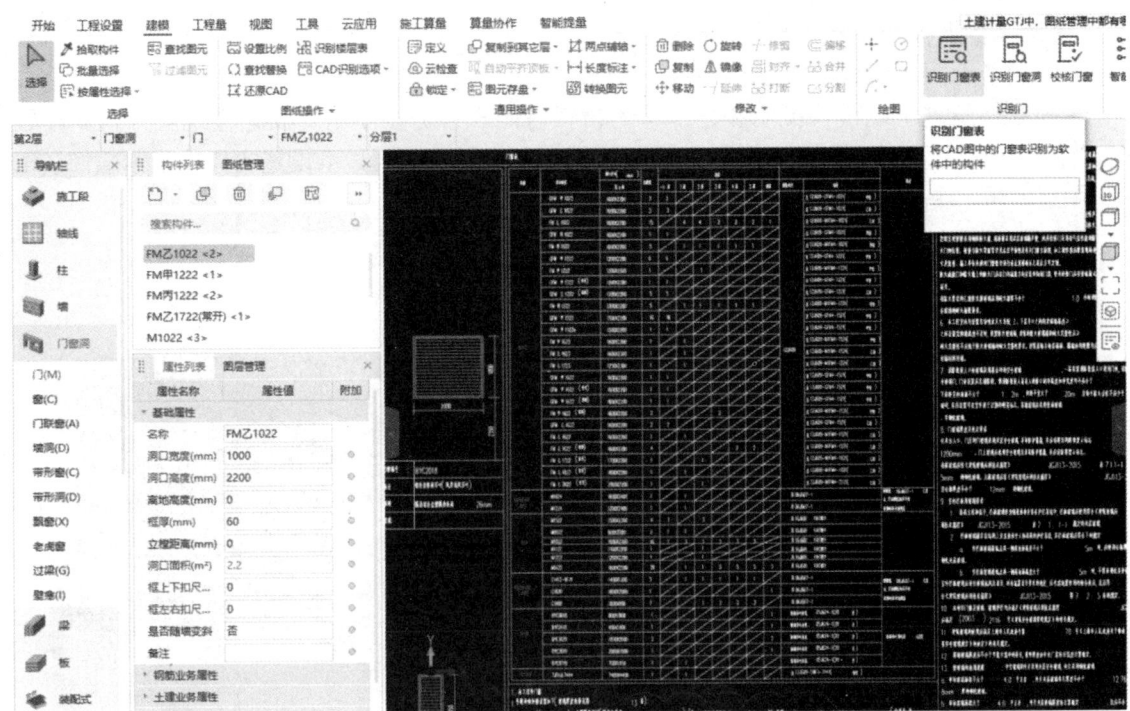

图 2-89 识别门窗表

【第二步】检查门窗表识别结果,单击"识别",完成门窗表构件的编辑,如图 2-90 所示。

图 2-90 编辑门窗表构件

【第三步】根据图纸，布置门窗的位置。

（3）楼地面、踢脚、墙面、天棚、吊顶。

根据建筑施工图设计说明和建筑室内材料对照表，分别单击"新建楼地面""新建踢脚""新建墙面""新建天棚""新建吊顶"，在"属性列表"下设置各构件基本属性，根据图纸所示，完成构件的绘制，如图2-91～图2-95所示。

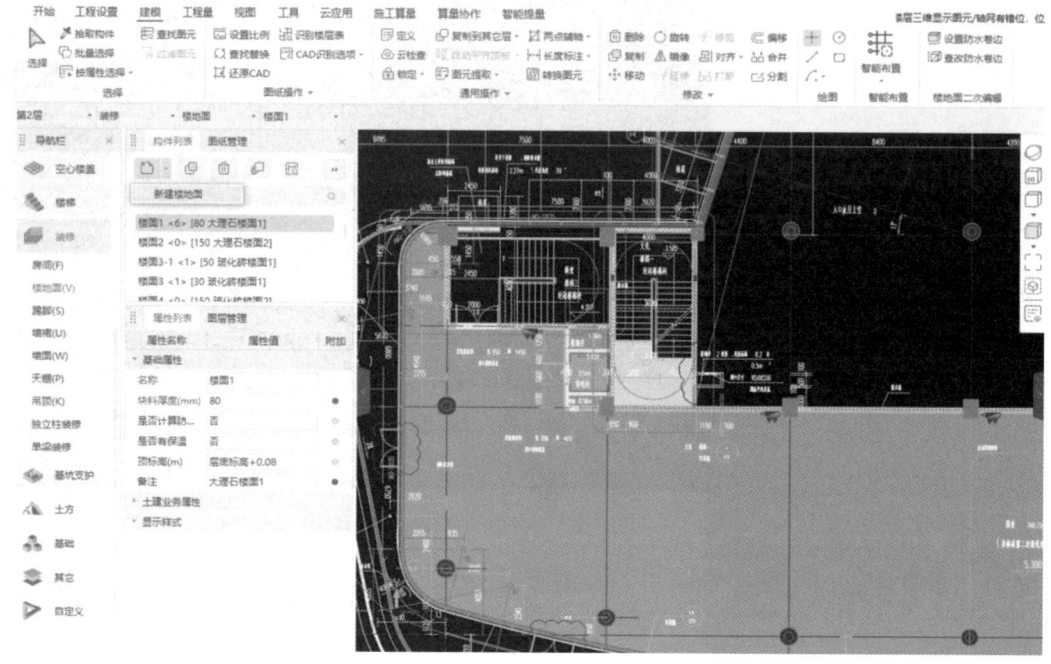

图 2-91　楼地面的绘制

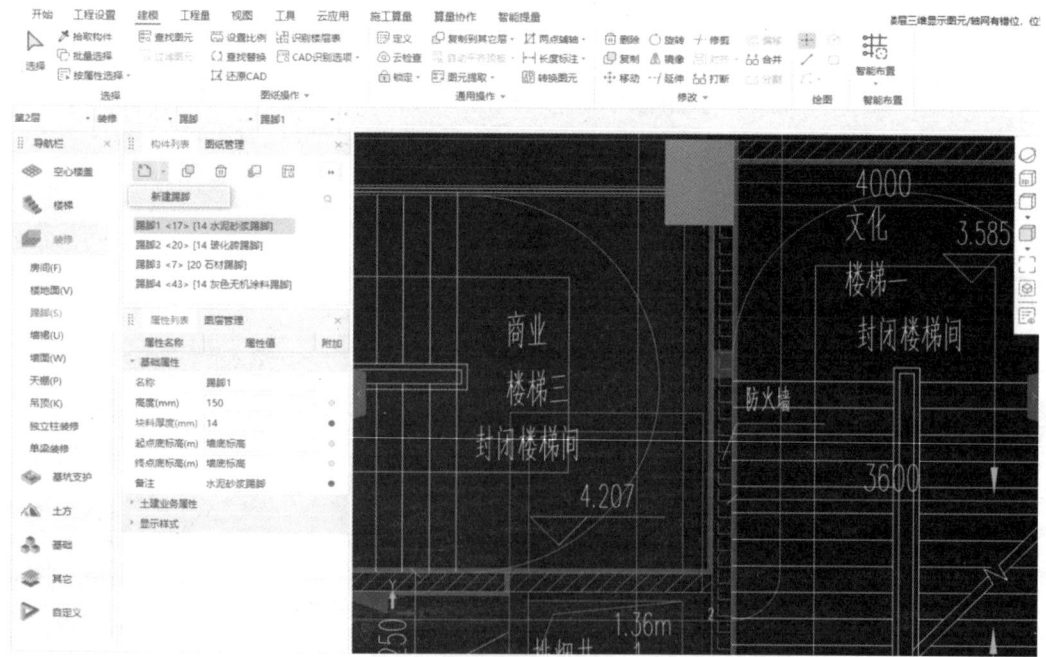

图 2-92　踢脚的绘制

第2章 BIM在工程设计阶段的应用

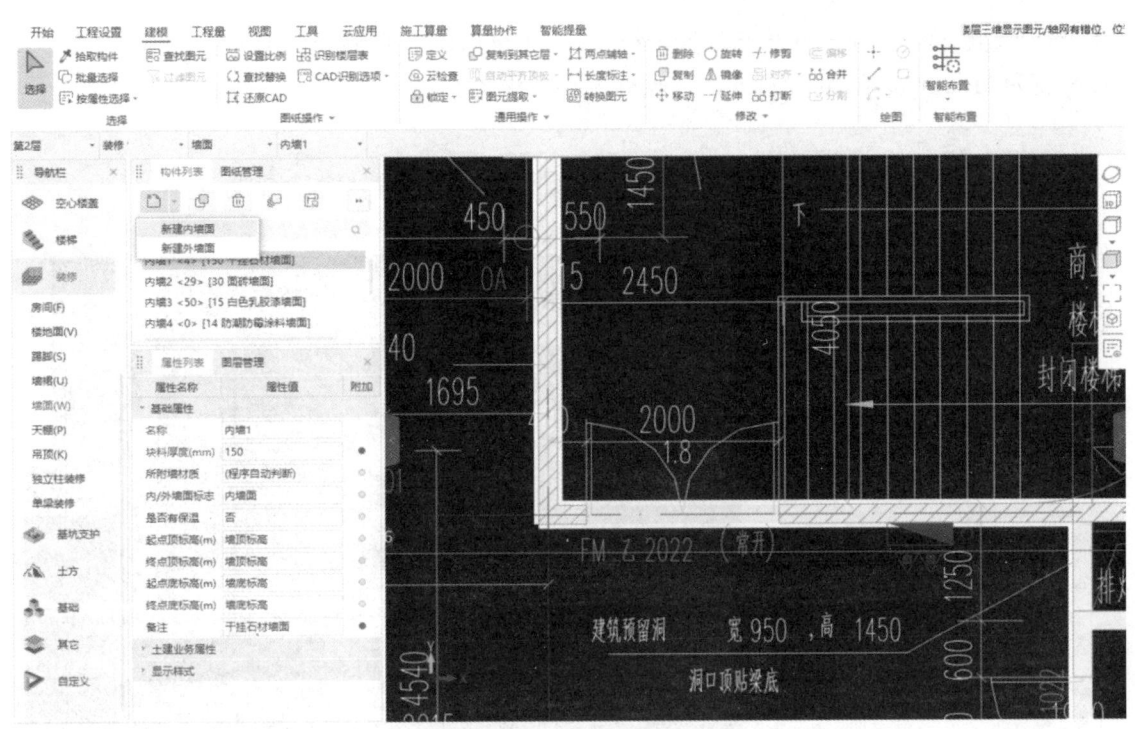

图 2-93 墙面的绘制

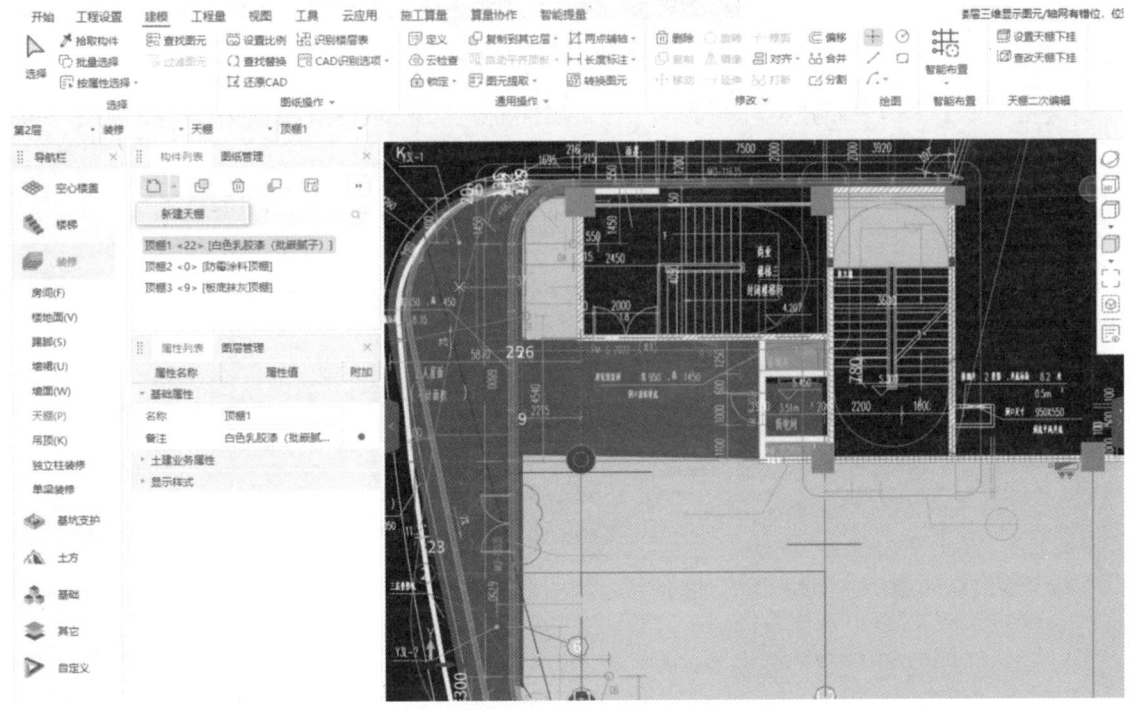

图 2-94 天棚的绘制

（4）栏杆扶手。

根据建筑施工图设计说明和各层平面图，栏杆扶手材质均为镀锌钢管，栏杆扶手表面均需涂红丹防锈漆，扶手截面形状均为半径 30mm 的圆形，栏杆截面为半径 10mm 的圆形，栏杆高度为 1100mm、间距为 110mm。据此绘制栏杆扶手。

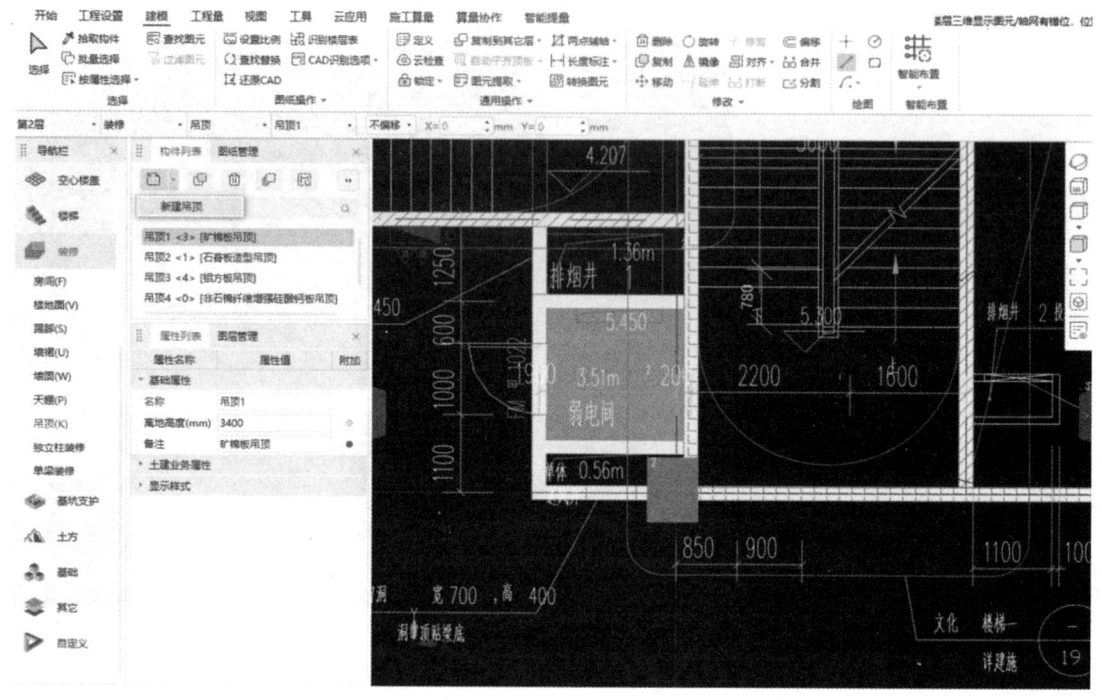

图 2-95　吊顶的绘制

【第一步】单击"新建栏杆扶手"，在"属性列表"下设置栏杆的基础属性，如图 2-96 所示。

图 2-96　新建栏杆扶手

【第二步】单击"智能布置",选择"现浇板、叠合板(预制底板)"布置栏杆、扶手,如图2-97所示。

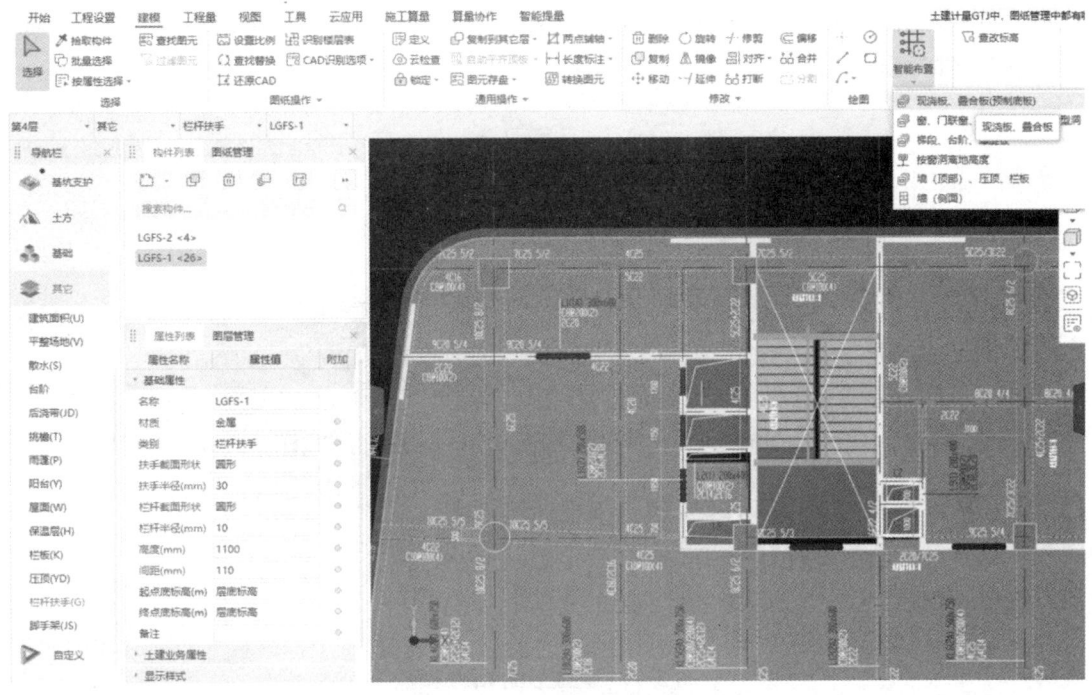

图2-97 布置栏杆、扶手

【第三步】单击现浇板边缘线,完成栏杆、扶手的绘制,如图2-98所示。

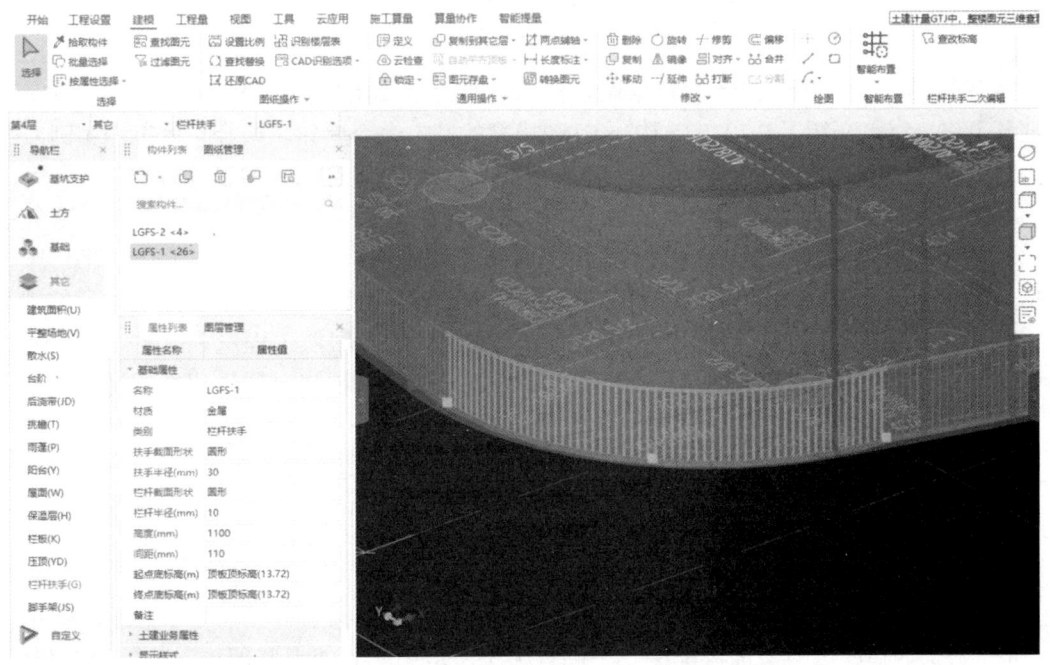

图2-98 完成栏杆、扶手的绘制

10. 查看并导出 BIM 模型

完成后的 BIM 模型如图 2-99 所示。BIM 模型存储有两种方式：一种是单击"保存""另存为"，可将 BIM 模型（GTJ 格式）存储在计算机上；另一种是单击"导出"，可选择不同格式的文件导出 BIM 模型。

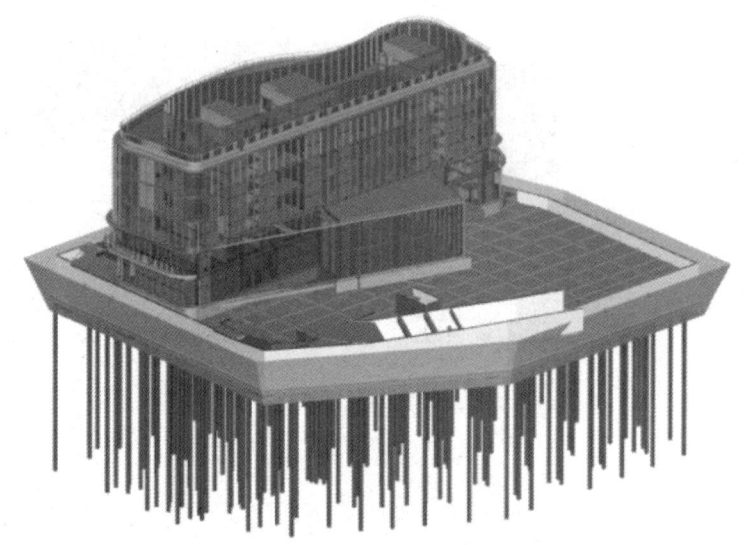

图 2-99 完成后的 BIM 模型

本章小结

本章介绍了工程设计 BIM 建模常用软件和主要功能，讲解了运用软件进行 BIM 建模的前期准备工作，重点介绍了 GTJ2025 构建 BIM 模型的基本命令操作。结合具体工程实例，讲解了运用广联达 GTJ2025 绘制基本图元，完成混凝土框架结构 BIM 模型设计方法。

GTJ2025 操作需注意事项如下。第一，新建工程中计算规则的选择需要结合项目实际建造时间和图纸要求。第二，基础构件绘制过程中，要明确基础的结构类型，确定基础层标高，根据是否存在地下室及地下室层数完成地下室防水设置。第三，针对土方回填项目的计算，由于软件计算规则的限制，选择查看工程量的方式得到土方回填工程量。第四，根据楼梯详图中对于踏步数的展示绘制楼梯，对于楼梯平台可采用绘制现浇板构件代替楼梯平台构件。

习 题

一、简答题

1. 哪些基础部位需要铺设垫层？不同种类垫层适用基础的哪些部位？如何绘制垫层？
2. 如何建立矩形轴网？轴间距按照什么顺序输入？

3．如何编辑框架梁的钢筋信息？

二、实操题

1．参考工程实例，自行选择钢筋混凝土框架结构建筑图纸，利用 GTJ2025，构建主体结构 BIM 模型。

2．参考工程实例，自行选择其他建筑图纸，利用 GTJ2025，构建基础工程 BIM 模型。

3．谈谈你对 BIM 的认识以及对 BIM 发展趋势的展望。

第3章 BIM在工程招投标阶段的应用

教学目标

通过 GTJ2025 操作流程和工程案例学习，掌握常用算量软件的基本操作和工程量清单编制方法。通过广联达工程云计价平台 GCCP（以下简称 GCCP）操作流程和工程案例学习，掌握清单计价软件的基本操作和清单报价方法。通过广联达电子招标文件编制工具 7.0 的操作流程和工程案例学习，掌握工程招标文件的软件操作方法。

教学要求

知识要点	能力要求	相关知识
工程算量原理	掌握 GTJ2025 编制工程量清单	（1）GTJ2025 介绍 （2）GTJ2025 操作流程 （3）GTJ2025 应用案例
清单计价原理	掌握 GCCP 进行清单计价	（1）GCCP 介绍 （2）GCCP 操作流程 （3）GCCP 应用案例
招标文件构成	掌握广联达电子招标文件编制工具 7.0 编制工程施工招标文件	（1）广联达电子招标文件编制工具 7.0 的操作流程 （2）广联达电子招标文件编制工具 7.0 的应用案例

3.1 工程招投标阶段 BIM 的应用场景

招投标是由交易活动的发起方在一定范围内公布标的特征和部分交易条件，按照依法确定的规则和程序，对多个响应方提交的报价及方案进行评审，择优选择交易主体并确定全部交易条件的一种交易方式。建设工程项目招标指招标人在发包工程项目之前，邀请特定的或不特定的法人或其他组织，公布工程需求和招标条件，根据投标人所提供的文件进行开标、评标的过程。工程建设项目投标是工程建设项目招标的对称概念，指的是具有合法资格和能力的投标人根据招标条件，经过初步研究和估算，在指定期限内填写标书，提出报价，并等候开标、评标的过程。

招标人根据工程建设项目的特点和需要编制招标文件。招标文件一般包括投标邀请书、投标人须知、合同主要条款、投标文件格式，采用工程量清单招标的项目应当提供工程量清单、技术条款、设计图纸、评标标准和方法、投标辅助材料。招标人应当在招标文件中规定实质性要求和条件，并用醒目的方式标明。

投标人应当按照招标文件的要求编制投标文件。投标文件应当对招标文件提出的实质性要求和条件作出响应。投标文件一般包括投标函、投标报价、施工组织设计、商务和技术偏差表。投标人根据招标文件载明的项目实际情况，拟在中标后将中标项目的部分非主体、非关键性工作进行分包的，应当在投标文件中载明。

工程项目的招投标活动是 BIM 价值的集中体现。目前在招投标阶段，BIM 技术主要用于统计工程量，编制工程造价（包括招标控制价、投标报价），编制招投标文件，等等。

1. 工程量统计

BIM 是一个富含工程信息的数据库，可以真实地提供造价管理需要的工程量信息，实现工程量信息与设计方案的完全一致。在招投标阶段，招标代理机构或建设单位可以利用 BIM 模型中的工程信息快速提取工程量，准确编制工程量清单，保证招标信息和设计信息的完整性和连续性，避免因遗漏信息对下一阶段造成工程量不清的纠纷。投标人可以利用 BIM 技术复核工程量。

2. 编制工程造价

在招投标阶段，招标代理机构或建设单位可以利用 BIM 模型编制的工程量清单，以及造价机构提供的生产资料价格，编制招标控制价。投标人可以利用 BIM 模型数据提取工程信息，制定符合自己的投标策略，编制投标报价。

3. 编制招投标文件

招投标文件是招投标阶段的重要文件。依据招投标办法和地方规定，结合现有 BIM 技术，招标人可以自动导入工程量、设置招标策略和评标办法，完成招标文件的编制。同时，投标人也可以利用工程量计量软件、工程计价软件和招投标文件编制工具，完成投标文件的编制。

3.2 相关软件简介

3.2.1 GTJ2025

GTJ2025 内置了《房屋建筑与装饰工程工程量计算规范》及全国各地清单定额计算规则、G101 系列平面表示方法钢筋规则；可通过智能识别 CAD 图纸、一键导入 BIM 三维设计模型、云协同等方式建立 BIM 土建计量模型，利用大数据、BIM、云等技术，为国内工程造价领域的企业和从业者提供 BIM 土建计量产品，帮助客户解决项目全过程计量业务，持续提升工作效能。

目前，GTJ2025 在土建计量方面具有六方面的优势。

1. 具有装配式建筑模块

广联达 GTJ2025 提供包括叠合板、预制墙、预制柱、预制梁、预制楼梯、轻质隔墙等预制构件在内的三维建模与算量能力，可实现装配式工程量快速精准提量。

2. 具有基坑支护模块

面向全客户类型，解决了支护类型多样、钢筋配筋复杂、节点形式多的三大难题，实现了复杂模型土建钢筋工程量的精准计算。

3. 覆盖钢混业务

覆盖理钢骨柱、钢管混凝土柱、纯钢构件业务，解决混凝土、钢筋、钢构件三种材质强交互的复杂场景下模型的快速创建和不同材质之间的精确扣减难题。

4. 实时计算与算量协作

工程量实时刷新，可图元查量、报表查量，无须汇总计算即可出量，算量新范式、协同作业，使项目算量周期缩短 50%。

5. 多工程处理

支持同时处理多个工程，提高对量、多工程参照和任务并行效率。

6. 施工段模块

提供水平、竖向（外墙）施工段等多种施工段类型，能快速、准确、灵活地划分施工段框图提量。

3.2.2 广联达 BIM 安装计量软件 GQI

广联达 BIM 安装计量软件 GQI（以下简 GQI）是针对建筑安装全专业研发的一款工程量计算软件。GQI 支持建筑安装全专业 BIM 三维模式算量和手算模式算量，适用于所有电算化水平的安装造价人员和技术人员使用，兼容市场上所有电子版图纸的导入，包括 CAD 图纸、PDF 图纸、图片等。通过智能化识别、可视化三维显示、专业化计算规则、灵活化的工程量统计、无缝化的计价导入，全面解决了建筑安装专业各阶段手算效率低、难度大等问题。

目前，广联达 GQI 具有以下六大特点。

1. 全专业覆盖

GQI 覆盖给排水、电气、消防、暖通、空调、工业管道等专业。

2. 智能化识别

GQI 能够智能识别构件、设备，准确度高，调整灵活。

3. 无缝化导入

GQI 可导入 CAD 图纸、PDF 图纸、图片等。

第3章 BIM在工程招投标阶段的应用

4. 可视化三维显示

GQI 能够实现安装工程 BIM 三维建模，支持 360°无死角查看图纸信息。

5. 专业化规则

GQI 内置计算规则，使计算过程透明，计算结果专业、可靠。

6. 灵活化统计

GQI 支持实时计算，可多维度、及时、准确地统计结果。

3.2.3 GCCP

GCCP 满足国标清单及市场清单两种业务模式，覆盖了工程造价全专业、全岗位、全过程的计价业务场景，通过端·云·大数据产品形态，旨在解决造价作业效率低、企业数据应用难等问题，助力企业实现作业高效化、数据标准化、应用智能化，实现造价数字化管理的目标。

GCCP 是一款专为建设工程造价领域全价值链客户提供数字化转型解决方案的产品，利用云+大数据+人工智能技术，进一步提升计价软件的使用体验，通过新技术带来老业务新模式的变化。

目前，GCCP 具有以下三项核心功能。

1. 全业务编制

GCCP 实现了概算、预算、结算、审核的全覆盖，工程编制及数据流转高效快捷，结审业务全面，进度管控更清晰、结算形式更灵活、审核工作更省时。

2. 量价一体

GCCP 通过打通计价与算量工程，实现数据互通、快速提量、实时刷新、图形反查，整体提量效率翻倍。

3. 智能组价

GCCP 针对预算数据无法快速利用、逐项套价效率低、跨地区项目编制组价学习成本高等问题，通过大数据和 AI 智能算法实现历史数据和行业数据的快速智能应用，提升预算员的组价效率。

3.3 软件实操训练

3.3.1 GTJ2025 操作流程

利用 GTJ2025 进行土建工程计量的操作流程为：启动软件、BIM 模型合法性检查、套用清单、填写项目特征、汇总计算、查看工程量、导出报表等。本节简要介绍流程内各步骤的操作方法，具体实例操作见 3.4.1 节。

【GTJ2025操作流程】

1. BIM 模型合法性检查

单击"合法性检查",检查 BIM 模型的结构合理性,如果提示"合法性检查成功",则单击"确定"即可。

2. 套用清单

双击可选择单个模型构件,单击"构件做法"进行清单的套用。单击"查询匹配清单",双击选择匹配的清单进行套用。

3. 填写项目特征

依据工程量计算规范,在建筑说明与结构说明中查找信息数据,分点罗列模型各个构件的项目特征。单击"项目特征",根据提示,逐个填写对应的特征值内容,内容填写应尽可能完整和规范。

4. 汇总计算

单击"工程量""汇总""汇总计算",弹出"汇总计算"窗口,如图 3-1 所示。

图 3-1 "汇总计算"窗口

当模型体量较大或电脑配置较低时,建议逐层或者分类型进行构件工程量的汇总。汇总计算过程中切忌中途放弃,否则可能会导致电脑卡顿。

5. 查看工程量

【第一步】单击"工程量""报表""查看工程量",可查看工程量(图3-2)。

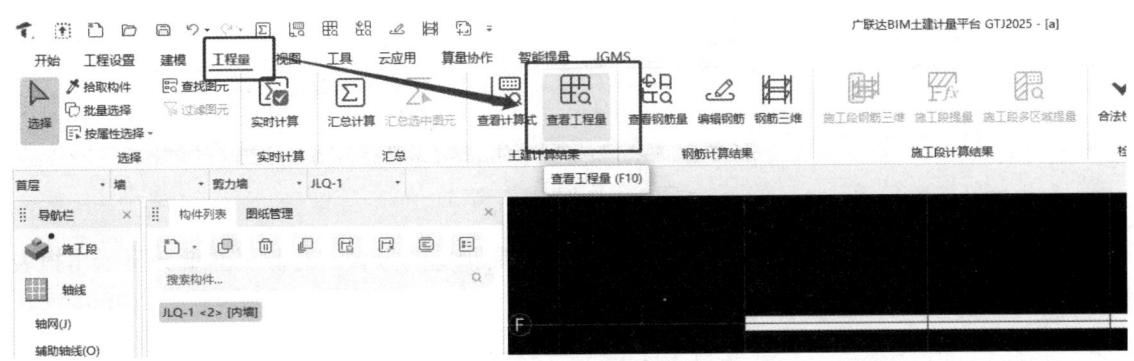

图 3-2 查看工程量

【第二步】单击"查看构件图元工程量",即可显示该图元的土建钢筋工程量,如图3-3所示。

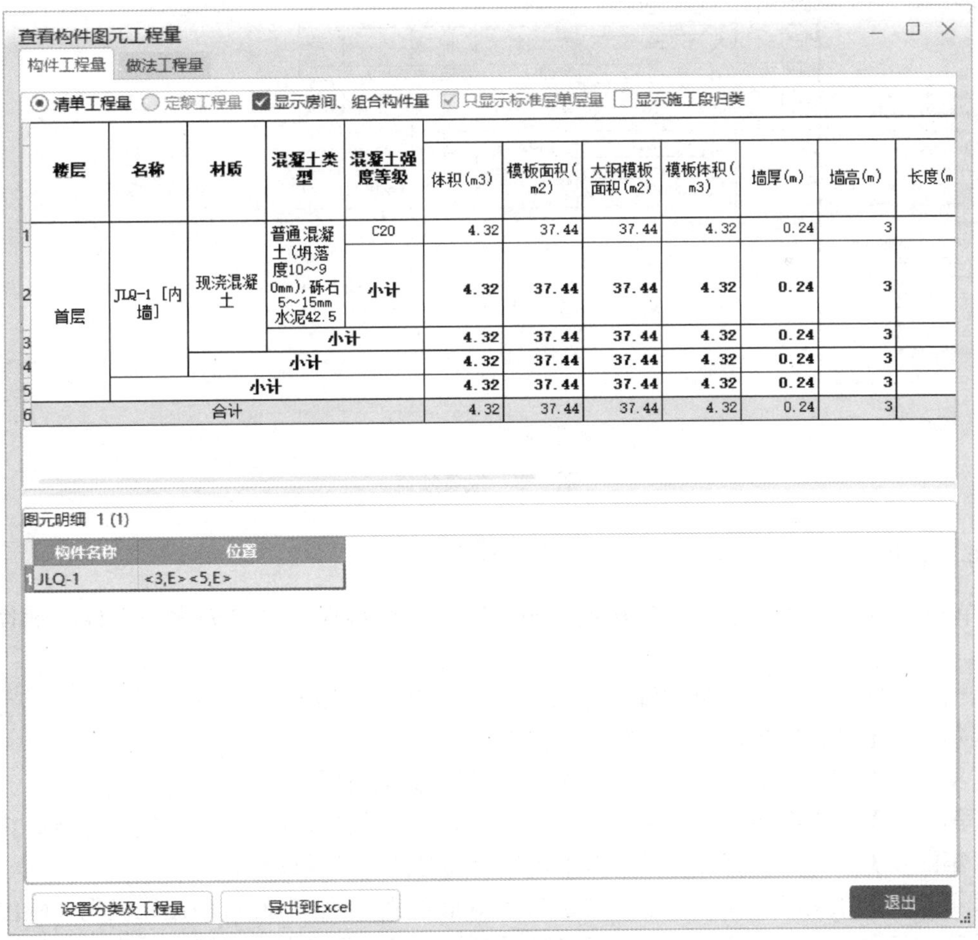

楼层	名称	材质	混凝土类型	混凝土强度等级	体积(m3)	模板面积(m2)	大钢模板面积(m2)	模板体积(m3)	墙厚(m)	墙高(m)	长度(m
1			现浇混凝土	普通混凝土(坍落度10~90mm),砾石5~15mm水泥42.5	C20	4.32	37.44	37.44	4.32	0.24	3
2	首层	JLQ-1 [内墙]			小计	4.32	37.44	37.44	4.32	0.24	3
3				小计		4.32	37.44	37.44	4.32	0.24	3
4			小计			4.32	37.44	37.44	4.32	0.24	3
5		小计				4.32	37.44	37.44	4.32	0.24	3
6	合计					4.32	37.44	37.44	4.32	0.24	3

图元明细 1 (1)

构件名称	位置
1 JLQ-1	<3,E> <5,E>

图 3-3 查看构件图元工程量

【第三步】单击"工程量""报表""查看报表",弹出"报表"窗口,如图 3-4 所示。

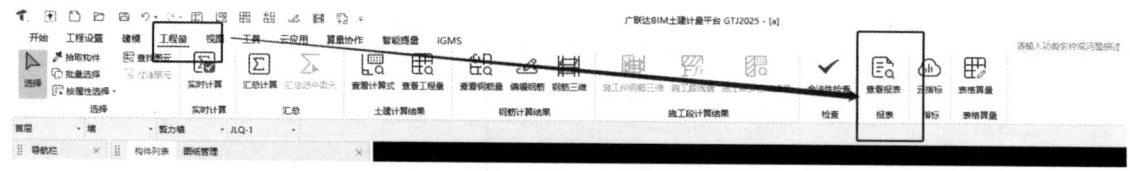

图 3-4 "报表"窗口

【第四步】单击报表页面内的左侧栏中选择需要预览的报表,右侧页面就会显示出报表预览界面,如图 3-5 所示。

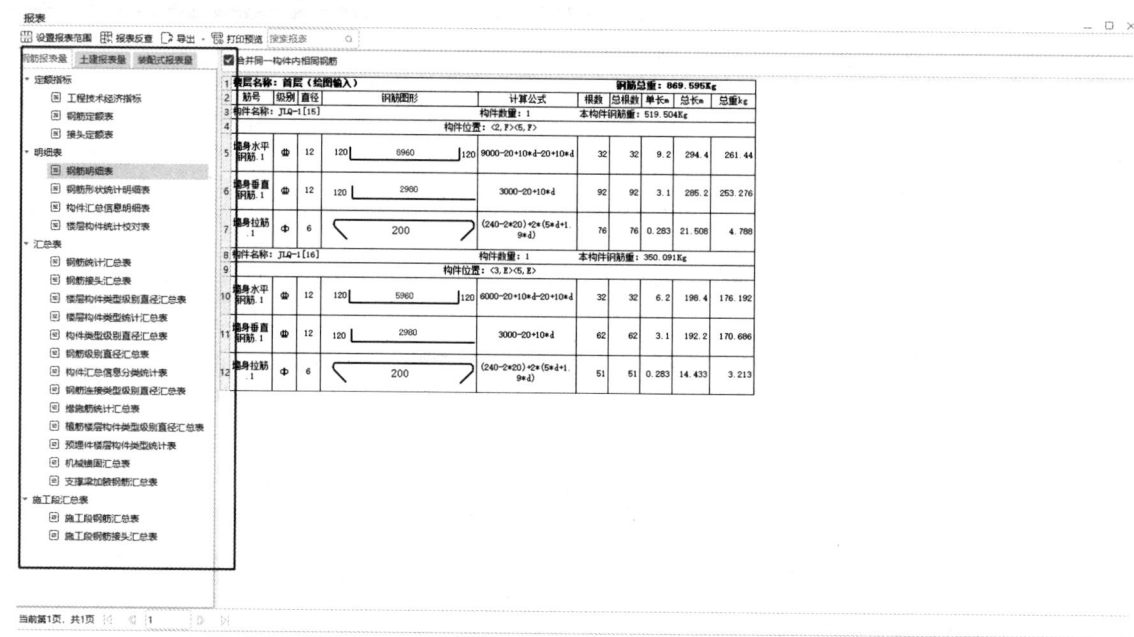

图 3-5 报表预览

6. 导出工程量

单击"报表""导出""导出到 Excel",即可将报表导出为本地文件,如图 3-6 所示。

此外,GTJ2025 可以实时更新工程量,具体操作流程如下。

【第一步】新建工程,实时计算自动开启。

【第二步】打开同版本工程,默认按工程原状态实时计算。

【第三步】工程升级,默认关闭实时计算,需要汇总计算完成,才可重新开启计算。

【第四步】当实时计算开启时,右下角进行实时的合法性检查。

【第五步】在实时计算时,不影响绘图区图元查量,可自动对选中图元优先插队出量。

【第六步】实时计算完成后,即可触发报表,报表工程量即被更新,可直接计量。

第3章 BIM在工程招投标阶段的应用

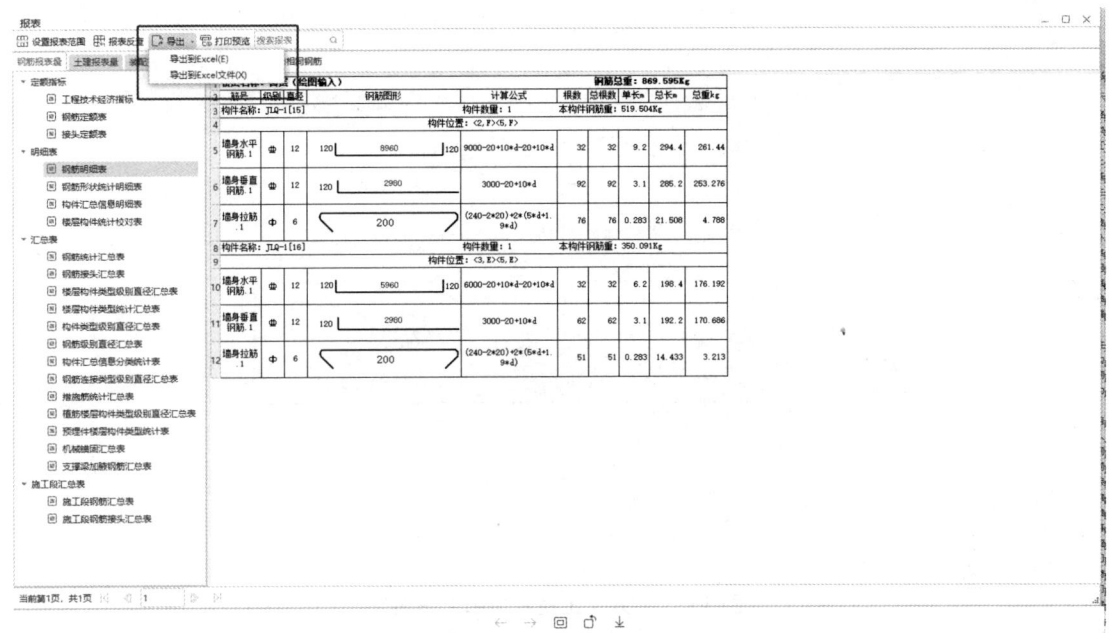

图 3-6　导出工程量

3.3.2　GCCP 操作流程

工程造价按照项目构成分为分部分项工程费、措施项目费、其他项目费、规费和税金。利用 GCCP 进行土建工程清单计价的操作流程为：新建预算项目、分部分项工程费计价、措施项目费计价、其他项目费计价、计算规费和税金、造价分析、报表导出等。本节简要介绍流程内各步骤的操作方法，具体实例操作见 3.4.2 节。

【GCCP操作流程】

1. 新建预算项目

单击"新建预算"，选择"投标项目"或"招标项目"，完成项目命名，依据工程所在区域，选择相应清单规范和定额。专业类型默认为"房屋建筑与装饰"。单位工程类型默认为"建筑装饰工程"，对于建筑裙房可右击新建多个单位工程进行清单计价。

2. 分部分项工程费计价

分部分项工程一般包括平整场地、土方开挖、预制钢筋混凝土管桩、桩承台、筏形基础、基础梁、矩形柱、矩形梁、有梁板、弧形墙、砌块墙、圈梁、过梁、门窗楼梯、屋面等子项。

【第一步】单击"导入 Excel"，选择从 GTJ2025 导出的"工程量清单汇总表"，识别有效行进行清单导入，如图 3-7 所示。若需补充导入其他 Excel 文件，则单击"继续导入"，否则单击"结束导入"，进行下一步操作。依据计量规范，结合项目工程实际情况，若"分部分项"存在缺漏，可单击"插入""插入子分部"进行添加。

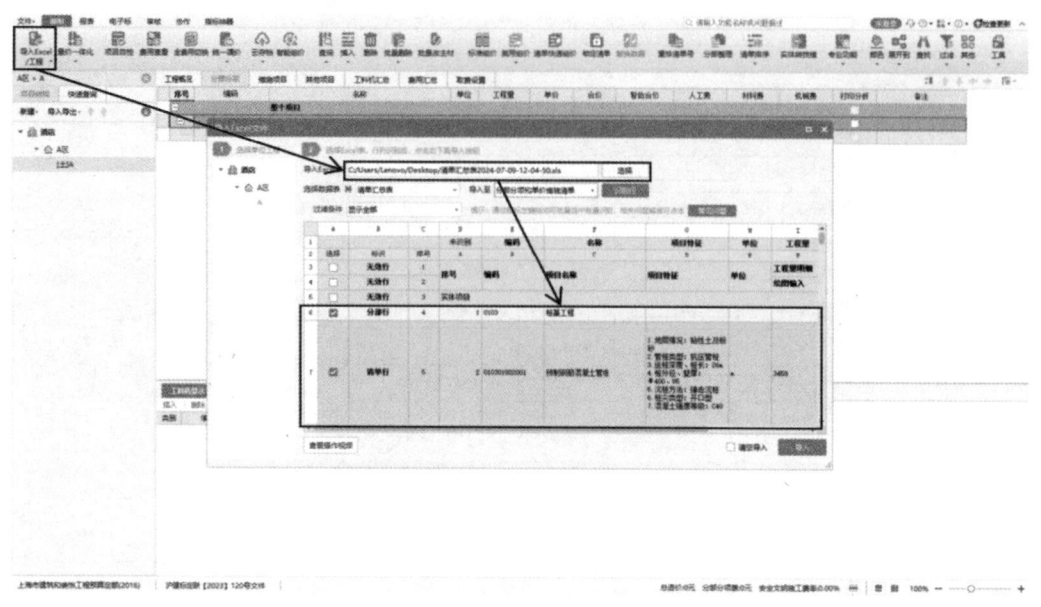

图 3-7 导入"工程量清单汇总表"

【第二步】单击"单位工程""工料机汇总",下载"信息价""辅材价"和"广材网市场价"进行人工费、材料费、机械费组价。工程需要的人工费、材料费、机械费单位价格,需查询建设市场信息服务平台,结合建筑建材网站的相关信息进行设置。

【第三步】回到"分部分项"界面,右击,选择"导出到 Excel",即可导出分部分项工程清单汇总表,如图 3-8 所示。

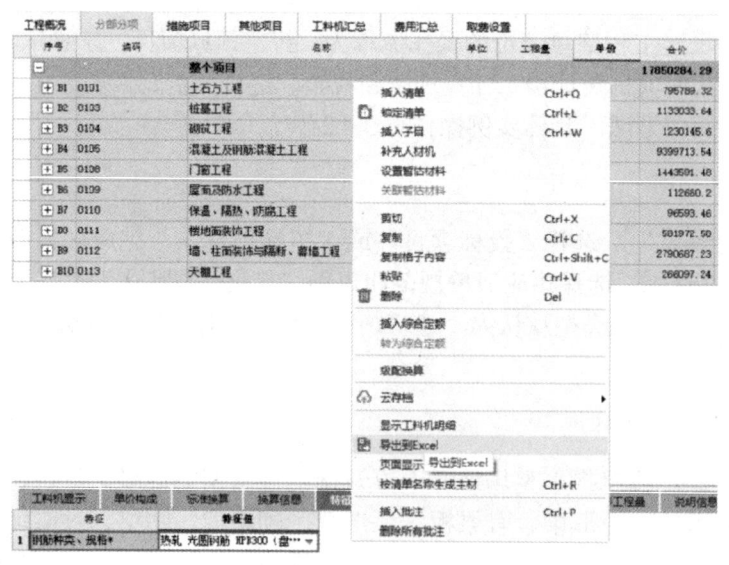

图 3-8 导出"分部分项工程清单汇总表"

3. 措施项目费计价

措施项目费计价汇总表包括总价措施费和单价措施费。总价措施费包括安全文明施工费和其他措施项目费。单价措施费包括脚手架工程、模板工程、垂直运输、超高施工、大型机械进出场及安拆和施工排水降水等。

【第一步】单击"单项工程""措施项目""载入模板""整体措施",如图3-9所示。总价措施费依据工程当地措施费规定设置的计算基础和费率进行计算。

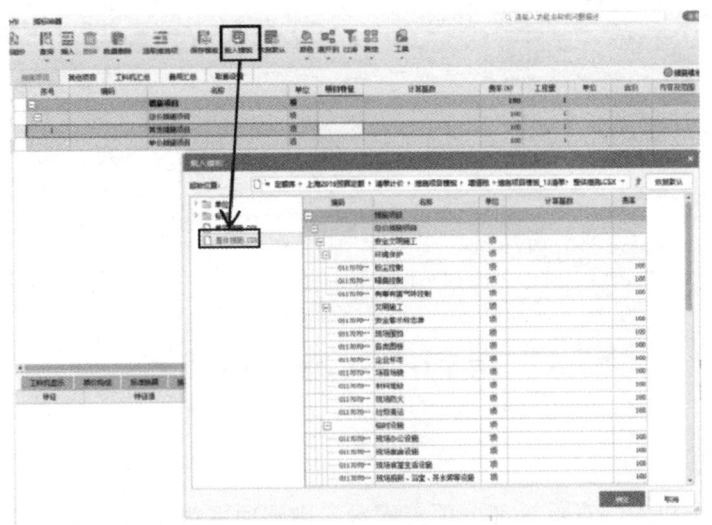

图3-9 整体措施

【第二步】单价措施费操作流程同分部分项工程费,匹配并套取相关清单和定额进行计算。

4. 其他项目费计价

其他项目费包括暂列金额、专业暂估价、计日工费用和总承包服务费。其中,暂列金额、专业暂估价可依据招标文件进行设置。若甲方不提供材料及设备,则没有材料及设备暂估价;若甲方提供材料及设备,应根据实际情况计算材料及设备暂估价。计日工费用是指在施工过程中,承包人完成发包人提出的工程合同范围以外的零星项目或工作,按照合同中约定的单价计价形成的费用,应结合工程实际情况大致估算。若没有专业外包项目,则不需进行专业分包的协助管理工作,则也没有专业工程暂估价;若有专业外包项目,则根据实际情况计算专业工程暂估价。

单击"单项工程""其他项目",依据上述情况计算其他项目费,如图3-10所示。

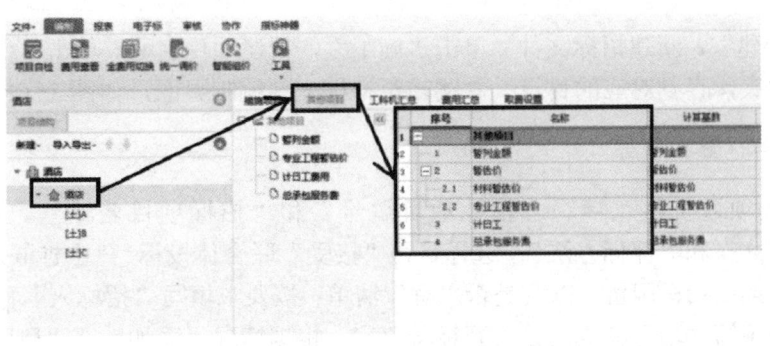

图3-10 计算其他项目费

5. 计算规费和税金

规费包括社会保险费和住房公积金，税金即增值税，应依据国家和工程所在地规定计算。单击“单位工程”“费用汇总”，可计算出规费和税金，如图 3-11 所示。

措施项目 | 其他项目 | 工料机汇总 | 费用汇总 | 取费设置　　费用汇总文件：单项工程

	序号	费用代号	编码	名称	计算基数	基数说明	费率(%)	金额	备注
1	1	DWFHJ		单位工程费合计	DWGCFHJ	子项下单位工程费合计		79,339,147.14	
2	1.1			A	24564532.23	24564532.23		24,564,532.23	
3	1.2			B	49138448.48	49138448.48		49,138,448.48	
4	1.3			C	5636166.43	5636166.43		5,636,166.43	
5	2	A		单项工程费用合计	A1+A2+A3+A4	措施项目清单费用+其他项目合计+规费+增值税		19,975,487.06	
6	2.1	A1		措施项目清单费用	CSXMHJ	措施项目合计		17,249,803.96	
7	2.2	A2		其他项目合计	QTXMHJ	其他项目合计		39,240.60	
8	2.3	A3		规费	A31+A32	社会保险费+住房公积金		1,037,090.36	
9	2.3.1	A31	gf100	社会保险费	A311+A312	管理人员部分+施工现场作业人员		978,273.89	沪建市管[2019]24号 32.6%
10	2.3.1.1	A311	gf110	管理人员部分	DJRGF_TJ+GCZGJRGF_TJ	单价措施人工费_建筑与装饰+专业工程暂估价人工费_建筑与装饰	4.56	136,838.31	沪建市管[2019]24号 4.56%
11	2.3.1.2	A312	gf120	施工现场作业人员	DJRGF_TJ+GCZGJRGF_TJ	单价措施人工费_建筑与装饰+专业工程暂估价人工费_建筑与装饰	28.04	841,435.58	沪建市管[2019]24号 28.04%
12	2.3.2	A32	gf200	住房公积金	DJRGF_TJ+GCZGJRGF_TJ	单价措施人工费_建筑与装饰+专业工程暂估价人工费_建筑与装饰	1.96	58,816.47	沪建市管[2019]24号 1.96%
13	2.4	A4		增值税	A1+A2+A3	措施项目清单费用+其他项目合计+规费	9	1,649,352.14	沪建市管【2019】19号 9%
14	3			工程总造价	DWFHJ+A	单位工程费合计+单项工程费用合计		99,314,634.20	

图 3-11　计算规费和税金

6. 造价分析

单击“造价分析”，查看分部分项工程费、措施项目费（总价措施费和单价措施费）、其他项目费、规费和税金的各项金额。

7. 报表导出

单击“报表”“常用报表”“费用表”，即可总览或导出分部分项工程费、措施项目费、其他项目费、规费和税金的各项金额。

3.3.3 广联达电子招标文件编制工具 7.0 操作流程

利用广联达电子招标文件编制工具 7.0 进行工程施工招标文件编制的操作流程为：新建招标文件、填写工程基本信息、设置评标办法、编制招标清单、编制招标文件、签章、生成招标文件等。本节简要介绍流程内各步骤的操作方法，具体实例操作见 3.4.3 节。

1. 新建招标文件

单击“新建”，新建招标文件。单击“施工”，新建项目名称。单击“保护”或“另存为”选择文件夹，存到对应的目录，并跳转至招标文件编制界面，如图 3-12 所示。

2. 填写工程基本信息

依据工程项目资料，填写“招标项目编号”和“招标项目名称”。单击“招标方式”“资审方式”和“评标办法”，选择是否“接受”联合体投标、“中标候选人”的方式、是否“设置”最高投标限价，以及是否“有”清单。按要求填写“招标人名称”，“招标代理名称”可不填写。填写完成后设置开标一览表，根据情况“添加”或“删除”。

第3章　BIM在工程招投标阶段的应用

图 3-12　招标文件编制界面

3. 设置评标办法

单击"参数设置""评审步骤设置"，分别设置"技术标评审方式""投标报价评分"，并对各评审步骤进行具体分值设置，设置某一项为技术标评审，如图 3-13 所示。"其他因素评分"设置中，根据实际情况设置"评审因素"和"评审标准"，设置的分值应前后一致。根据实际情况进行"添加"或"删除"。

图 3-13　设置评标分值

4. 编制招标清单

导入清单即导入计价文件中导出的项目工程量清单文件，如图 3-14 所示。

图 3-14　导入清单

5. 编制招标文件

招标文件的设置内容应与住房城乡建设部和国家工商行政管理总局共同制定的《建设工程施工合同（示范文本）》(GF—2017—0201) 一致。单击"招标文件"，在封面设置中工程具备招标条件的日期；单击"招标公告"，填写"招标条件""项目概况与招标范围""投标人资格要求""投标报名""招标文件的获取""投标文件的递交""发布招标公告的媒介"和"联系方式"；单击"投标人须知"，填写日期、地点、金额等相关信息；单击"图纸"，导入"建筑图纸"和"结构图纸"，填写"技术标准和要求"和"投标文件格式"。设置技术标准和要求如图 3-15 所示。

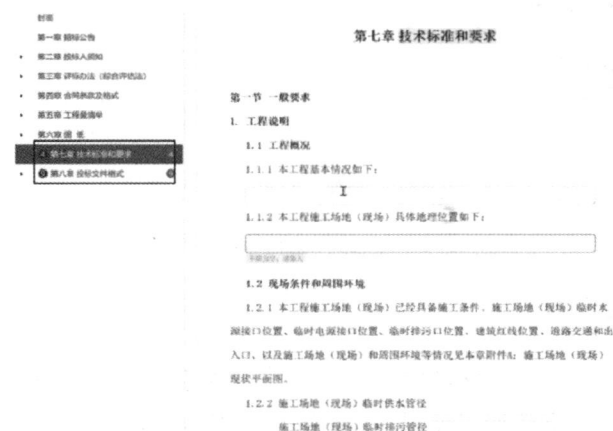

图 3-15　设置技术标准和要求

6. 签章

上述所有信息填写完毕后，单击"签章"。单击"单章"，可手动在需要处盖章；单击"双章"（图 3-16），自动在需要处盖章。

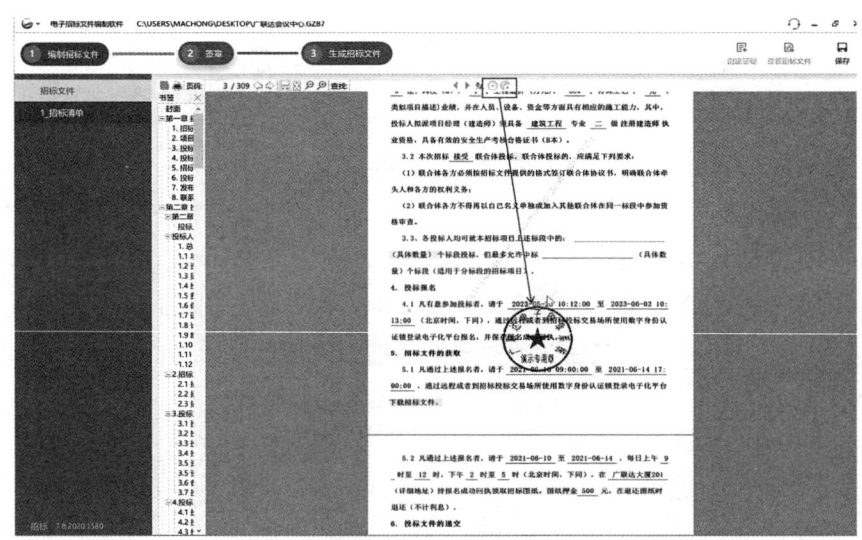

图 3-16　盖章

7. 生成招标文件

签章结束后，选择"保存位置"，单击"生成招标文件"，如图 3-17 所示。

图 3-17　生成招标文件

3.4　工程应用案例

上海市某酒店的总建筑面积为 14827.4m²，分为 A 区、B 区和 C 区。A 区地上 2 层，建筑高度为 10.5m，建筑面积为 2627.2m²；地下 1 层，建筑面积为 1269.7m²。B 区地上 4 层，建筑高度为 18.6m，建筑面积为 7802.4m²；地下 1 层，建筑面积为 2918.0m²。C 区地上 2 层，首层架空，建筑高度为 14.25m，建筑面积为 210.1m²。其中，A 区和 B 区上部结构采用钢筋混凝土框架结构，基础采用桩基础（桩承台+基础梁+底板）；C 区上部结构采用钢结构，基础采用独立桩承台基础。建筑设计使用年限为 50 年，建筑类别为一类建筑，地基基础设计等级为乙级，地下室防水等级为二级，建筑结构安全等级为二级，建筑耐火等级为一级，建筑抗震设防类别为丙类，抗震设防烈度为七度。

目前，该酒店项目现已完成施工图设计和 BIM 模型构建，现需要利用 GTJ 编制工程量清单，利用 GCCP 完成清单报价，利用广联达电子招标文件编制工具 7.0 编制招标文件。

3.4.1　基于 GTJ2025 的工程量清单编制

1. 合法性检查

【第一步】打开已建成的酒店 BIM 模型，单击"合法性检查"（图 3-18），检查该模型结构的合理性，确保工程量计算的准确性。

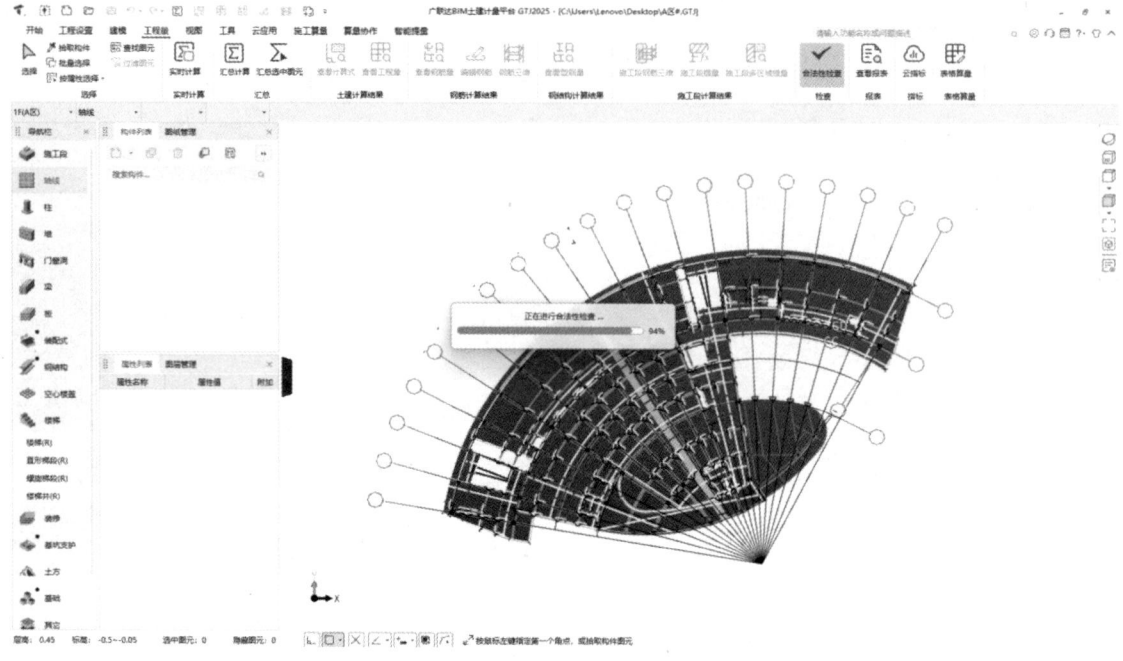

图 3-18　BIM 模型合法性检查

【第二步】在弹出"错误"窗口时，按照提示双击"梁构件名称"，逐个查看梁的错误描述，按照要求进行修改（图 3-19）。

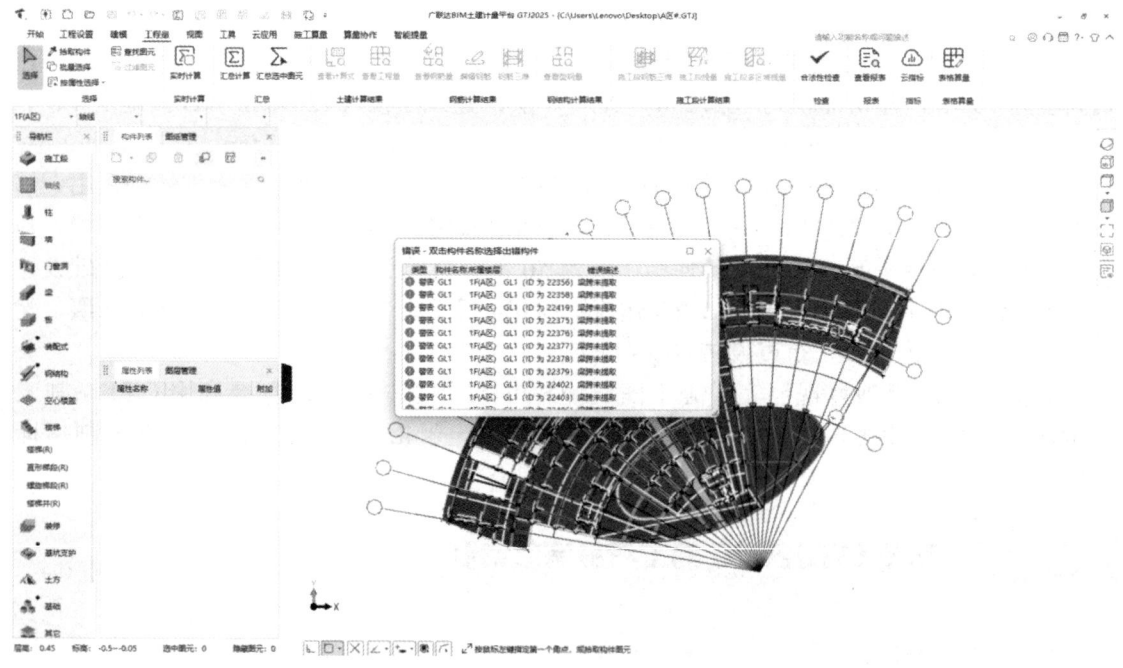

图 3-19　查看 BIM 模型合法性检查结果

【第三步】修改完成后，再次单击"合法性检查"，若提示"合法性检查成功"，则单击"确认"即可完成检查（图 3-20）。

第3章 BIM在工程招投标阶段的应用

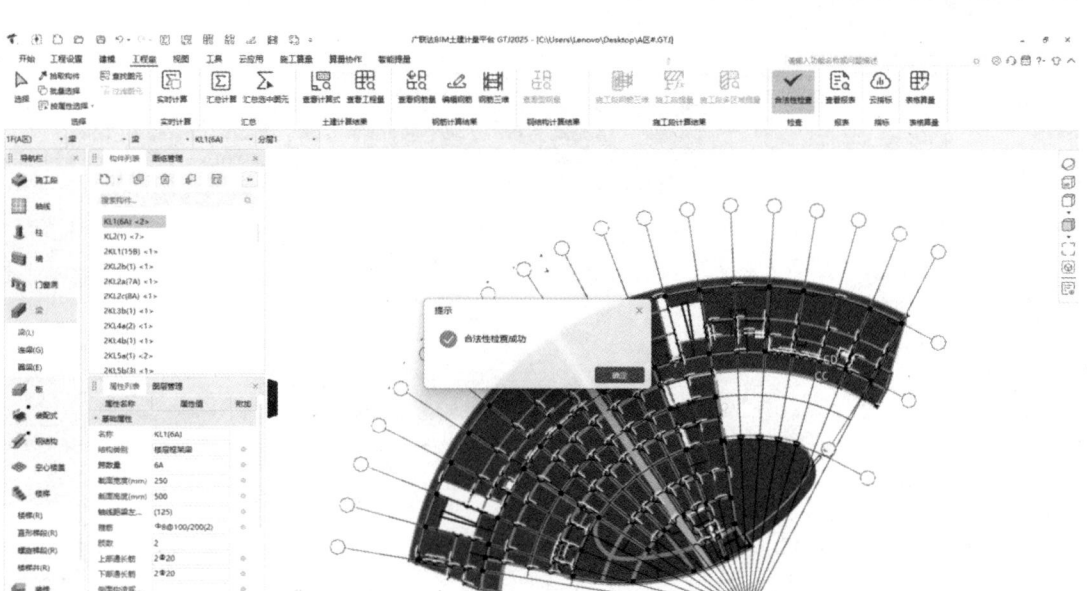

图 3-20　BIM 模型合法性检查成功

2. 套用清单

本案例以矩形梁为例展示具体操作步骤。

【第一步】双击选择某个矩形梁构件，单击"构件做法"进行对应清单的套用（图 3-21）。

图 3-21　套用清单

【第二步】单击"查询匹配清单"，双击"矩形梁"进行清单套用（图 3-22）。

91

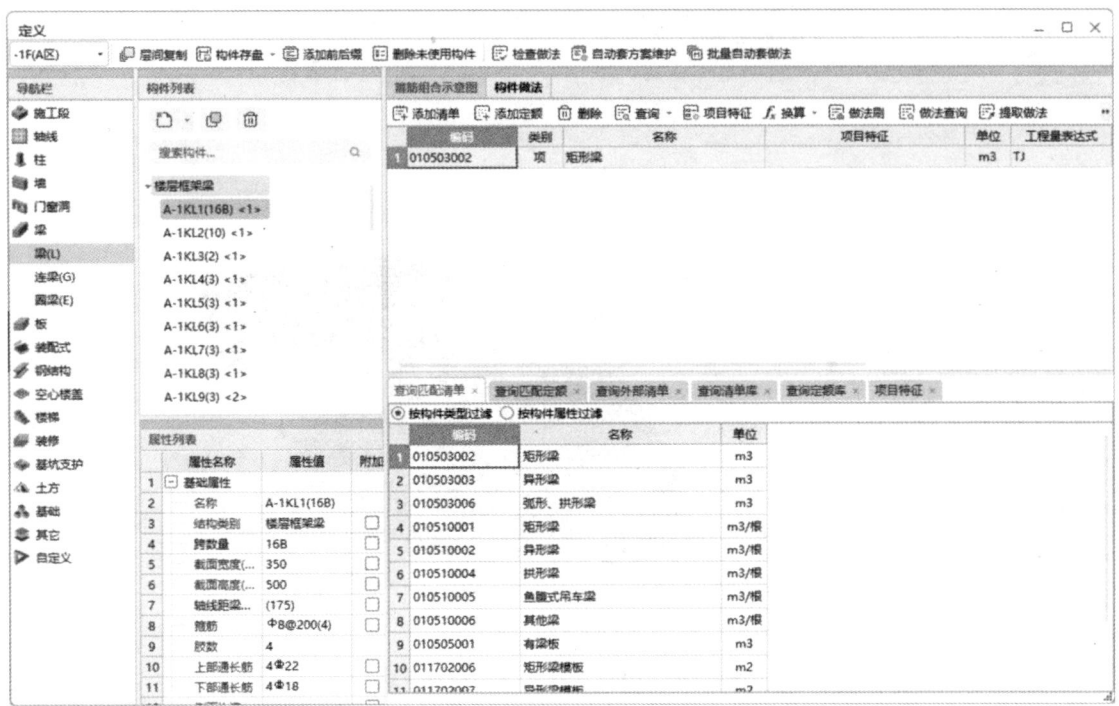

图 3-22 矩形梁清单套用

【第三步】单击"查询清单库",利用搜索功能或者在不同的工程中查找矩形梁清单(图 3-23)。

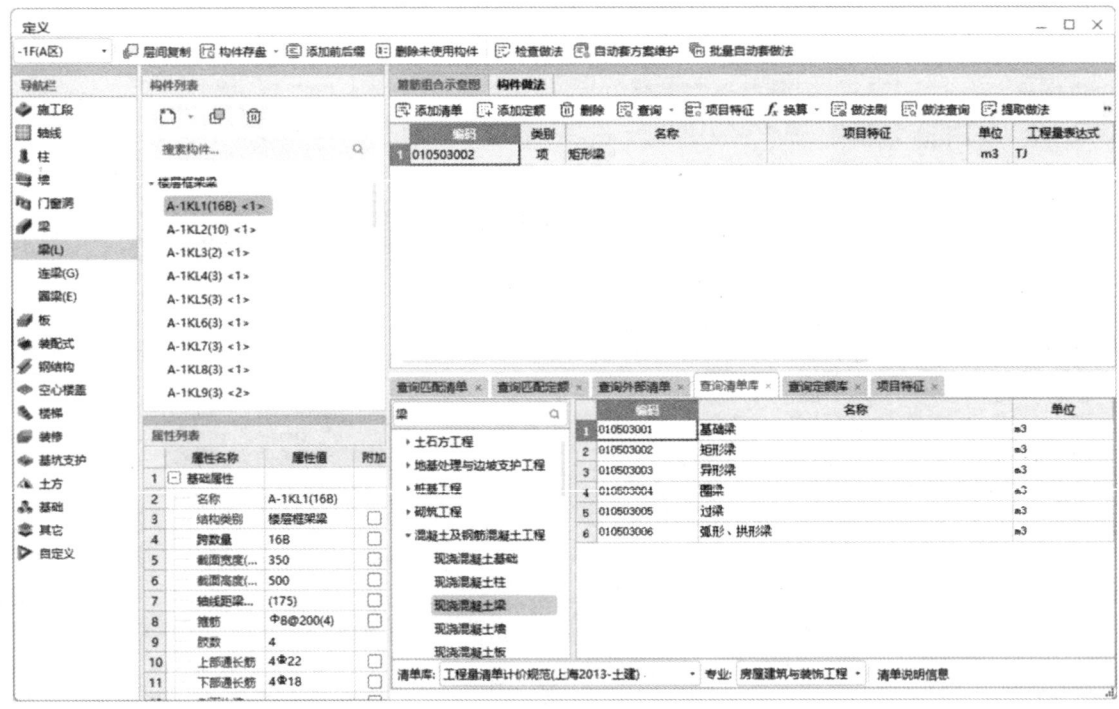

图 3-23 矩形梁清单查找

【第四步】对于同类型、同名称构件,利用做法刷功能进行批量操作。为了方便构件的选择,单击"做法刷""过滤""同类型构件"进行清单套用(图3-24)。

图3-24 同类型构件清单套用

3. 填写项目特征

【第一步】严格按照《房屋建筑与装饰工程工程量计算规范》(GB 50854—2013)中工程量计算规范要求,依据工程施工图中建筑说明和结构说明中的相关数据和信息,用Excel分点罗列酒店BIM模型各构件的项目特征。

【第二步】单击"项目特征",在"矩形梁"的项目特征中,"混凝土种类"填写预拌混凝土,"混凝土强度等级"填写C30,其他构件参照此做法,填写内容尽可能完整和规范(图3-25)。

【第三步】对于其他C30的矩形梁构件,单击"做法刷"进行项目特征的复制和粘贴。

【第四步】参照上述步骤完成其他类型构件项目特征填写。

4. 汇总计算

【第一步】单击"汇总计算",分层进行工程量计算(图3-26)。

【第二步】单击"汇总选中图元"框选同类型构件后计算工程量(图3-27)。

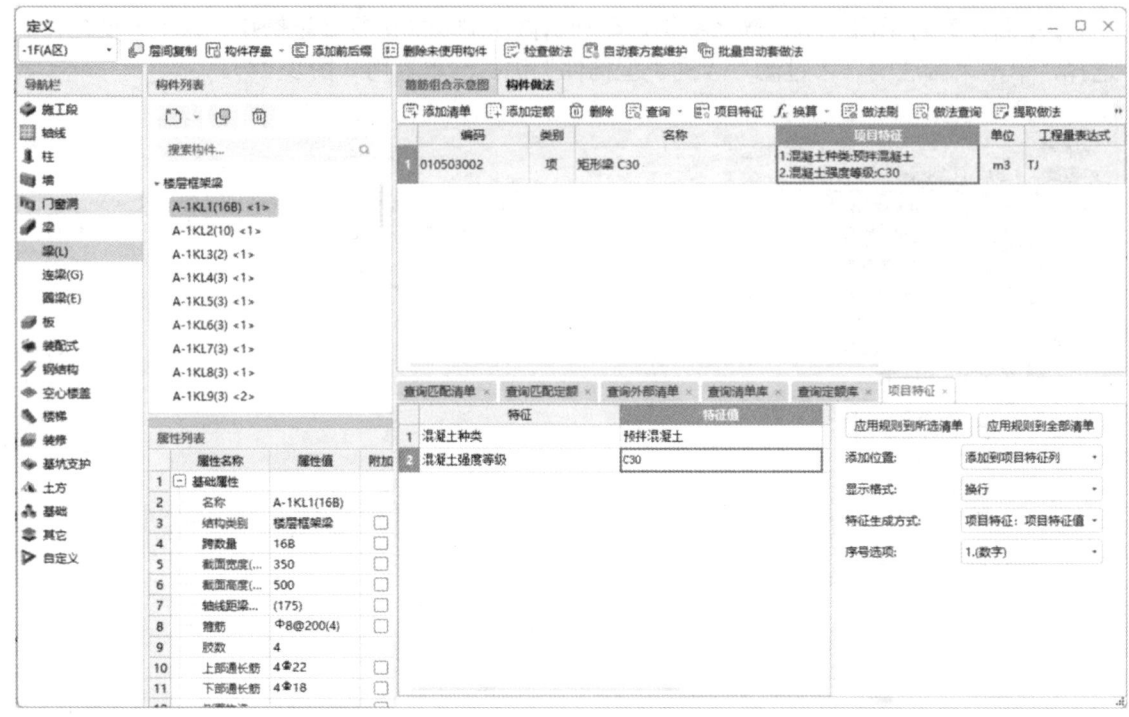

图 3-25　填写矩形梁的项目特征

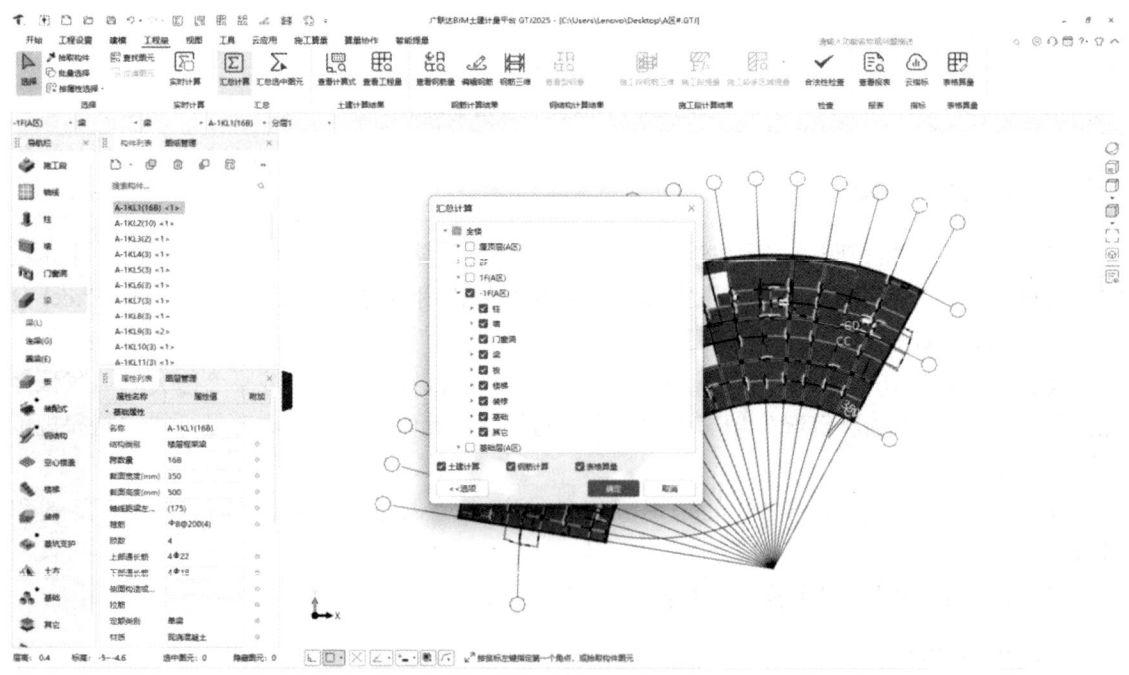

图 3-26　分层汇总工程量

【第三步】根据模型体量不同，汇总计算时间为几分钟到十几分钟，需要耐心等待，计算成功后单击"确定"即可（图 3-28）。

第3章 BIM在工程招投标阶段的应用

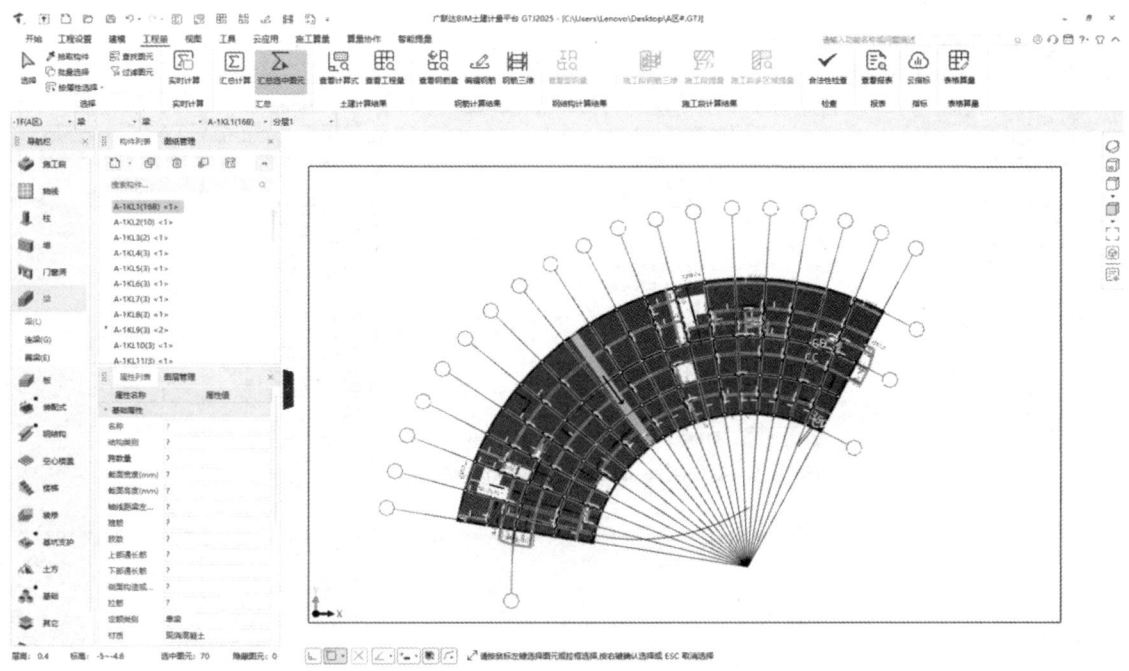

图 3-27 汇总同类型构件的工程量

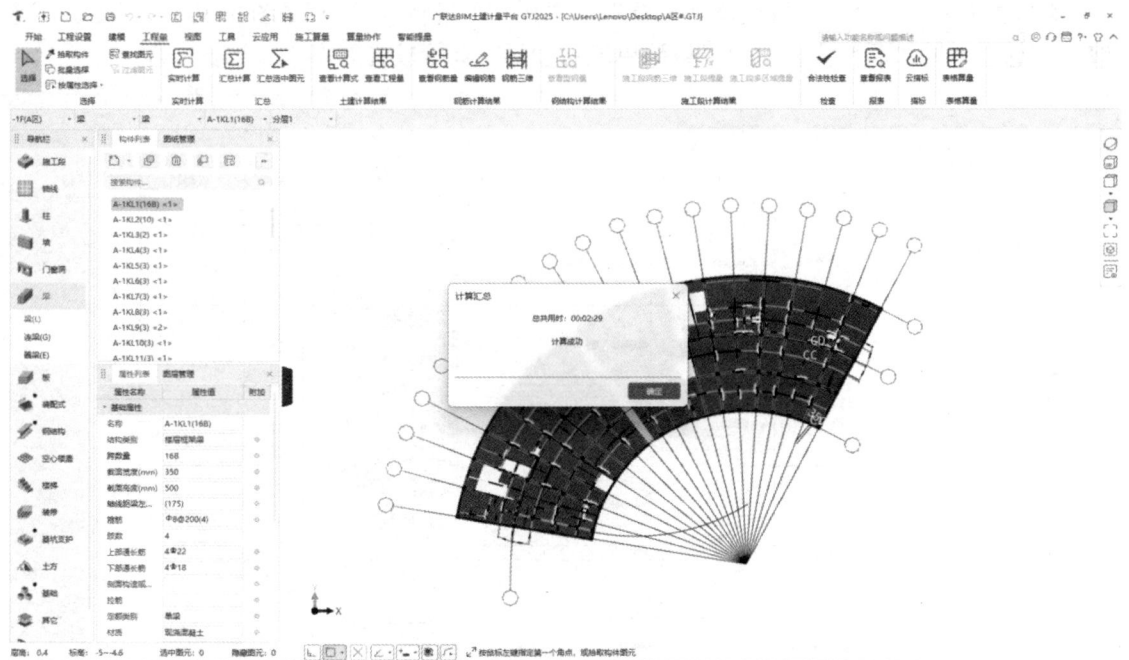

图 3-28 完成工程量汇总

5. 导出报表

【第一步】单击"查看报表",选择"设置报表范围",完成设置后单击"确定"即可。由于本工程规模较小,汇总整个项目的工程量清单数据如图 3-29 所示。

图 3-29 汇总整个项目的工程量数据

【第二步】单击"项目特征添加位置",选择"项目特征单列"(图 3-30),可在工程量清单汇总表中增加项目特征,便于将清单汇总表导入计价软件。

图 3-30 在工程量清单汇总表中增加项目特征

【第三步】单击"分部整理",依据工程量清单计价规范,选择按"章""节""流水码"("章节码")的方式,进行清单汇总表的分部整理(图 3-31)。

第3章 BIM在工程招投标阶段的应用

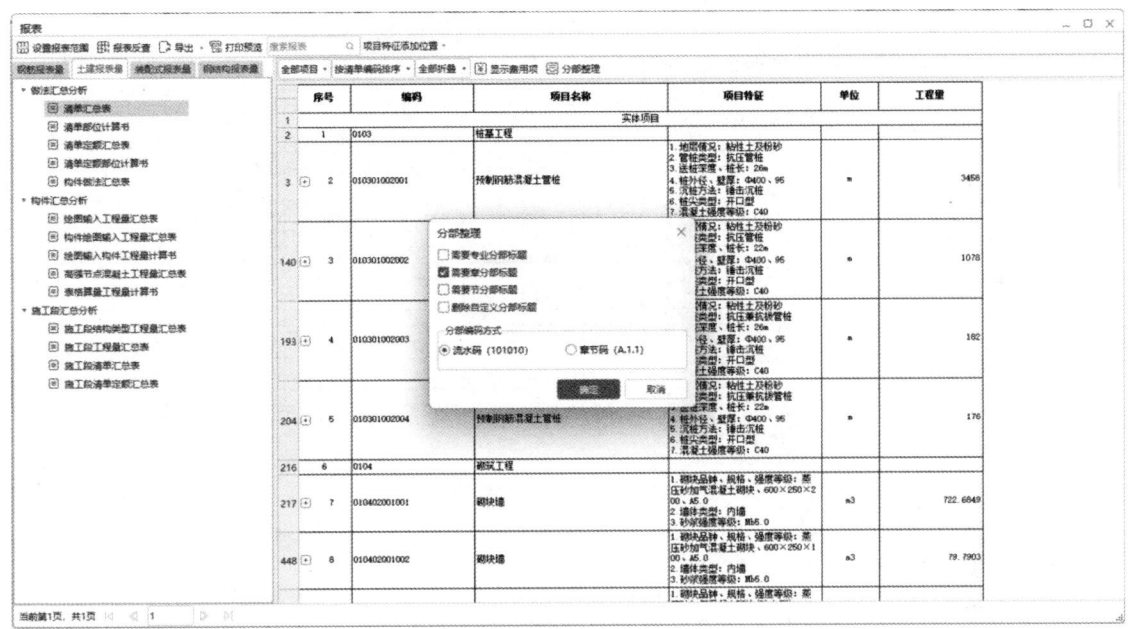

图 3-31 分部整理

【第四步】单击"土建报表量",选择"清单汇总表",导出该项目清单汇总表 Excel 文件(图 3-32),以便于导入计价软件。

图 3-32 导出清单汇总表

【第五步】单击"钢筋报表量",选择"钢筋统计汇总表"(图 3-33),可查看该项目钢筋工程量,以便于计价时手动输入钢筋工程量数据。

97

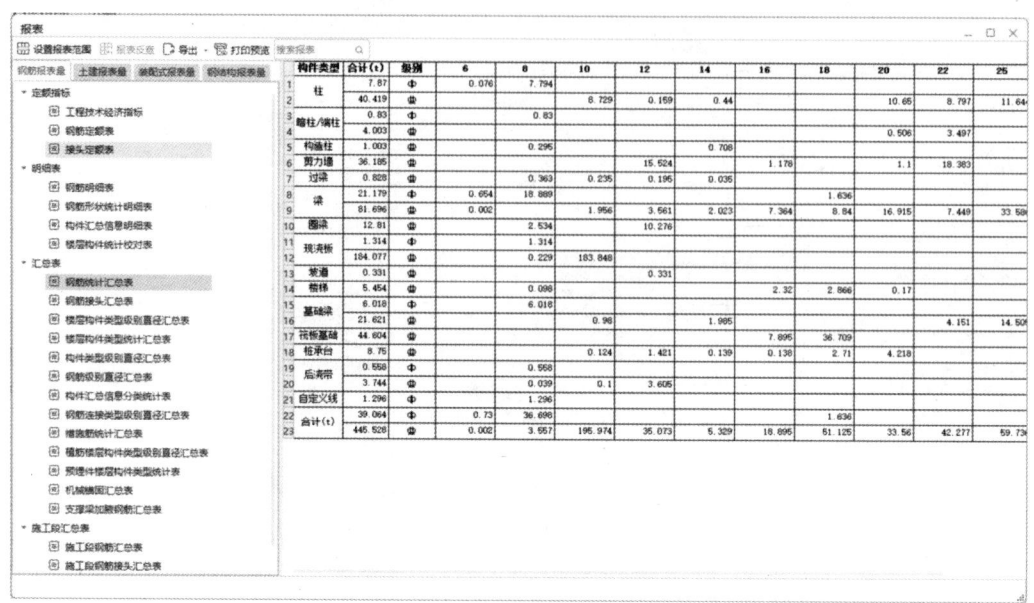

图 3-33　导出钢筋统计汇总表

3.4.2　基于 GCCP 的清单计价

1. 新建投标文件

【第一步】单击"新建预算",选择"招标项目",完成项目名称命名,地区标准默认为"上海 13 清单规范",定额标准默认为"上海 2016 预算定额"(图 3-34)。

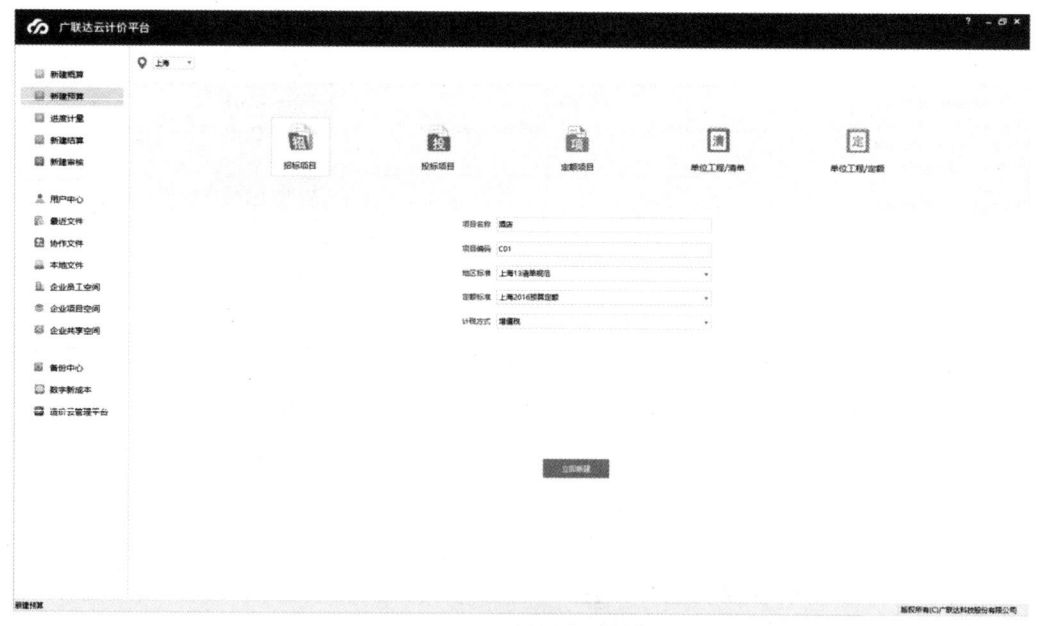

图 3-34　新建投标文件

第3章 BIM在工程招投标阶段的应用

【第二步】项目主体专业默认为"房屋建筑与装饰"(图3-35)。

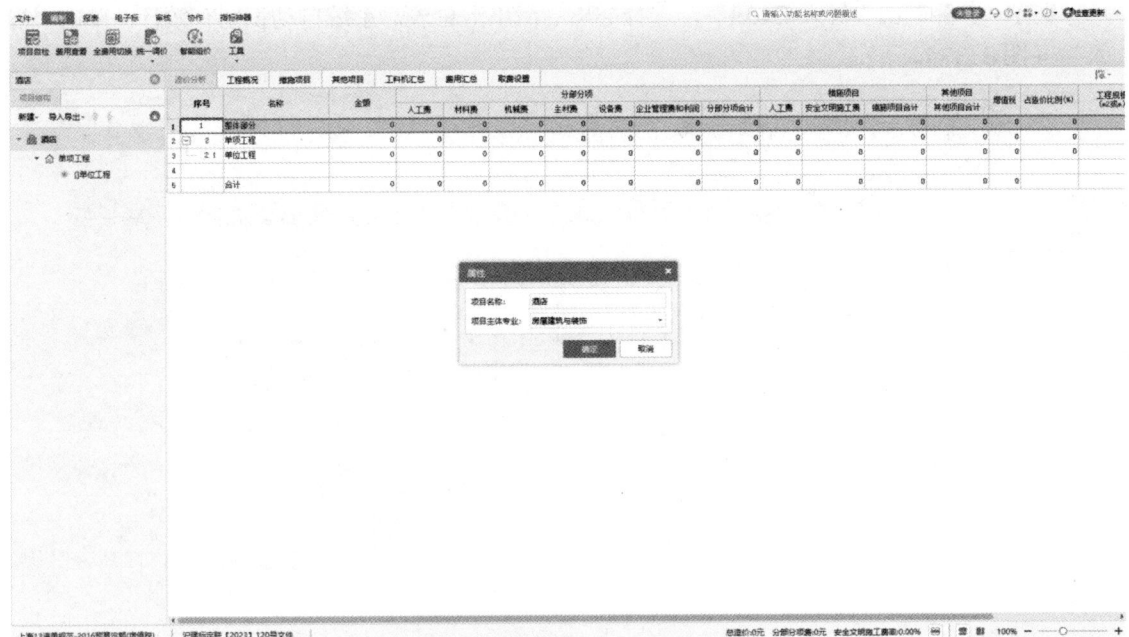

图3-35 新建项目主体专业

【第三步】单位工程选择"建筑装饰工程"(图3-36)。若有建筑裙房可右击新建多个单位工程。本项目工程分成A、B、C三个区分别进行计价。

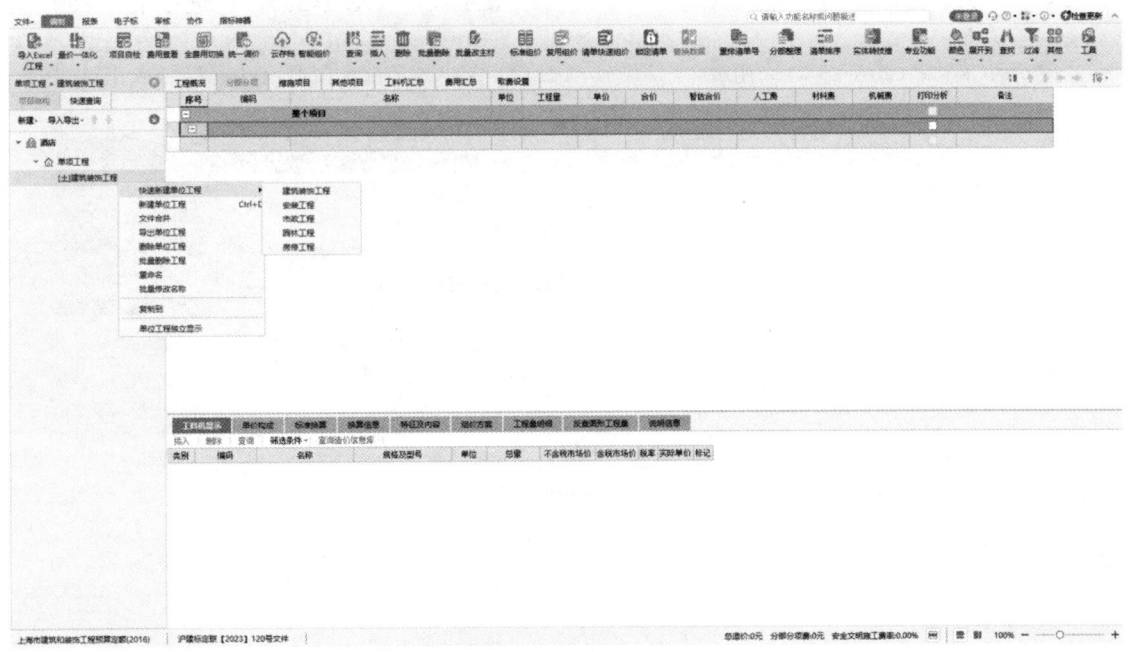

图3-36 选择单位工程

99

2. 分部分项工程费计价

【第一步】单击"导入 Excel",选择导出的清单汇总表,系统自动识别有效行,单击"导入"(图 3-37)。

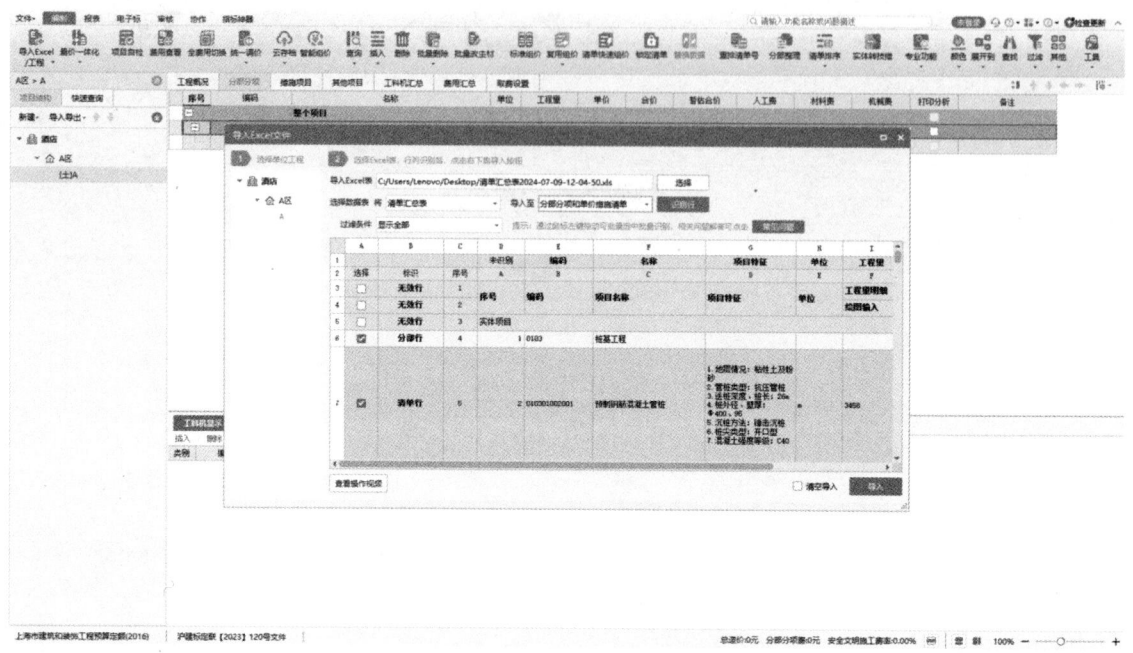

图 3-37　导入清单汇总表

【第二步】窗口弹出"导入成功",单击"结束导入"(图 3-38),可进行下一步操作。

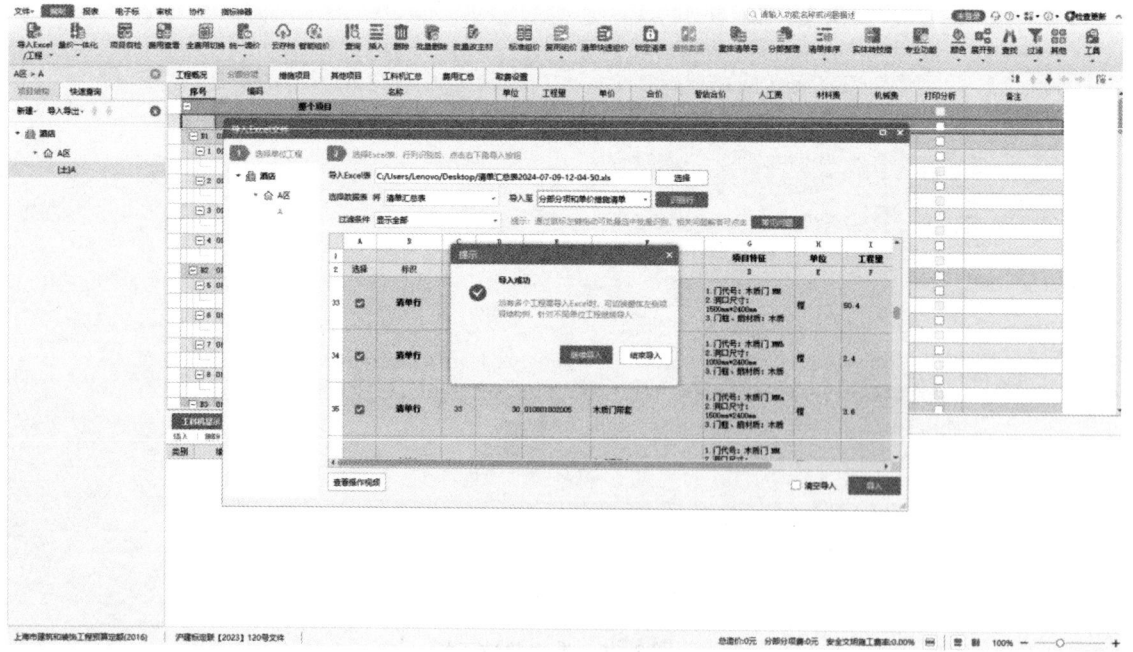

图 3-38　成功导入清单汇总表

【第三步】单击"页面显示列设置",可增加项目特征(图 3-39)。

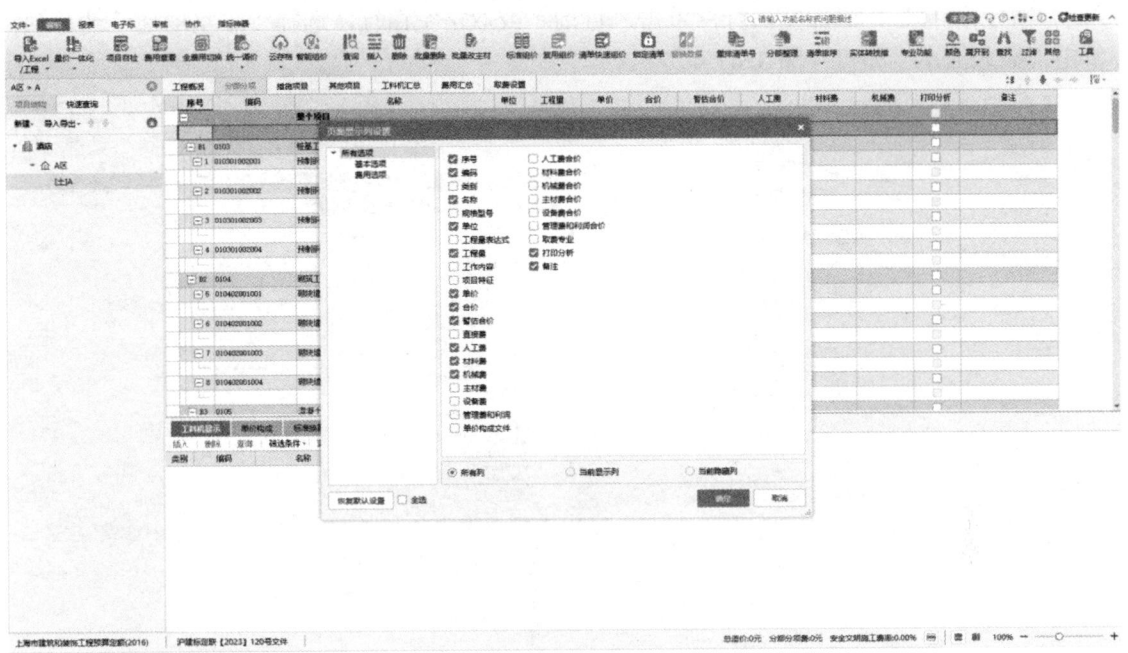

图 3-39 增加项目特征

【第四步】依据《房屋建筑与装饰工程工程量计算规范》(GB 50854—2013),结合工程项目施工图,检查分部分项工程是否存在缺漏。由于该酒店 C 区地上局部结构为钢结构,需增加金属结构工程分部分项工程(图 3-40)。

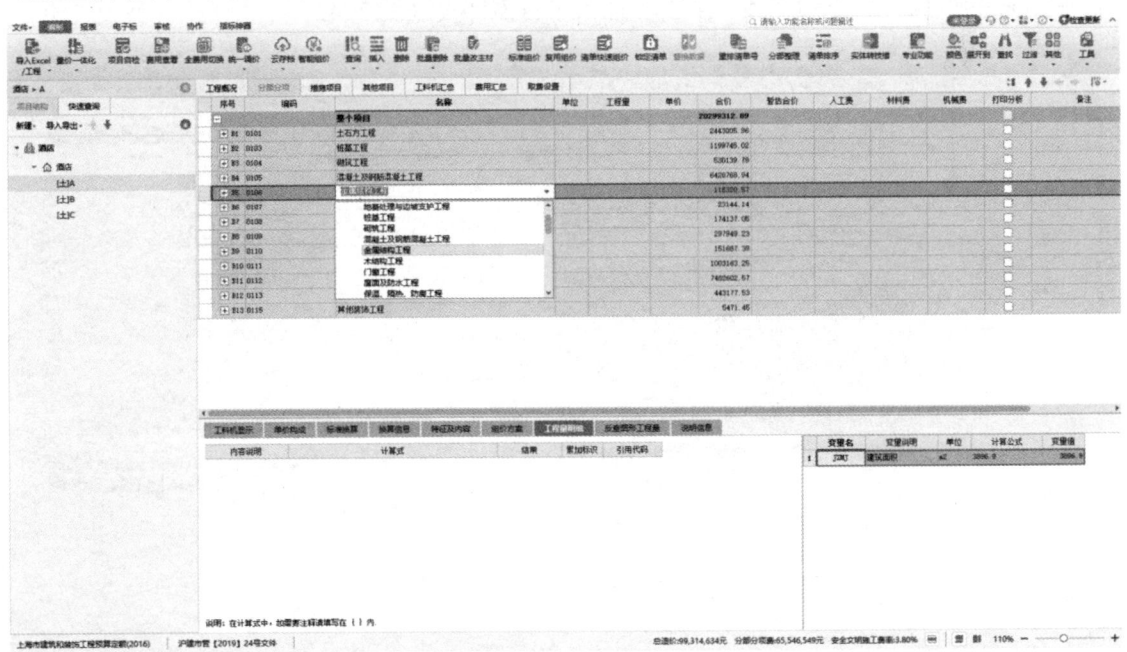

图 3-40 增加金属结构工程分部分项工程

【第五步】以土石方工程中的平整场地为例，介绍添加分部工程的具体步骤。单击"插入""插入清单"，添加空白行，单击"查询"或双击空白行，选择"平整场地"清单项，单击"插入清单"即可（图3-41）。

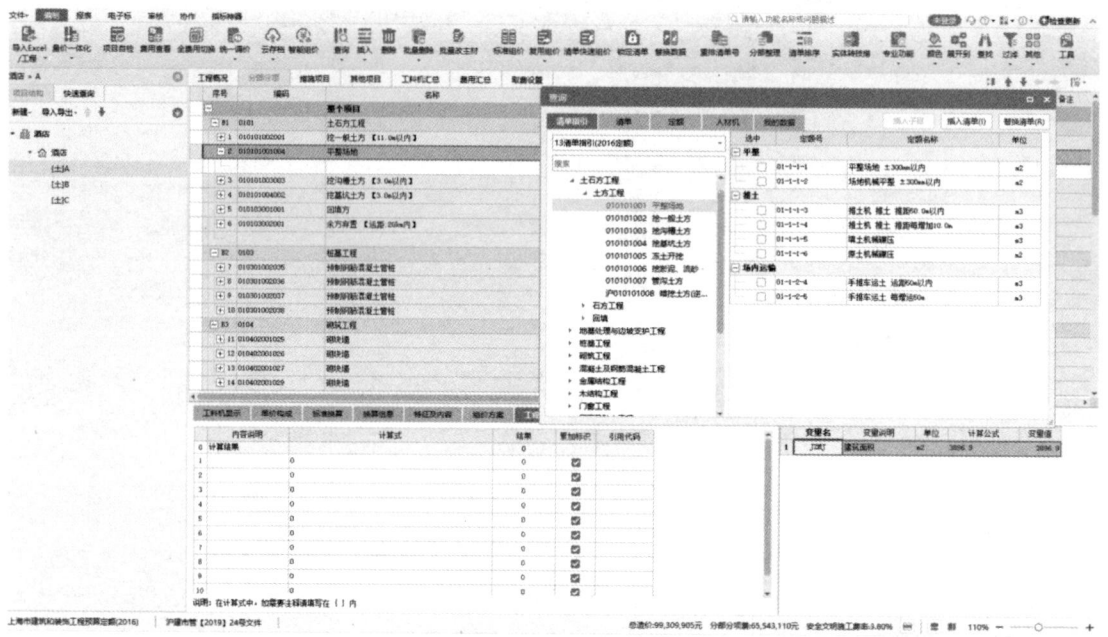

图 3-41　插入清单

【第六步】单击"查询"或双击空白行，在窗口弹出的所有子项中，选择"场地机械平整±300mm以内"的定额子项，单击"插入子目"即可（图3-42）。

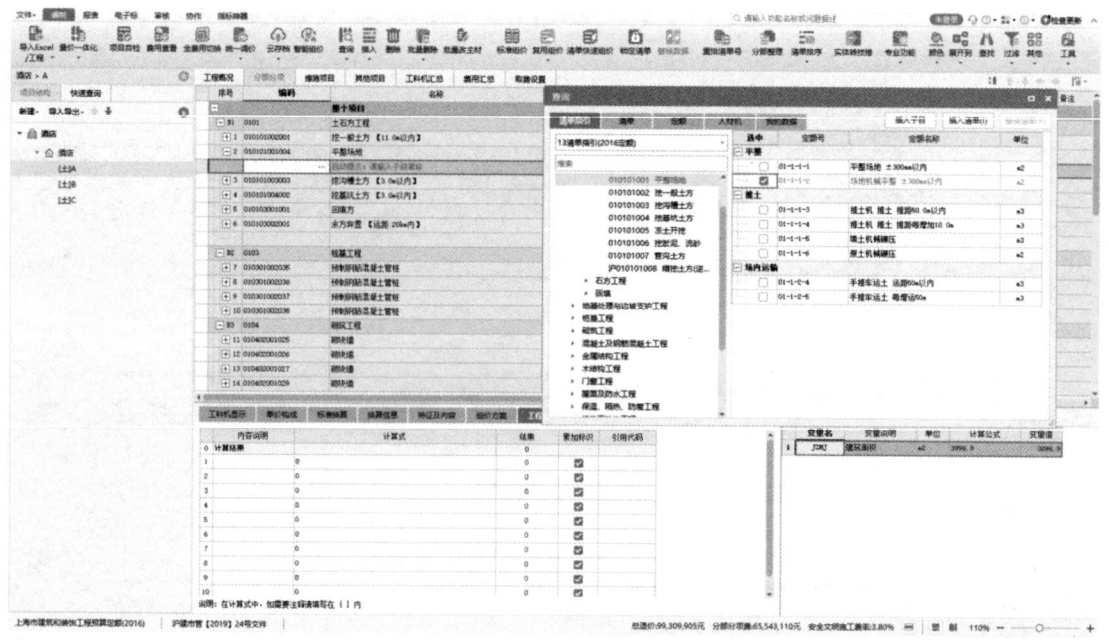

图 3-42　添加平整场地子目

第3章 BIM在工程招投标阶段的应用

【第七步】按照上述"插入清单"和"插入子目"的操作流程,手动添加钢筋工程和金属结构工程的清单及相应定额子目(图3-43)。

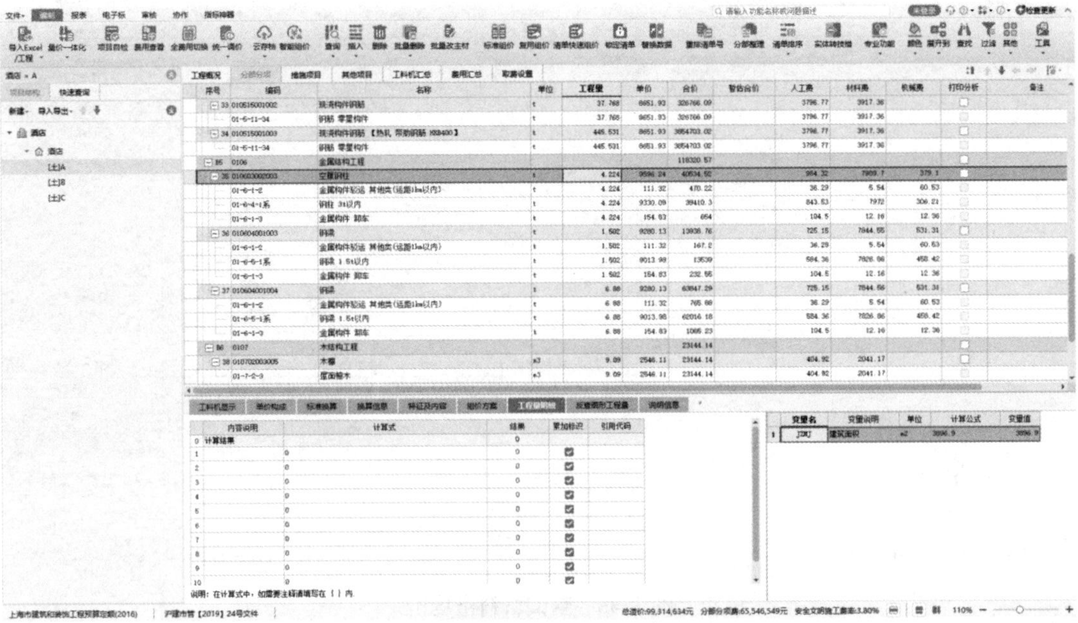

图3-43 添加金属结构工程清单子目

【第八步】单击"单位工程""工料机汇总",在广材助手中查询人工、材料、机械的市场价并进行组价,如图3-44~图3-46所示。组价时,可利用关键字查询功能,需注意人工费选择不含规费项,材料费、机械费选择尽可能接近的子项。若缺少匹配的市场价时,可采用人工询价。

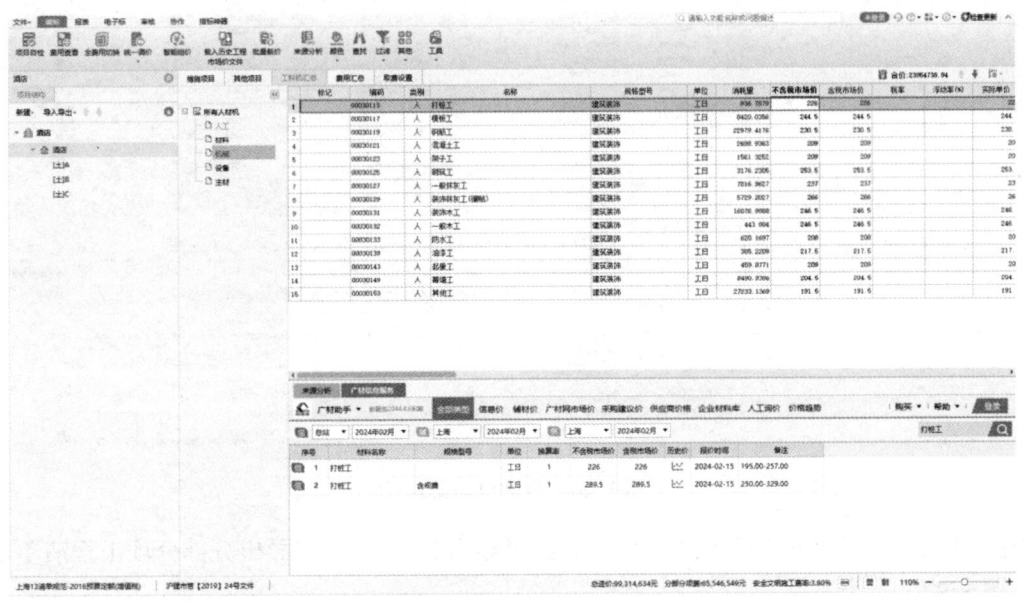

图3-44 查询人工市场价

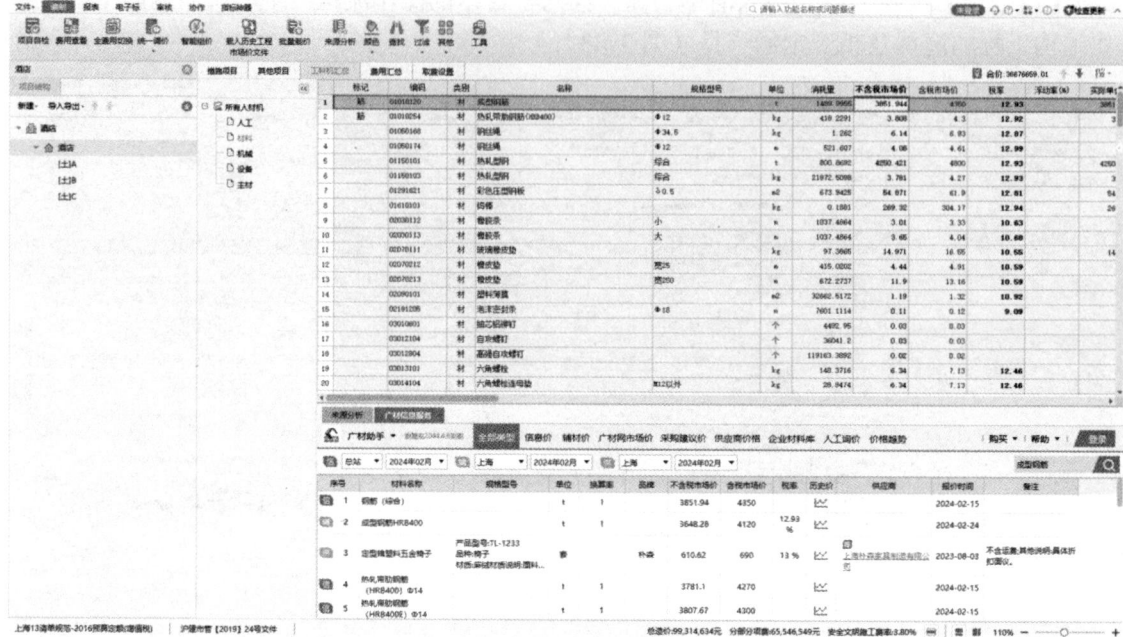

图 3-45　查询材料市场价

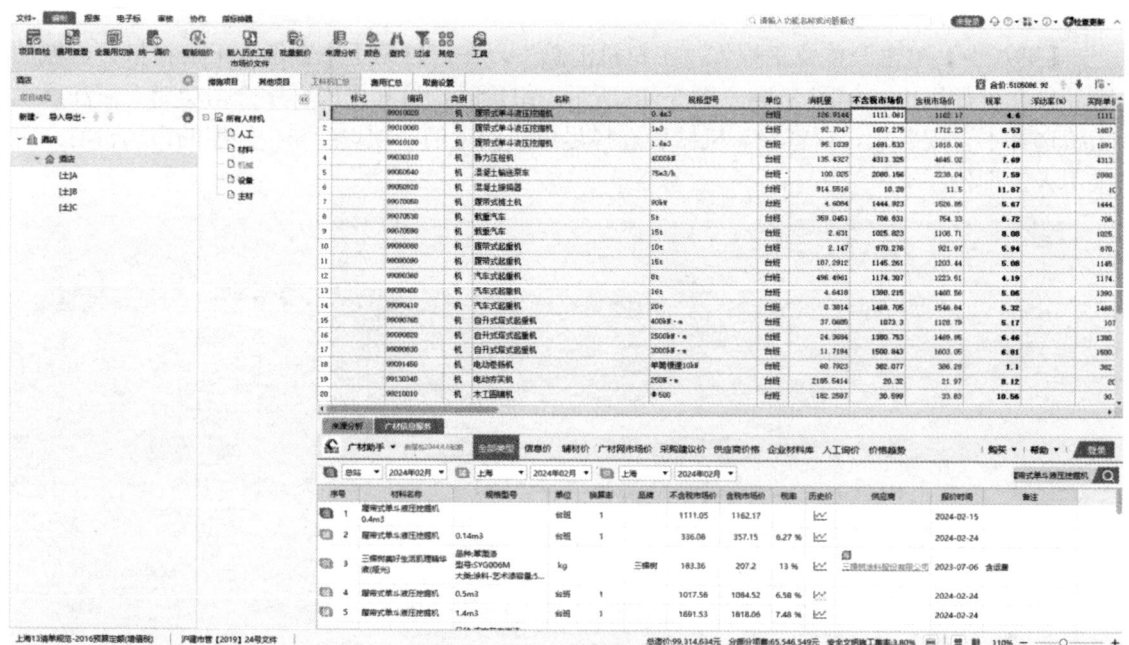

图 3-46　查询机械市场价

【第九步】回到"分部分项"界面，右击"导出 Excel"，可导出分部分项工程清单汇总表（图 3-47）。

第3章 BIM在工程招投标阶段的应用

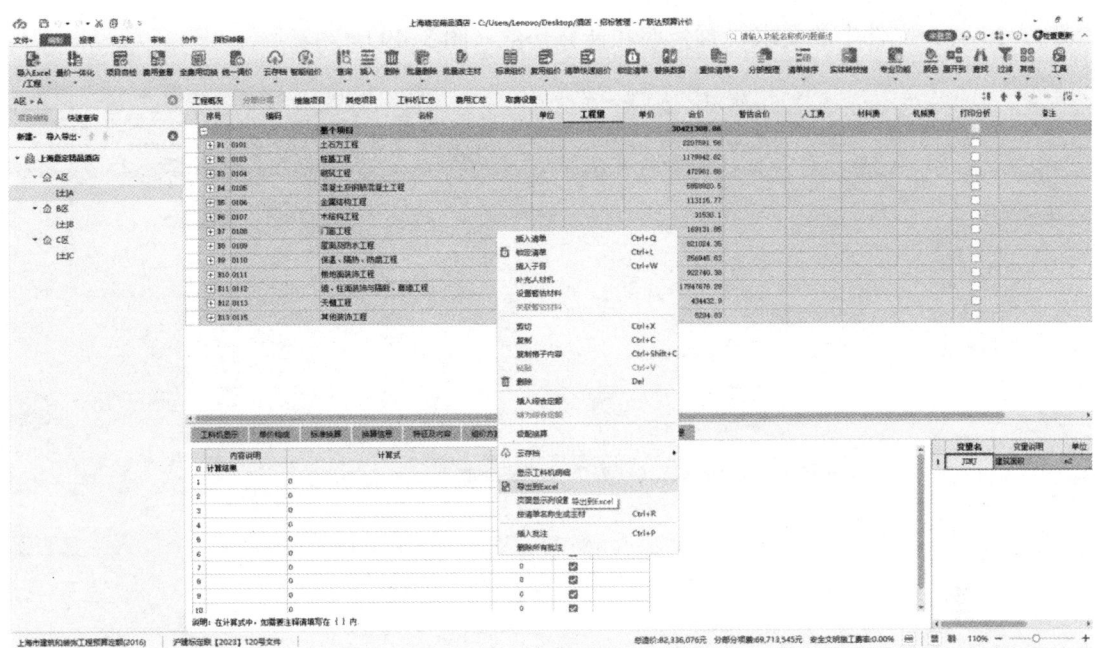

图 3-47 导出分部分项工程清单汇总表

3. 措施项目费计价

【第一步】计算总价措施费。选择"单项工程"中的"措施项目",右击"载入模板",选择"整体措施"即可载入总价措施费计算模板(图 3-48)。

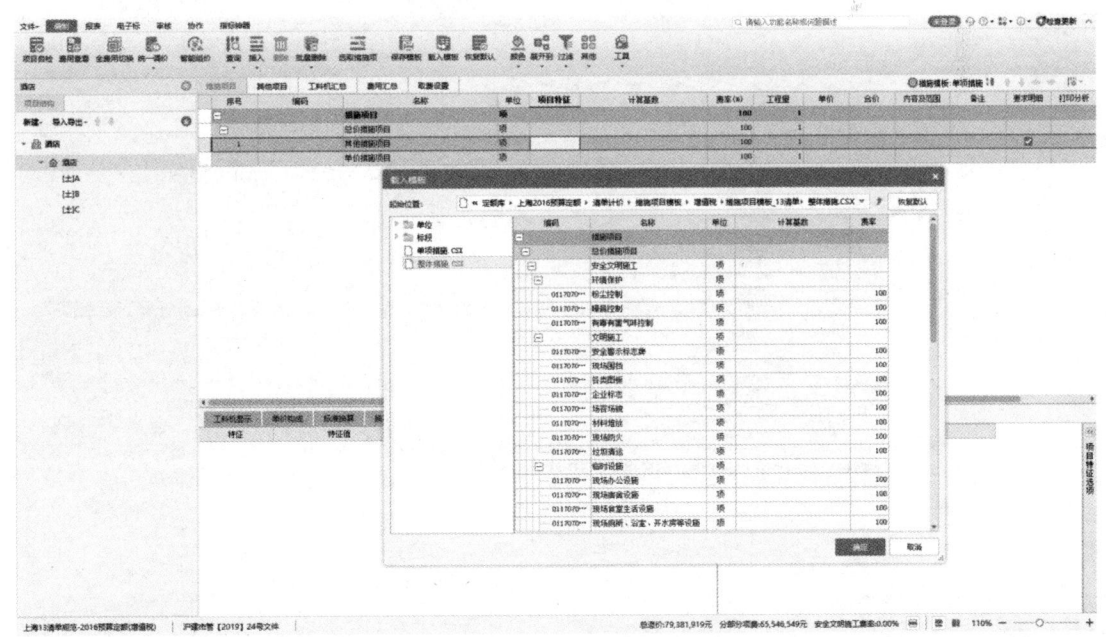

图 3-48 载入整体措施费计算模板

【第二步】依据《上海市建设工程安全防护、文明施工措施管理费用暂行规定》(沪建交

105

〔2019〕24号）文件中的要求设置费率和计算基数（图3-49）。

图3-49 设置整体措施项目的费率和计算基数

【第三步】单价措施费计算操作流程同分部分项工程费。依据《建设工程工程量清单计价规范》（GB 50500—2013）和《上海市建筑和装饰工程概算定额》（SH 01—21—2020），匹配套用相关清单和定额。添加单价措施项目和单价措施项目清单分别如图 3-50、图 3-51 所示。

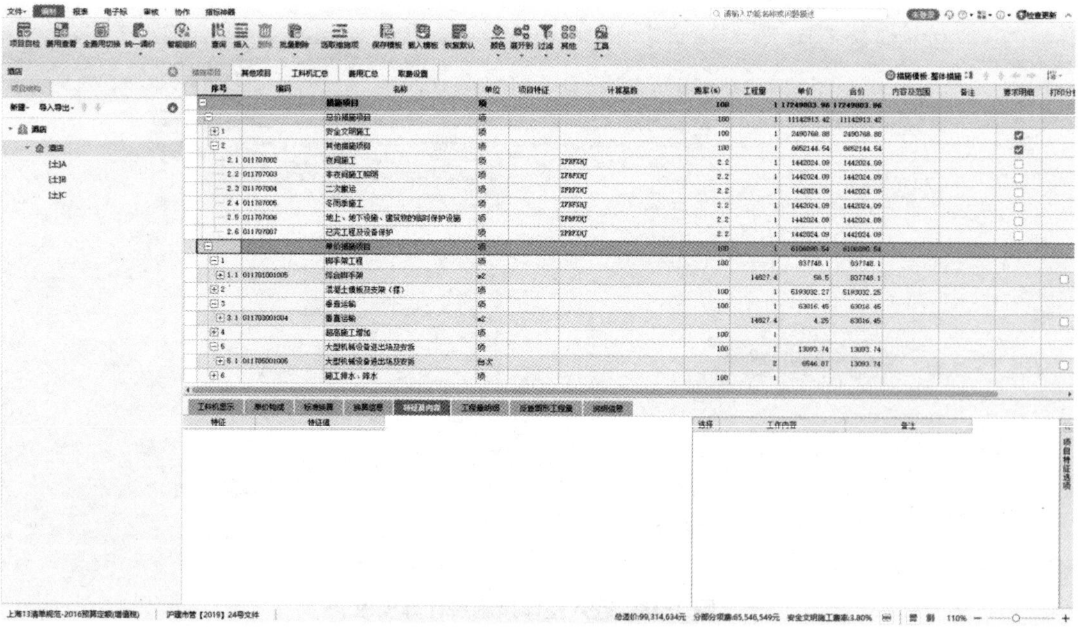

图3-50 添加单价措施项目

第3章　BIM在工程招投标阶段的应用

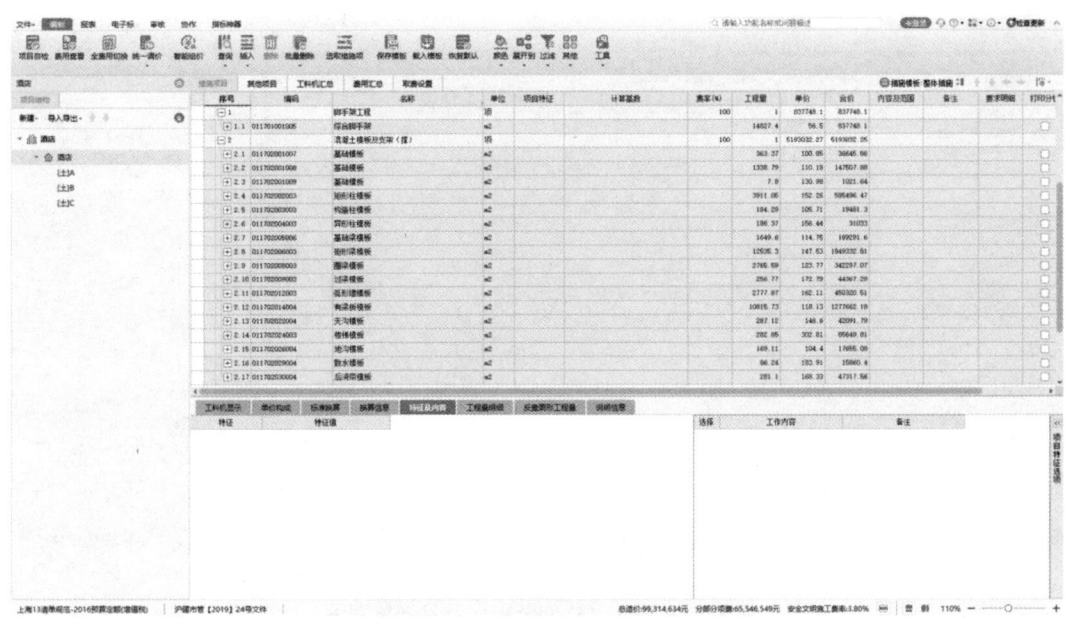

图 3-51　添加单价措施项目清单

4. 其他项目费计价

【第一步】选择"单项工程"中的"其他项目"（图 3-52）。依据工程项目实际情况，选择其他项目清单。

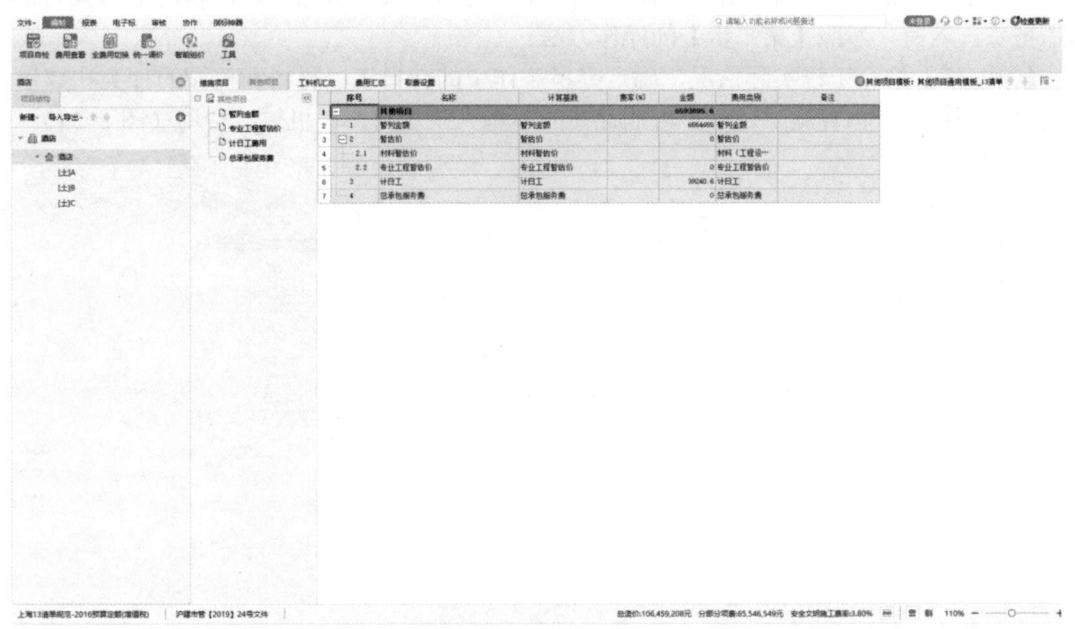

图 3-52　选择其他项目清单

【第二步】若工程项目招标文件中明确"暂列金额"，按分部分项工程费的 10％进行计算，则填入暂列金额的计算方法（图 3-53）。

107

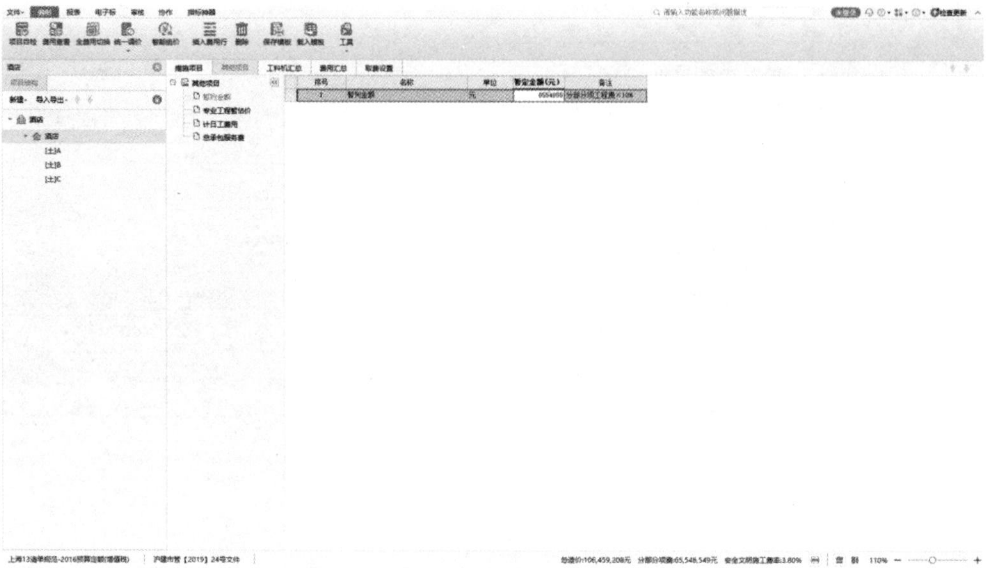

图 3-53 填入"暂列金额"及其计算方法

【第三步】依据本工程项目是否采用自有设备、是否有甲方提供材料及设备，确定是否填写材料及设备暂估价。若有，参照【第二步】的操作方法。

【第四步】依据本工程项目是否有专业外包项目，确定是否填写专业工程暂估价。若有，参照【第二步】的操作方法。

【第五步】依据本工程项目是否需要对专业外包项目进行协调管理，确定是否填写总承包服务费。若有，参照【第二步】的操作方法。

【第六步】结合工程实际情况，确定零星工作中的计日工、材料和机械的种类和数量，并选择相应单价，估算施工过程中可能存在的零星人工、材料、机械、费用（图3-54）。

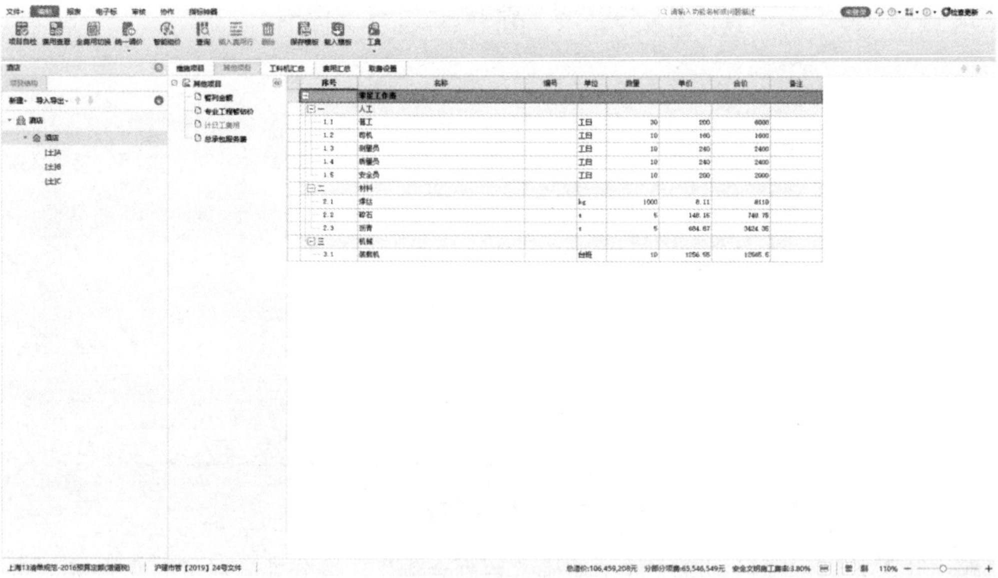

图 3-54 计日工费用

5. 计算规费、税金

【第一步】单击"取费设置",由于本项目为 2023 年 11 月之前进行招投标的项目,依照"沪津市管〔2019〕24 号文件"设置规费和税金(图 3-55)。

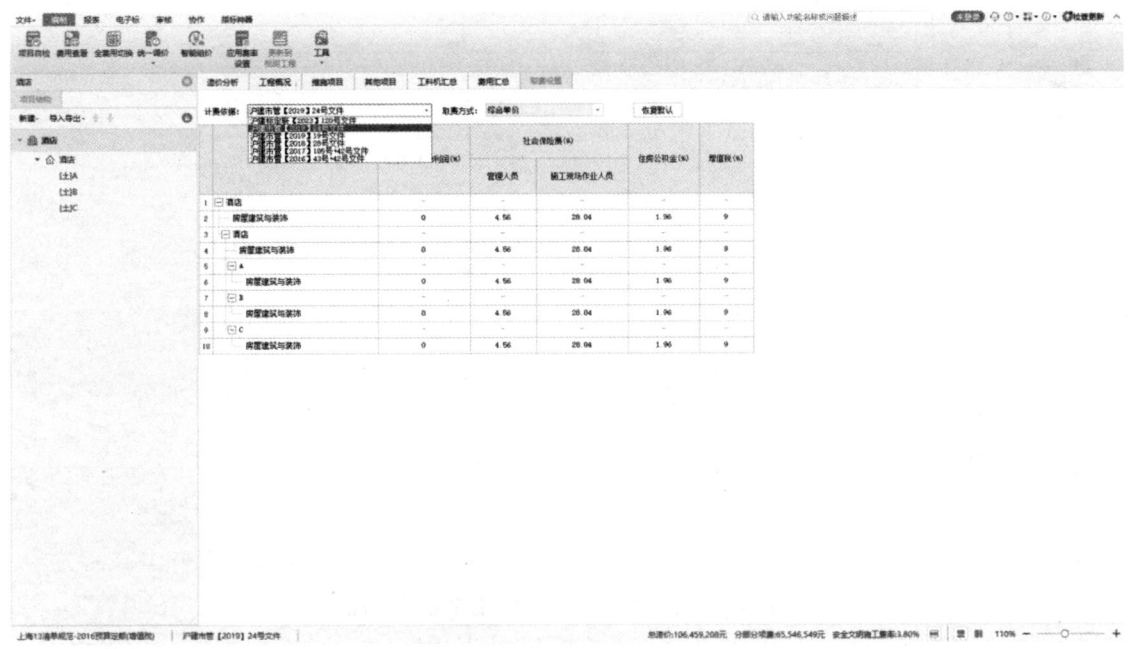

图 3-55 设置规费和税金

【第二步】设置企业管理费费率和利润率均为 24.7%(图 3-56)。

图 3-56 设置企业管理费费率和利润率

【第三步】单击"单位工程""费用汇总",汇总计算出规费和税金的各项金额(图3-57)。

图3-57 汇总计算规费和税金的各项金额

6. 造价分析

【第一步】单击"造价分析",可查看分部分项工程费、措施项目费(总价措施费和单价措施费)、其他项目费、规费和税金的各项金额(图3-58)。

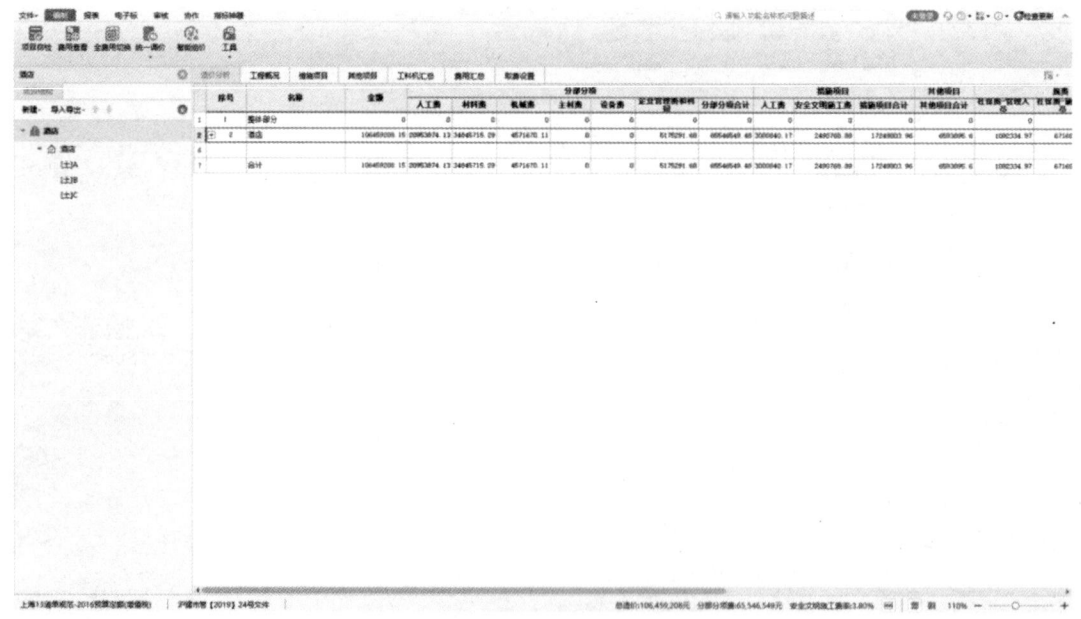

图3-58 查看清单计价的各项金额

【第二步】模型中的"金额"为项目工程总造价,单击"工程规模",即可得到项目工程的单位造价(图3-59)。

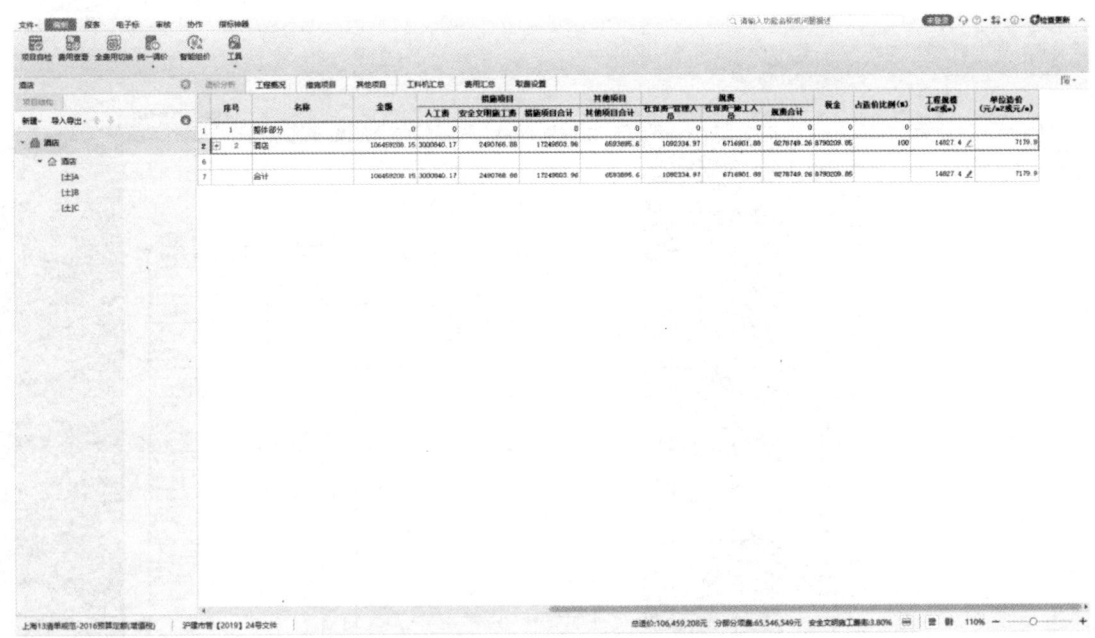

图 3-59 总造价和单位造价

7. 报表导出

【第一步】单击"报表",选择"费用表",即可总览分部分项工程费、措施项目费、其他项目费、规费和税金的各项金额(图3-60)。

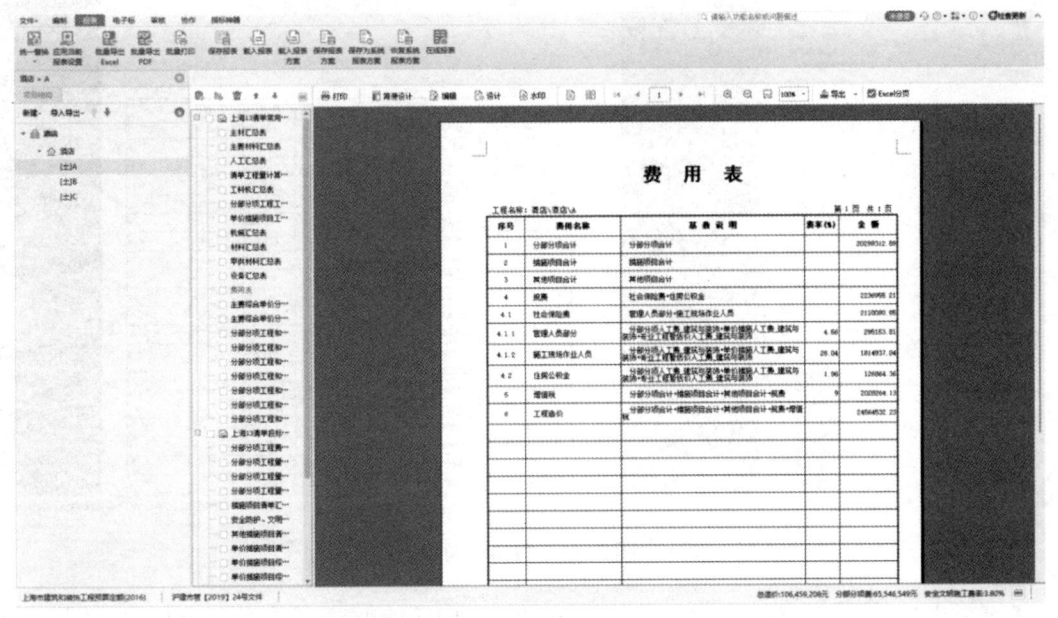

图 3-60 费用表

【第二步】分别选择"人工汇总表""材料汇总表""机械汇总表",即可得到项目工程人工、材料、机械的费用明细(图3-61~图3-63)。

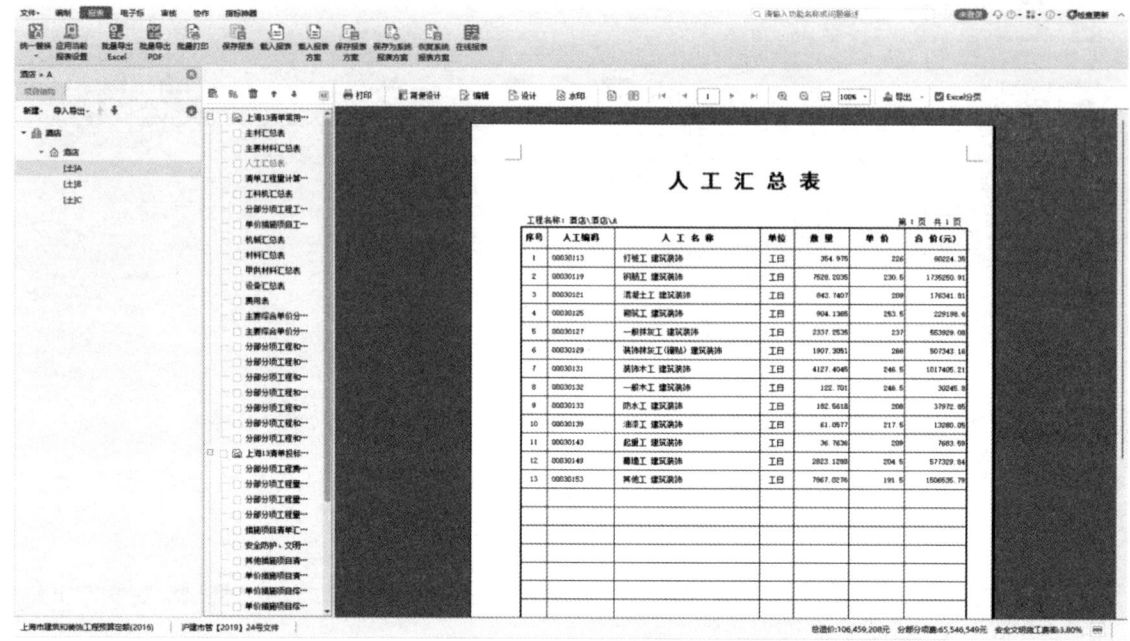

图 3-61　人工汇总表

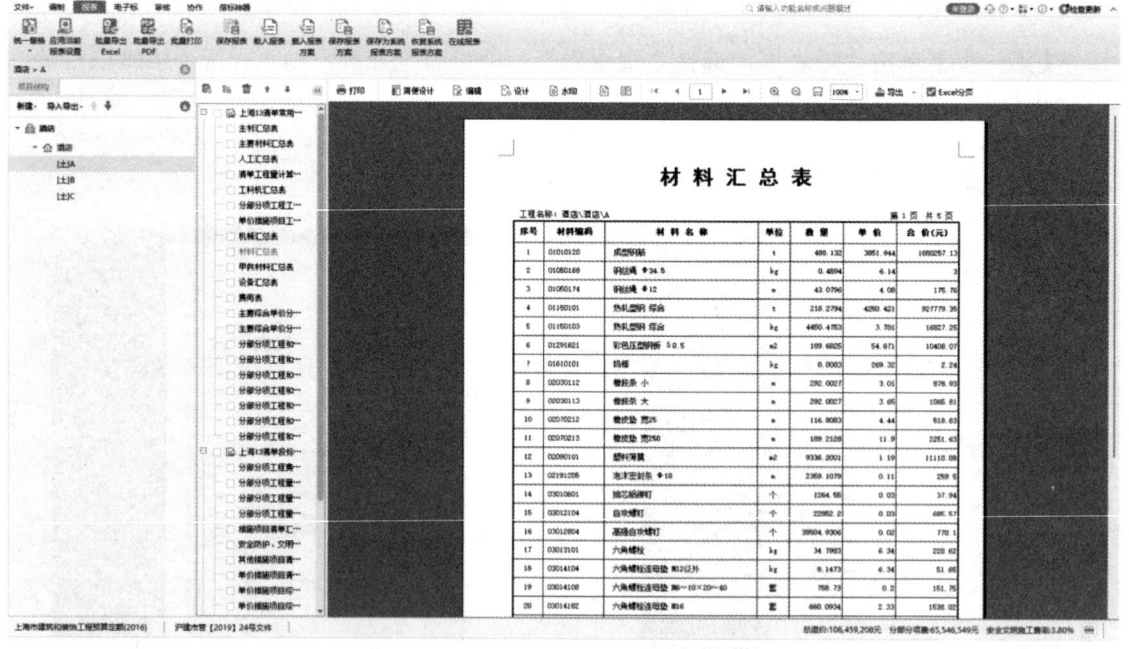

图 3-62　材料汇总表

【第三步】单击"投标报表",可查看分部分项工程量清单综合单价分析表(图3-64)。

第3章 BIM在工程招投标阶段的应用

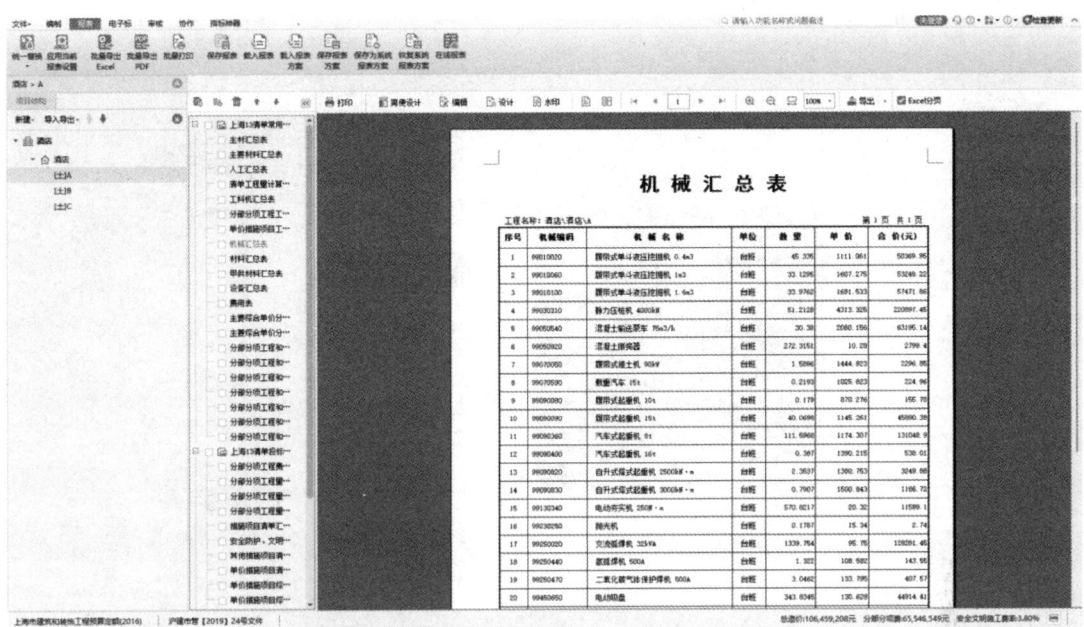

图3-63 机械汇总表

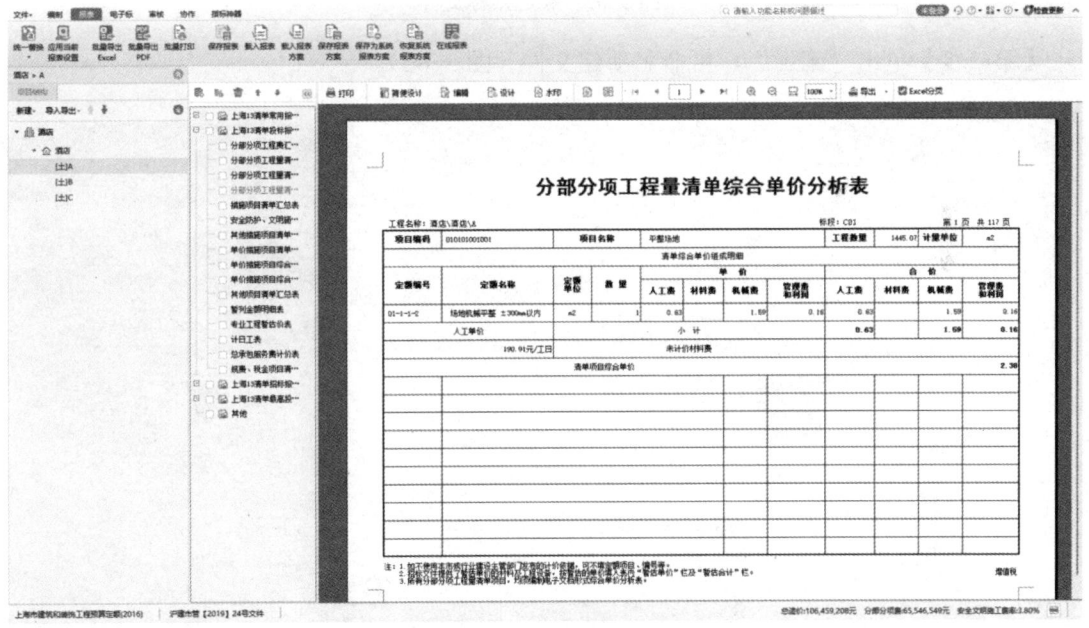

图3-64 分部分项工程综合单价分析表

3.4.3 基于广联达电子招标文件编制工具的招标文件编制

1. 新建招标文件

【第一步】单击"新建",即可新建招标文件(图3-65)。

113

图 3-65　新建招标文件

【第二步】单击"施工",可命名新建文件(图 3-66)。

图 3-66　命名新建文件

【第三步】选择文件夹,保存文件到对应的目录(图 3-67)。

第3章 BIM在工程招投标阶段的应用

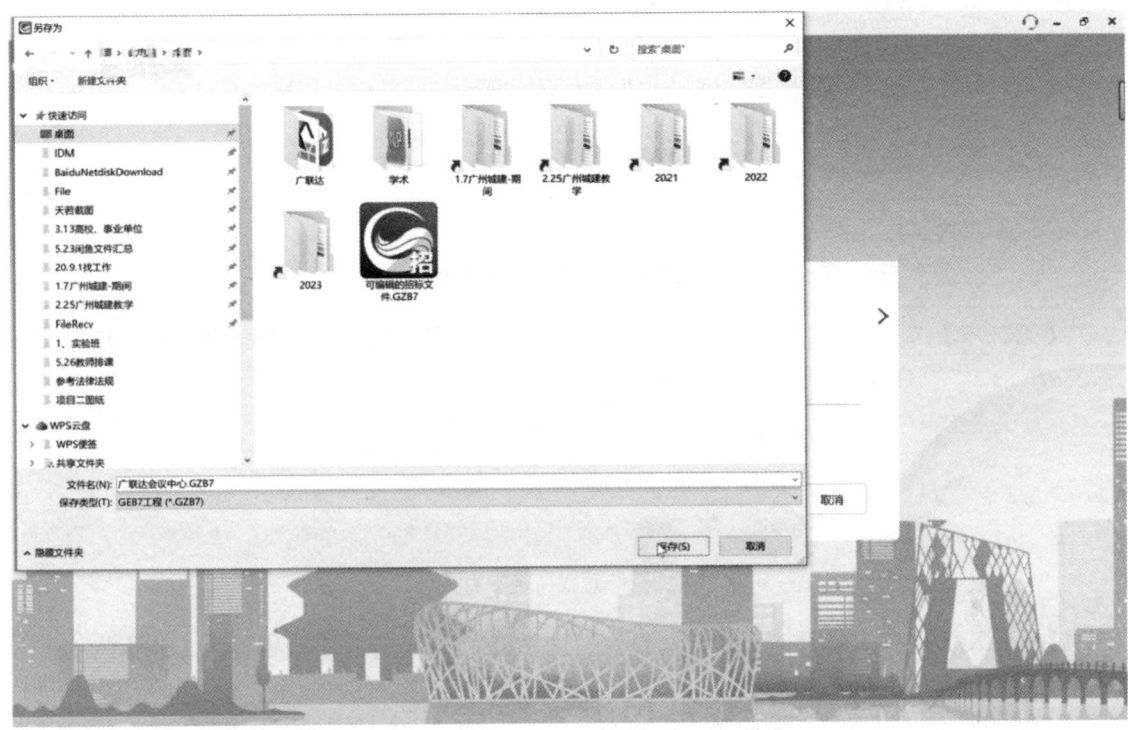

图 3-67 保存招标文件

【第四步】文件保存后即可跳转至文件编制界面，填写招标项目的基本信息（图 3-68）。

图 3-68 招标文件编制界面

2. 填写基本信息

【第一步】查阅工程项目相关资料，填写"招标项目编号"和"招标项目名称"（图 3-69）。

图 3-69　填写基本信息

【第二步】选择"招标方式"为公开招标，选择"资审方式"为"资格后审"，选择"评标办法"为"综合评估法"（图 3-70）。

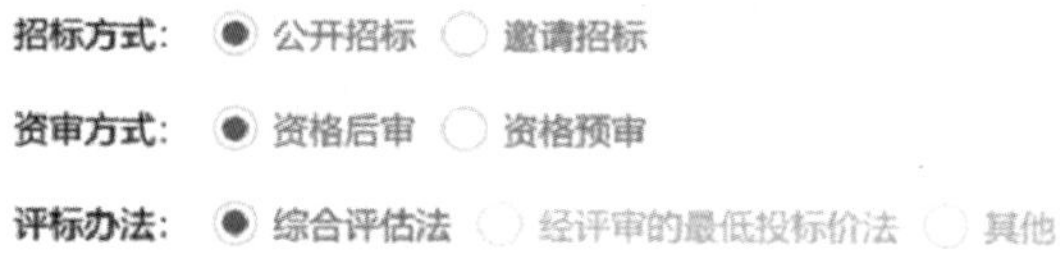

图 3-70　选择招标方式、资审方式和评标办法

【第三步】选择"是否接受联合体投标"为"接受"，选择"确定中标人方式"为"推荐中标候选人"，选择"设置最高投标限价"为"设置"，选择"有无清单"为"有"（图 3-71）。

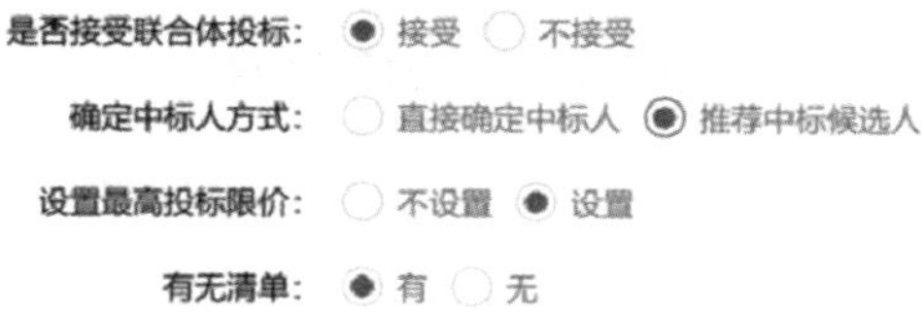

图 3-71　选择是否接受联合体投标、确定中标人方式、设置最高投标限价、有无清单

【第四步】投标报价明细选择默认设置（图 3-72）。

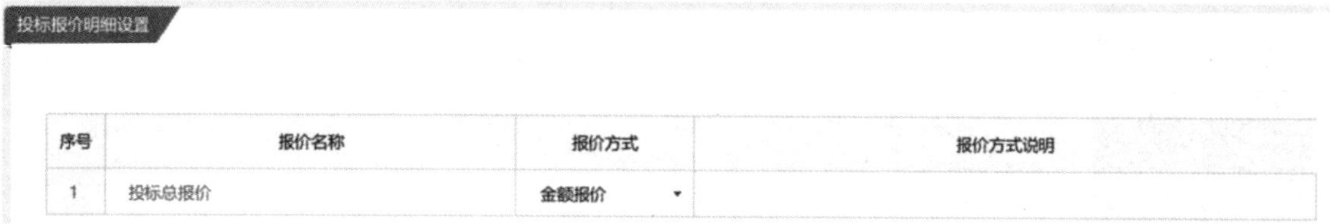

图 3-72　设置投标报价方式

【第五步】"招标人名称""招标代理名称"可不填写（图 3-73）。

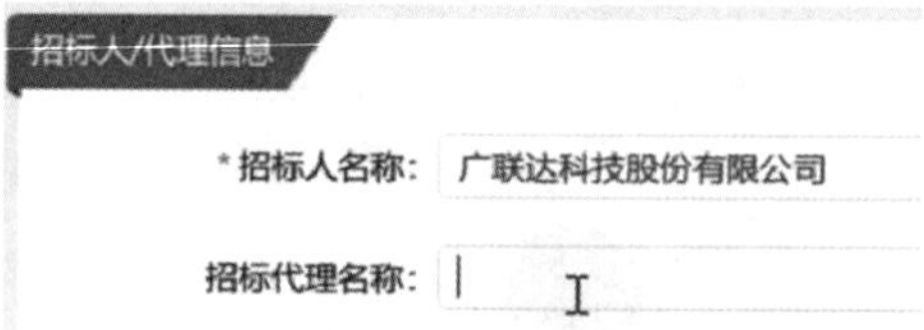

图 3-73　填写招标人名称和招标代理名称

【第六步】在"设置开标一览表"，可根据情况添加或删除有关信息（图 3-74）。

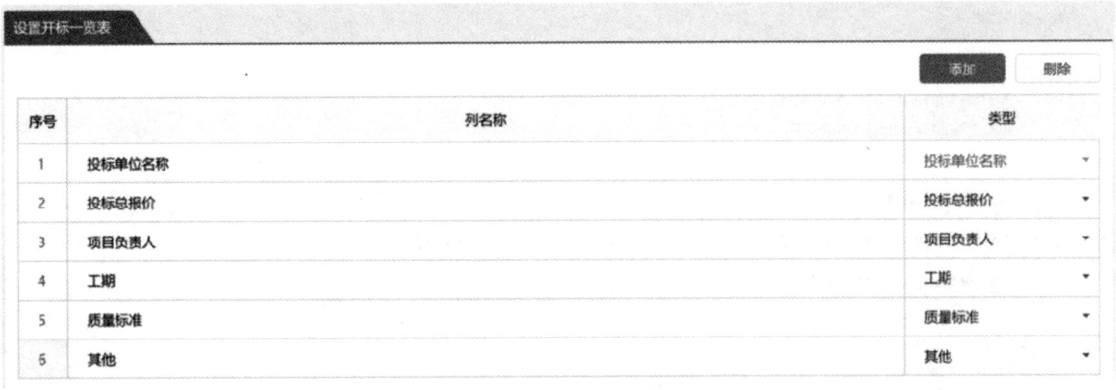

序号	列名称	类型
1	投标单位名称	投标单位名称
2	投标总报价	投标总报价
3	项目负责人	项目负责人
4	工期	工期
5	质量标准	质量标准
6	其他	其他

图 3-74　设置开标一览表

3. 设置评标办法

【第一步】单击“参数设置”，设置“评审步骤评分”为“分值”，“技术标评审方式”为“招标评审”，“投标报价评分”为“有”，对各评审步骤进行具体分值设置（图 3-75）。

序号	评审步骤名称	评审类型	是否技术标评审	分值（分/%）
1	形式评审	通过制	☐	/
2	资格评审	通过制	☐	/
3	响应性评审	通过制	☐	/
4	技术部分评分	打分制	☑	30
5	项目管理机构评分	打分制	☐	10
6	其他因素评分	打分制	☐	10
7	投标报价评分	打分制	☐	50

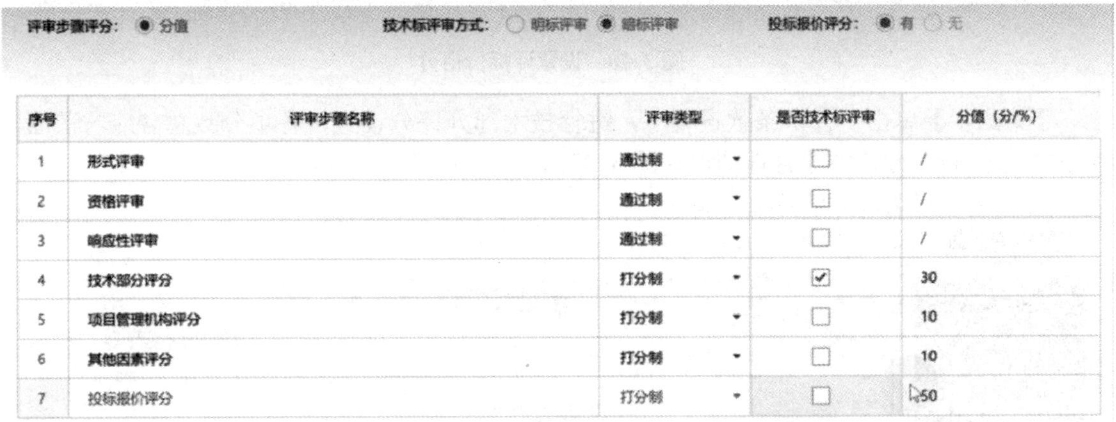

图 3-75　设置评标方法

【第二步】根据要求设置打分步骤汇总方式（图 3-76）。

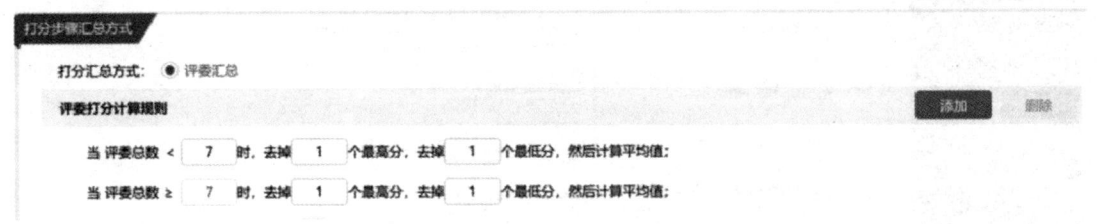

图 3-76　设置打分步骤汇总方式

【第三步】先后设置“基准价计算方法”和“评标价得分”，进行报价评分算法设置（图 3-77 和图 3-78）。

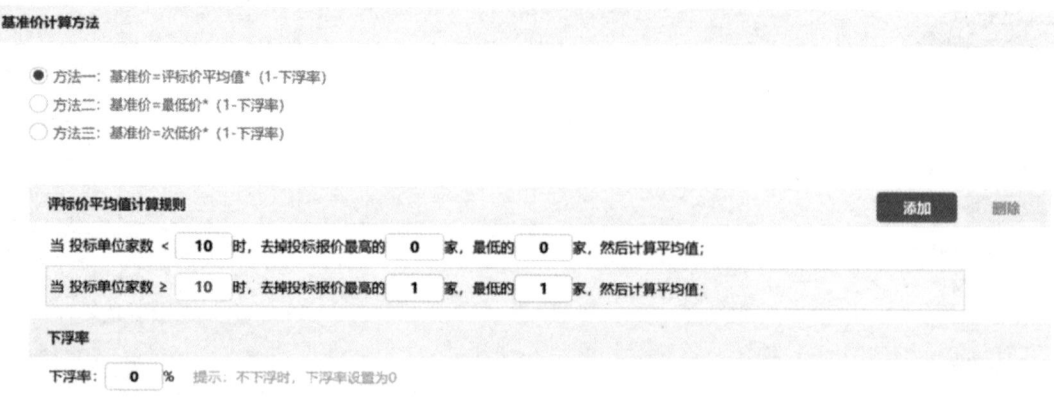

图 3-77　设置基准价计算方法

评标价得分

评标价得分计算公式：

如果投标人的评标价＞评标基准价，则评标价得分＝F－偏差率×100×E1；E1＝ 2

如果投标人的评标价≤评标基准价，则评标价得分＝F＋偏差率×100×E2；E2＝ 1

其中F是评标价所占的权重分值，E1是评标价每高于评标基准价一个百分点的扣分值，E2是评标价每低于评标基准价一个百分点的扣分值。

图 3-78　设置评标价得分

【第四步】单击"评审条款设置"，进行技术部分评分设置，各项分数总分应与前面设置的参数一致，分值调整合理即可（图 3-79）。

图 3-79　设置评审标准及分值

【第五步】设置项目管理机构评分（图 3-80）。

图 3-80　设置项目管理机构评分

【第六步】在设置其他因素评分时，根据实际情况设置评审因素、评审标准、分值，并前后保持一致（图 3-81）。

图 3-81　设置评审因素、评审标准及分值

【第七步】根据实际情况添加或删除无效标条款（图 3-82）。

图 3-82　设置无效标条款

4. 编制招标清单

【第一步】招标清单的"封面"和"总说明"可以由 PDF 文件导入（图 3-83）。

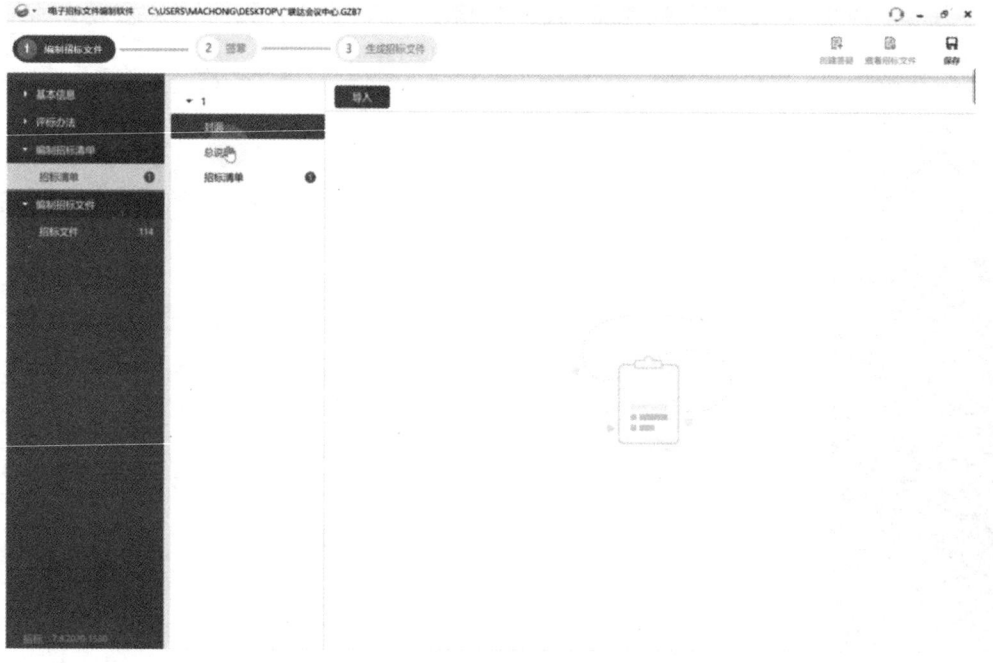

图 3-83　导入封面

【第二步】导入清单，即导入计价文件中导出的项目工程量清单文件（图 3-84 和图 3-85）。

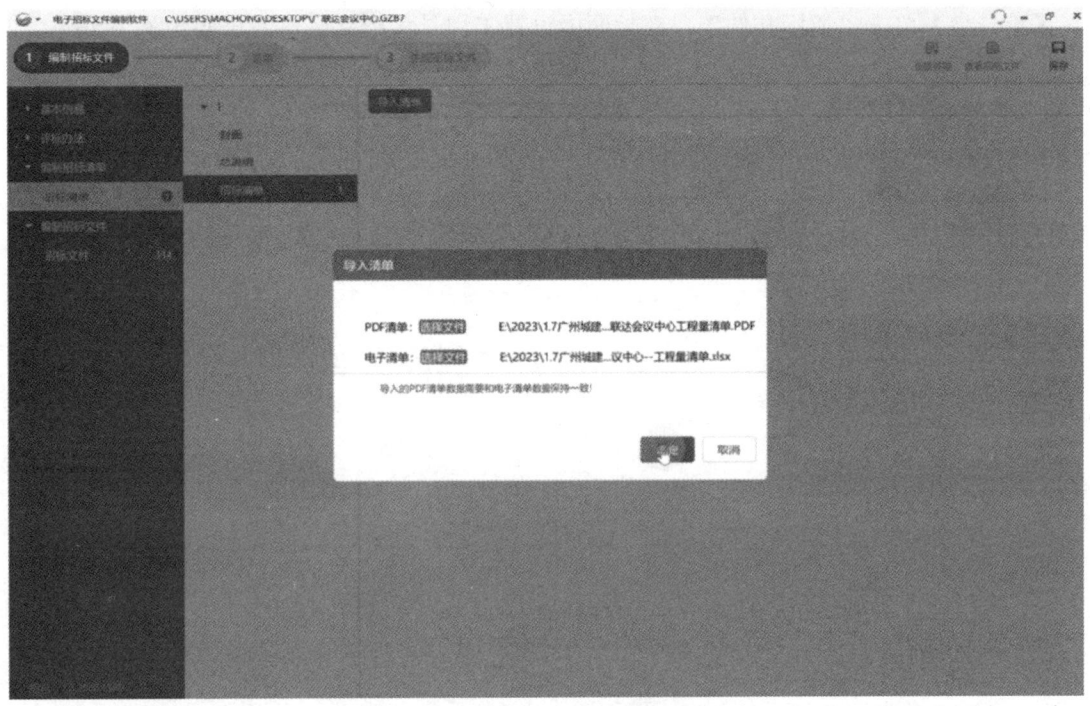

图 3-84　选择需导入的工程量清单文件

图 3-85　导入的招标工程量清单

5. 编制招标文件

【第一步】单击"招标文件",在封面中设置工程具备招标条件的日期(图 3-86)。

图 3-86 设置封面信息

【第二步】单击"招标公告",光标放置处可以看到内容的填制提示,结合工程背景资料,进行"招标条件""项目概况与招标范围""投标人资格要求""投标报名""招标文件的获取""投标文件的递交""发布招标公告的媒介"相关内容的填写,如图 3-87 所示。

【第三步】单击"投标人须知",根据工程实际情况,填写"联系人"、联系方式等相关信息(图 3-88)。

【第四步】单击"合同条款及格式",合同协议书可参照之前填制的内容进行修改,"专业合同条款"需参照"施工合同范本"进行填写(图 3-89)。

【第五步】单击"图纸",分别导入"建筑图纸"(图 3-90)和"结构图纸"。

【第六步】根据工程实际情况,填写技术标准和要求、投标文件格式等相关内容(图 3-91)。

6. 签章

【第一步】所有信息填写完毕,单击"签章"即可(图 3-92)。

第3章 BIM在工程招投标阶段的应用

图 3-87 设置招标公告信息

图 3-88 设置投标人须知

图 3-89　设置专用合同条款内容

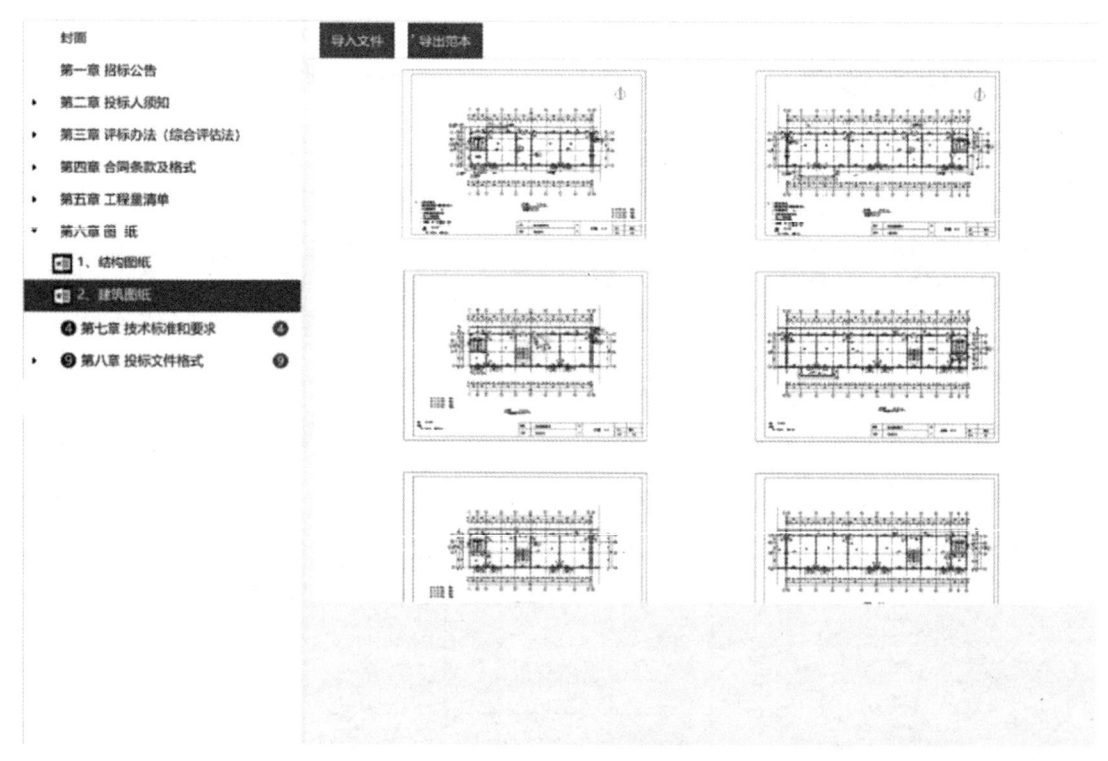

图 3-90　导入的建筑图纸

第3章　BIM在工程招投标阶段的应用

图 3-91　技术标准和要求

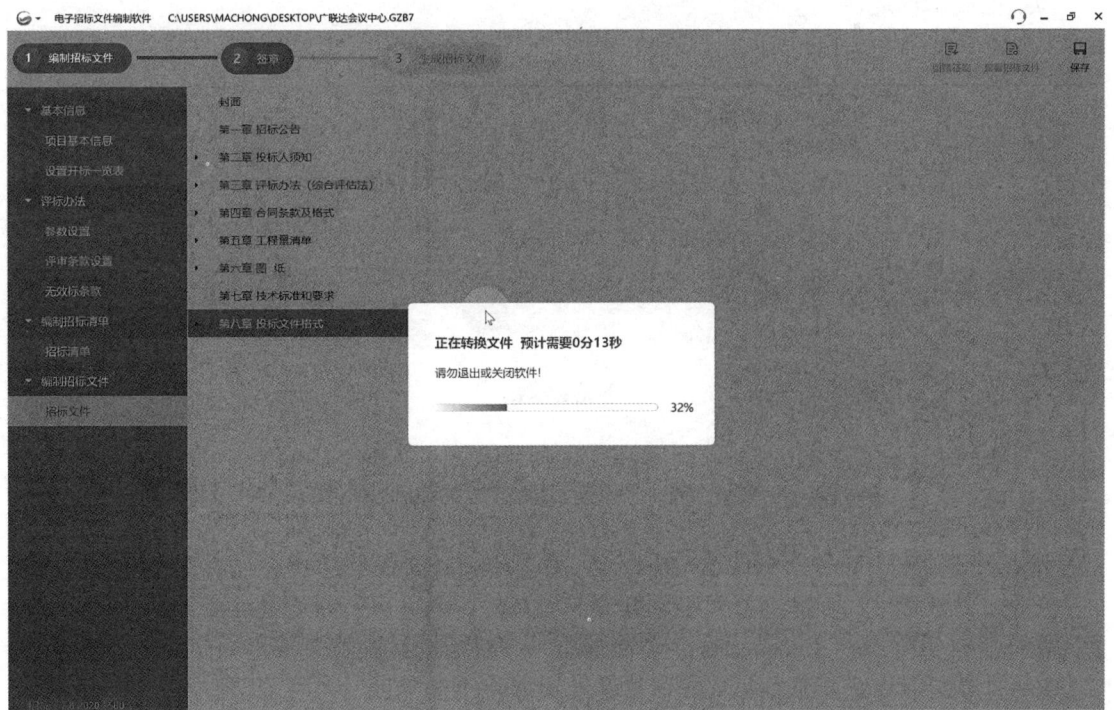

图 3-92　签章

【第二步】单击"单章",即可手动在各处盖章;单击"双章",自动在各处盖章(图 3-93)。

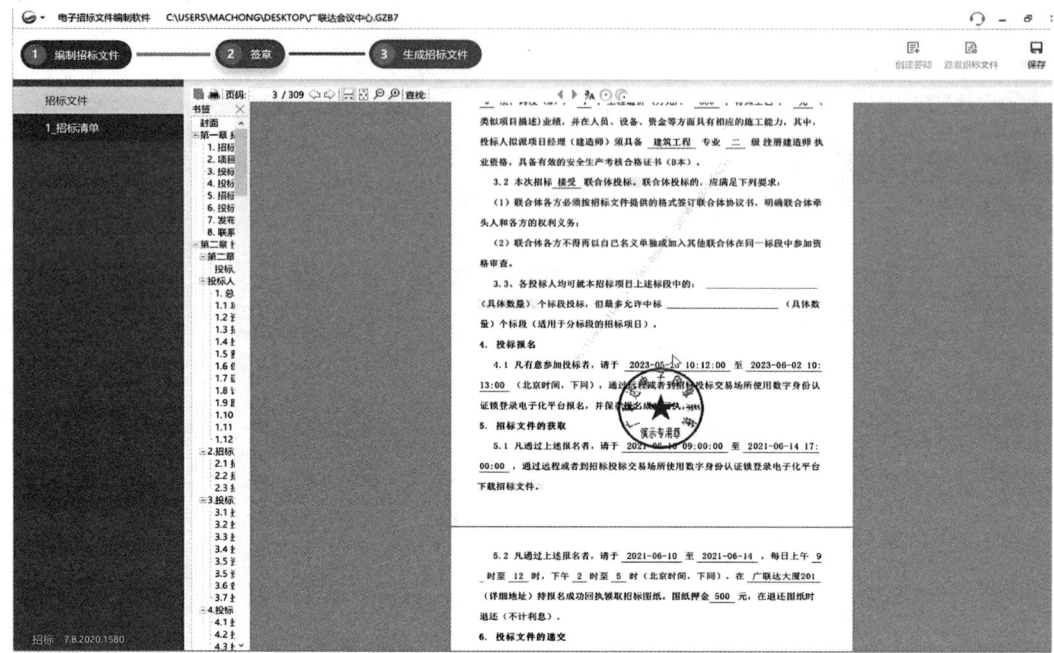

图 3-93　盖章

7. 生成招标文件

盖章结束后,单击"生成招标文件",即可生成招标文件,注意选择保存位置和文件格式(图 3-94)。

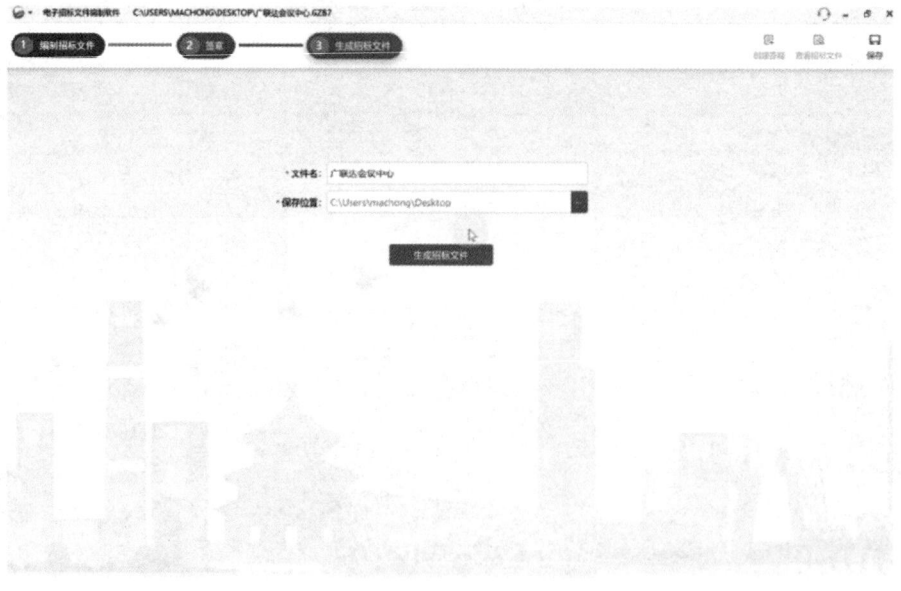

图 3-94　生成招标文件

本章小结

本章介绍了广联达相关软件在工程招投标阶段编制工程量清单、进行清单报价、编制招标文件等阶段的操作流程和具体实例操作。

本章软件操作需注意以下五个方面。第一，BIM模型合法性检查后的修改，需双击窗口弹出的多项错误警告，即可迅速选中需要修改的构件，必须严格根据错误描述进行修改，若多次修改仍无法解决的错误，可选择删除并重新绘制构件。第二，汇总计算清单工程量时，对于同类型构件的项目特征的不同子项，一定要进行严格区分，合理套取清单。若出现部分清单的项目特征存在缺漏，应进行仔细核对并补充，避免因缺漏导致工程量数据不准确。第三，将清单汇总表导入GCCP后，应严格按照分部分项工程顺序，逐个检查清单列表是否存在缺漏；对于钢构件、钢筋等无法导入数据的构件，需要手动添加工程量清单。第四，应注意计量和计价规范的更新，并进行合理的选择和调整。第五，完成计价工作后，可参考相关案例，对比分析项目工程单位造价是否处于合理范围。

习题

一、简答题

1. 如何正确填写各清单项的项目特征？应该以什么文件作为参考？
2. 在进行分部分项费用的计算时，除了导入清单汇总表，还需要完成哪些工作？
3. 部分人工、材料、机械费用信息价查询不到时，应如何处理？
4. 总价措施项目主要包括什么？应该如何计算？
5. 工程造价各组成费用应如何进行统计和查看？

二、实操题

1. 参考工程应用案例，将现有BIM模型导入GTJ2005中，输入钢筋信息，获得钢筋量报表。
2. 参考工程应用案例，结合现有BIM模型，利用广联达电子招标文件编制工具，编制一份招标文件。

第4章 BIM在工程施工阶段的应用

教学目标

了解工程施工阶段常用的 BIM 软件。通过 BIM-FILM 虚拟施工系统操作流程和工程案例学习,掌握施工工艺动画制作方法。通过斑马进度计划软件操作流程和工程案例学习,掌握进度计划软件的基本操作和进度计划编制方法。通过广联达施工现场三维布置软件操作流程和工程案例学习,掌握利用软件编制施工现场布置的方法。通过广联达 BIM5D 软件操作流程和工程案例学习,掌握施工进度和资金联合管理方法。

教学要求

知识要点	能力要求	相关知识
施工工艺流程	掌握 BIM-FILM 虚拟施工系统制作施工工艺动画	(1) BIM-FILM 虚拟施工系统介绍 (2) BIM-FILM 虚拟施工系统操作流程 (3) BIM-FILM 虚拟施工系统应用案例
进度计划原理	掌握斑马进度计划软件编制施工进度计划	(1) 斑马进度计划软件介绍 (2) 斑马进度计划软件操作流程 (3) 斑马进度计划软件应用案例
施工现场布置原理与方法	掌握广联达施工现场三维布置软件绘制工程施工现场平面布置图	(1) 广联达施工现场三维布置软件介绍 (2) 广联达施工现场三维布置软件操作流程 (3) 广联达施工现场三维布置软件应用案例
施工进度与资金联合管理方法	掌握广联达 BIM5D 软件进行工程施工的进度和资金联合管理	(1) 广联达 BIM5D 软件介绍 (2) 广联达 BIM5D 软件操作流程 (3) 广联达 BIM5D 软件应用案例

4.1 工程施工阶段 BIM 应用场景

工程施工是将设计蓝图转化为实物的建造过程。根据拟建建筑物的特点和施工方法,确定施工方案,并在施工进度、平面布置、人工、材料、机械和资金方面作出科学合理的安排,协调参与工程建造的利益方,完成工程建造的过程。施工过程复杂且精细,需要综合运用多学科知识和专业技能。

目前,工程施工阶段 BIM 技术的主要应用场景包括施工方案模拟、施工进度计划编制、施工现场平面布置、施工组织模拟和施工现场综合管理等方面。

1. 施工方案模拟

综合利用 BIM 技术和动画技术，快速制作施工工艺或施工方案的动画，可视化展示施工技术方案，可用于施工方案评审的可视化展示、施工安全技术可视化交底等。

2. 施工进度计划编制

工程施工是一个高度动态的过程。通过将 BIM 与施工进度计划相结合，空间信息与时间信息被整合在一个可视的模型中，可直观、精确地反映整个施工过程。

3. 施工现场平面布置

BIM 技术能够将施工场内的平面元素立体化、直观化，有助于进行各阶段场地的布置、策划和场地转换，可结合绿色施工中节地的理念优化场地布置，避免重复布置。

4. 施工组织模拟

施工组织是对施工活动实行科学管理的重要手段，决定了各阶段的施工准备工作内容，协调了施工过程中各施工单位、各工种、各项资源之间的相互关系。BIM 可以对建设工程的重点或难点部分进行可视化模拟，按月、日、时进行施工安装方案的分析优化。对于一些重要的施工环节或采用新施工工艺的关键部位、施工现场平面布置等施工指导措施进行模拟和分析，可以提高施工计划的可行性；BIM 还可以预演施工组织计划，以提高复杂建筑体系的可造性。

5. 施工现场综合管理

将 BIM 的施工过程模拟与成本和资源相结合，可生成 5D 模拟，系统地展示建筑施工过程的主要细节通过这种方式，可以合理制订施工计划、精确掌握施工进度、优化使用施工资源以及科学地进行场地布置，对整个工程的施工进度、资源和质量进行统一管理和控制，从而缩短工期、降低成本、提高质量。

4.2 相关软件简介

4.2.1 BIM-FILM 虚拟施工系统

BIM-FILM 虚拟施工系统是一款基于影像级实时渲染引擎的专业工具软件，通过构建丰富的 BIM 施工模型库、可视化工艺工法库和案例工程集库，便于建设工程行业技术人员、BIM 工程师快速制作 BIM 施工动画。该系统易学、易用、专业，具备界面简洁、素材库丰富、内置可定义动画、实时渲染输出等显著特点，可广泛应用于建设工程领域招投标技术方案可视化展示、施工方案评审可视化展示、施工安全技术可视化交底、教育培训课程制作等领域。

BIM-FILM 虚拟施工系统具有以下四项主要功能。

1. 支持导入多种模型格式

BIM-FILM 虚拟施工系统支持导入 Revit（.fbx）、SketchUp（.skp）、BIMMAKE（.3ds）、场布软件（.3ds）、算量软件（.ifc）等格式文件。

2. 具有丰富的素材库

BIM-FILM 虚拟施工系统支持调整材质属性和替换外部贴图，能够快速选择内置材质，支持法线、金属贴图。同时拥有五大类 40 多种施工地表要素（土地、草地、混凝土、沥青、砂石等），以及 28 种预制天气要素（晴、雨、雪、雷、雾等）。

3. 制作 4D 施工模拟动画

BIM-FILM 虚拟施工系统内置 15 种动画形式和多种任务动画，可以通过动画参数化自定义动画；通过导入 Project 快速搭建 WBS 工作分解结构，将工作节点与构件关联；可快速定义生长动画类型，直观展现建设工程形象和进度。

4. 影像级实时渲染

BIM-FILM 虚拟施工系统利用 BIM 技术，并结合游戏级引擎技术，能够展现施工工艺流程和工程施工过程，快捷、高效地输出施工动画的效果图、视频等。

4.2.2 斑马进度计划软件

斑马进度计划软件是一款专为工程建设领域设计的进度计划编制与管理工具。它提供了专业、智能、易用的服务，旨在辅助项目从源头快速、有效地制订合理的进度计划，快速计算最短工期、推演施工方案，提前规避施工冲突；施工过程中辅助项目计算关键线路变化，及时准确预警风险，指导纠偏，提供索赔依据；最终达到有效缩短工期、节约成本、增强企业和项目竞争力、降低风险的目的。

目前，斑马进度计划软件具有以下五个核心功能。

1. "一表双图"编制方式

斑马进度计划软件的核心价值在于其创新的"一表双图"编制方式，可大幅提高计划的编制效率，用户可以在 Excel 表格中做计划，同步生成双代号网络图和横道图，也可以直接绘制双代号网络图，实现一种输入多种输出，实时联动计算。

2. 多级计划联动计算

斑马进度计划软件支持计划逐级拆解细化，计划可粗可细、可拆可组。多级计划之间联动计算，解决项目多级计划之间相互脱节、计划赶不上变化、计划和生产相脱节的问题，有效地支持项目进行全面计划管理，实现设计、招采、施工全面联动，让计划真正服务生产。

3. 导入 Project、Excel 计划

斑马进度计划软件支持导入 Project、Excel 编制的计划，可以自动生成双代号网络图，

直观发现 Project 计划的逻辑关系错漏问题，检查关键路径和工期的正确性，为编制高质量进度计划保驾护航。

4. 施工进度动态管理

斑马进度计划软件中的进度前锋线可直观、全面反映计划与实际的差异，作业性计划的执行情况，以及对上级控制性计划的具体影响，方便及时发现进度提前或滞后偏差并分析原因。拉直前锋线，动态调整计划，并形成计划变动分析表、后续工作关联影响以及关键线路变化自动计算、总工期和关键里程碑工期实时预警。

5. 实时展示进度报表

公司管理者可实时查看进度报表，及时了解各项目的总工期和关键节点工期提前或滞后情况，便于进行实时工期预警，掌握风险，合理优化、调配公司资源，发挥公司优势。

4.2.3 广联达施工现场三维布置软件

广联达施工现场三维布置软件是一款真正用于建设工程全过程临建规划设计的三维软件。它集成了可视化建模、仿真设计、构件库集成、规范内嵌、动态演示与监测、协作与沟通以及高精度建模等多项先进技术，旨在通过三维技术提升施工现场的管理效率和安全性。帮助项目管理人员更直观地了解施工现场的实际情况，优化施工方案，提高施工效率和质量。

该软件通过绘制或者导入 CAD 图、GCL 文件，可快速建立模型。广联达施工现场三维布置软件内嵌了所有施工项目的临时设施的构件库，拖拽即实现绘制，节约绘制时间。所有模型均为矢量模型或者高清模型，且模型都是仿真建立，提供贴图功能，使用者可任意设计直观的三维模型。使现场临时设施规划工作更轻松，形象更直观、更合理，施工更快速。

该软件的主要优势在于其集成了临建规划设计所需的所有功能，可以快速建立模型，并进行动态演示，方便施工人员进行操作指导和现场管理。此外，该软件还提供了多种绘图模式和测量工具，方便用户进行精细化的绘图和测量工作。

该软件适用于建设项目全过程的临建规划设计，可以用于绘制和管理施工现场的临时设施，如临时办公室、工地围挡、施工道路、临时停车场等。此外，该软件还可以用于现场操作指导和管理，如指导施工人员进行设施搭建、现场巡查等。

4.2.4 广联达 BIM5D 软件

广联达 BIM5D 软件是一个集成土建、给排水、电气设备安装、通风空调、消防、智控弱电等专业 BIM 模型的软件。它将模型作为载体，集合项目的合同、进度、成本、物料、图纸、质量、安全等信息，形成一个全方位的资源共享数据库。该数据库可以快速准确地计算工程量，及时进行成本预算和成本分析，将建筑构件的 3D 模型与施工进度的各种工作相连接，动态地模拟施工变化过程，实施进度控制和成本造价的实时监控，快速提供项目全过程、全专业信息。该数据库可为项目提供数据支撑，实现项目的动态精细化管理，且通过强大的数据平台实现节约工期、控制成本、减少变更、提升质量的目的。

作为一个高度集成化的协同平台，广联达 BIM5D 软件具备以下五大核心功能。

1. 模型集成

对于业主而言，广联达 BIM5D 软件可以将完整的施工模型交付给业主，使项目情况更加形象、直观；对施工单位而言，广联达 BIM5D 软件则是移动的项目数据站、高度集成化的项目档案。

2. 施工模拟

广联达 BIM5D 软件通过施工模拟帮助施工管理人员在前期对施工场地布置、大型机械的进出场时间进行合理规划；帮助施工技术人员理解复杂的重难点施工方案；帮助监理人员全方位监督施工进展情况。

3. 进度控制

广联达 BIM5D 软件将项目的 3D 模型与进度计划相关联，可提前发现施工过程中可能出现的时间分配不合理之处，并制定解决方案，有助于进一步优化进度计划。该软件还可以直观展现施工进展情况，预测可能延迟或提前开始的任务，并据此调整大型机械和人员进出场的时间。

4. 成本控制

广联达 BIM5D 软件可以随时调出各个时间段所需的资源量，分析建设工程不同阶段的资金状况，校核成本计划的合理性，按期进行三算对比，检查成本控制情况并及时进行纠偏。

5. 质量跟踪和管理

使用者可通过手机端或网页端随时查看工程建设的进展情况和各类数据信息，远程监督和把控施工进程，对质量问题进行实时跟踪和管理。

4.3 软件实操训练

4.3.1 BIM-FILM 虚拟施工系统实操流程

利用 BIM-FILM 虚拟施工系统，可制作施工工艺视频、模拟施工过程的流程，包括启动软件、新建视频、绘制基本环境、拼装制作场景、编撰施工工艺过程脚本、添加施工工艺位置动画、制作施工工艺路径动画、制作施工工艺相机动画、制作施工工艺节点动画、设置动画片头和片尾、保存并输出成果文件等操作。本节简要介绍流程内各步骤的操作方法，具体操作实例见 4.4.1 节。

1. 启动软件

输入用户名和密码,进入 BIM-FILM 虚拟施工系统的主界面。主界面分为四个主要部分:编辑器、浏览器、工具栏和设置。软件的编辑器界面如图 4-1 所示。

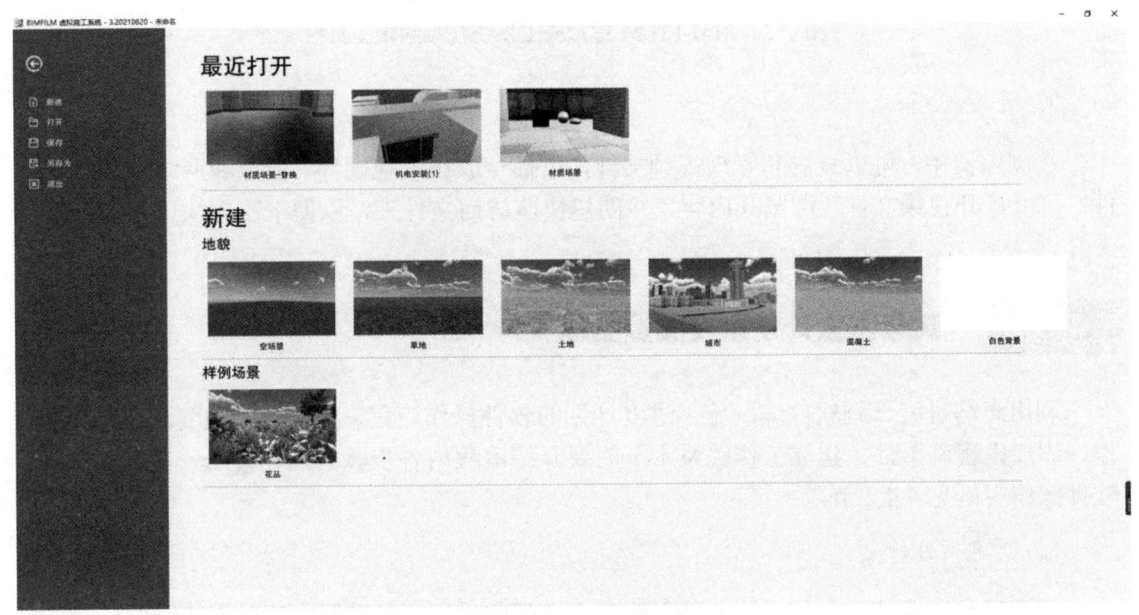

图 4-1　软件的编辑器界面

2. 新建和编辑视频

在编辑器界面中,单击"添加视频",选择需要编辑的视频文件,将其拖拽至编辑窗口,即可开始编辑视频。视频在编辑窗口中显示的形式为一个时间轴,其上有视频的录制帧次和特定的编辑操作。用户可以以按住鼠标左键拖动的形式对视频进行裁剪,添加背景音乐、字幕等常见的编辑操作。BIM-FILM 虚拟施工系统的工具栏及导航魔方如图 4-2 所示。

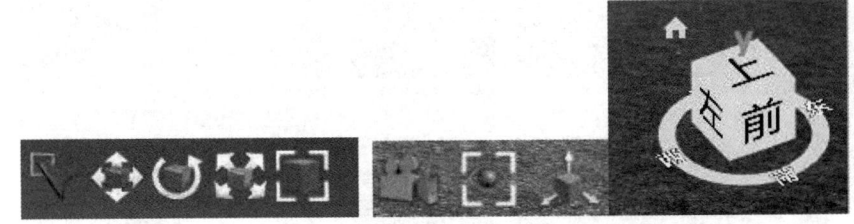

图 4-2　**BIM-FILM 虚拟施工系统的工具栏及导航魔方**

BIM-FILM 虚拟施工系统的工具栏中提供了一系列常用的编辑工具,包括文本、滤镜、图像、调色板等。通过这些编辑工具,可以很方便地对视频进行编辑,如添加文字、滤镜效果、更换背景等;还可以通过设置面板来调整 BIM-FILM 虚拟施工系统的各项参数,以满足个性化的编辑需求,如可以选择编辑视频的输出格式、输出视频的分辨率、输出视频的音量等。BIM-FILM 虚拟施工系统视频编辑工具栏如图 4-3 所示。

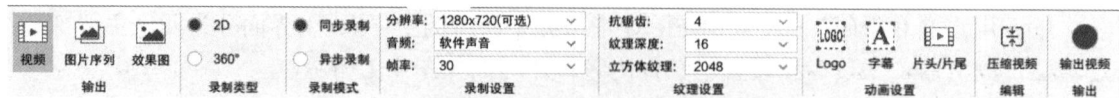

图 4-3　BIM-FILM 虚拟施工系统视频编辑工具栏

3. 管理视频

在浏览器中，可以查看和管理视频文件，包括存放在本地硬件、云端和网络视频等的文件；可以打开视频文件，浏览其内容，并创建快速访问文件夹，以便下次更快速地访问视频文件。

4.3.2　斑马进度计划软件实操流程

利用斑马进度计划软件编制施工进度计划的软件操作流程，包括新建进度计划、新建工作、添加里程碑事件、建立工作关系本节简要介绍流程内各步骤的操作方法，具体等操作。软件操作实例见 4.4.2 节。

1. 创建项目计划

打开斑马进度计划软件，单击"文件""打开向导"，在界面中可以创建空白计划；导入 Project、选择云计划模板都可以创建项目并生成计划，如图 4-4 所示。

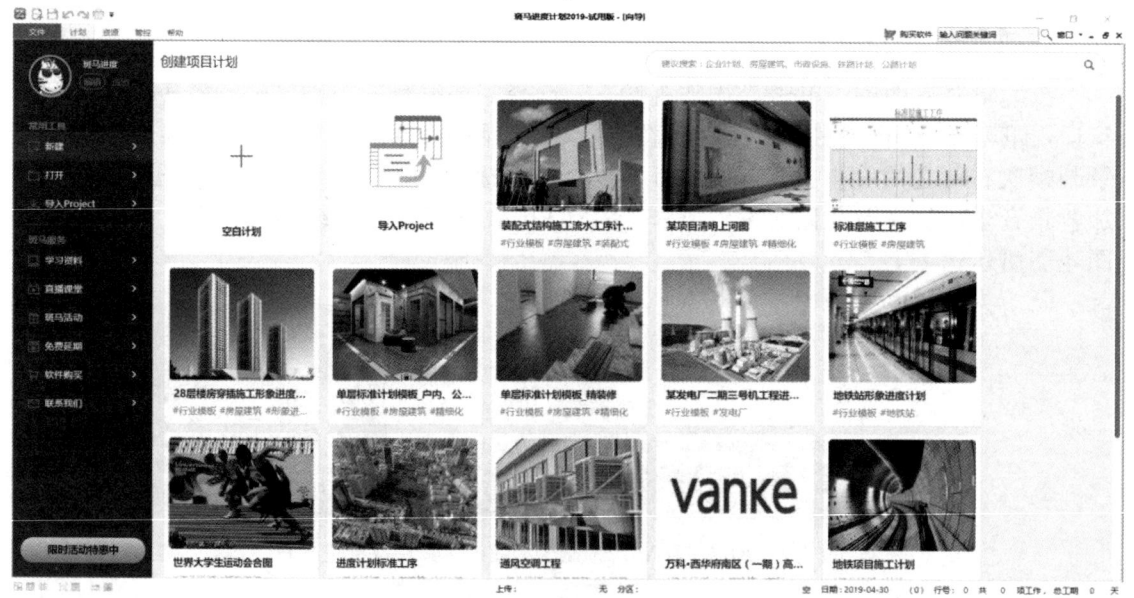

图 4-4　创建项目计划

2. 新建工作

单击右侧表格区，直接输入工作名称、工期即可添加一项工作，同时在右侧网络图自动

第4章 BIM在工程施工阶段的应用

生成工作,如图 4-5 所示。斑马进度计划软件支持快速批量添加工作。

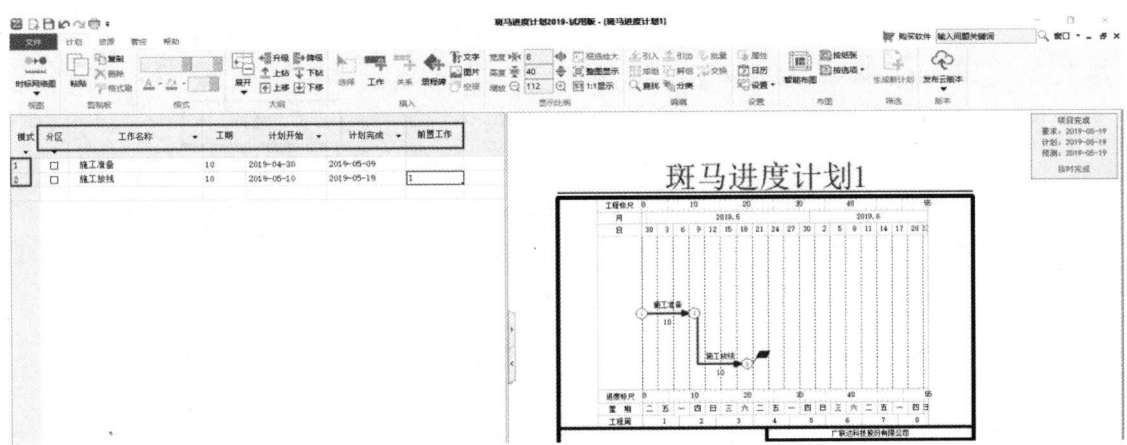

图 4-5 新建工作

3. 编辑工作

光标放在表格工作名称、工期、计划开始、计划完成、前置工作上,双击即可编辑工作名称、工期等,如图 4-6 所示。

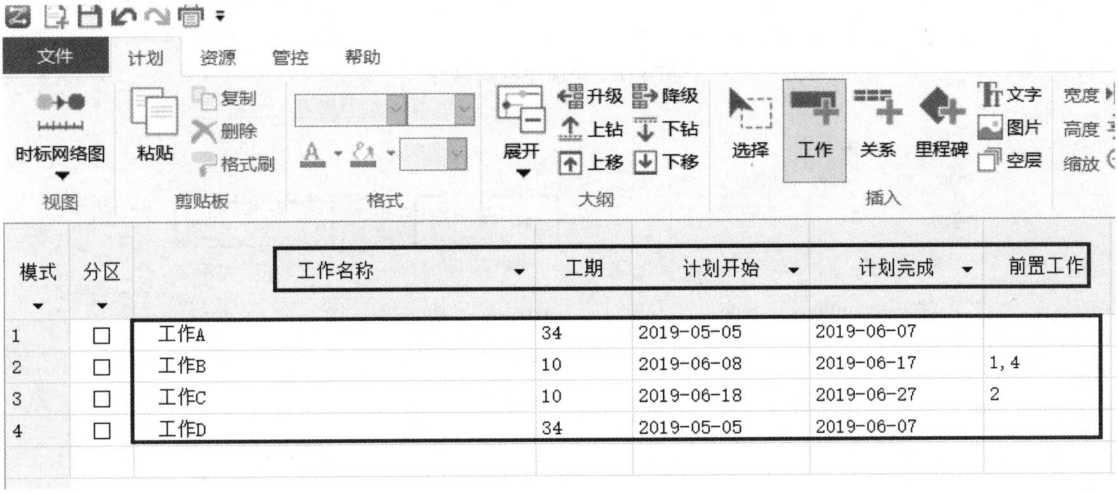

图 4-6 编辑工作

4. 添加里程碑事件

具有标志性意义的事件或工序可称之为里程碑事件。里程碑事件无持续时间,只是一个时间点。将光标放在任务的结束节点,当光标变为十字花时,按住左键向右或者向左拖拽,弹出"工作信息卡",选择"里程碑类型"即可,如图 4-7 所示。

5. 建立工作关系

在斑马进度计划软件中,除了挂起工作和虚工作的工作类型,可以通过关系类型进行表达。在添加工作时，类型选择"关系"，同时输入工期即可，如图 4-8 所示。

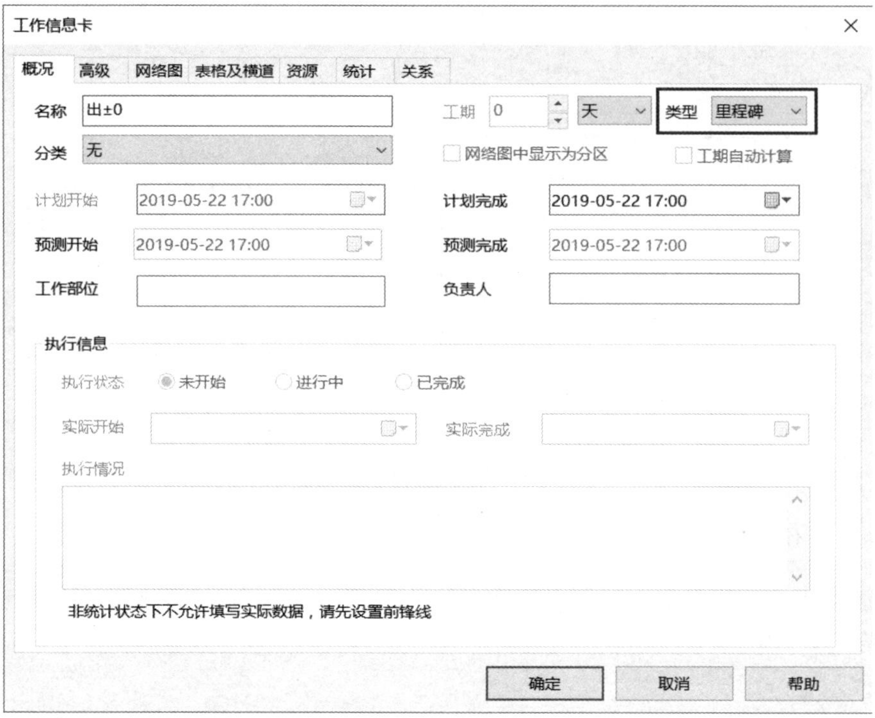

图 4-7　添加里程碑事件

图 4-8　新建工作关系

分别依据各工作之间的关系，通过"要求开始"和"要求完成"来设置逻辑关系。

斑马进度计划软件可以设置父子工作。选中子工作，单击"升级"可实现父工作设置；也可通过下拉菜单选中多个父工作，单击"降级"，实现父工作设置。

6. 设置假期及日历

当假期或者某些工作的工期过长，影响整个图幅的长度时，可以通过局部日历压缩功能，设置对应时间段任务的压缩比例，让整图显得更协调。

7. 智能调图

智能调图可以快速将网络图按照纸张比例自动调整，结合一键铺满纸张功能，让比例不协调的图幅变规整。

8. 导出进度计划

斑马进度计划软件支持导出 PDF、多种格式图片（PNG、JPG、WMF）、Excel、Project 文件，如图 4-9 所示。

图 4-9　导出进度计划

4.3.3　广联达施工现场三维布置软件实操流程

利用广联达施工现场三维布置软件绘制施工现场平面布置图的软件操作流程，包括绘制拟建建筑、绘制围墙、布置垂直运输设备、布置脚手架和切料平台、布置材料堆场和加工棚、布置办公生活设施、布置道路和临水临电设施、布置施工现场出入口、布置洗车池等。本节简要介绍流程内各步骤的操作方法，具体操作实例见 4.4.3 节。

在设计施工现场平面布置时，需要根据实际情况进行合理的规划，考虑到施工过程中的各种因素，如人员流动、设备进出等，以确保施工计划的顺利实施。广联达施工现场三维布置软件支持虚拟施工功能，包括设置建筑动画和塔吊旋转动画等，通过动态管理和期间计划，进度风险得到及时掌握，企业可有效应对变化。该软件还支持模型一键上云，实现模型在手机端、网页端的轻量化浏览及应用，帮助工作人员理解图纸、减少施工错误。

1. 新建工程

单击"新建工程"后弹出"项目信息"，录入项目信息后即可新建工程，如图 4-10 所示。

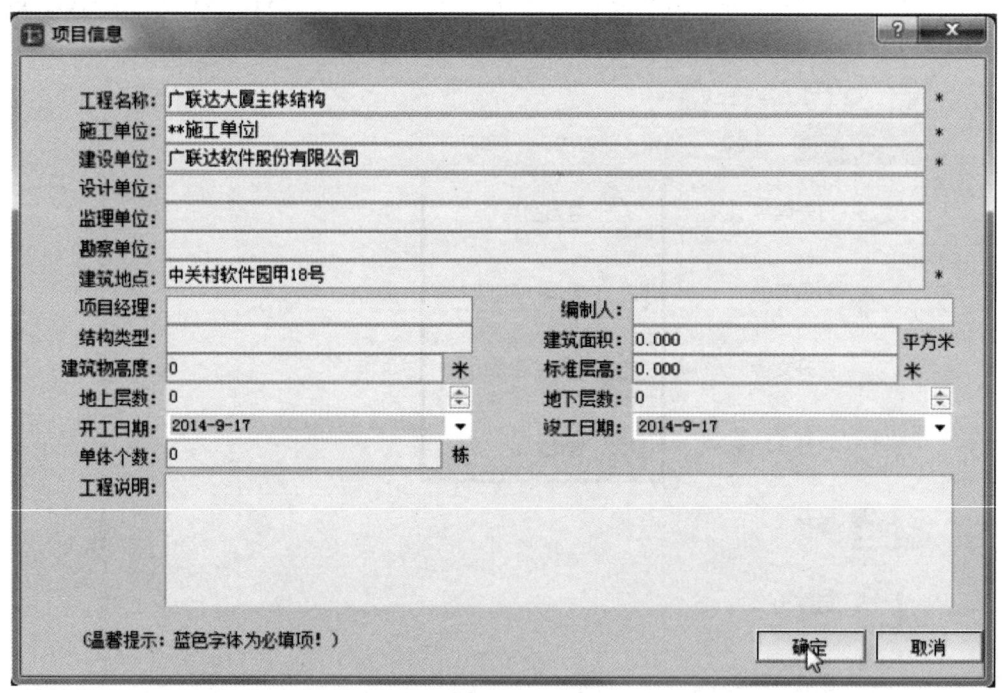

图 4-10　新建工程

2. 导入施工现场平面图

单击"文件""导入 DWG 图形"，选择正确的 CAD（.dwg）格式文件后，单击"打开"导入 CAD 图，如图 4-11 所示。

3. 布置施工现场

布置施工现场操作具体请见 4.4.3 节。

第4章 BIM在工程施工阶段的应用

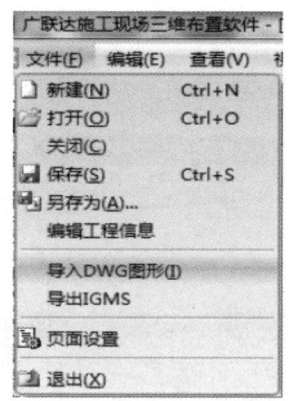

图 4-11 导入 CAD 图

4.3.4 广联达 BIM5D 软件实操流程

利用广联达 BIM5D 软件进行资金与进度联合和管理的软件操作流程,包括新建工程、导入 BIM 模型、资料管理、预算导入、清单匹配、清单关联、流水段划分、导入进度计划、施工模拟及统计报表分析等。本节简要介绍流程内各步骤的操作方法,具体操作实例见 4.4.4 节。

1. 新建工程

依次单击"新建工程""BIM5D""查看项目信息",输入项目基本信息,如图 4-12 所示。

【广联达BIM5D软件实操流程】

图 4-12 输入项目基本信息

2. 导入 BIM 模型

【第一步】选择 BIM 模型（IGMS\E5D\IFC 格式均可），添加实体模型，如图 4-13 所示。

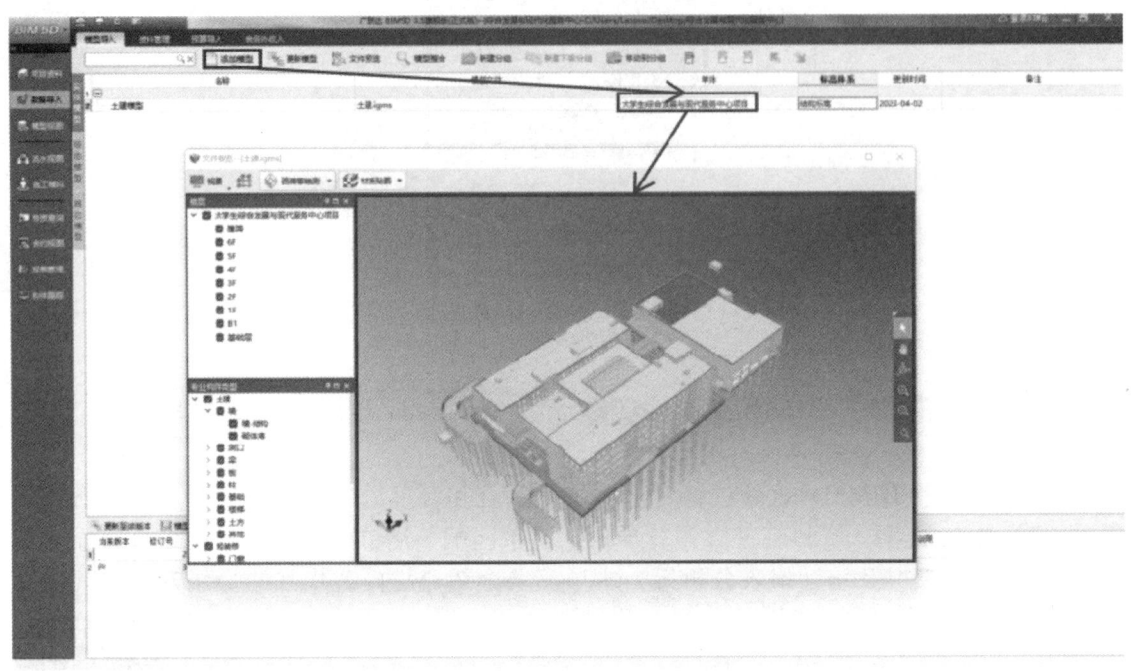

图 4-13　添加实体模型

【第二步】选择广联达 BIM 施工现场布置软件、Revit 场地、3ds Max 模型文件中建立的实体模型，添加场地模型用于模型视图、施工模拟-工况设置。

【第三步】选择 3ds Max 软件、IFC 模型，添加其他模型用于施工模拟-工况设置。

3. 资料管理

【第一步】根据"资料管理"界面提示，登录 BIM 云，绑定项目。

【第二步】选择图纸、资料上传。

【第三步】选择"模型视图""视图""资料关联视图"，进行模型、图纸、资料的挂接。

4. 预算导入

【第一步】选择广联达 BIM5D 软件支持的文件、格式（.xlsx、.GBQ4、.GBQ5、.GZB4、.GTB4、.TMT、.EB3），导入合同预算和成本预算。

【第二步】选择"添加预算文件""GBQ 预算文件"，单击"确定"，可成功导入分部分项工程量清单，如图 4-14 所示。

【第三步】添加 Excel 后，单击"识别行"，可自动识别行信息。识别完成后，检查识别结果的正确性，若识别发现错误，用户可手动调整。

【第四步】操作流程同前文的"分部分项工程量清单"。单击"可计算措施清单""总价措施清单"导入预算清单。

5. 清单匹配

选择要进行匹配的模型和预算文件，单击"自动匹配"（图4-15），弹出自动匹配对话框，自动匹配完成。对于无须匹配的模型和预算文件，单击"手动匹配"，选择预算清单。

6. 清单关联

【第一步】按照"合同预算或成本预算"文件显示清单列表，显示清单编码、名称、关联、工程量表达式、项目特征、单位。

图 4-14　导入分部分项工程量清单

【第二步】勾选"匹配构建类型"，系统会根据清单项匹配出相关构件类型，匹配成功后，单击"关联"。

【第三步】单击"复制关联"，可进行三种方式的清单关联。

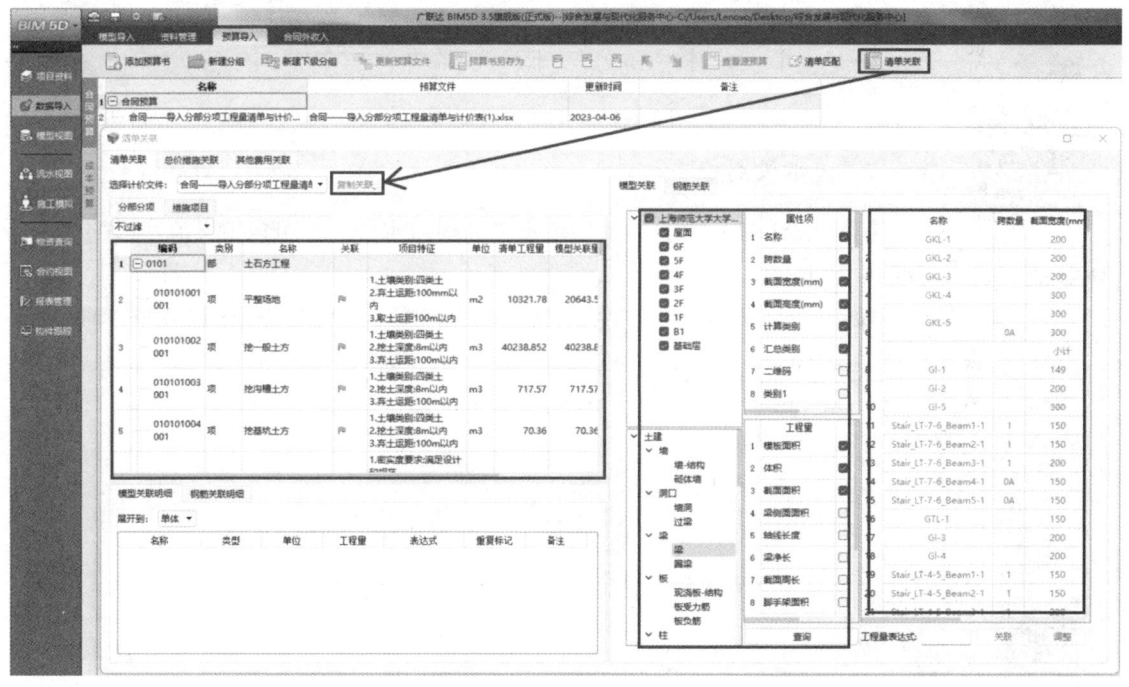

图 4-15　自动匹配清单

① 单击"复制关联到其他清单"，可将选中行关联图元和设置的表达式复制到目标清单项，在复制的时候可以选择预算文件，设置编码、名称、项目特征过滤目标清单。

② 单击"复制当前关联到其他预算"，按照清单9位编码、名称、项目特征严格匹配两个预算文件，满足条件的，可将当前关联图元和设置的表达式复制到目标预算文件中。

③ 单击"复制全部关联到其他预算"，按照清单9位编码、名称、项目特征严格匹配两个预算文件，满足条件的，可将全部关联图元和设置的表达式复制到目标预算文件中。

【第四步】选择未套用清单的构件，将未套清单的图元手动关联清单，如图4-16所示。

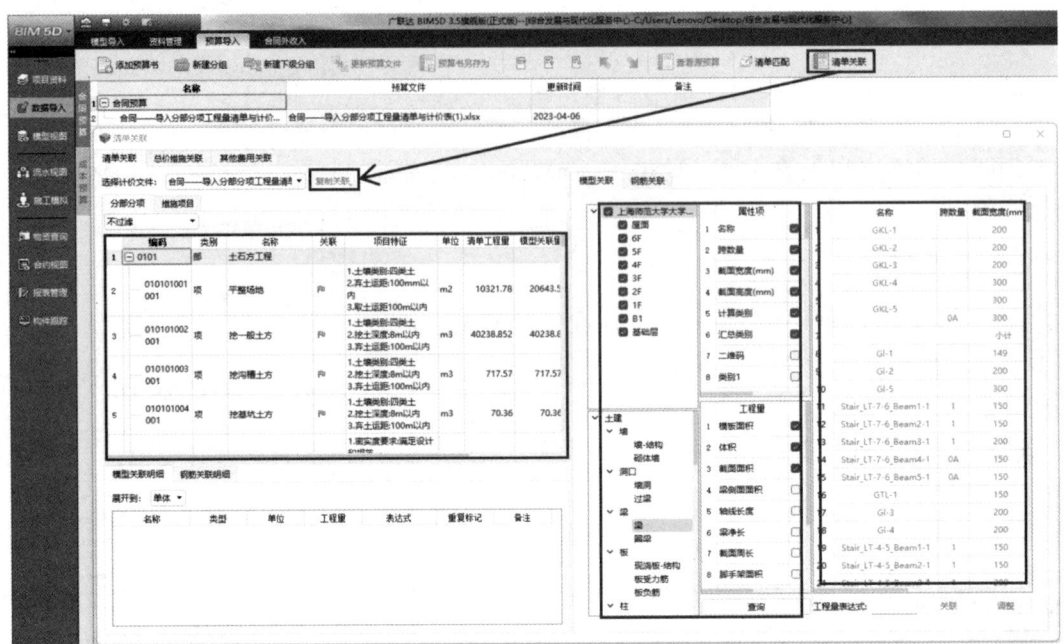

图 4-16 手动关联清单

7. 流水段划分

【流水段划分、导入进度计划】

【第一步】在任意分组下,单击"新建流水段",可自定义流水段的名称,如图 4-17 所示。

图 4-17 新建流水段

【第二步】选中流水段,单击"关联模型"编辑流水段,可以采用画线框的方法进行流水段关联,如图 4-18 所示。

第4章 BIM在工程施工阶段的应用

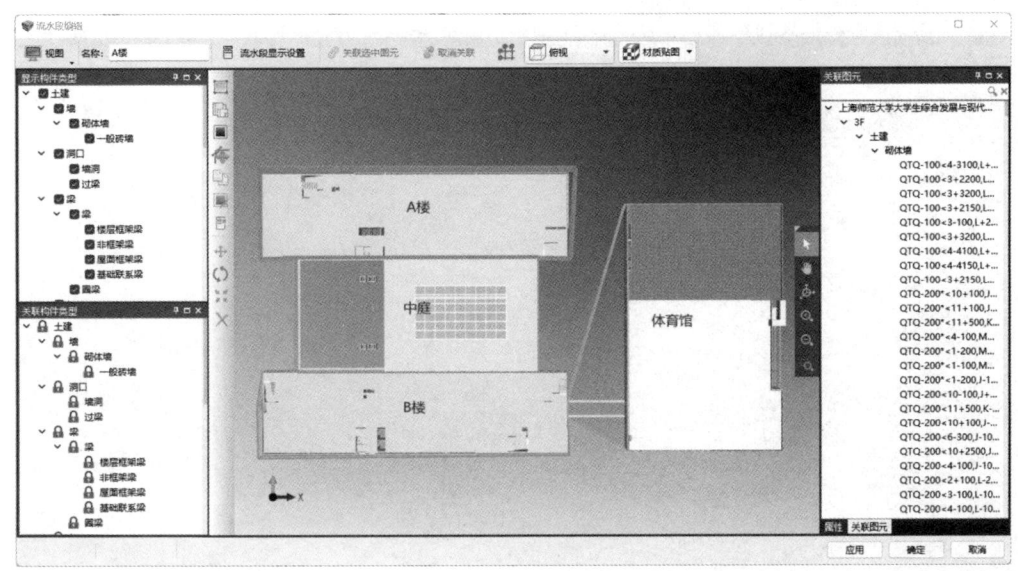

图 4-18 流水段关联

8. 导入进度计划

导入已经编写好的进度计划，广联达 BIM5D 软件目前支持 Windows Project 和斑马进度计划两种主流软件的文件，其中导入斑马进度计划的文件需要安装斑马进度计划软件。

9. 施工模拟及统计报表分析

用户可用模型进行施工模拟，观看施工期间的建造过程。用户还可以自定义施工模拟方案，进行动画管理。依照施工模拟结果，用户可导出工程进度计划表、成本曲线。

4.4 工程应用案例

上海市某高校大学生综合发展与现代服务中心项目包括 A、B 两栋综合服务楼、一个中庭、一个运动馆，总建筑面积为 35996.07m²，地上建筑面积为 28407.86m²，地下建筑面积为 7588.21m²。地上建筑为钢结构，基础为筏板基础。地下室为停车场。

目前，该项目已完成施工图设计和 BIM 模型构建，现需要利用 BIM-FILM 虚拟施工系统制作基坑开挖过程模拟，利用斑马进度计划软件编制施工进度计划，利用广联达施工现场三维布置软件绘制施工现场平面布置图，利用广联达 BIM5D 平台进行资金和进度联合管理。

4.4.1 基于 BIM-FILM 虚拟施工系统的基坑开挖施工过程模拟

1. 绘制基本环境

【第一步】选择"地形地貌"，绘制"地形"，单击草地界面完成地形的改变，如图 4-19 所示。

【基于BIM-FILM虚拟施工系统的基坑开挖施工过程模拟】

143

图 4-19 绘制地形

【第二步】选择"草""树"进行布置,选择笔刷范围和单次种草或树的数量,如图 4-20 所示。

图 4-20 绘制树、草

【第三步】单击"施工部署"界面的"自定义构件",选择"基坑"构件进行布置,降低地形高度,从而实现基坑构件的绘制,如图 4-21 所示。

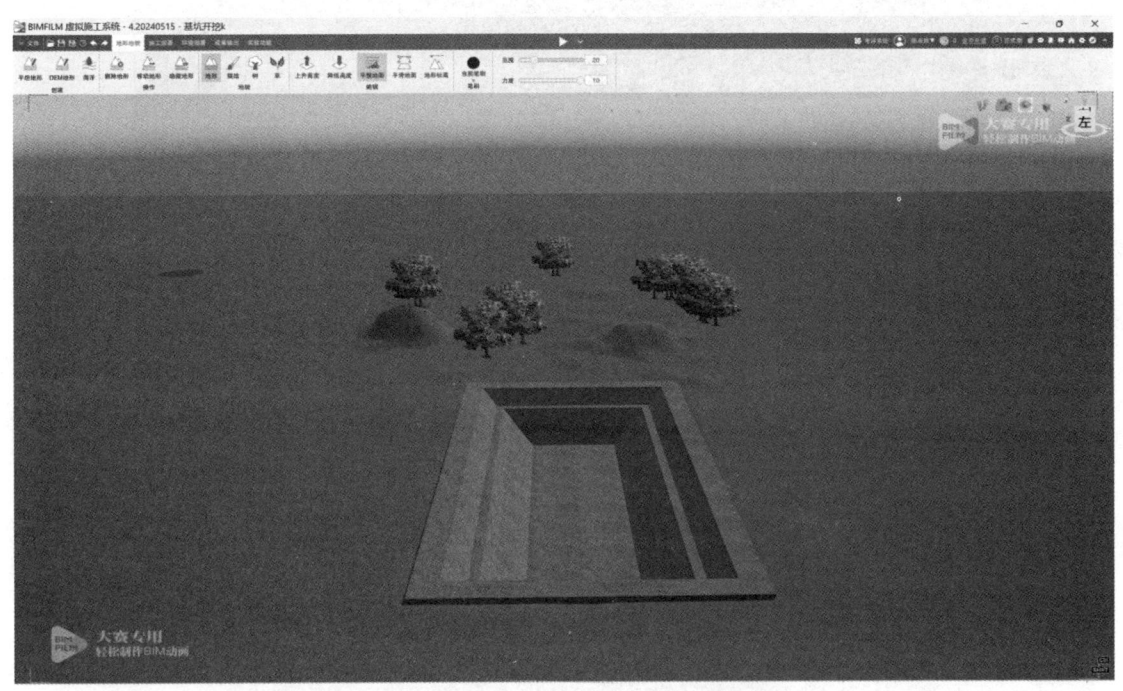

图 4-21　绘制施工现场演示场景的基本构件

2. 添加施工工艺位置动画

【第一步】选择"施工部署"界面的"基本体",绘制长方形基坑内部填土,放置基坑内部填土,使其覆盖基坑顶部,重命名为基坑覆土。

【第二步】选择"添加"3D 施工模拟动画,双击"空白帧",在该动画首尾处分别插入关键帧。

【第三步】选择该动画最后一帧,修改基坑覆土的位置信息,使其刚好没入基坑底部,点击"确定"。

【第四步】放置挖掘机,将其放置在基坑覆土中央,并调整中心点至模型底部中心,按"G"确保其安放在地面上。

【第五步】将反铲挖掘机组合,使其成为一个集合。

【第六步】添加位置动画,选中反铲挖掘机子集,对其添加位置动画,修改首尾两关键帧的位置信息,使其跟随基坑覆土一同向下运动,如图 4-22 所示。

3. 添加施工工艺自定义动画

【第一步】选中反铲挖掘机,在动画列表中选择自定义动画,双击空白帧,可在该动画首端插入关键帧,在帧属性面板通过属性可以控制当前帧的形态信息。

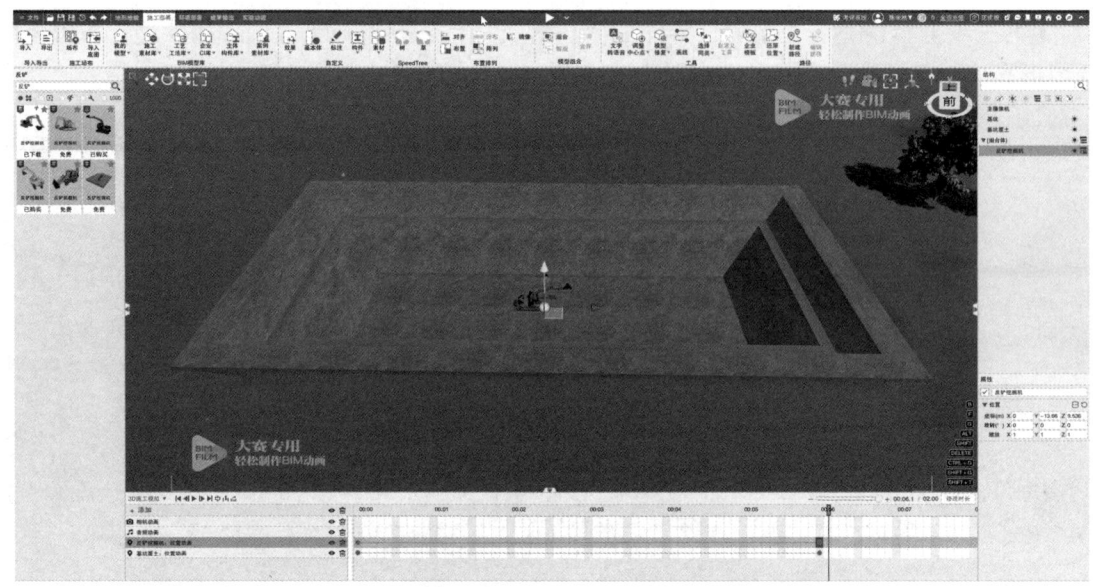

图 4-22　添加施工工艺位置动画

【第二步】在多个关键帧处，改变反铲挖掘机形态。

【第三步】单击"播放"，完成预览，如图 4-23 所示。

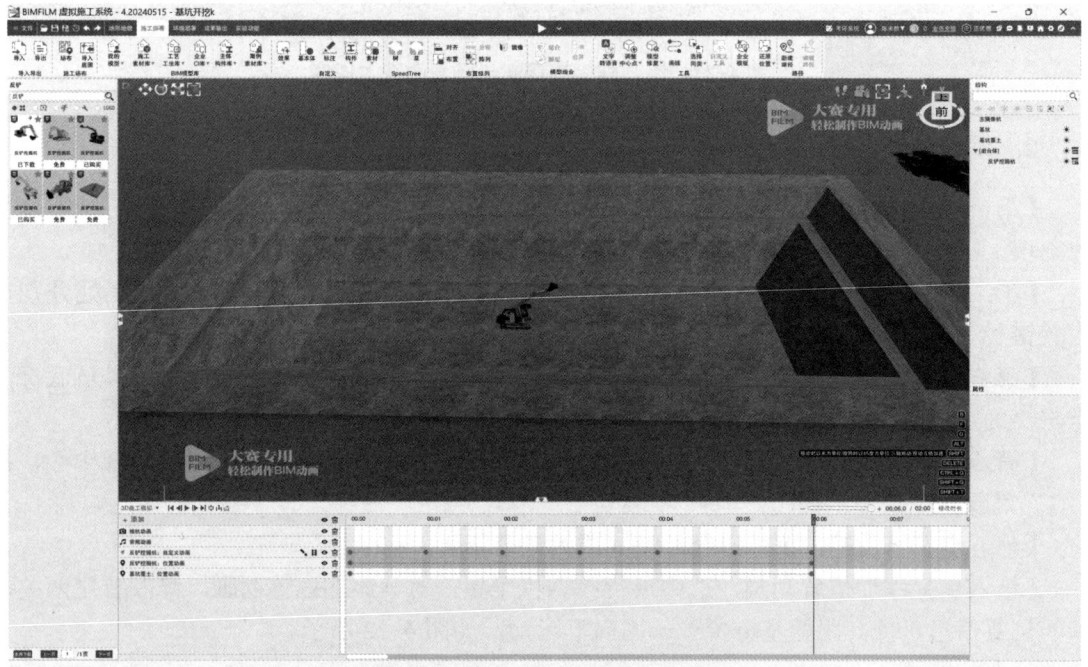

图 4-23　添加施工工艺自定义动画

4. 添加施工工艺显隐动画

【第一步】在该动画前插入 2s 的时间。

【第二步】单击"反铲挖掘机",在动画列表中添加显隐动画。双击"空白帧",可在此帧处插入关键帧。

【第三步】单击"播放",完成预览,如图4-24所示。

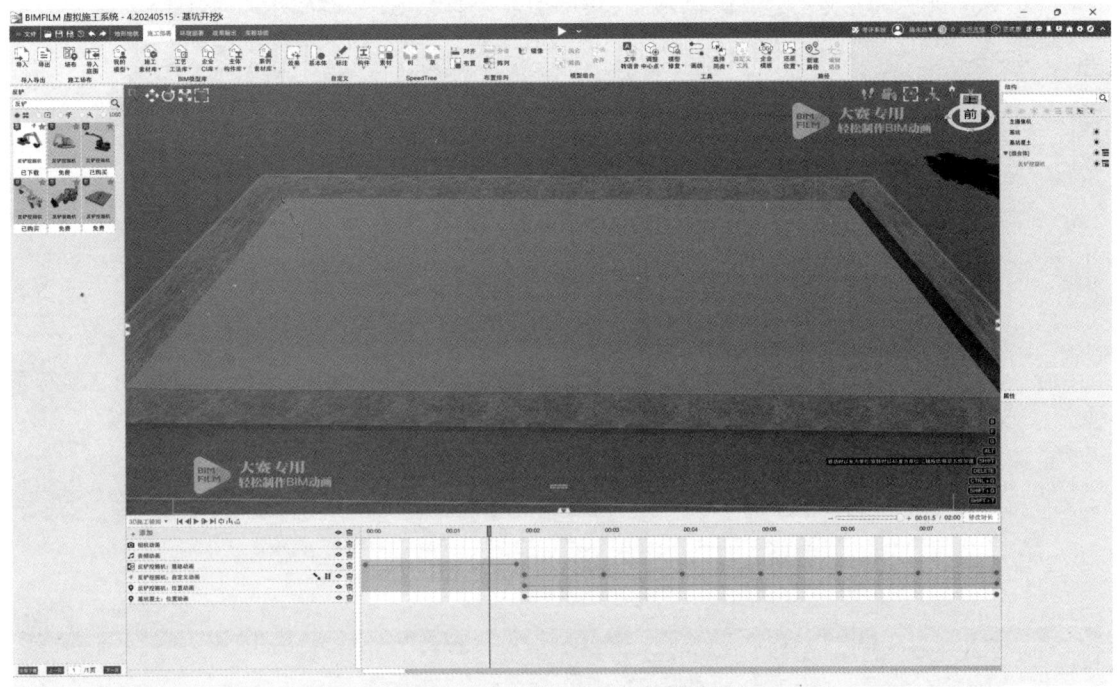

图4-24 添加施工工艺显隐动画

5. 添加制作施工工艺相机动画

【第一步】单击"添加",在动画列表中选择"相机动画"。

【第二步】在时间轴双击"空白帧"创建关键帧,在预览区通过右键、滚轮,以及右键+"W""A""S""D"调整合适的视角。

【第三步】确认合适的关键帧视角后,单击"确定",关键帧数据将被保存。

【第四步】将时间轴拖动到相机动画开始帧和结束帧的范围内,单击"播放"或空格,预览制作的相机动画,如图4-25所示。

6. 添加制作施工工艺音频动画

【第一步】单击"工具"栏,选择"文字转语音",输入"基坑开挖"文字,并设置发音参数。

【第二步】在时间轴上双击"空白帧",插入关键帧,选择"本地音频文件*.wav"。插入音频后,选择音频的开始帧可进行移动。

【第三步】在"音频动画关键帧"属性面板的字幕框内输入字幕,实时输出时显示字幕。

【第四步】单击"播放",完成预览,如图4-26所示。

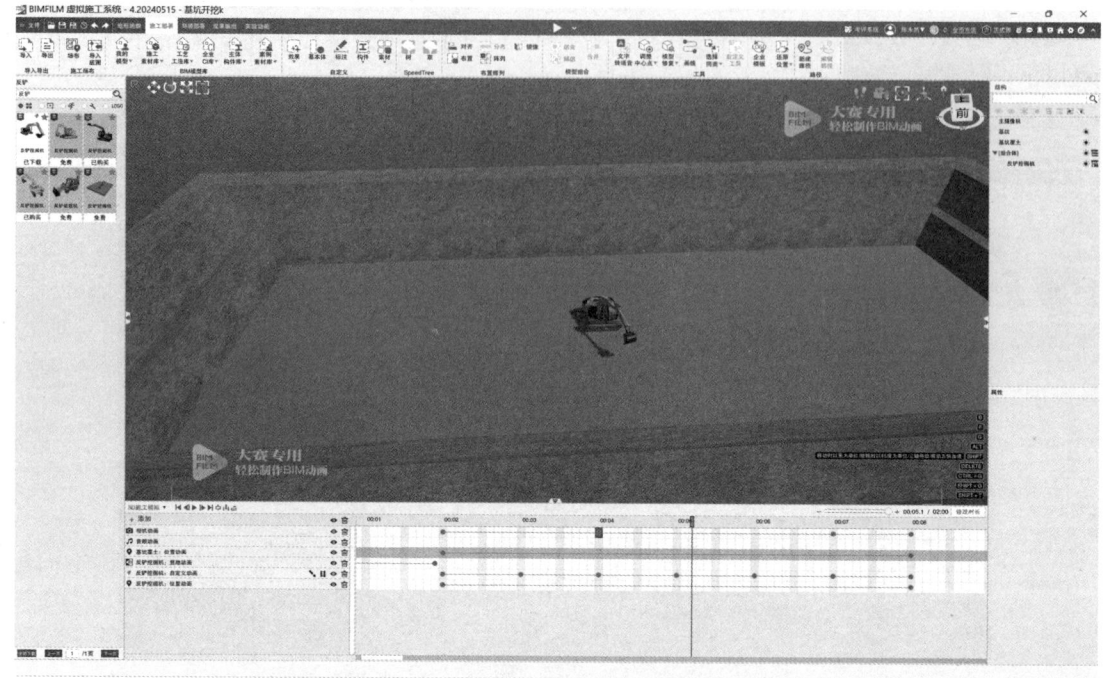

图 4-25　添加制作施工工艺相机动画

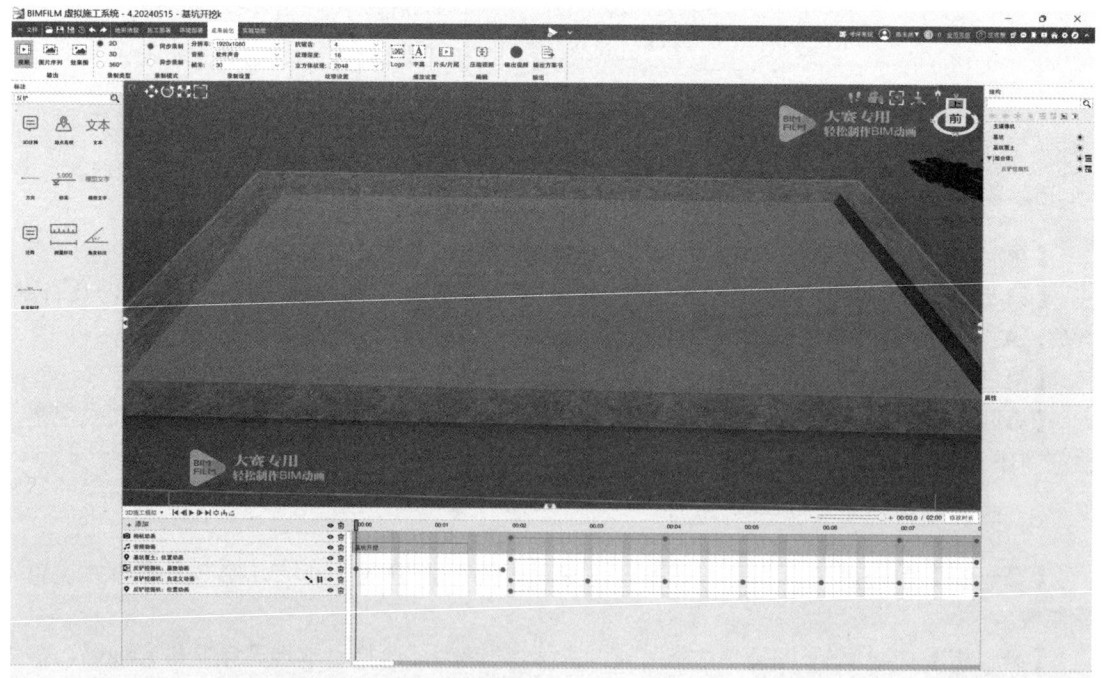

图 4-26　添加制作施工工艺音频动画

7. 输出成果文件

【第一步】选择"成果输出"界面中的"输出视频"。

第4章 BIM在工程施工阶段的应用

【第二步】根据需要调整录制设置，单击"确定"。

【第三步】单击"成果输出"可输出成果文件，如图4-27所示。

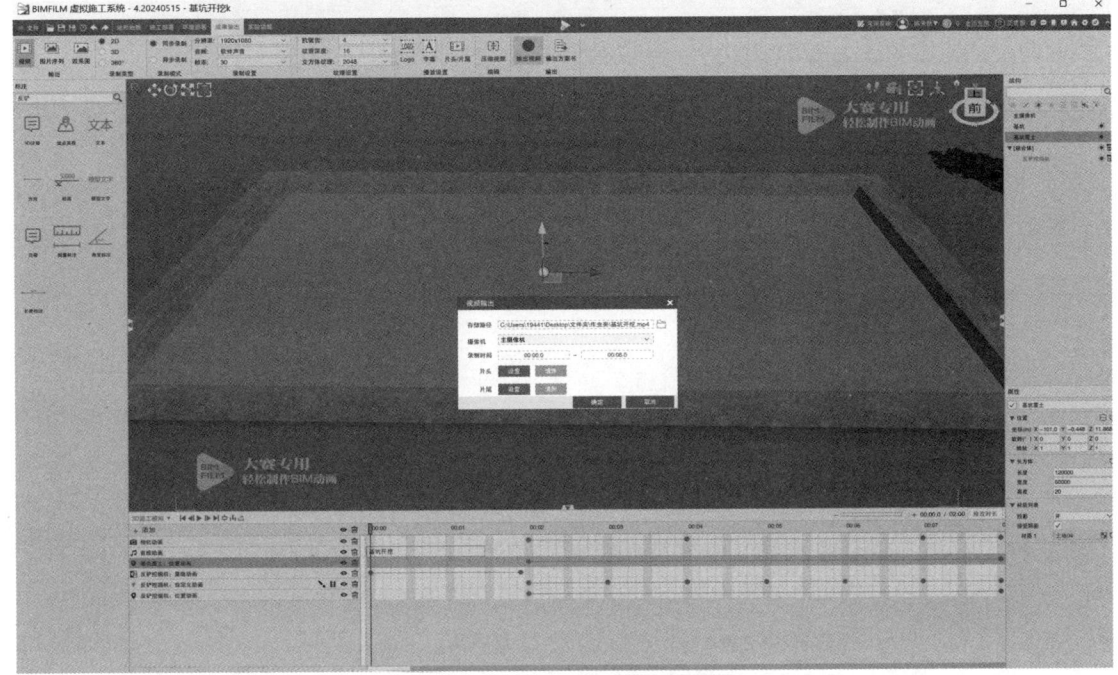

图4-27 输出成果文件

4.4.2 基于斑马软件的网络进度计划编制

1. 新建进度计划

【基于斑马软件的网络进度计划编制】

【第一步】新建空白计划及设置基本信息。在"向导"界面单击"空白计划"，可在弹出的页面中填定进度计划的基本信息，如图4-28所示。此页面所有的信息在进入编辑页面之后均可以再修改。

【第二步】单击"文件""偏好设置""全局设置"，勾选"工作名称大数据推荐"和"后置/下级工作大数据推荐"，如图4-29所示。该功能开启之后，在表格中输入工作关键字后，软件会自动推荐相关工作，选中工作可以直接推荐后置工作或是下级工作。

【第三步】设置日历及假期。单击"计划栏""日历""插入"，可设置是否显示假期名称、假期是否要休息、是否填充颜色做假期标识，如图4-30所示。

2. 工作层级结构分解

根据工程量划分施工流水段和施工工序，将编制好的施工工序细化。在表格中依次输入后，设置工作父子层级，即升级和降级，如图4-31所示。

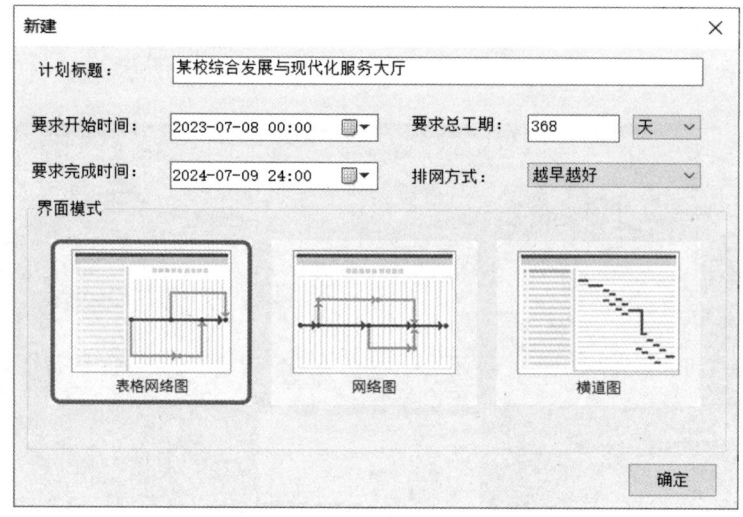

图 4-28　新建进度计划

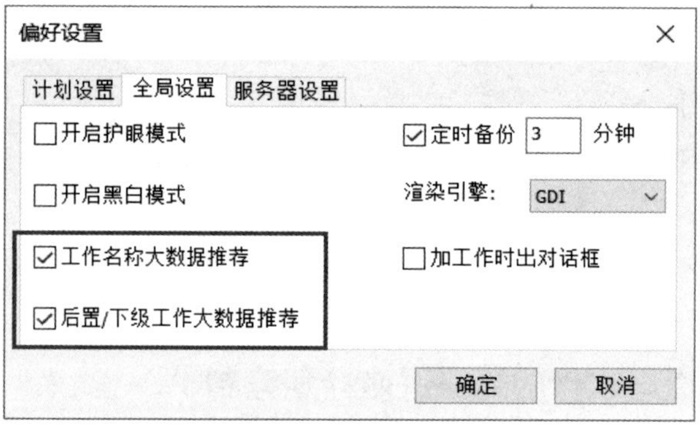

图 4-29　偏好设置

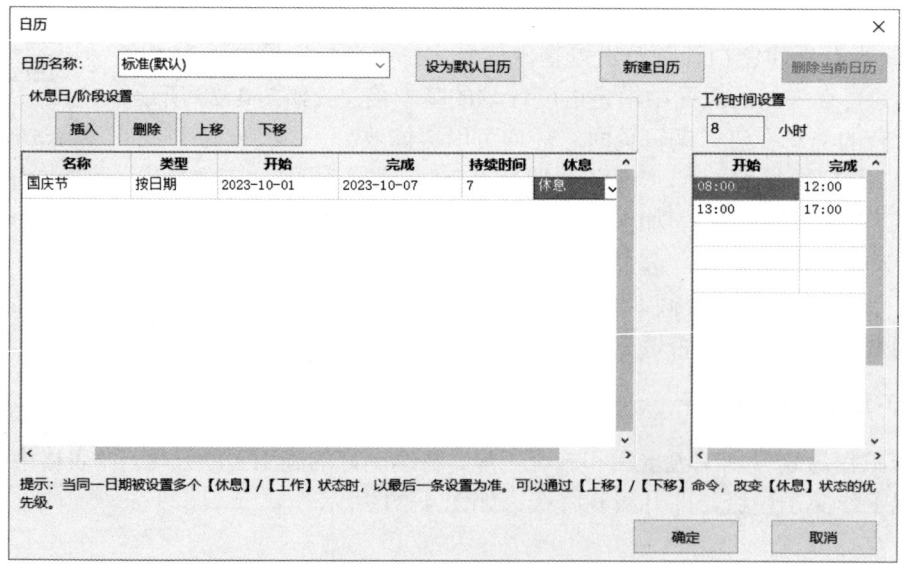

图 4-30　日历及假期设置

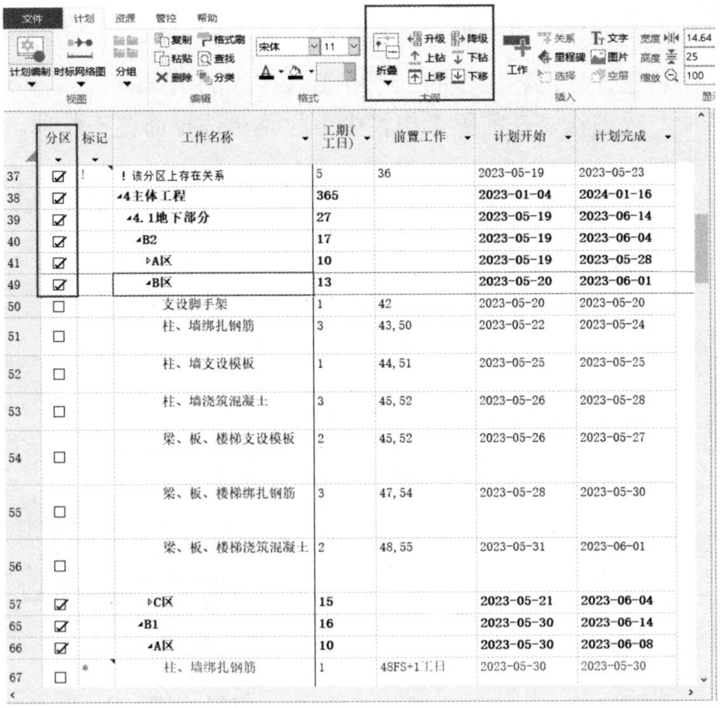

第4章 BIM在工程施工阶段的应用

图 4-31 工作层级结构分解

3. 添加里程碑及预警分级

选中一项工作后,单击"工具栏""里程碑",右击可选择"工作信息",给里程碑添加要求的完成时间。里程碑显示在右侧预警栏中后,再设置里程碑及其预警级别,如图 4-32 所示。

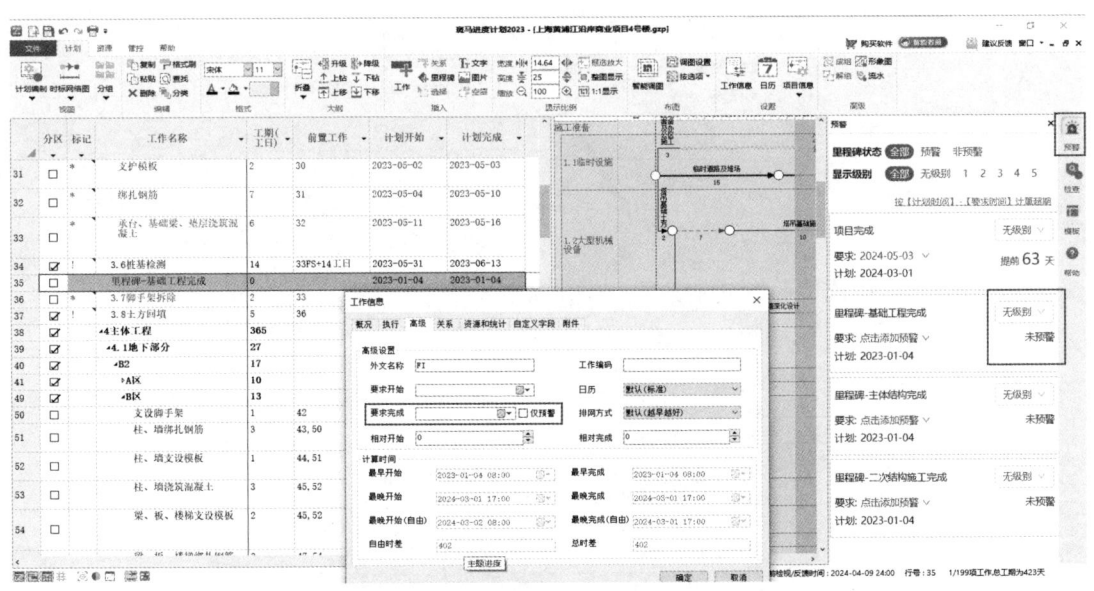

图 4-32 设置里程碑及其预警级别

4. 设置各工作的工期及逻辑关系

【第一步】由工程量计算出各工作的工期并填入相应的工作中。

【第二步】选中一项工作，在前置工作栏中下拉菜单选择前置工作项，如图 4-33 所示。

分区	标记	工作名称	工期(工日)	前置工作	计划开始	计划完成
☐		基坑喷射混凝土护壁	30	19	2023-02-16	2023-03-17
☑	*	3.4灌注桩施工	43		2023-03-18	2023-04-29
☐	*!	钻孔灌注桩清孔、注浆	8	24	2023-03-18	2023-03-25
☐	*	钻孔灌注桩承载力和桩身质量检验	15	27FS+20工日	2023-04-15	2023-04-29
☑	*	3.5基础混凝土施工	17	☑钻孔灌注桩清孔、 ☐钻孔灌注桩承载力	0	2023-05-16
☐	*	支设脚手架	2	☐3.5基础混凝土施工 ☐3.6桩基检测 ☐里程碑-基础工程完成		2023-05-01
☐	*	支护模板	2	☐3.7脚手架拆除		2023-05-03
☐	*	绑扎钢筋	7	☐3.8土方回填		2023-05-10

图 4-33 设置一项工作的前置工作

5. 智能调图

对网络图中的工作进行智能排布，使网络图更美观且符合一定的横纵比例，如图 4-34 所示。

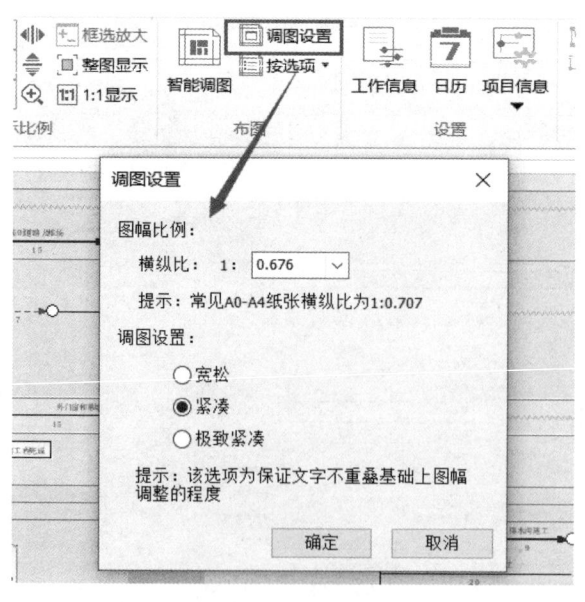

图 4-34 调图设置

6. 保存及打印

将文件另存为 gzp 格式，也可将文件导出为 PDF 格式。在打印设置中选用合适大小的纸张横向打印，如图 4-35 所示。

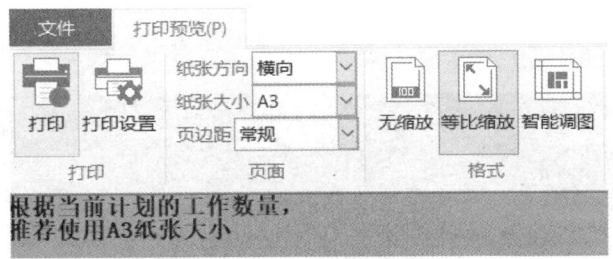

图 4-35 打印设置

4.4.3 基于广联达施工现场三维布置软件的施工现场布置

1. 绘制地形场地

依次单击"地形地貌""平面地形"，用左键框选图纸范围，即可完成场地地形绘制，如图 4-36 所示。

【基于广联达施工现场三维布置软件的施工现场布置】

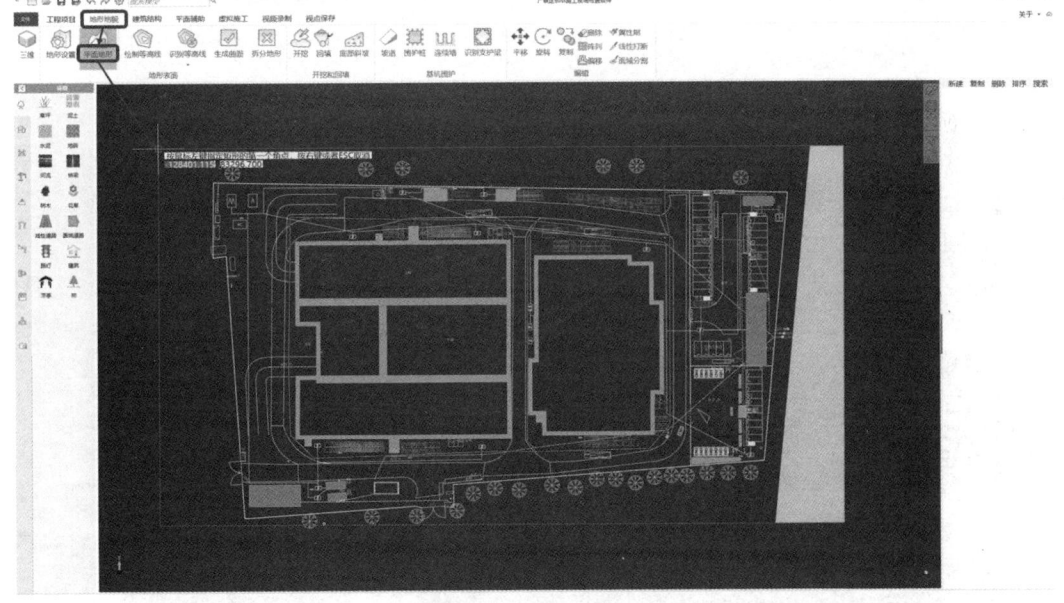

图 4-36 绘制地形场地

2. 绘制拟建建筑

【第一步】导入建筑施工图中的平面图（CAD），当图纸中建筑的轮廓线是单一且封闭的线条时，可直接选中建筑的轮廓线，再单击"识别拟建筑轮廓"，如图 4-37 所示。此处支持多选建筑轮廓。当图纸中建筑的轮廓线为多条或不闭合时，需按照建筑的轮廓线来绘制。先单击"拟建建筑图标"，再单击"绘制方式"，最后根据轮廓线进行绘制，右击即可，如图 4-38 所示。

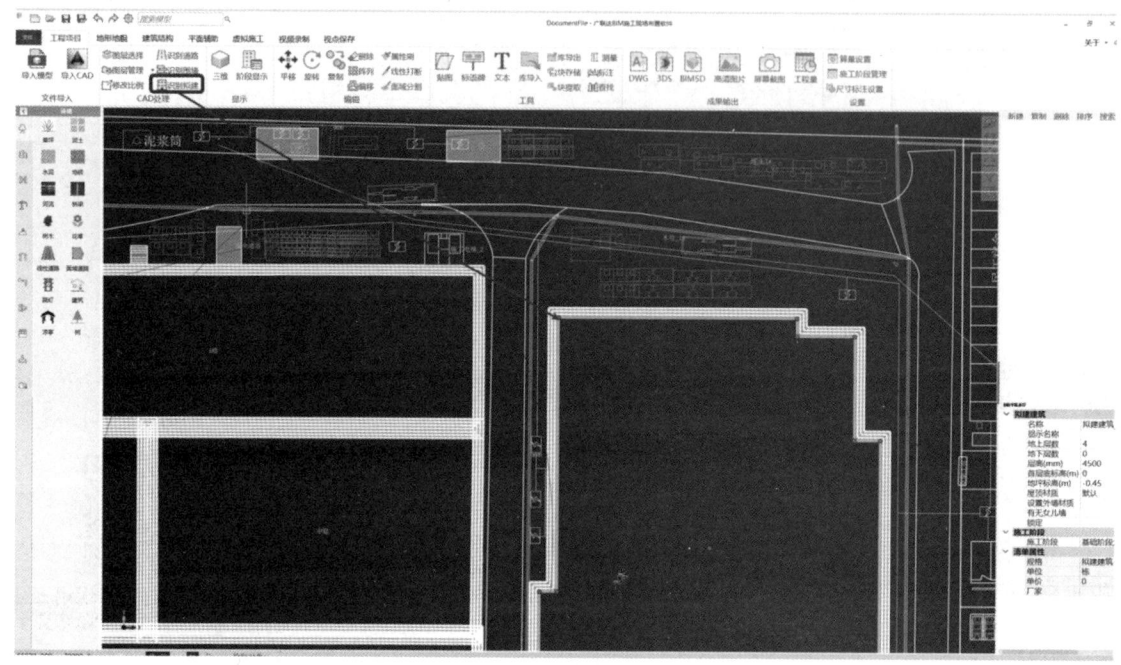

图 4-37 识别拟建建筑轮廓

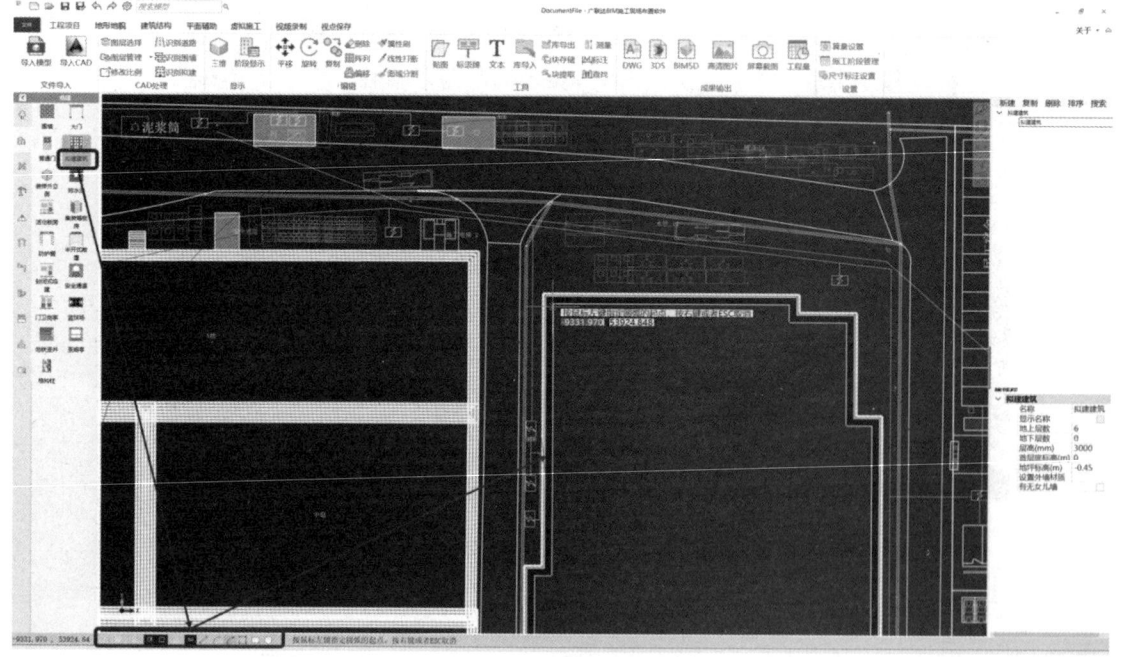

图 4-38 绘制拟建建筑轮廓

【第二步】修改拟建建筑信息。选中"拟建建筑",在右侧属性框里修改建筑物名称、层高、层数等信息,如图 4-39 所示。

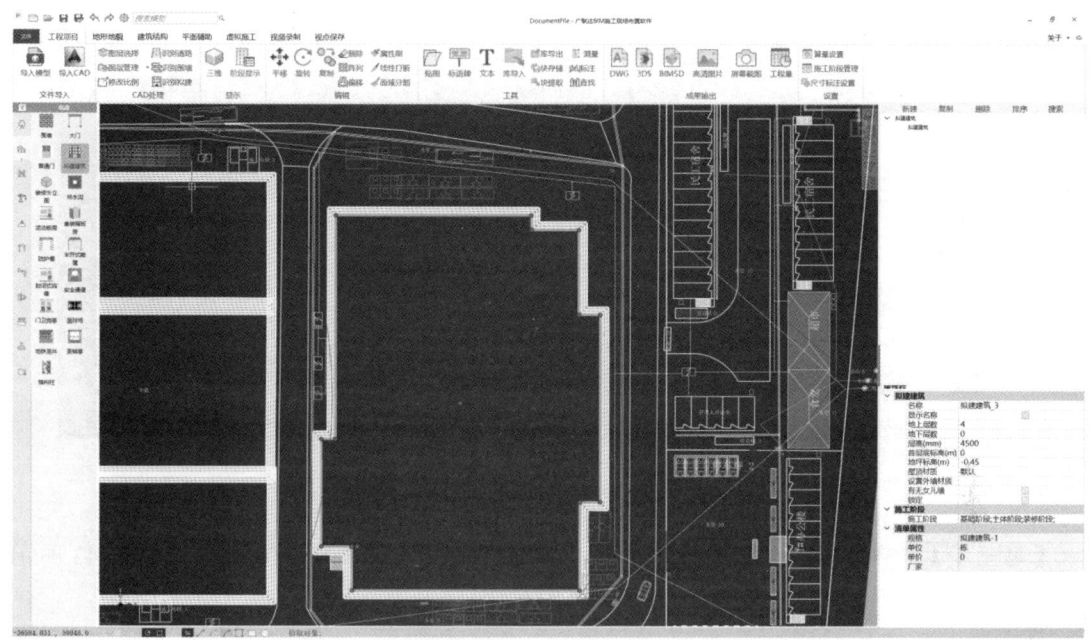

图 4-39 修改拟建建筑信息

3. 绘制围墙

【第一步】导入施工图图纸,查看围墙线的位置,如图 4-40 所示。

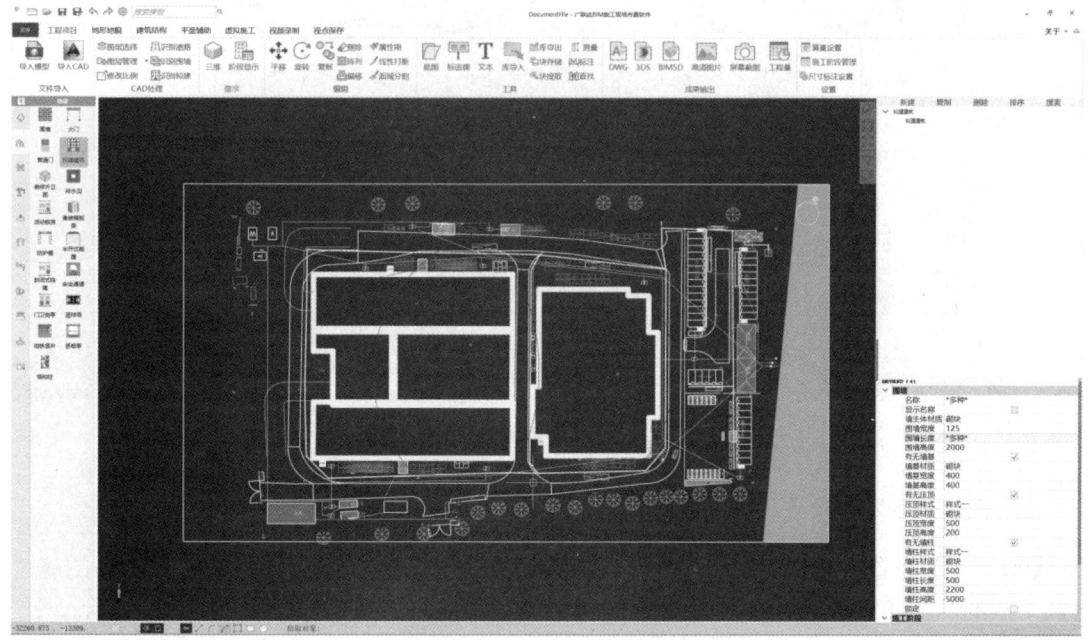

图 4-40 查看围墙线的位置

【第二步】切换到临建，单击"围墙"，使用屏幕下方的直线命令，绘制围墙，如图 4-41 所示；也可以选择围墙线后，单击"识别围墙线"，自动生成围墙。

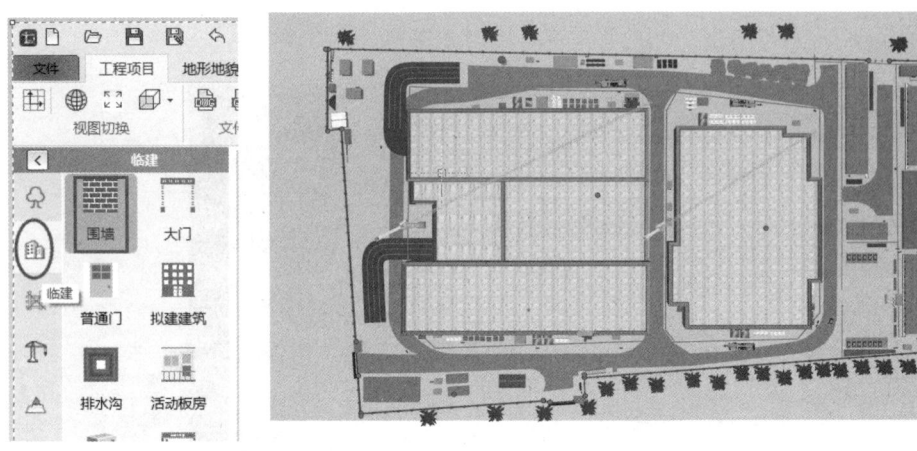

图 4-41 绘制围墙

【第三步】选择围墙，设置围墙的属性，如高度、材质、压顶、墙柱等，如图 4-42 所示。

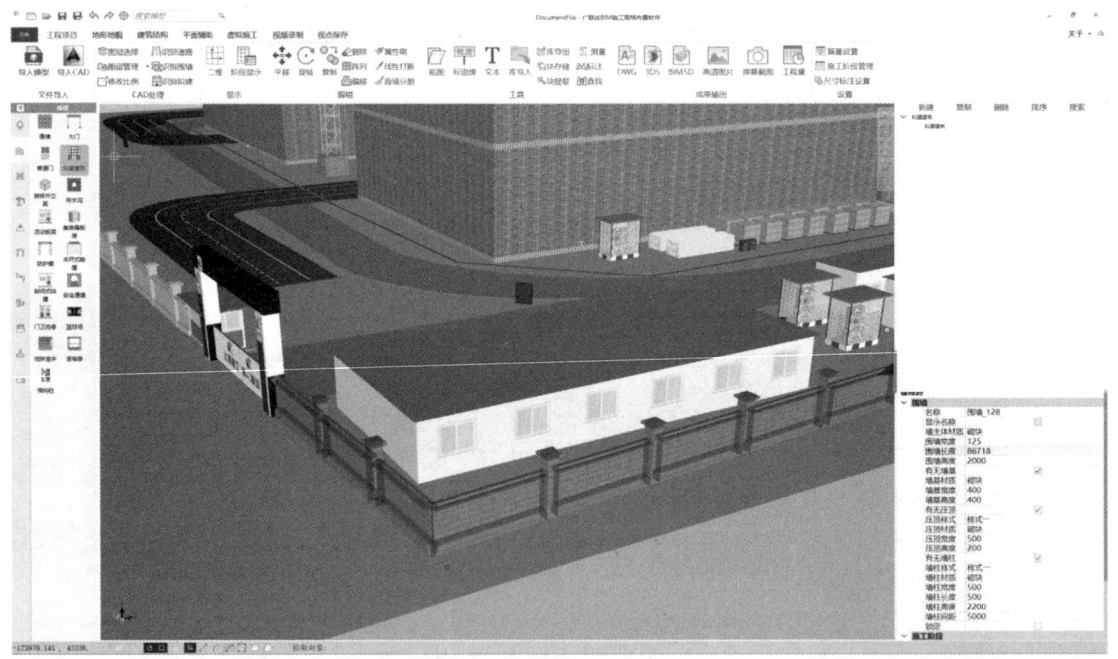

图 4-42 设置围墙属性

4. 布置垂直运输设备

【第一步】布置塔吊。在左侧机械界面选择"塔吊"，在右侧属性栏中修改塔吊的属性，再到二维的状态下绘制塔吊图。塔吊半径可通过拖拽鼠标改变大小，如图 4-43 所示。

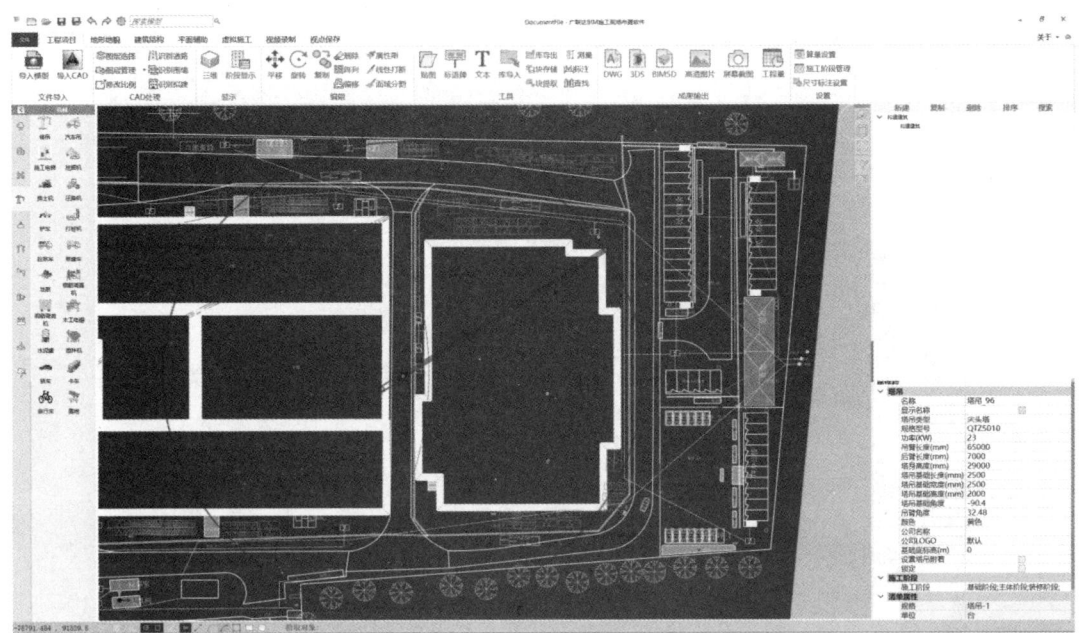

图 4-43 改变塔吊半径大小

【第二步】布置施工电梯。施工电梯依附于拟建建筑,在适当的位置上布置即可,如图 4-44 所示。

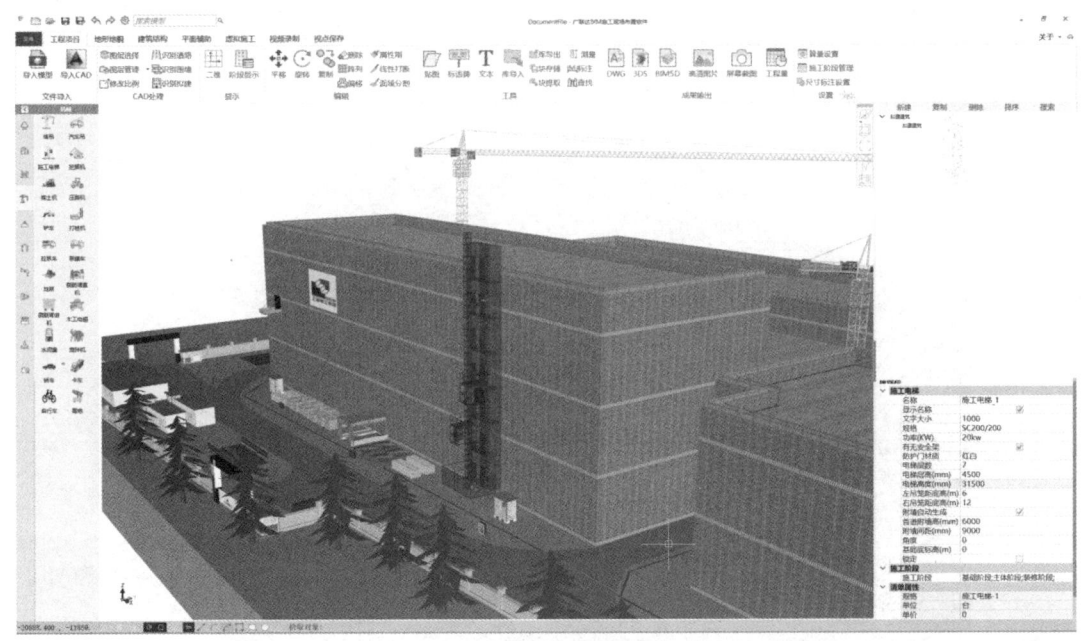

图 4-44 布置施工电梯

5. 布置脚手架和卸料平台

【第一步】在"构件库"中"措施栏"下,选中"脚手架",移动到拟建建筑。绘制好脚手脚后可单独选中脚手架进行属性修改，如图4-45所示。

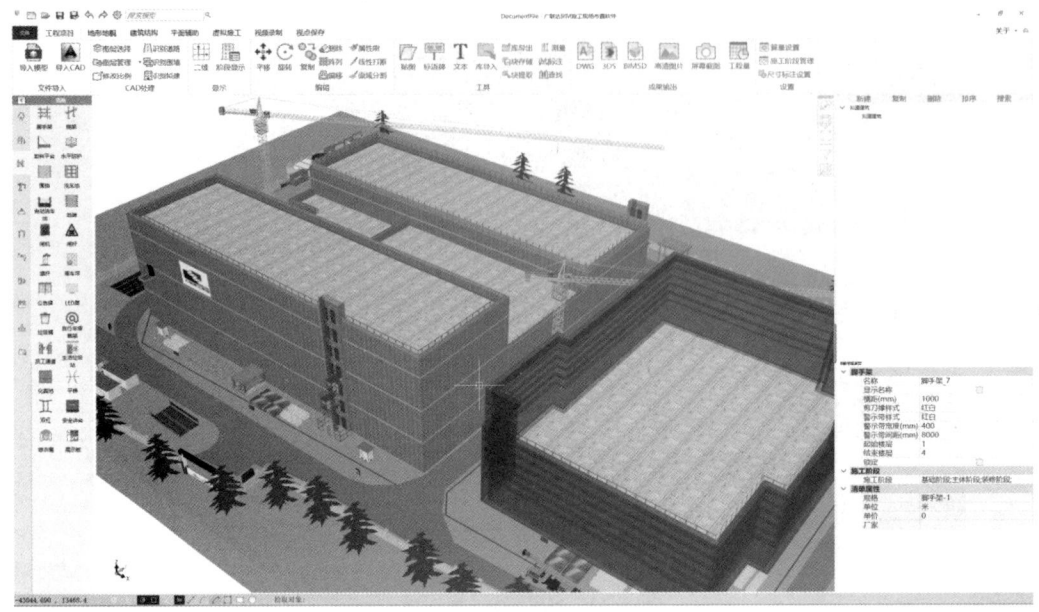

图4-45 设置脚手架

【第二步】卸料平台布置在脚手架外侧，布置好后可选修改其属性，调整离地标高及其他属性，如图4-46所示。

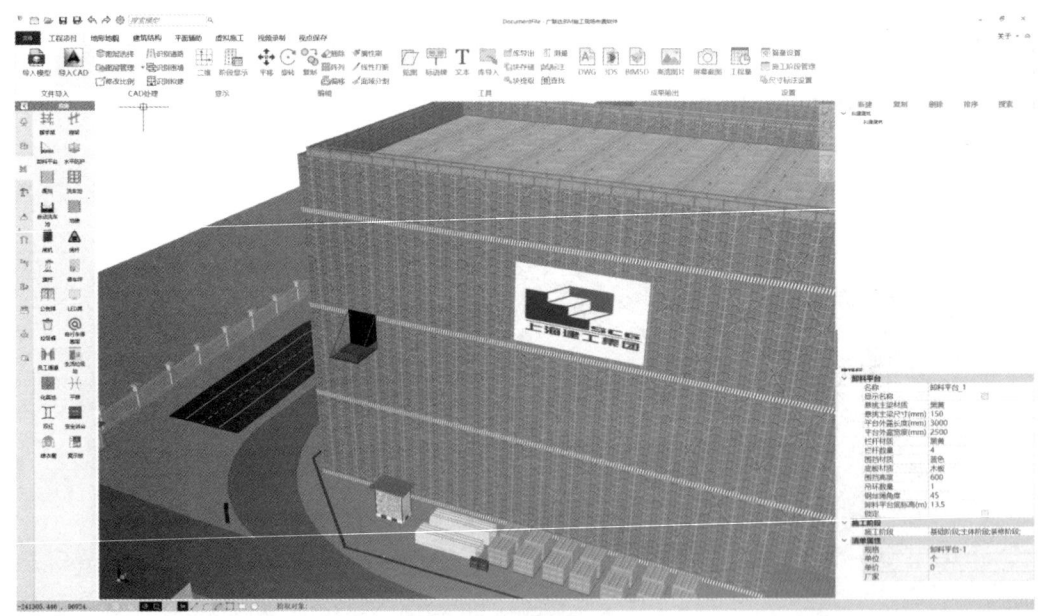

图4-46 设置卸料平台

6. 布置材料堆场和加工棚

【第一步】材料堆场的绘制有多种方式，分别是点画法、直线画法、矩形画法、弧线画法、圆形画法。依据材料种类选择绘制方式，绘制完成后可设置大小，如图4-47所示。

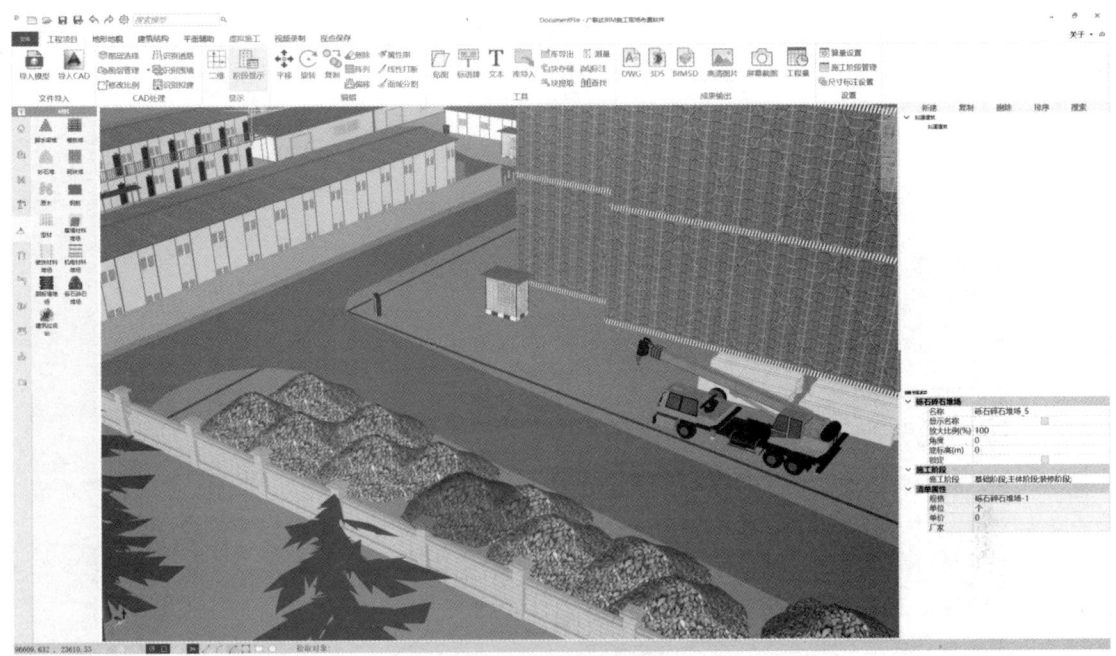

图4-47　绘制材料堆场

【第二步】防护棚分为加工棚、木工棚等。在临建界面绘制防护棚时可在三维状态或者平面状态下用矩形画法绘制。按照就近布置的原则，将加工棚布置在相应材料堆场附近，绘制好后可修改其属性，如图4-48所示。

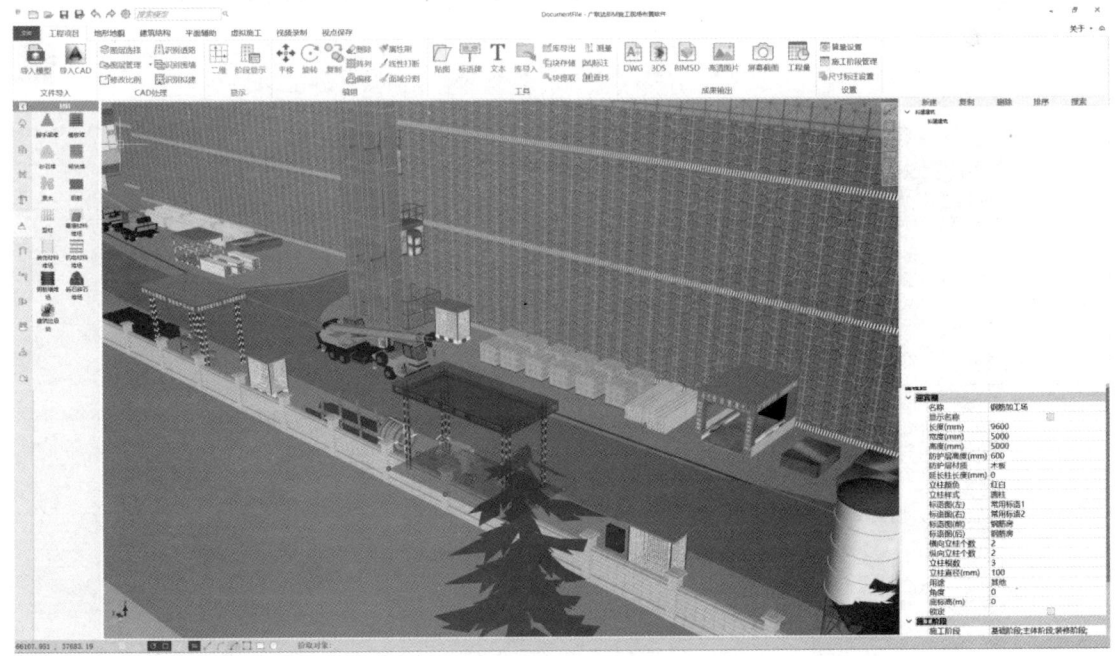

图4-48　绘制加工棚

7. 布置办公生活设施

【第一步】布置办公用房。切换至临建界面,单击"活动板房",软件默认为直线画法,参照CAD图层绘制办公用房,绘制后在右侧属性栏调整相关参数,如图4-49所示。

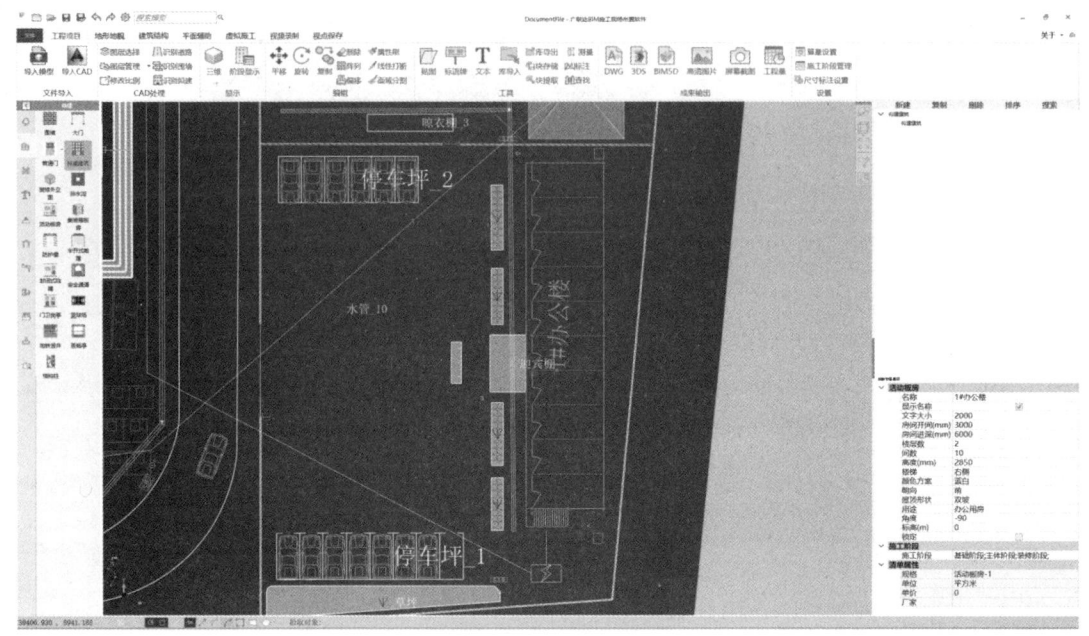

图 4-49　布置办公用房

【第二步】布置旗台、旗杆。在措施界面单击"旗杆",通过点(或旋转点)画法绘制旗台、旗杆,然后调整旗台的样式、高度以及旗帜样式,如图4-50所示。

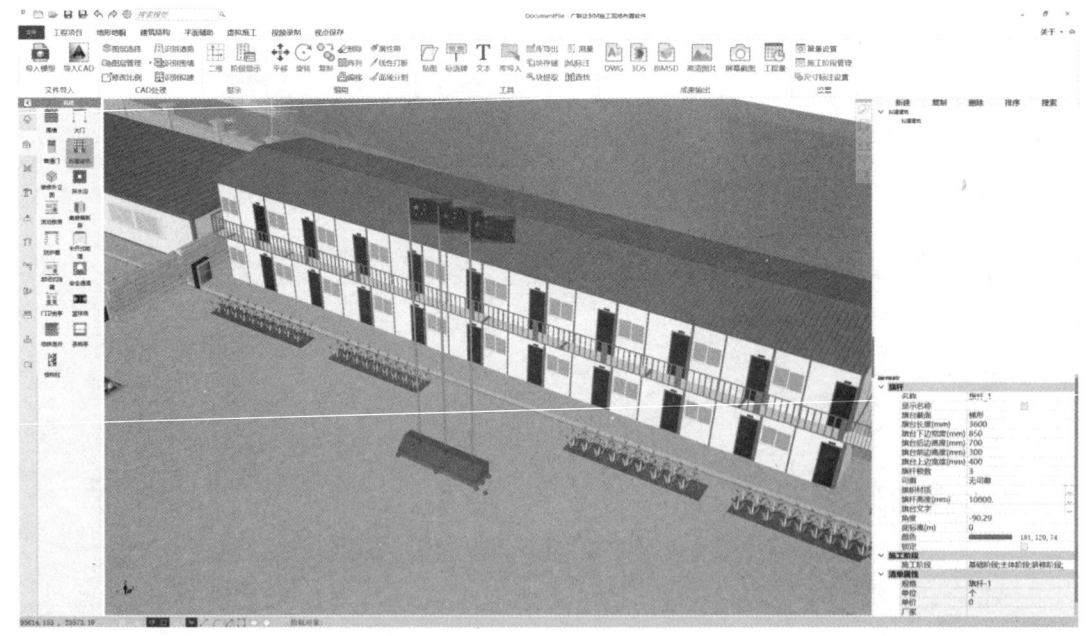

图 4-50　布置旗台、旗杆

【第三步】布置车位、汽车。在机械界面单击"轿车",用点(或旋转点)画法布置车位、汽车,布置完成后调整比例,对于存在多辆汽车的情况,可以用阵列来实现布置,如图4-51所示。

图 4-51 布置车位、汽车

【第四步】布置标牌。在措施界面单击"公告牌",用直线画法参照图示位置绘制标牌,绘制完成后在属性栏调整其高度、宽度,单击"图片"可调整标牌内容,如图4-52所示。

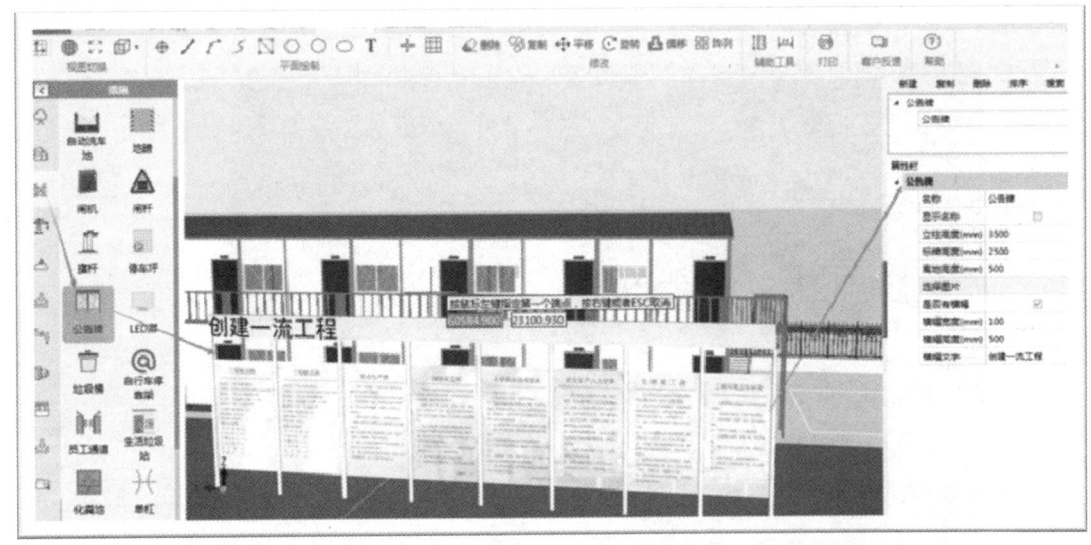

图 4-52 布置标牌

8. 布置施工现场出入口

【第一步】切换到临建界面,在合适的地方绘制大门。软件默认是点选方式绘制,绘制时,鼠标靠近围墙墙体时,大门会自动平行于墙体,并可被移动到指定位置,单击即可完成绘制,如图 4-53 所示。

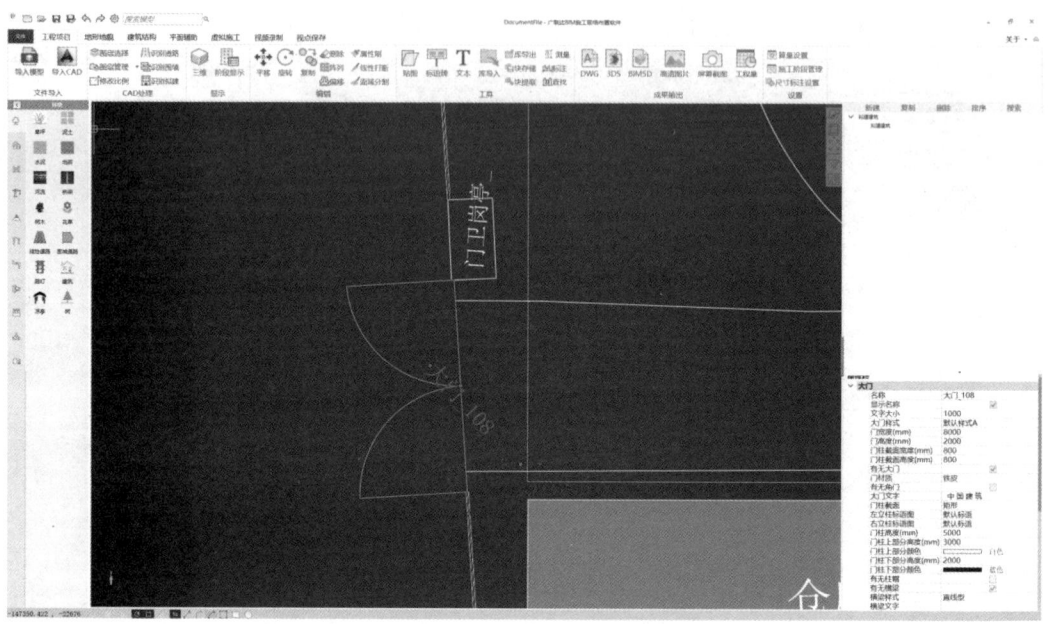

图 4-53　绘制施工现场大门

【第二步】选中大门,可以修改其属性(高度、宽度、大门文字、徽标、立柱标语等),如图 4-54 所示。

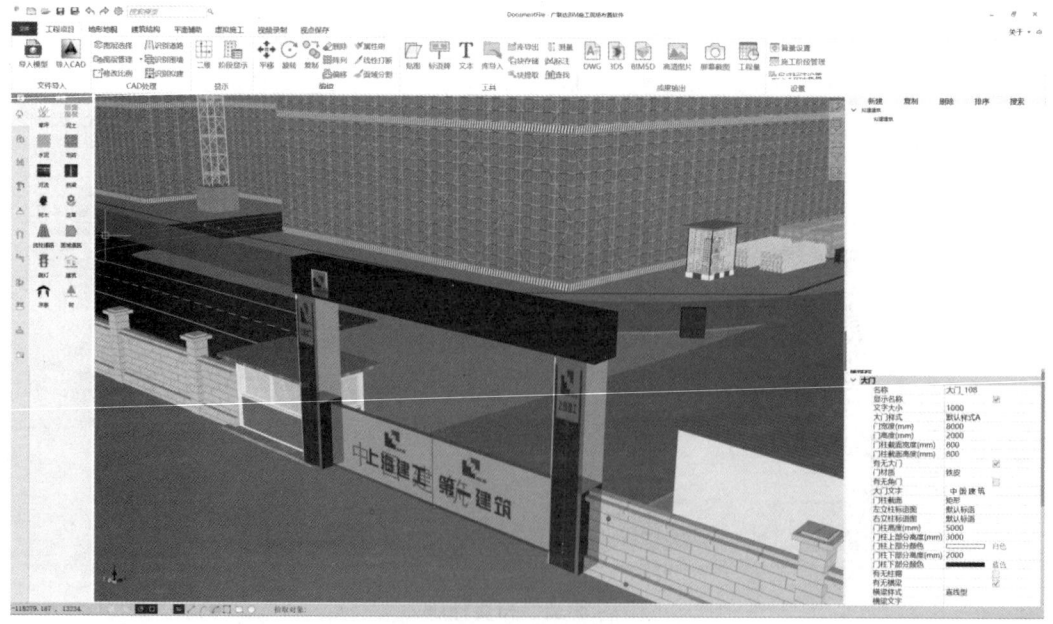

图 4-54　修改大门的属性

9. 布置洗车池

【第一步】单击措施界面的"洗车池",可在大门旁布置洗车池。软件默认是点方式绘制,如图 4-55 所示。

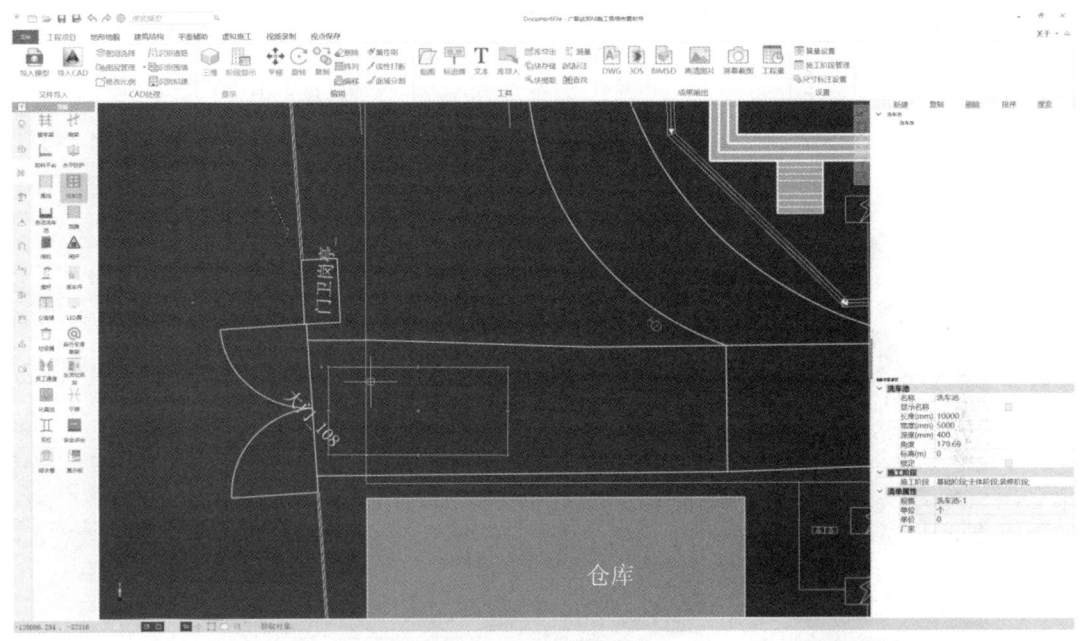

图 4-55 布置洗车池

【第二步】选中洗车池,可修改其深度、角度等属性信息,如图 4-56 所示。

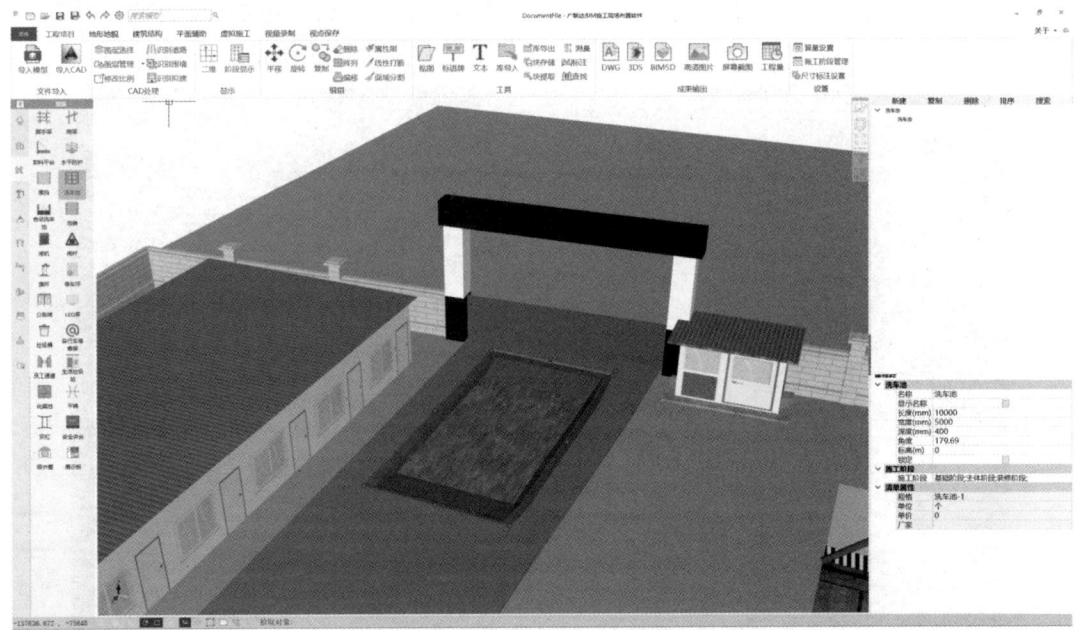

图 4-56 修改洗车池属性信息

10. 布置道路和临水临电设施

【第一步】切换到环境,单击"道路",软件默认为用直线画法绘制道路。遇到相交和转弯处,软件会自动连通道路。

【第二步】选择道路,修改其属性信息(宽度、材质等),如图4-57所示。

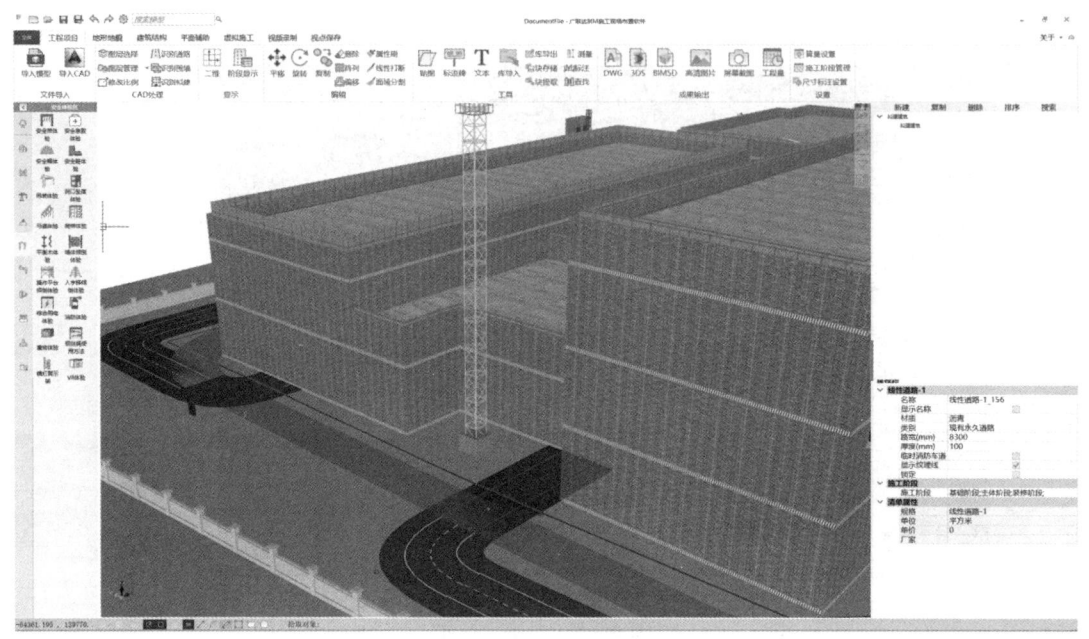

图 4-57　修改道路属性

【第三步】增加临水、临电设施。根据按钮布置配电箱、电线、电线杆、电源、水管、消防栓、消防箱等设施。其均采用点画法布置,可依据计算结果修改属性,如图4-58所示。

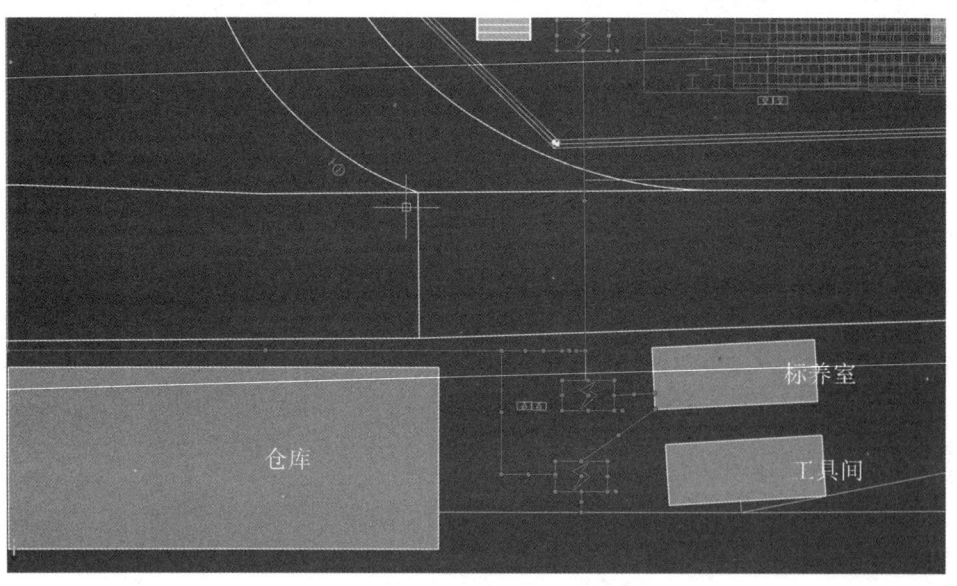

图 4-58　布置临水、临电设施

4.4.4 基于 BIM5D 平台的施工管理

1. 新建工程

【第一步】新建工程，如图 4-59 所示。

图 4-59 新建工程

【第二步】单击"项目效果图""添加效果图"，选择对应的图片，单击"打开"即可成功将图片显示在当前窗口，如图 4-60 所示。

图 4-60 添加项目效果图

【第三步】单击"查看项目信息"，结合项目实际情况，输入项目基本信息，单击"确定"即可。

【第四步】在项目资料中，填写工程位置，可直接进入谷歌地球进行浏览、查看。

【第五步】单击"单体楼层"模块，新建单体"大学生综合发展与现代服务中心"，单击"单体信息"，可添加、删除单体。

【第六步】设置单体的"楼层信息"，如各楼层"建筑层高""结构层高""建筑底标高"和"结构底标高"，如图4-61所示。

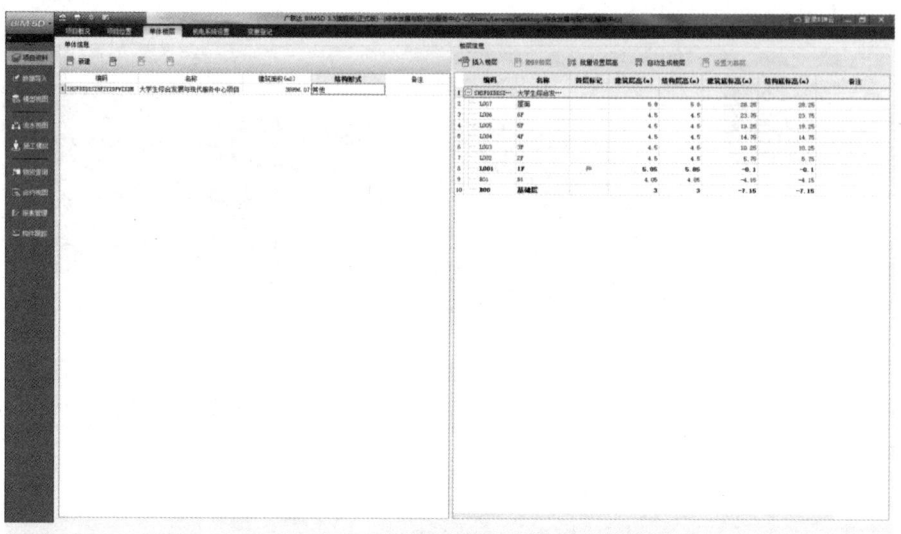

图4-61 设置单体的楼层信息

2. 导入BIM模型

【第一步】选择BIM模型文件，单击"添加模型"。选中已上传的模型，单击"文件预览"，可查看当前模型。单击"模型整合"，可加载实体模型与场地模型，按"shift+左键"通过旋转、平移等功能把不同专业、不同类型的模型进行整合，如图4-62所示。

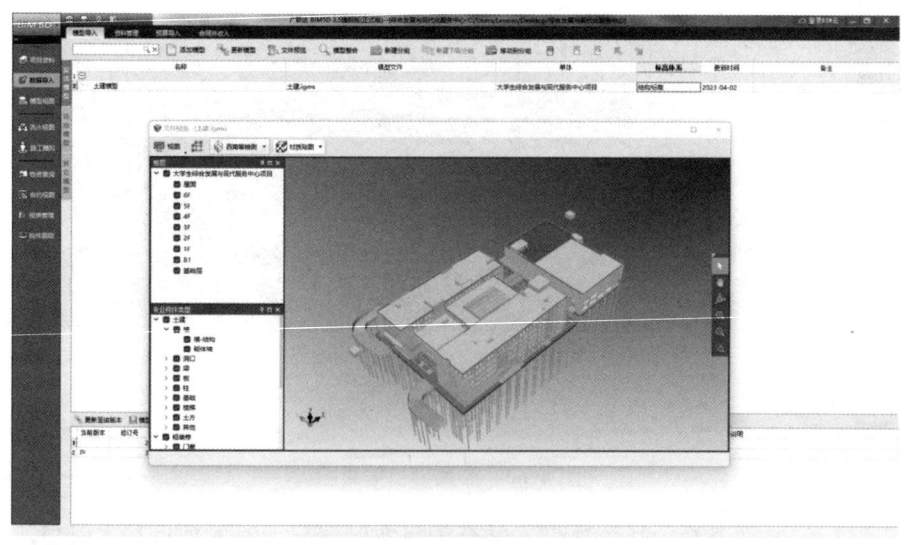

图4-62 整合模型

【第二步】添加"场地模型",与"建筑模型"整合,用于模型视图、施工模拟-工况设置模块,如图4-63所示。

图4-63 添加场地模型

3. 资料管理

【第一步】在"资料管理"界面,按提示登录BIM云,可绑定项目,如图4-64所示。

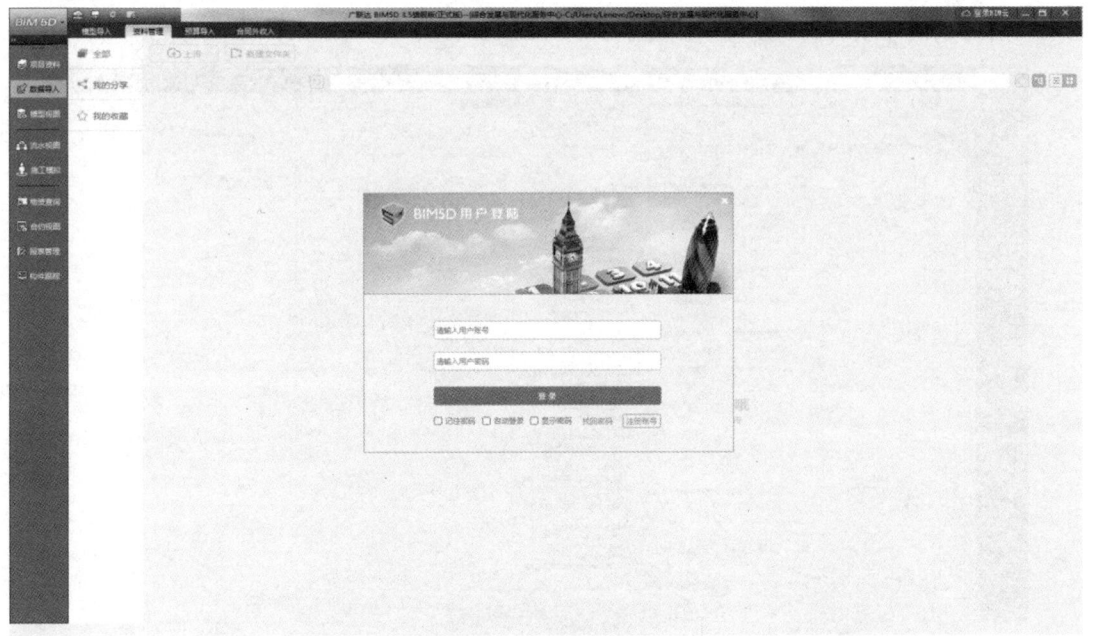

图4-64 资料管理

【第二步】上传图纸、资料。

4. 预算导入

【第一步】选择广联达 BIM5D 平台支持的文件，导入合同预算和成本预算。

【第二步】选中分组，单击"添加预算书""Excel 预算清单""添加"，可成功导入分部分项工程量清单，如图 4-65 所示。

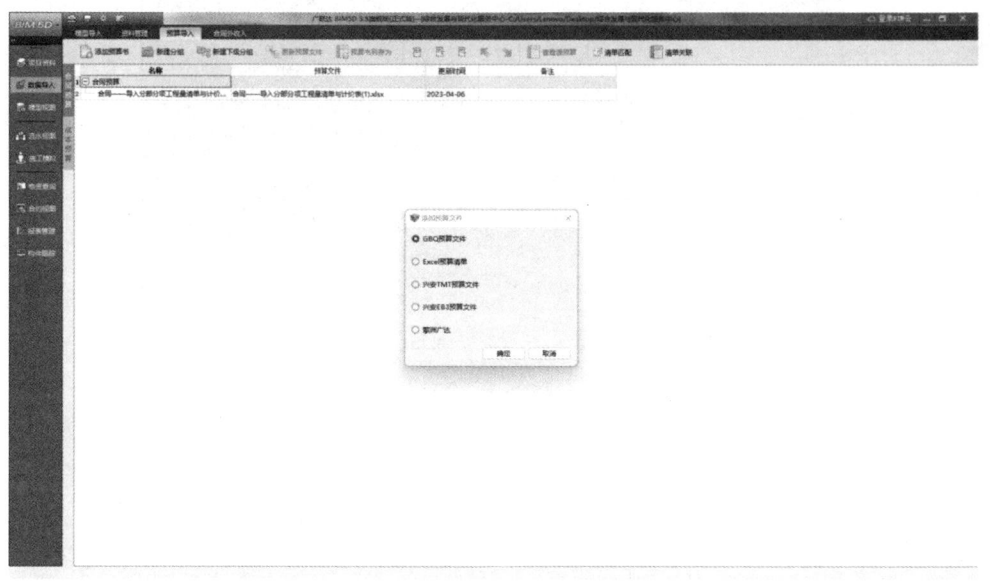

图 4-65　导入分部分项工程量清单

【第三步】导入分部分项工程量清单后，单击"识别行"，可自动识别行。识别完成后，检查识别结果的正确性。用户手动调整可导入 Excel 预算书，如图 4-66 所示。

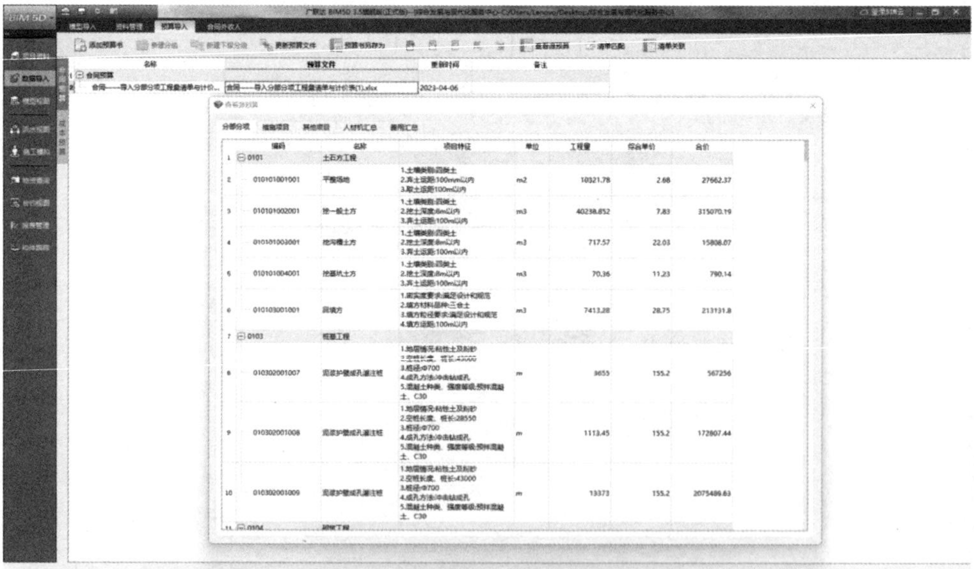

图 4-66　导入识别的工程量清单

5. 清单匹配

【第一步】选择要进行匹配的模型和预算文件，单击"自动匹配"，自动完成匹配，如图 4-67 所示。

图 4-67　自动匹配

【第二步】单击"显示所有清单""显示已匹配清单""显示未匹配清单"，可查看清单，如图 4-68 所示。

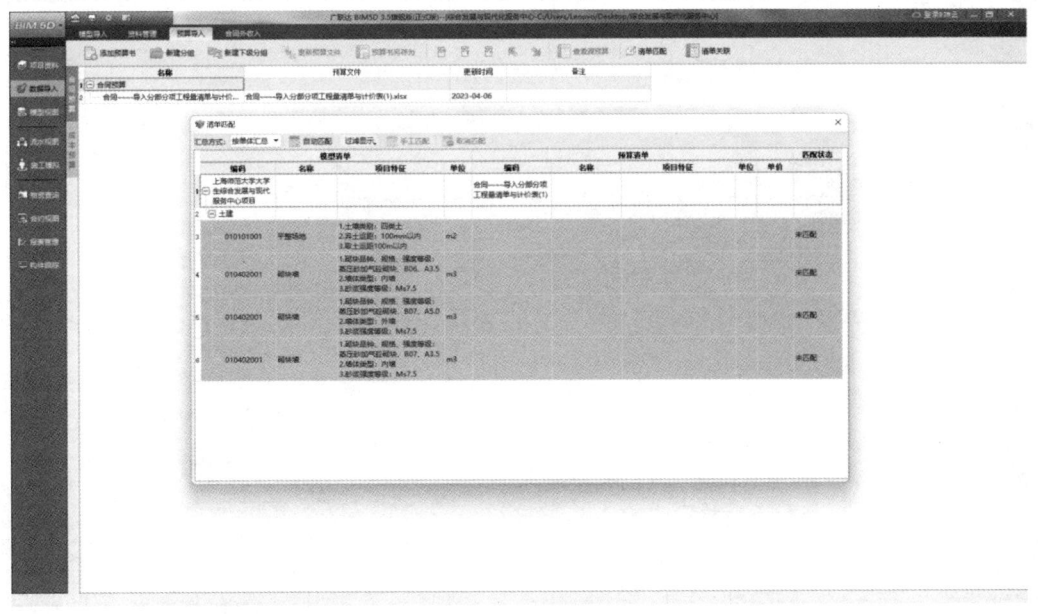

图 4-68　查看清单

【第三步】选中未匹配的清单，单击"手动匹配""预算清单""整个项目"，选中"需要匹配的清单项"，双击或单击"匹配"，如图 4-69 所示。

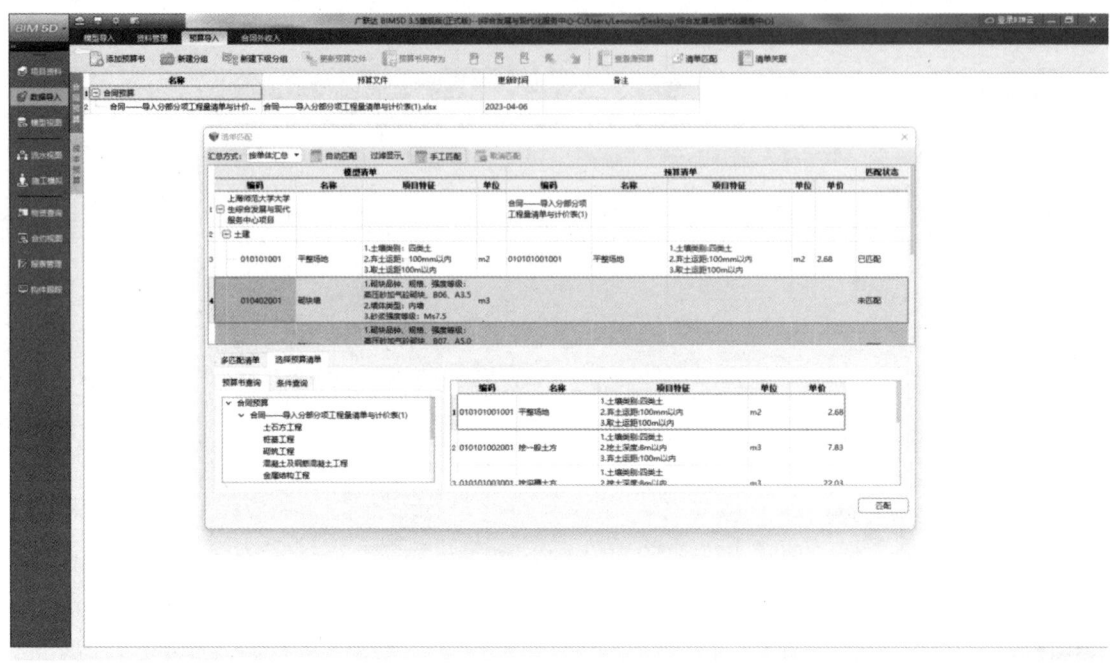

图 4-69　手动匹配清单

【第四步】若出现匹配错误，选中错误匹配项，单击"取消匹配"，重新匹配，如图 4-70 所示。

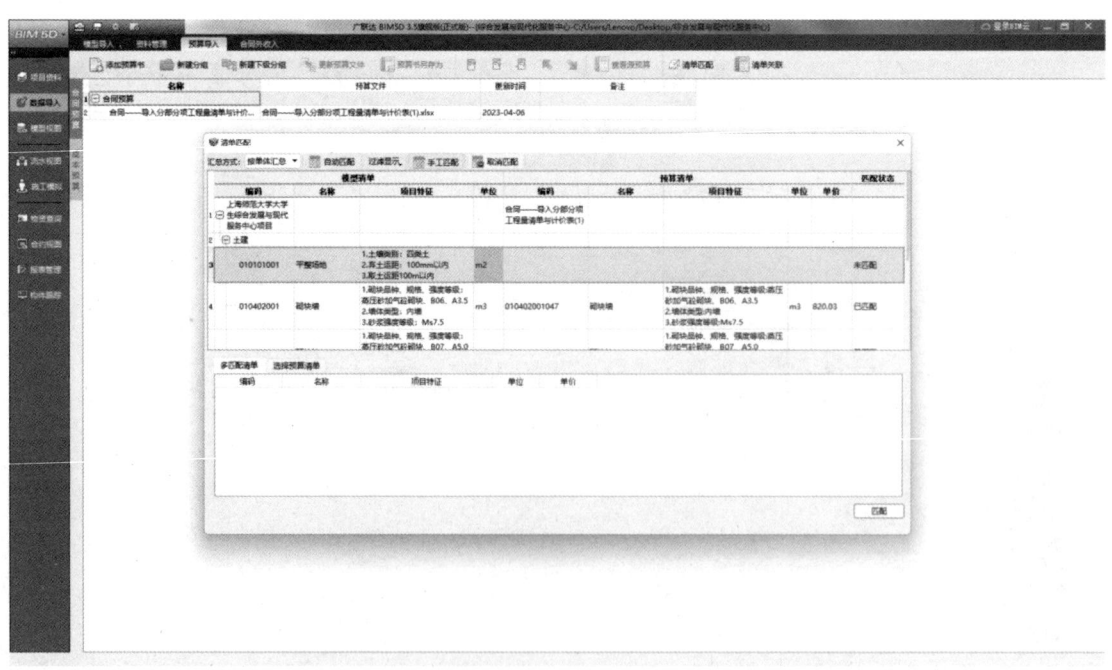

图 4-70　重新匹配

6. 清单关联

【第一步】按照"合同预算/成本预算"文件显示清单列表，显示清单编码、名称、关联、工程量表达式、项目特征、单位。

【第二步】单击"显示全部清单""显示已关联清单""显示未关联清单"，进行清单过滤。

【第三步】勾选"匹配构建类型"，系统会根据清单项匹配出相关构件类型，匹配成功后，单击"关联"，如图 4-71 所示。

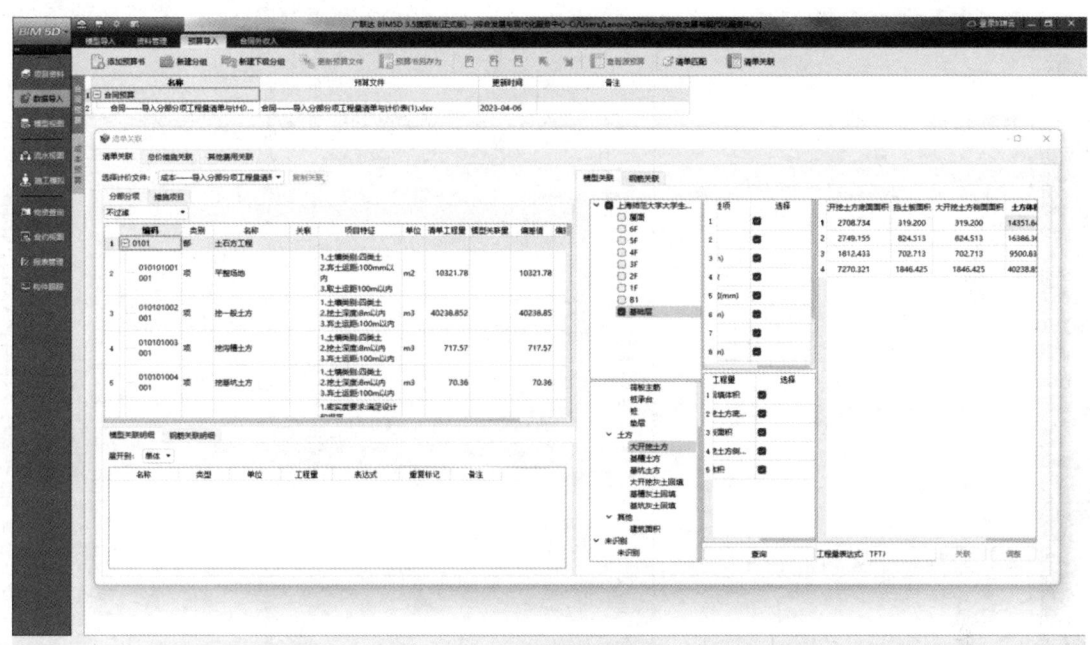

图 4-71 关联清单

【第四步】单击"复制关联"，利用三种方式进行复制关联，如图 4-72 所示。

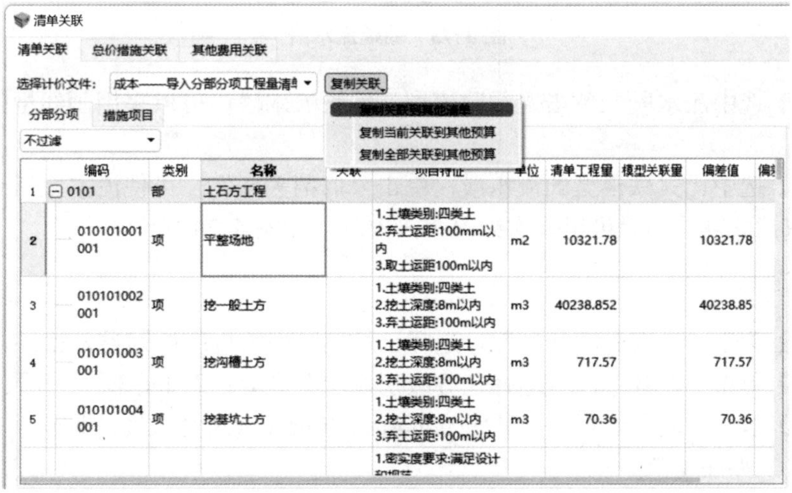

图 4-72 复制关联

7. 流水段划分

【第一步】单击"新建同级"弹出窗体，在类型中选择"单体""楼层""专业"和"自定义"中任意一个，在单体列表、楼层列表、专业列表中勾选（复选），或在自定义列表中新建流水段。

【第二步】单击"新建下级"弹出窗体，在类型中选择"单体""楼层""专业"和"自定义"中任意一个，在单体列表、楼层列表、专业列表中勾选（复选），或在自定义列表中新建流水段。

【第三步】在任意分组下，单击"新建流水段"，可自定义流水段名称，如图4-73所示。

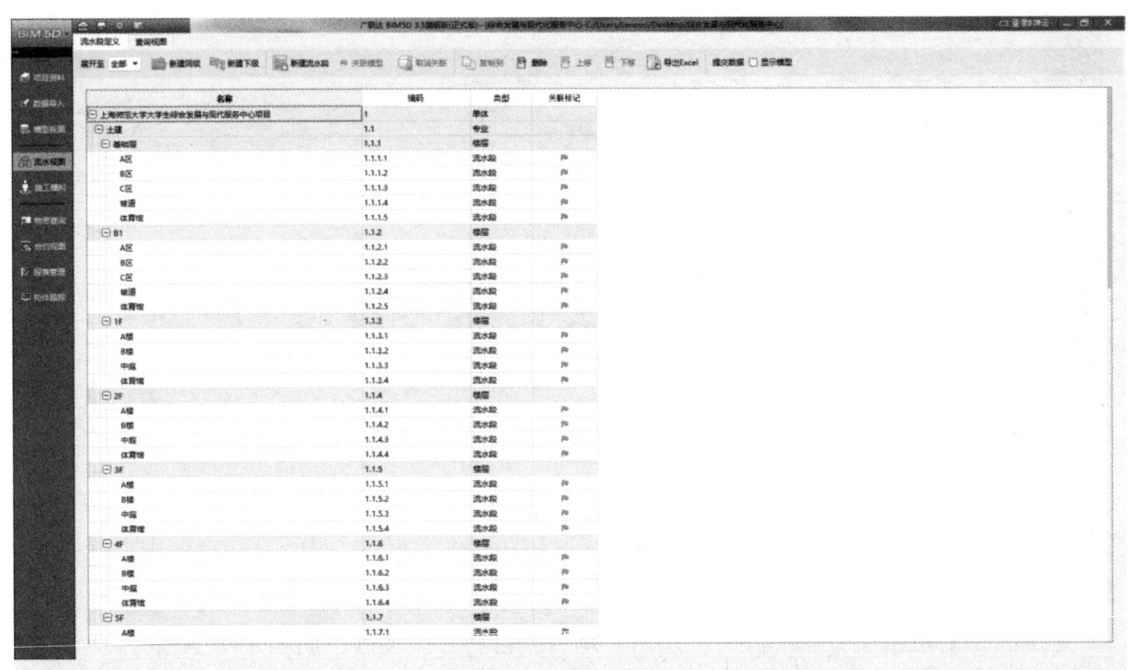

图4-73 新建流水段

【第四步】选中流水段，单击"关联模型"编辑流水段，可以采用画线框的方法进行模型关联。

【第五步】选中已关联模型的流水段，单击"取消关联"，可使流水段所有关联的图元取消关联，取消关联的图元可以再次被流水段关联，如图4-74所示。

8. 导入进度计划

【第一步】单击"导入进度计划"，选择已经编写好的进度计划导入软件。

【第二步】单击"展开"，可选择任务级别显示在进度计划中，便于查看。

【第三步】单击"编辑计划"，进入Windows Project或斑马进度计划软件中，可修改并保存进度计划，如图4-75所示。

第4章 BIM在工程施工阶段的应用

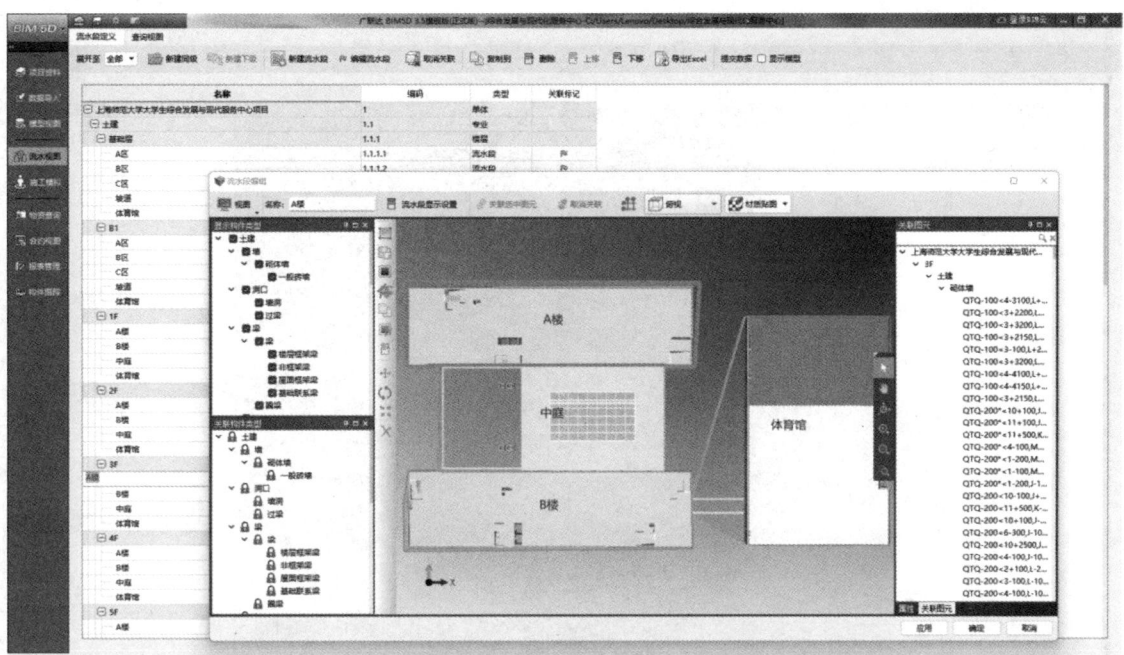

图 4-74 取消流水段关联

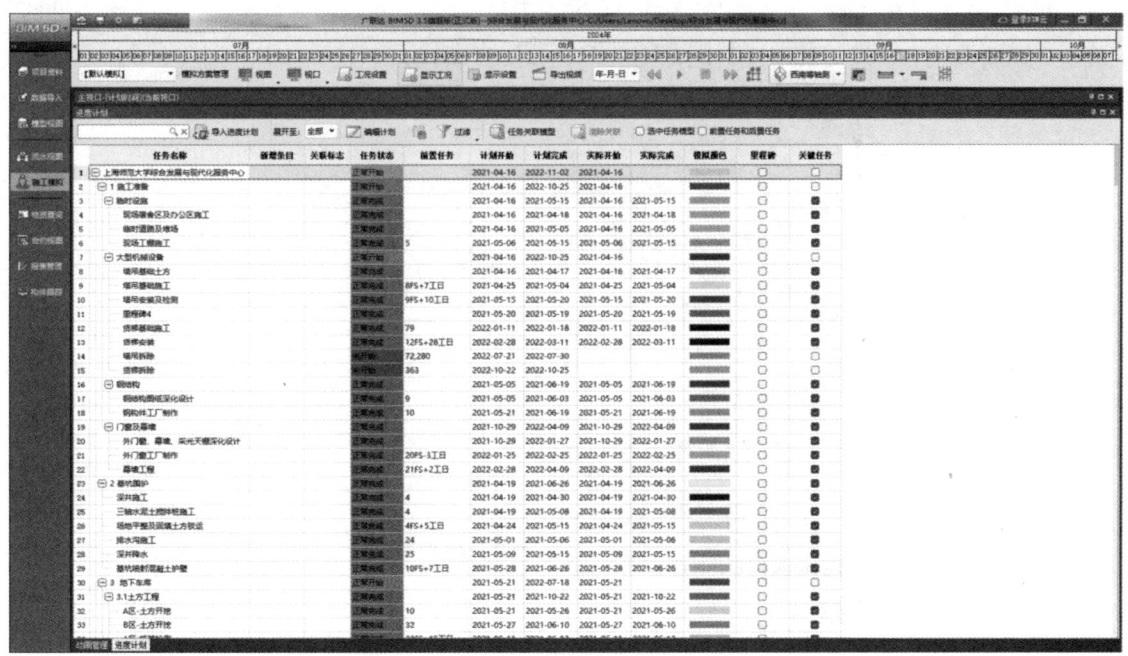

图 4-75 修改导入的进度计划

9. 施工模拟

【第一步】对模型进行施工模拟，观看模型模拟施工期间的建造过程。

【第二步】可以自定义施工模拟方案，对动画进行管理，如图 4-76 所示。

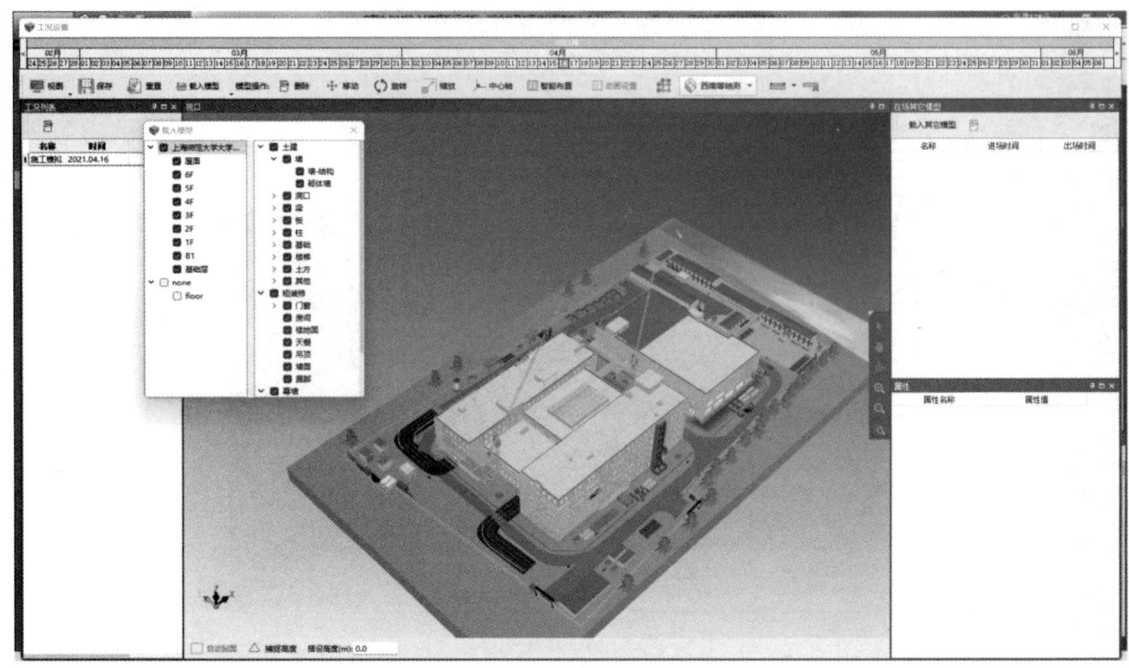

图 4-76　自定义施工模拟方案

【第三步】在施工模拟的时间轴上选择时间范围，单击"费用预计算"，计算出资金曲线，单击"刷新曲线"，即可让对应时间范围的资金曲线在曲线图中显示出来，如图 4-77 所示。

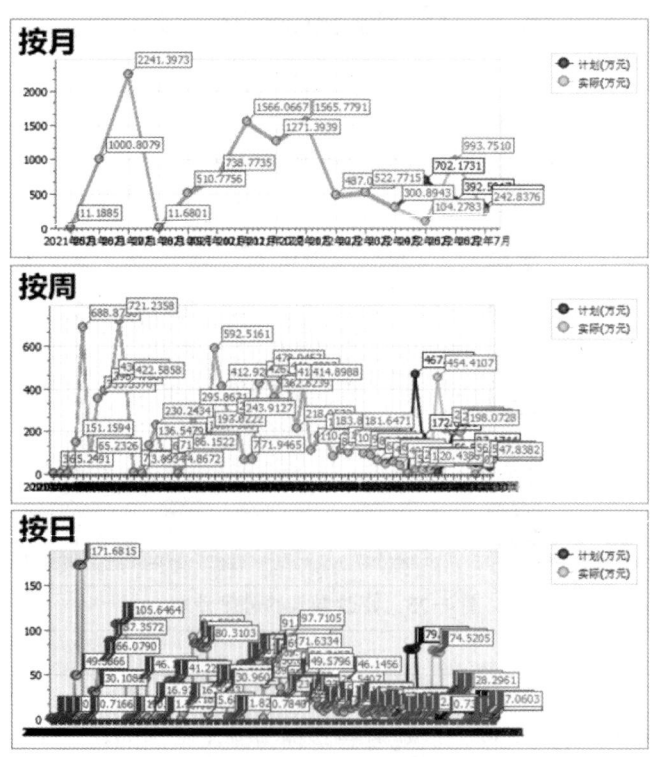

图 4-77　资金曲线

第4章 BIM在工程施工阶段的应用

【第四步】在施工模拟的时间轴上选择时间范围，单击"资源预计算"，计算出资金进度曲线，单击"刷新曲线"，即可让对应时间范围的资源进度曲线在曲线图中显示出来，如图4-78所示。

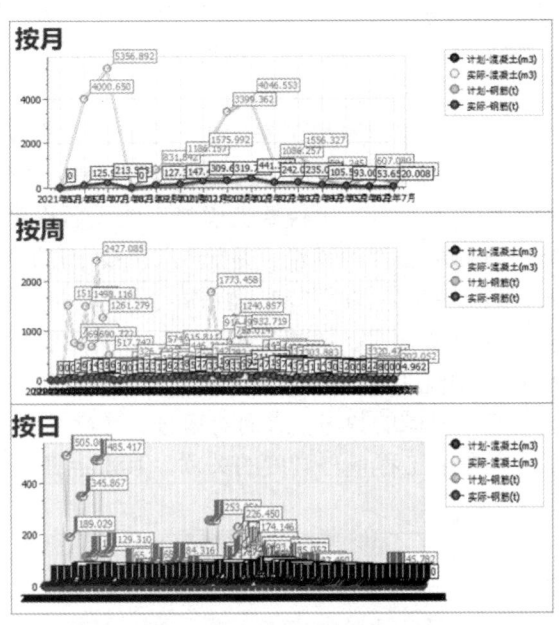

图4-78 资源进度曲线分析

【第五步】在施工模拟的时间轴上选择时间范围，单击"汇总方式"，可显示不同构件的工程量清单，如图4-79所示。

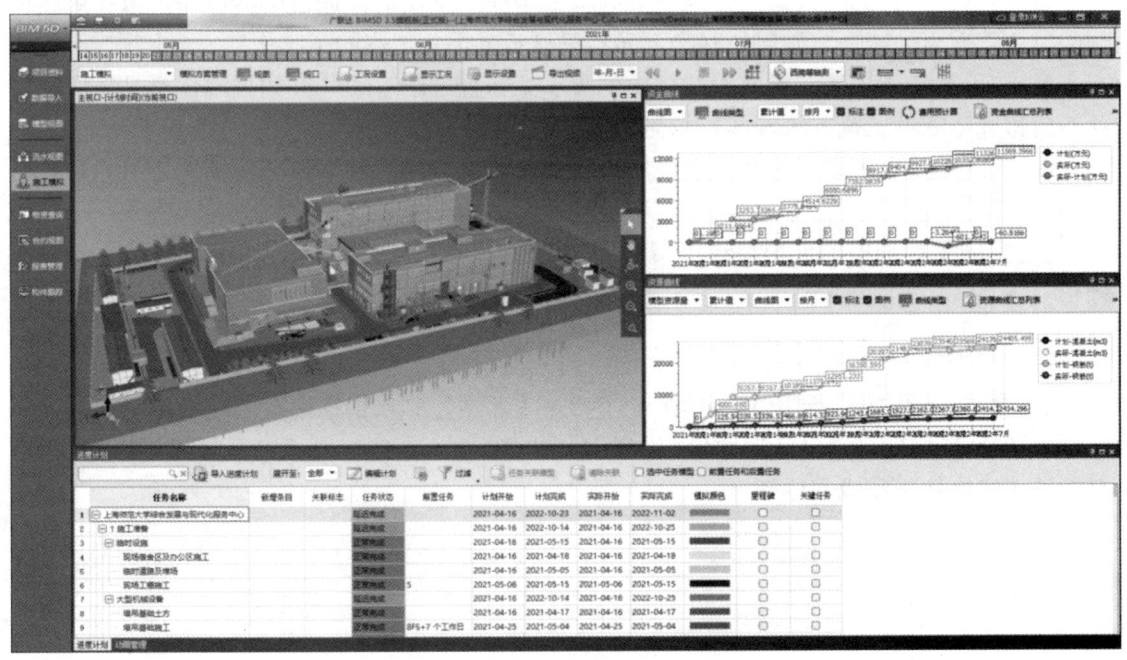

图4-79 不同构件的工程量清单

175

本章小结

本章介绍了工程施工阶段相关 BIM 软件及其操作流程，并通过工程实例讲解 BIM-FIM 虚拟施工系统、斑马进度计划软件、广联达施工现场三维布置软件、广联达 BIM5D 平台等软件的操作步骤。

BIM-FILM 虚拟施工系统的易错点是施工操作中对于不同类型动画的概念混淆，导致不恰当的选择，易造成施工工艺流程的不完整和动画的卡顿等问题；其难点在于前期设计科学、可操作的脚本，尤其是动画的逻辑设计，不仅要考虑施工的先后次序，还要考虑施工中可能出现的变化和调整。斑马进度计划软件的易错点是施工工序之间的逻辑关系；其难点在于划分合理的时间段，时间段既应足够小，以便能明确到每个具体的活动和任务，保证进度计划的细节和准确性；时间段又应足够大，以便能包含一个可以有效管理的工作量。广联达施工现场三维布置软件的易错点是对施工区、办公生活区没有明确的区域划分；其难点在于合理计算施工高峰期的人工、材料、机械的数量，进而对宿舍、材料堆场、机械进场的合理分配。广联达 BIM5D 平台的易错点在于工程量与进度的关联，其难点在于施工过程的动态模拟。

习 题

一、简答题

1．斑马进度计划软件中设置里程碑的意义是什么？如何添加里程碑预警？

2．将横道图计划导入斑马进度计划软件，生成网络图后，通过哪些操作可以让进度计划的结构层次更加清晰？如何使网络页面中只显示某个父工作的子工作？

3．广联达施工现场三维布置软件中的脚手架布置方法有哪些？如果墙体不是封闭式构件，应该选用哪种布置方法墙体？如何操作？

4．广联达施工现场三维布置软件中围墙的创建方式属于什么典型构件？应该如何绘制围墙？

5．当施工动画中的卡车要经过 A 点转弯到达 B 点时，应通过什么动画实现？该如何操作？

二、实操题

1．参考工程实例，利用 BIM-FILM 虚拟施工系统，制作钢筋混凝土柱的施工动画。

2．综合运用斑马进度计划软件和广联达 BIM5D 平台，自行选择工程案例，完成工程项目的施工进度控制和成本控制。

第5章 BIM在工程运维阶段的应用

教学目标

了解工程运维阶段常用的 BIM 软件。通过学习建筑性能分析平台的操作流程和工程案例，掌握建筑能耗分析的基本操作和流程。通过学习 CEEB 操作流程和工程案例，掌握利用软件进行建筑碳排放分析的基本操作和流程。

教学要求

知识要点	能力要求	相关知识
在工程运维阶段的主要 BIM 软件	了解工程运维阶段的主要 BIM 软件及其功能	(1) 建筑能耗分析平台简介 (2) Ecotect Analysis 建筑能耗管理软件简介 (3) 建筑碳排放分析软件 CEEB 简介 (4) 火灾模拟软件 Fire Dynamics Simulator 简介
建筑能耗分析方法	能够运用建筑能耗分析平台进行能耗分析	(1) 建筑能耗分析平台实操流程 (2) 建筑能耗分析平台应用案例
建筑碳排放分析方法	能够运用CEEB分析单体建筑的碳排放	(1) CEEB 实操流程 (2) CEEB 应用案例

5.1 工程运维阶段 BIM 的应用场景

工程运维阶段可能长达几十年甚至上百年。传统工程维护一般是依据工程竣工图，以及工程交付时提供的建筑、结构、安装等信息，制订监测维修计划或在故障后进行维修。随着建筑功能的多样化和信息化的广泛应用，工程运维管理发展成为整合人员、设施和技术等关键资源的管理系统工程，被定义为设施管理。国际设施管理协会定义设施管理为通过人员、空间、过程和技术的集成来确保建筑环境功能的实现，包括策略性年度及长期规划、财务与预算管理、公司不动产管理、室内空间规划及空间管理、建筑的维修测试与监测、保养及运作、环境管理、保安通信、行政服务等。北美设施专业委员会将设施管理分为维护与运行管理、资产管理和设施服务三大主要功能。

目前，BIM 技术通过集成一体的建筑模型、结构模型、设备模型、管道模型等基础模型数据，以及运维阶段实时监测的设备运行数据，实现数据多方共享和实时更新。在工程运维阶段，BIM 技术主要用于空间管理、维保管理、能耗管理、应急管理等情景。

1. 空间管理

空间管理包括建筑内部布局管理和建筑群管理。建筑内部布局管理主要指三维可视化展现建筑空间外形尺寸与材质、内部形状与材质、设备尺寸与型号，图形化展示空间区分和设备状态，以及任意角度旋转和任意部位剖切三维立体模型，并通过修改模型实时更新相关信息。建筑群管理通过 BIM 与 GIS 相结合，使室内精细环境与室外大环境形成统一整体，为建筑群的空间管理提供技术支持。

2. 维保管理

维保管理包括对建筑主体和设备的维护。建筑主体的维护一般分日常维修、大型修缮和改扩建三方面。日常维修指定期对建筑物的主体结构、门窗、外立面等进行维修检查，制订日常维修计划并存储分析维修信息；大型修缮指以消除安全隐患、恢复和完善建筑本体使用功能为重点，对建筑进行大修；改扩建指针对现有建筑不能满足日常使用需求而提出并实施的改扩建工程。设备的维保一般包括设备设施日常保养、定期检修和大修，旨在通过实施有计划的定期检查和维修保养，及时修复和预防可能发生的故障，研判完损情况和损坏趋势，保障设备安全使用。

3. 能耗管理

能耗管理通常指通过对建筑中各类设备设施和人员使用的水、电、气、热等不同能耗数据进行监测、分析和预测。不同于传统的机电设备运行监测系统，集成 BIM 应用后的能耗管理系统，可以联通设备检测系统数据，集中统一分析设备运行数据，合理制定能耗管理策略。对于异常设备能耗进行突出显示，以便及时确定设备位置和属性，分析可能产生的影响，调整相关设备的参数，提高能耗管理效率。

4. 应急管理

应急管理通常指在保障正常安保工作有序进行的同时制定一套安全管理保障体系，及时有效应对建筑火灾、自然灾害、安全事故等突发事件。集成 BIM 应用后的应急管理系统，可以实现数据实时共享与传输，辅助灾害预警、灾情研判、应急调度和人员疏散等，建立应急联动系统，提高应急决策的科学性和有效性；其还可以作为模拟工具，分析评估不同灾害情景下各类设备设施和人员状态变化，以及可能的损失，修改并完善应急响应计划。

5.2 相关软件简介

5.2.1 建筑性能分析平台

建筑性能分析平台是面向建筑全生命周期的专业数字化平台，深度契合建筑行业数字化、绿色化的转型需求，依托云计算、大数据与权威计算内核，结合国内相关标准规范，构建从模型导入、参数设置、模拟计算到报告输出的全流程服务工具。在功能层面，它支持多源模型导入,无论是广联达数维平台模型数据、Revit 模型数据,还是 AutoCAD 建模数据,都能通过一模多算技术实现轻量化处理。该平台采用 EnergyPlus、OpenFOAM、Radiance 等权威计算引擎,保障负荷、能耗、碳排放、风环境、光环境等模拟结果的准确性与专业性。同时,该平台还具有可视化分析与智能报告生成功能,以 3D 界面和动态图表直观呈现结果,并自动输出符合行业标准的报告。强大的云计算能力支持多任务并行计算,团队成员还能实现云端协同分析,大幅提升工作效率。

目前,建筑性能分析平台利用云计算具备了建筑能耗碳排放分析、建筑风环境模拟分析和建筑光环境模拟分析等三方面的核心功能。

1. 建筑能耗碳排放分析

以 EnergyPlus 为计算核心,对建筑物进行全年 8760 逐时冷热负荷计算,用于优化暖通空调设备选型、运行策略配置,以及围护结构热工性能分析。其还能对建筑物及其暖通空调系统进行能耗模拟分析,输出不同设备的逐月、逐时能耗数据,用于不同系统方案能耗及经济性对比分析。基于建筑运行能耗计算,参考相关标准对建筑物运行阶段、建材生产及运输阶段、建造阶段、拆除阶段全生命周期的碳排放进行计算,还能计算可再生能源供能量、绿地碳汇固碳量等,并可一键创建参照建筑并计算建筑运行的减碳量。

2. 建筑风环境模拟分析

以 OpenFOAM 为模拟引擎,对建筑室外风环境进行模拟,输出模拟工况下建筑室外风速、风速方向、风速放大系数、空气龄、风压、建筑迎风面风压、建筑背风面风压等,指导和优化建筑布局;同时对建筑室内风环境进行模拟,输出室内风速、温度、湿度、风速方向、空气龄、风压等,优化建筑内部空间布局;还可对建筑室内暖通空调系统末端进行气流组织模拟,通过室内温度场、风速场、湿度场分布情况,对空调末端进行布置位置优化、送风工况参数优化等。

3. 建筑光环境模拟分析

使用 Radiance 作为模拟引擎,可对建筑室内自然采光和照明采光进行模拟分析,支持布置遮阳板、百叶窗、照明设备和导光管,提供房间类型、门窗类型、材质属性数据统一管理功能,可层次化设置模型属性以及计算精度、网格大小、分析高度、天空模型等参数,支持动态采光、窗地比、采光系数、采光均匀度、眩光指数、内区采光、地下采光等多种计算指标。

5.2.2　Ecotect Analysis 建筑能耗管理软件

Ecotect Analysis 建筑能耗管理软件(以下简称 Ecotect Analysis)是一款由 Autodesk 公司开发的综合性建筑设计和环境分析软件。它通过将建筑设计与环境因素结合,进行能效分析、光照分析、热性能分析和环境影响评估。Ecotect Analysis 的独特之处在于通过整合多种分析功能,将复杂的环境分析结果可视化,提供直观的图表和图像。

目前,Ecotect Analysis 具备能效分析、光照分析、热性能分析、环境影响评估四方面的核心功能。

1. 能效分析

Ecotect Analysis 可以模拟和分析建筑的能耗情况。通过输入建筑的几何形状、材料特性和使用条件，可以模拟建筑在不同季节和气候条件下的能耗情况，进行全面能耗模拟；可以单独评估供暖、通风、空调系统的能效，进行设备能耗评估；可以提供并比较多种节能方案，选择最佳节能策略。

2. 光照分析

光照分析是 Ecotect Analysis 的另一个重要功能。其通过模拟建筑内部和周围的自然光照情况，分析光照的强度、分布和变化；可以模拟不同季节和时间的日照路径，评估建筑的日照条件；可以分析室内不同区域的光照强度和均匀性，分析室内光照分布；可以检测潜在的眩光区域，进行炫光评估，提出改善措施。

3. 热性能分析

Ecotect Analysis 能够进行详细的热性能分析，评估建筑的热舒适性和热能需求。其通过模拟建筑的热传导、对流和辐射过程，分析建筑围护结构的热性能和热桥效应，可以评估墙体、屋顶、地板的热传导性能，评估建筑围护结构性能；可以模拟室内温度分布，评估热舒适性，进行热舒适性分析；可以检测建筑中的热桥，检测热桥效应，提出改进措施。

4. 环境影响评估

Ecotect Analysis 通过环境影响评估功能，分析建筑对环境的综合影响，具体包括碳足迹评估、资源消耗分析和废弃物管理等。其可以评估建筑的碳排放量，进行碳排放分析，提出碳减排措施；可以分析建筑材料和能源的使用情况，进行资源消耗评估，提出资源优化配置方案；可以评估建筑施工和运行过程中的废弃物产生量，提出废弃物管理建议。

5.2.3　CEEB 建筑碳排放分析软件

目前，国外建筑碳排放分析的常用软件有 DesignBuilder、IES 等，而国外的建材工艺、施工特点等与国内有较多差异，相应的参数无法用于国内项目；这些软件在输入设置方面对于建筑热工、暖通详细参数和性能的把握要求极高；这些软件都是英文版本，操作流程相对复杂，并不适合国内设计师用于碳排放分析计算。

CEEB 建筑碳排放分析软件（以下简称 CEEB）运行于 CAD 平台，依据《建筑碳排放计算标准》（GB/T 51366—2019）和《建筑节能与可再生能源利用通用规范》（GB 55015—2021）的开发，可直接使用绿色建筑、节能设计成果，快速计算项目的碳排放量与碳减排量，是碳排放和节能领域的国标测算工具，适用于计算分析建材生产运输、建造拆除、运营维护等不同阶段的碳排放量。基于 BIM 架构，该软件采用三维建模，直接利用主流建筑设计软件或节能设计成果，避免了重复录入，能够大大提高碳排放计算分析的工作效率并有利于推动国家"双碳"目标的实现。

CEEB 内置全面的典型建筑主要建材指标库,方便快速调用估算的建材碳排量;将建筑材料信息导入软件,即可自动匹配建材的碳排放因子;可共享能耗和节能软件相关模型数据和系统设备信息,动态模拟建筑运行能耗水平,支持快速设置和专业设置,提供可靠的碳排放分析结果,生成建筑碳排放分析报告书。

CEEB 具有以下五个方面的核心功能。

1. 内置典型建筑主要指标

CEEB 创建典型建筑类型的主要建材用量指标,帮助用户在项目前期缺少详细资料的情况下用指标法自动估算建筑主要建材用量,在资料充足情况下也可用导入法获取详细建材概预算量。

2. 拥有碳排放数据库

CEEB 搜索整理建筑工程常用建材和设备对应的碳排放因子,建立了基于行业实际用量数据的建筑碳排放数据库。

3. 专业化建筑能耗计算

针对建筑运行能耗计算专业化程度过高的问题,CEEB 支持快速计算和专业计算,支持导入或输入施工机具的种类、台班数。程序内置了能源参数和能源碳排放因子,可自动计算建筑拆除碳排放量。

4. 内置常见设备能耗

CEEB 提供了常见暖通空调系统设备的选型和运行参数设置,可支持自动设定集中冷源的运行策略。

5. 协同计算分析

CEEB 可实现碳排放计算、节能计算、暖通负荷计算。建筑模型数据可以在软件之间相互传递,保证了模拟分析的快速性和准确性,大大提高了工作效率。

5.2.4 CEEB 建筑碳排放分析软件

目前国外建筑碳排放计算的常用软件有 DesignBuilder、IES 等,而国外在建材工艺、施工特点等方面与国内有较多差异,相应的参数无法用于国内项目;这些软件在输入设置方面对于建筑热工、暖通详细参数和性能的把握要求极高;相关软件都是英文版本,操作流程相对复杂。因此,其并不适合国内设计师用于碳排放分析计算。

绿建的斯维尔建筑碳排放软件 CEEB 是一款由北京绿建软件股份有限公司开发的建筑碳排放分析软件(以下简称 CEEB)。它运行于 CAD 平台,依据《建筑碳排放计算标准》(GB/T 51366—2019)和《建筑节能与可再生能源利用通用规范》(GB 55015—2021)而开发的,可直接使用绿建、节能设计成果,快速计算项目碳排放量与减排量,同时也为碳排放、节能国标测算工具,用于计算分析建材生产运输、建造拆除、运营维护等不同阶段的碳排放量。

CEEB 基于 BIM 架构，采用三维建模，可以直接利用主流建筑设计软件或节能设计成果，避免重复录入，能够大大提高碳排放计算分析的工作效率。

CEEB 内置全面的典型建筑主要建材指标库，方便快速调用、估算建材碳排量；将建筑材料信息导入软件，即可自动匹配建材的碳排放因子；可共享能耗和节能软件相关模型数据和系统设备信息；动态模拟建筑运行能耗水平；支持快速设置和专业设置；提供可靠的碳排放分析结果；可一键生成《建筑碳排放分析报告书》。

目前，CEEB 具有五个方面的核心功能。

1. 内置典型建筑主要指标

CEEB 创建典型建筑类型的主要建筑用量指标，帮助用户在项目前期缺少详细资料的情况下用指标法自动估算建筑主要建材量。资料充足情况下可用导入法获取详细建材概预算量。

2. 拥有碳排放数据库

CEEB 可搜索整理建筑工程常用建材和设备对应的碳排放因子，建立基于行业实际用量的建筑碳排放数据库。

3. 专业化建筑能耗计算

CEEB 针对建筑运行能耗计算专业化程度过高的问题，支持快速计算和专业计算，快速计算也适合项目前期估算；支持导入或输入施工机具的种类、台班数，程序内置能源参数和能源碳排放因子；自动计算建造拆除碳排放量。

4. 内置常见设备能耗

CEEB 内置常见暖通空调系统设备的选型和运行参数设置，支持自动设定集中冷源的运行策略。

5. 协同计算分析

CEEB 利用公司的绿建系列软件可实现碳排放计算、节能计算、暖通负荷计算协同计算。建筑模型数据可以在软件之间相互传递，保证了模拟分析的快速性和准确性，大大提高了效率。

5.2.5 Fire Dynamics Simulator 火灾模拟软件

Fire Dynamics Simulator（简称 FDS）是一款由美国国家标准与技术研究院开发的火灾模拟软件。FDS 基于计算流体动力学模型，能够模拟火灾发展过程中的热传递、烟雾扩散、气流运动和化学反应等复杂现象，多用于民用建筑或工业建筑火灾的重现。随着 FDS 源程序的不断更新和完善，现在可以进行火灾过程和疏散过程的联合模拟。

目前，FDS 具备火灾模拟、热传递分析、烟雾扩散模拟、气流运动分析等核心功能。

1. 火灾模拟

FDS 的核心功能之一是火灾模拟。通过定义火源的位置、大小、燃烧特性等参数，FDS

可以模拟火灾的发展过程，模拟结果包括火焰传播路径、温度场、烟雾浓度、气流速度等信息。

2. 热传递分析

FDS 能够模拟火灾过程中热传递的多种方式（如传导、对流和辐射等），分析建筑结构在火灾高温下的热响应，评估建筑材料的耐火性能，这些都可为防火设计和日常维护提供参考。

3. 烟雾扩散模拟

FDS 可以详细模拟火灾中烟雾的生成和扩散过程，分析烟雾在建筑内的传播路径和浓度分布，评估烟雾对人员逃生和消防救援的影响。

4. 气流运动分析

FDS 能够模拟火灾中建筑内外气流的运动情况，分析火灾引起的热压效应和风压效应，评估火灾对建筑内外气流模式的影响，从而优化建筑设计。

5.3　软件实操训练

5.3.1　建筑性能分析平台操作流程

使用建筑性能分析平台进行能耗、碳排放、风环境等建筑性能分析，操作流程包括建筑模型构建、基本参数设置，以及建筑能耗、碳排放、室外风环境和自然通风模拟等步骤。

【建筑性能分析平台操作流程】

1. 建筑模型构建

建筑模型构建包括单体建模和总图建模。

【第一步】打开"建筑性能分析平台"，单击"AutoCAD 建模"，双击打开某宿舍楼建筑平面图，如图 5-1 所示。

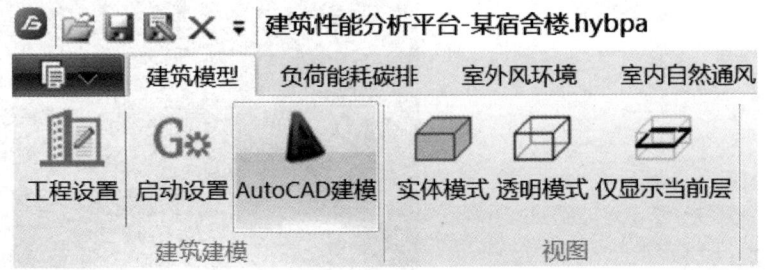

图 5-1　AutoCAD 建模

【第二步】根据建设工程信息绘制其建筑模型，包括主体结构、围护结构、门窗等。模型构建完成，选择"建筑建模"，单击"三维查看"，即可查看建设工程的三维模型，如图 5-2 所示。

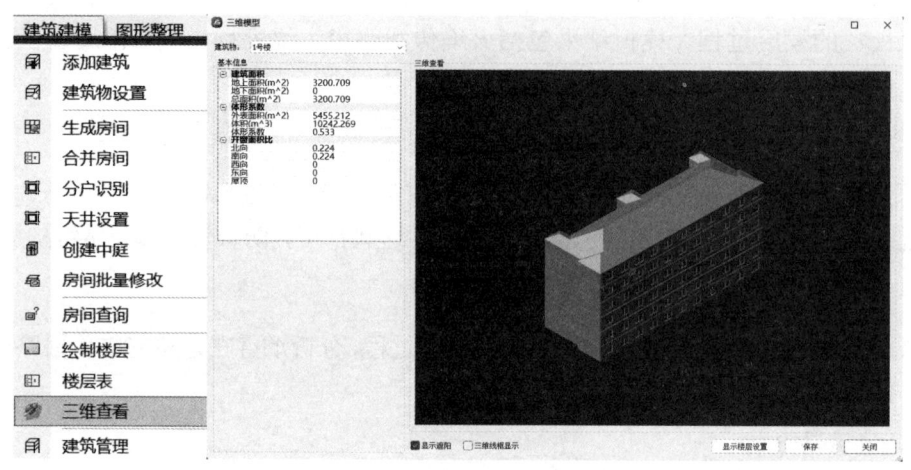

图 5-2 查看构建的三维模型

【第三步】构建多栋建筑模型,选择"总图建模",单击"绘总图框"进行图框绘制。单击建筑名称,右键并选择"建筑总图定位"进行总体布局,如图 5-3 所示。

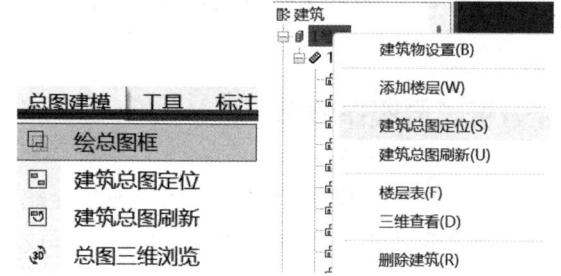

图 5-3 总图建模步骤

【第四步】通过定位点的放置完成多栋建筑定位。选择"总图建模",单击"总图三维浏览",查看总图建模成果,如图 5-4 所示。

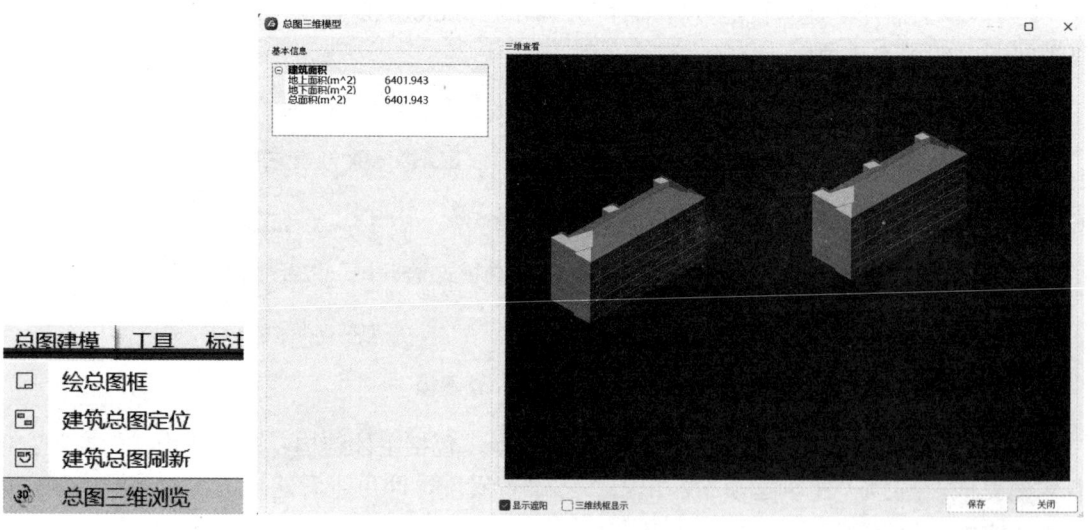

图 5-4 查看总图建模成果

【第五步】选择"工具",单击"模型导出",对模型进行命名,加载导出完成后,双击打开"建筑性能分析平台",选择导出的模型文件并打开,即可在平台中完成模型预览。

2. 基本参数设置

【第一步】在"建筑性能分析平台"中打开已导出的模型文件。单击左上角"工程设置",根据工程实际情况,完成工程信息及气象参数的设置。其中,气象参数可针对地区进行选择并查看,也可手动添加进行具体数值的设置,如图5-5所示。

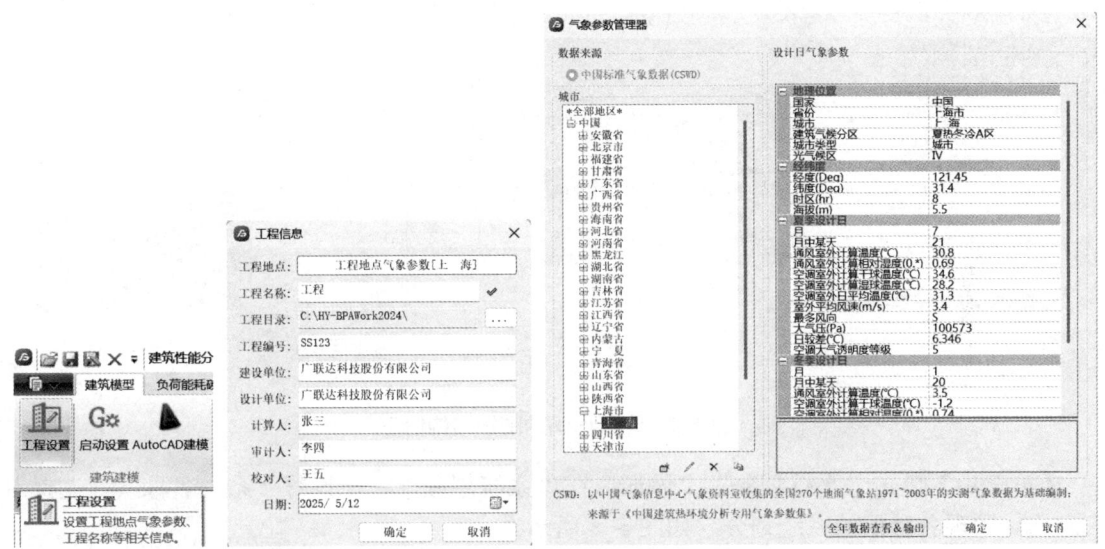

图5-5 设置气象参数及工程信息

【第二步】在导航栏选择某栋建筑,右击"建筑物修改",可修改建筑名称和建筑类型,并设置地平层楼层,如图5-6所示。

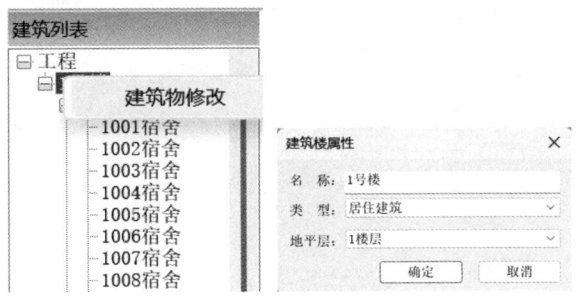

图5-6 修改工程信息

3. 建筑能耗分析

【第一步】在"负荷能耗碳排放"模块,单击"计算设置",设置"模拟起止日期""模拟步长"等参数。

【第二步】选择"模块管理",单击"围护结构模板",进行不同围护结构类型属性的修改和设置,如图5-7所示。

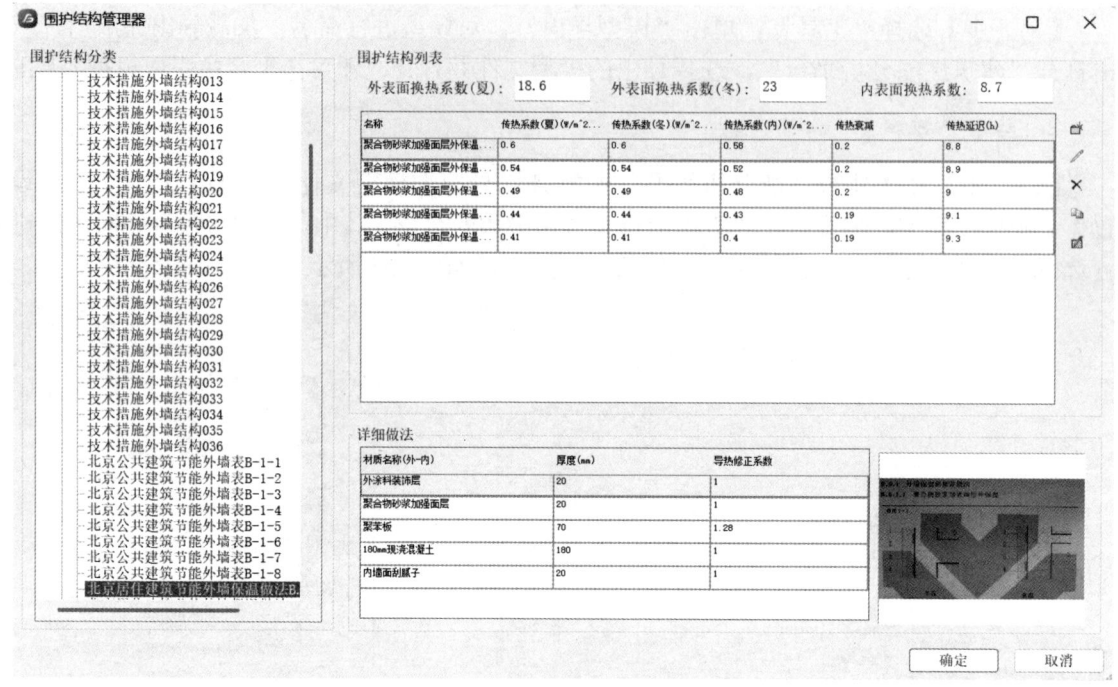

图 5-7 设置房间的围护结构信息

【第三步】单击"系统划分""添加"在"系统划分"下，设置"系统名称"，选择对应房间，实现各楼层的系统划分，如图 5-8 所示。

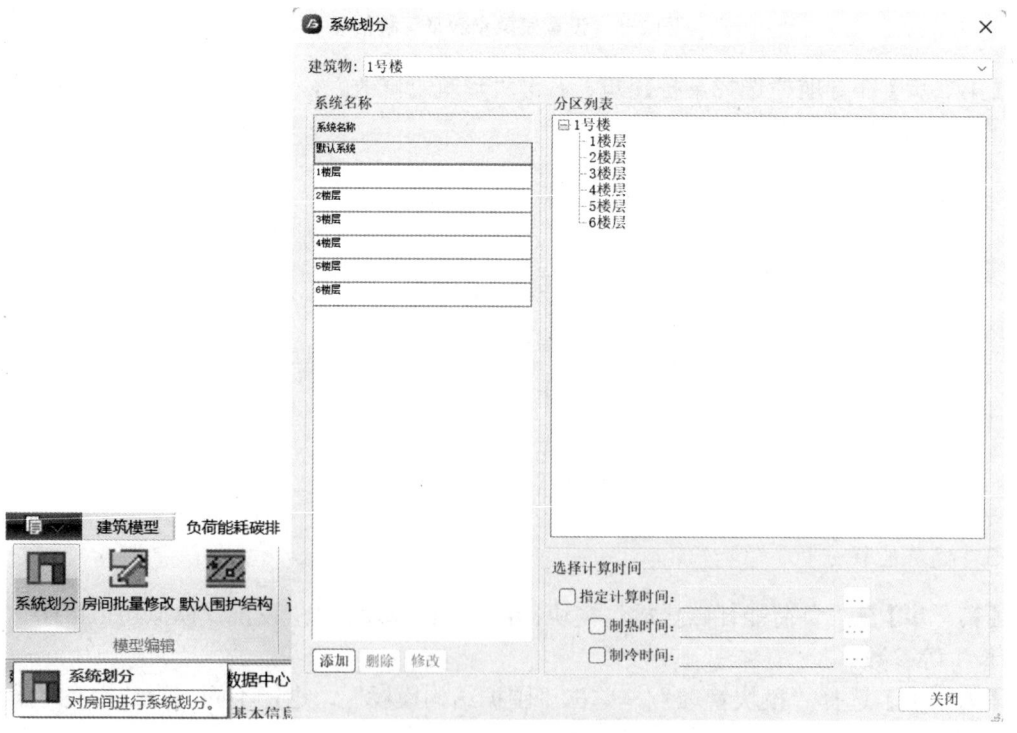

图 5-8 各楼层的系统划分

【第四步】在建筑基础信息中"时间指派"部分，单击各参数后的"..."进行修改。根据建筑类型和用途，选择符合实际情况的"计划表模板"完成设置，如图 5-9 所示。

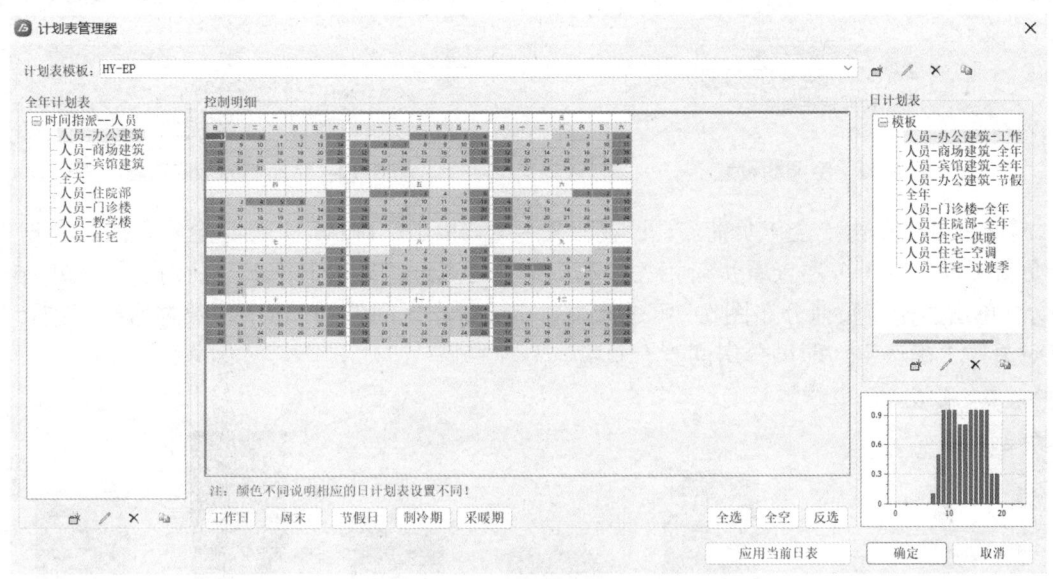

图 5-9　计划表设置

【第五步】单击"能源设置"，可设置"分时电价""分时气价""电网碳排放因子"等能源参数，如图 5-10 所示。

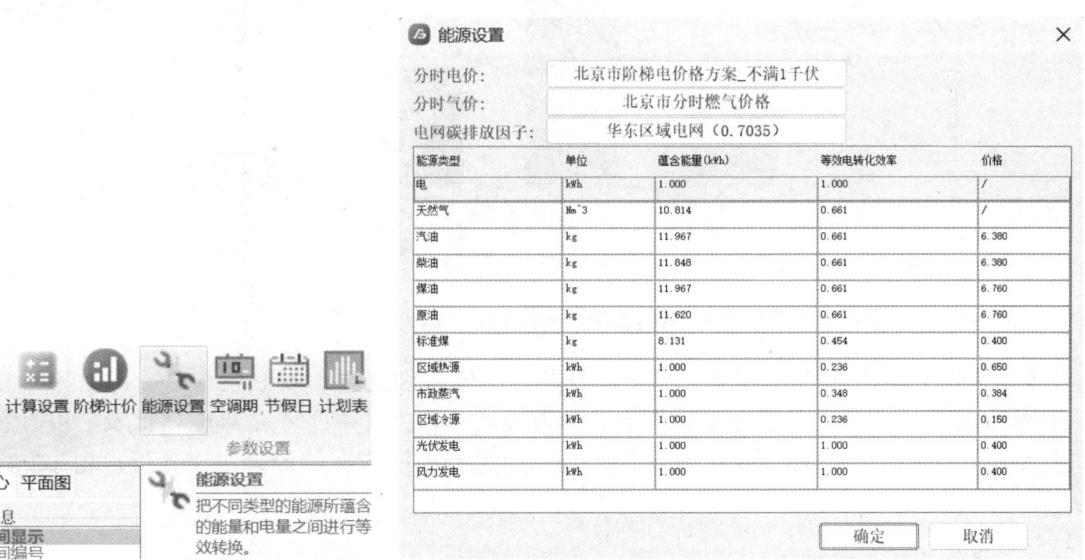

图 5-10　能源设置

【第六步】单击"空调期"，分别进行"制冷期""采暖期"的设定（图 5-11）。单击"节假日""添加"，设置全年各节假日。

【第七步】单击"自然室温""确认"，计算自然室温。单击"自然室温报表"，分层、分房间查看各时刻温度，结果可通过"导出 Excel"进行查看，如图 5-12 所示。

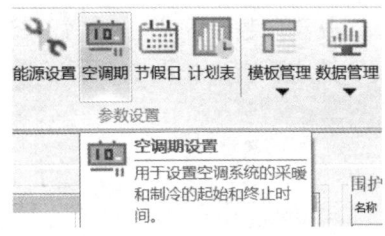
图 5-11 空调期设置

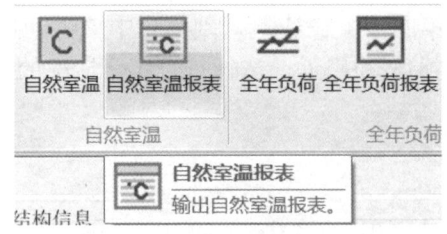
图 5-12 自然室温报表查看

【第八步】单击"全年负荷",设置相关参数。单击"确认",计算全年负荷。单击"全年负荷报表",可分层查看负荷相关参数,结果可通过"导出 Excel"进行查看,如图 5-13 所示。单击"全年负荷分布图",可进行"自定义分布区间"。单击"参数过滤",选择"所有对象""确认",即可分房间查看负荷。

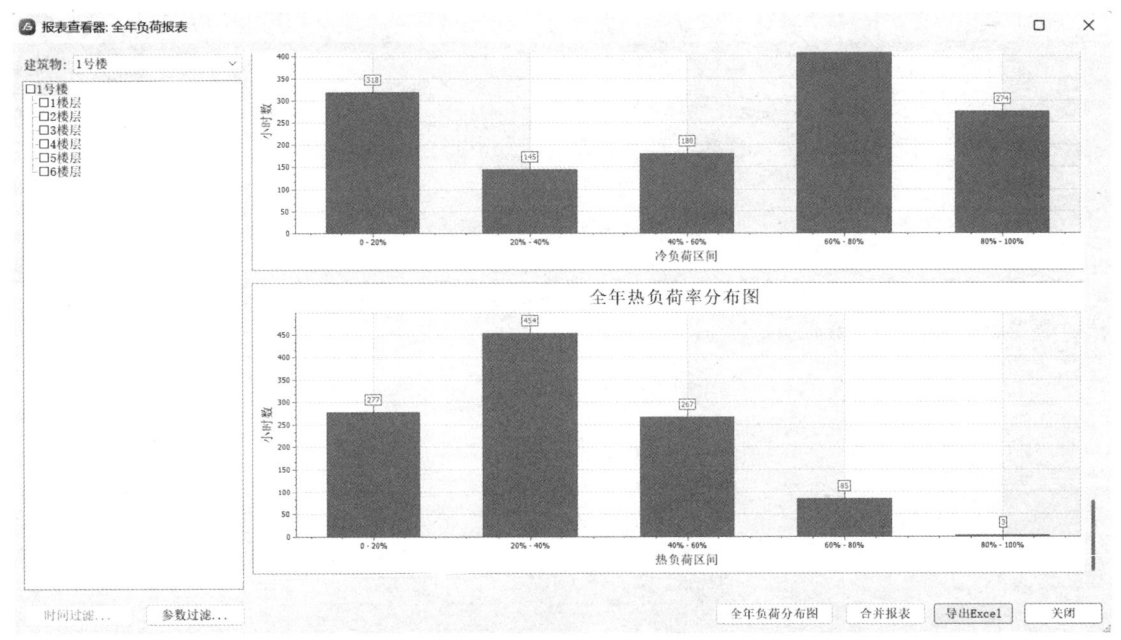
图 5-13 查看全年负荷报表(以热负荷为例)

【第九步】单击"能耗模拟""新建方案",依次创建"末端系统""冷源系统"和"热源系统",可新建多套方案。勾选具体方案,单击"计算""全年能耗报表"可查看具体数据。勾选多个方案,单击"能耗对比表",进行不同方案的能耗对比分析,如图 5-14 所示。

4. 建筑碳排放分析

【第一步】单击"新建方案",在"暖通空调能耗"设置具体方案,在"其他能耗"和"碳排放计算"勾选相关内容,单击"确认"。

【第二步】在"碳排放计算"的"建材生产与运输阶段",单击"提取模型建材""自动匹配"以匹配合适的碳排放因子,并结合工程实际,修改其他相关参数。设置完成后,可选择导出建材报表,已有报表也可直接导入。

第5章 BIM在工程运维阶段的应用

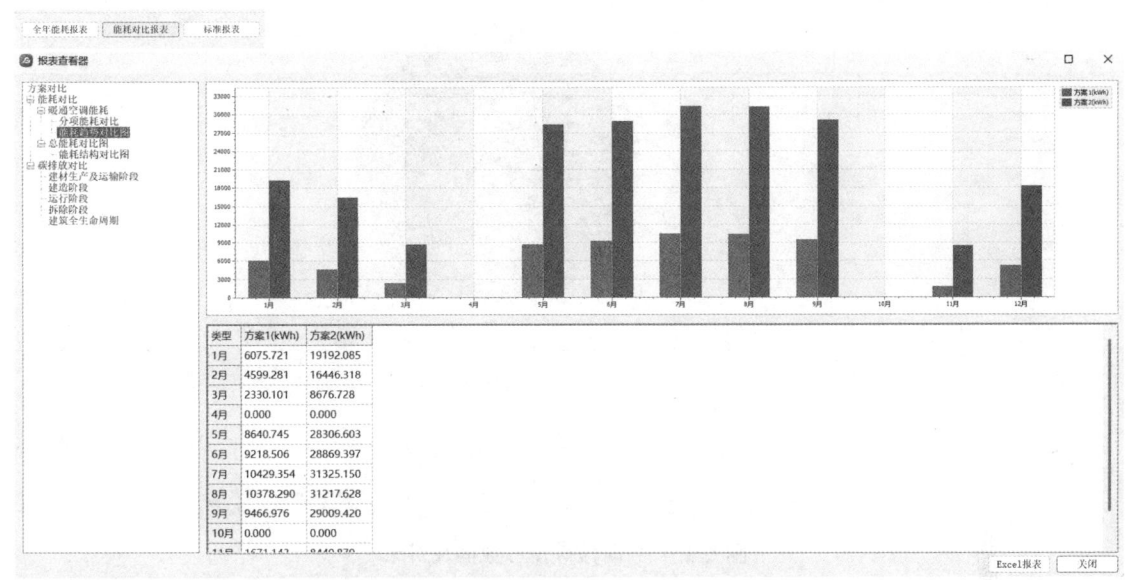

图 5-14 不同方案的能耗对比

【第三步】单击"碳排放计算""建造阶段",选择"经验公式法"或"施工能源消耗核算法"。经验公式法可根据实际需要修改参数进行粗略计算。施工能源消耗核算法需进行工程量计算,分别导入"分部分项工程"和"措施项目"相关工程量,匹配相对应的施工机械进行估算。

【第四步】单击"碳排放计算""运行阶段",查看多项能耗碳排放,同时单击"添加植被",选择合适的植被类型进行碳排放计算。

【第五步】单击"碳排放计算""拆除阶段",选择"经验公式法"或"施工能源消耗核算法"。经验公式法可根据实际需要修改参数进行粗略计算。施工能源消耗核算法需进行工程量计算,分别导入"拆除项目工程"和"垃圾运输"相关工程量,匹配相对应的施工机械进行估算。

【第六步】单击"建筑全生命周期",查看各阶段碳排放数据及对比,如图 5-15 所示。分别单击"能耗报告"和"碳排放报告",即可导出对应报告文件。

5. 室外风环境分析

【第一步】在"室外风环境"模块,打开模型平面视图。单击"布置树木",设置相关参数。单击"区域布置"或"布置"完成建筑周边树木的布置。

【第二步】单击"计算设置",进行参数的设置,包括模拟工况、计算域等。计算设置完成后,单击"保存算例"。单击"切面设置""切面显示",可在三维模型中看到绿色切面。

【第三步】单击"算例管理",模型处于"未计算"状态,单击"本地计算",网格线条趋于零时收敛,计算完成。单击"结果查看",查看整个建筑及各切面高度处的风压云图,如图 5-16 所示。

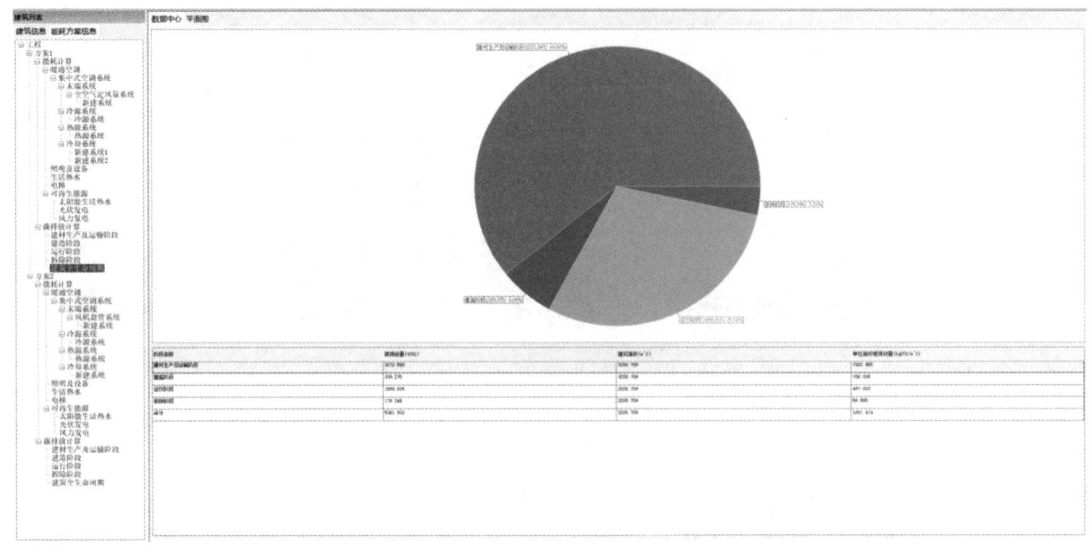

图 5-15　各阶段碳排放数据及对比

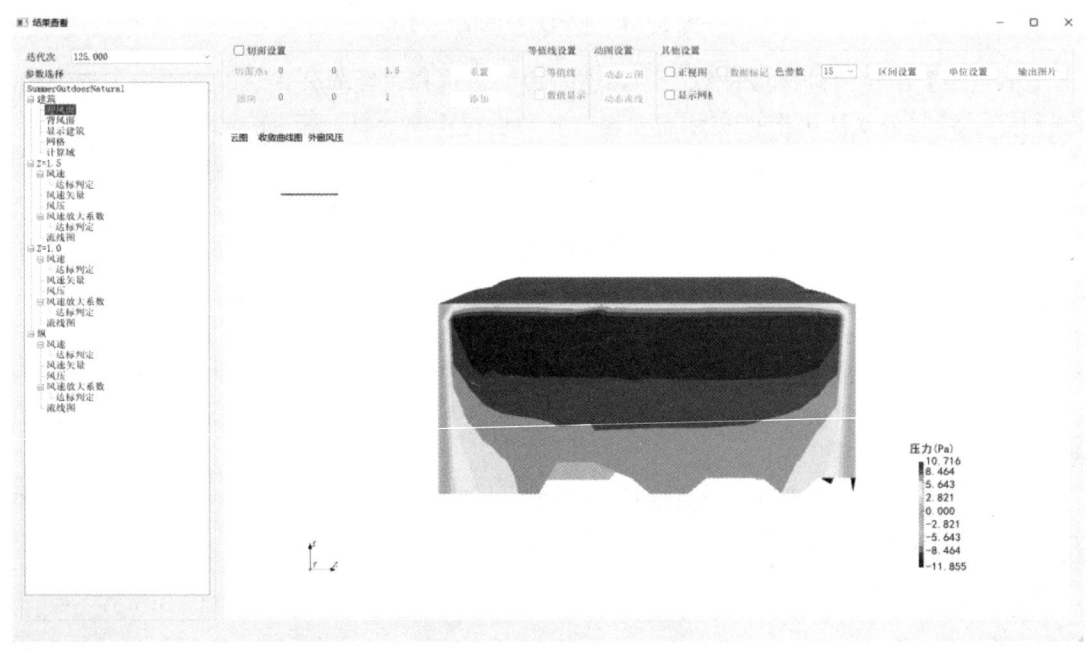

【图5-15～图5-47的彩图】

图 5-16　建筑各切面高度处的风压云图

【第四步】单击"模拟报告书""输出报告书",可得到"室外风环境模拟分析报告"。

6. 室内自然通风模拟

【第一步】在"室内自然通风"模块,单击"批量修改",修改相关参数。单击"空间",勾选设置"负荷信息";单击"门窗",勾选设置"边界条件"。

【第二步】单击"计算设置",进行参数的合理取值。完成设置后,单击"保存算例"。

【第三步】单击"算例管理",选择"联合模拟",单击"本地计算",计算完成后,单击"查看结果",如图 5-17 所示。

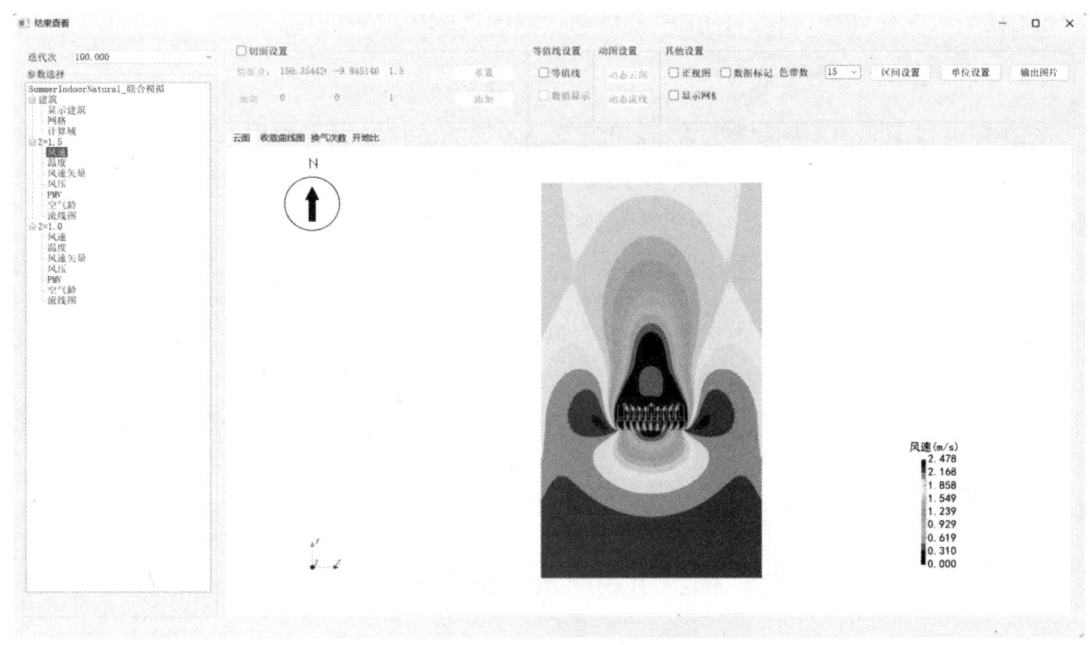

图 5-17　建筑各切面高度处的风速云图

【第四步】单击"分步计算设置""提取风压",选择"室外算例"进行风压提取。单击"显示风压",可查看各房间风压值。设置其他相关参数后,单击"确认"并保存。

【第五步】单击"算例管理",选择"分布模拟",然后单击"本地计算",开始计算。计算完成后,单击"查看结果"。

【第六步】单击"模拟报告书",选择"计算结果",可查看计算结果。单击"输出报告书",即可得到"室内自然通风模拟分析报告"。

5.3.2　CEEB 操作流程

CEEB 进行全寿命周期建筑碳排放分析的操作流程主要包括项目创建和基本信息输入、构建或导入建筑模型、碳排放因子选择、碳排放计算与报告生成等步骤。

【CEEB操作流程】

1. 项目创建和基本信息输入

【第一步】打开 CEEB,创建一个新项目。

【第二步】在项目创建界面,输入项目名称、地址、建筑类型、建筑面积等基本信息,选择进行碳排放分析的项目阶段,如设计阶段、施工阶段、运营阶段或全寿命期。

2. 构建或导入建筑模型

CEEB 提供了多种建模方式,包括手动输入建筑参数、导入 CAD 图纸、导入 BIM 模型等，可以根据实际需求选择合适的建模方法。手动输入建筑参数时，需要详细输入各个建筑构件的材料、尺寸和数量等信息，这些信息将直接影响碳排放的计算结果。导入 CAD 图纸或 BIM 模型可简化建模过程，CEEB 会自动提取图纸或模型中的相关参数。

3. 碳排放因子选择

CEEB 内置了涵盖不同材料、能源和建筑设备等的碳排放因子数据库。根据项目所在地的实际情况和工程项目使用的材料、机械等，选择合适的碳排放因子。如果 CEEB 软件内置数据库中没有符合要求的因子，可以手动添加自定义因子。

4. 碳排放计算与报告生成

【第一步】碳排放计算。根据前述步骤设置的项目信息，计算全寿命周期（或上述步骤设置的项目阶段）的建筑碳排放量。

【第二步】生成详尽的碳排放分析报告。报告内容包括全寿命周期各个阶段的建筑碳排放量、各类建筑材料和能源的碳排放贡献等。用户可以通过报告了解全寿命周期中的建筑碳排放情况，并根据分析结果，制定相应的碳减排策略。

5.3.3 BIM 与 FDS 相结合的建筑火灾模拟

1. 数据准备与导出

【第一步】创建 BIM 模型。在 BIM 软件（如 Revit）中创建包含详细建筑信息的 BIM 模型，模型应包括建筑的几何形状、材料属性、设备和系统等信息。

【第二步】导出 BIM 模型。将 BIM 模型导出为 FDS 支持的格式文件。通常，可以将 BIM 模型导出为 IFC 文件，因为 IFC 是广泛用于建筑信息交换的标准格式。

2. 数据转换

【第一步】使用第三方工具转换文件格式。由于 FDS 不直接支持 IFC 格式，需要使用第三方工具将 IFC 文件转换为 FDS 支持的格式文件。常用的第三方工具包括 Pyrosim、Thunderhead Engineering 等，这些工具能够解析 IFC 文件，并生成 FDS 输入文件。

【第二步】检查和修正模型。在文件转换过程中，可能会遇到数据丢失或不一致的问题，需要检查转换后的 FDS 文件，确保建筑的所有几何形状和材料属性都被正确转换。必要时，可以手动修正模型。

3. 模拟参数设置

【第一步】设置火灾模拟参数。在 FDS 中需要设置火灾模拟的参数。这些参数包括火源的位置、热释放速率、燃烧产物的生成速率、通风条件等。FDS 提供了丰富的参数选项，用户可以根据实际需求调整参数。

【第二步】定义边界条件和初始条件。在进行火灾模拟前，用户需要定义边界条件和初始条件。这些条件包括墙壁、门窗的热传导特性，以及室内外的温度和风速等。

4. 模拟运行与结果分析

【第一步】运行火灾模拟。参数设置完成后，用户可以启动火灾模拟。FDS 将根据用户定义的模型和参数，计算火灾发展过程中的各类物理现象和化学现象。在模拟过程中，用户可以实时查看模拟进度和初步结果。

【第二步】结果分析与优化。模拟完成后，用户可以对结果进行详细分析。FDS 提供了丰富的可视化工具，可以生成温度场、烟雾浓度、气流速度等图表，帮助用户理解火灾的演变过程和影响范围。根据分析结果，用户可以优化建筑设计和消防策略，提高建筑的防火性能。

5.4 工程应用案例

5.4.1 基于建筑性能分析平台的能耗碳排放分析

上海某高校宿舍楼为钢筋混凝土-框架剪力墙结构，地上六层，无地下室，建筑面积3200m²，标准层高3.2m，室外地坪至屋顶高度21.2m。目前，结合所在地区气象参数及工程信息，利用建筑性能分析平台，进行能耗、碳排放、室外风环境、室内自然通风等建筑性能分析。

【基于建筑性能分析平台的能耗碳排放分析】

1. 单体建模

【第一步】打开"建筑性能分析平台"，单击"AutoCAD 建模"，双击打开某宿舍楼平面图，如图5-18所示。

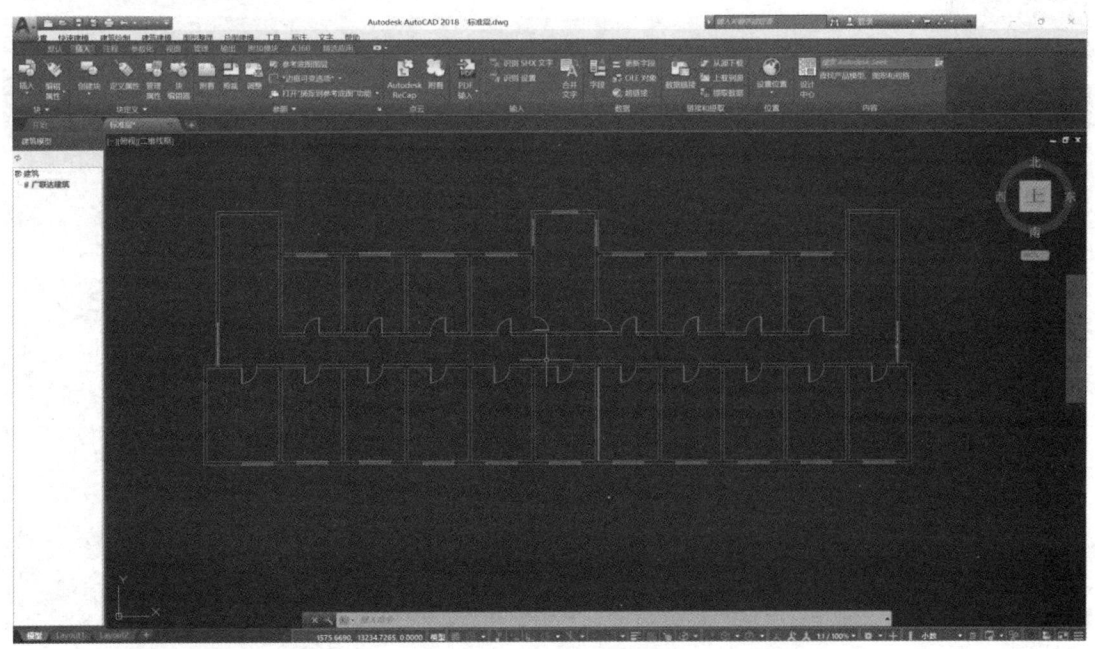

图 5-18　某宿舍楼平面图

【第二步】双击"图层特性",打开"图层管理器",新建图层命名为"墙体",右键置于当前,设置图层颜色为"红色",如图5-19所示。

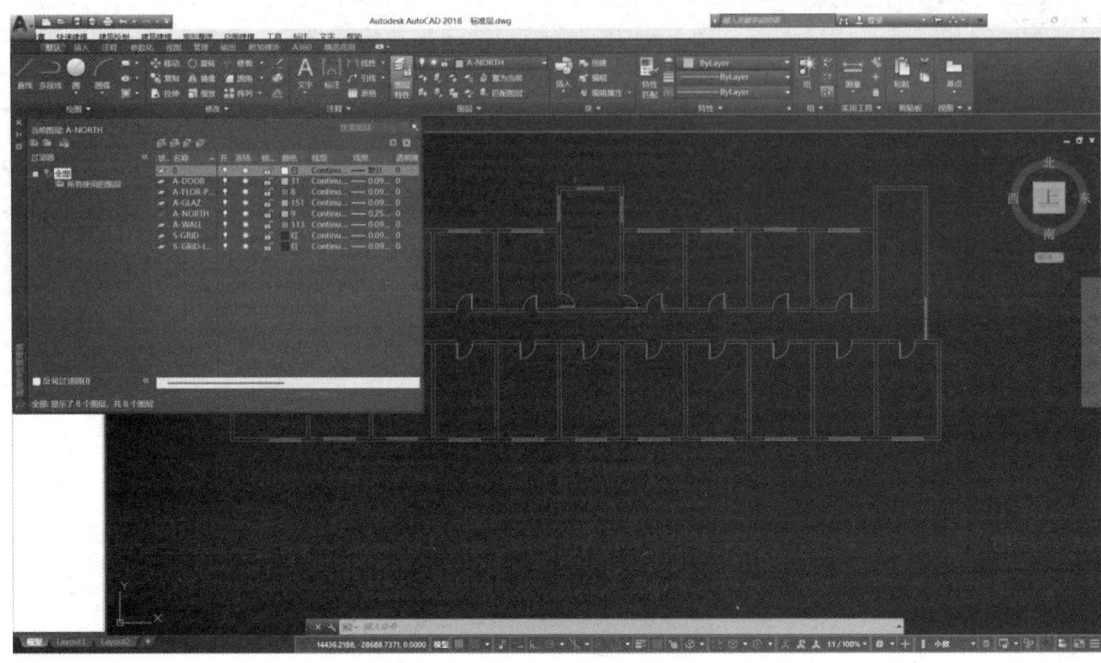

图 5-19　打开图层管理器

【第三步】打开"对象捕捉设置",根据需要选择各个"对象捕捉模式",方便绘制墙体中心线,如图5-20所示。

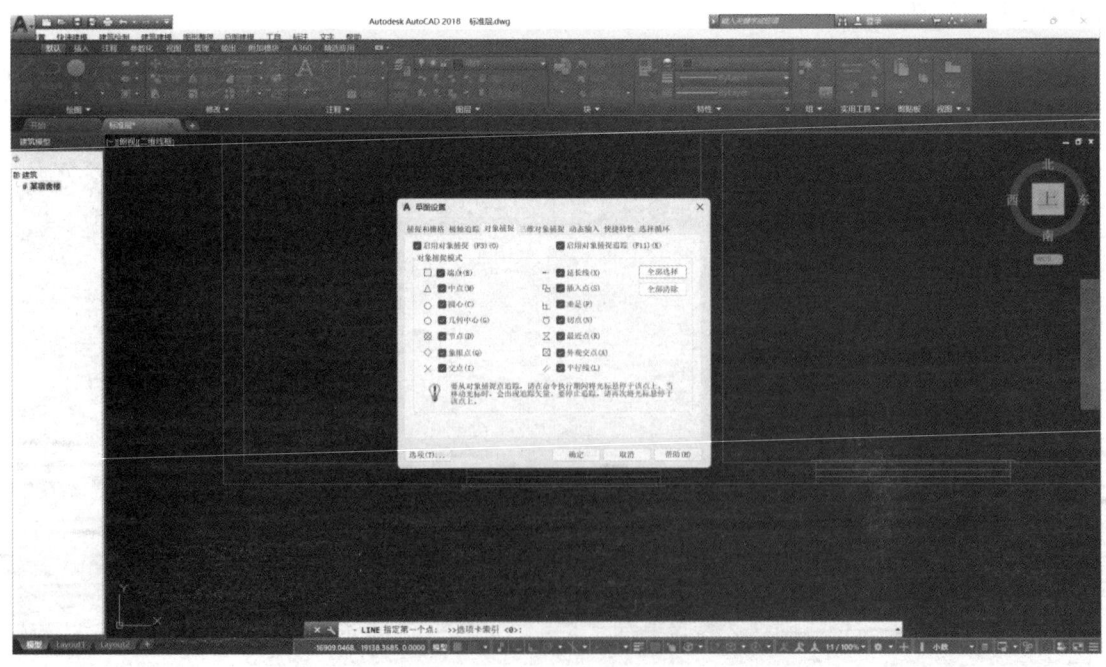

图 5-20　对象捕捉设置

【第四步】以建筑平面图为参考，单击"直线"进行墙体单线的绘制，绘制墙体中心线可减小误差，如图 5-21 所示。

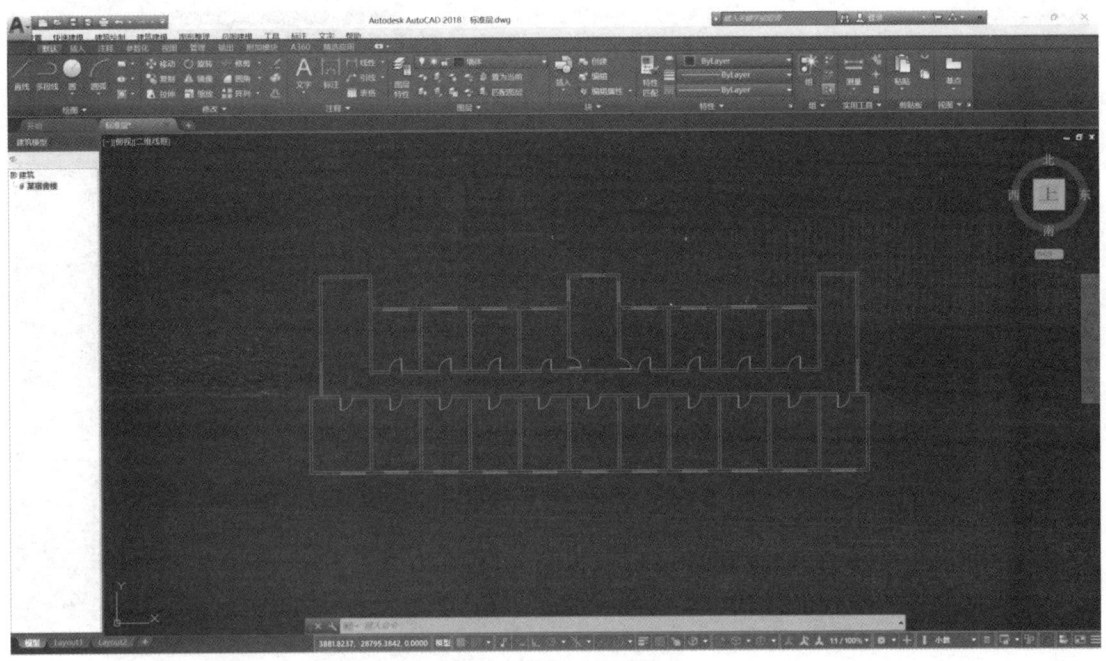

图 5-21　墙体中心线绘制

【第五步】选择某条中心线，右击"选择类似对象"，单击"移动"将线条移动至空白区域，避免其他线条干扰，如图 5-22 所示。

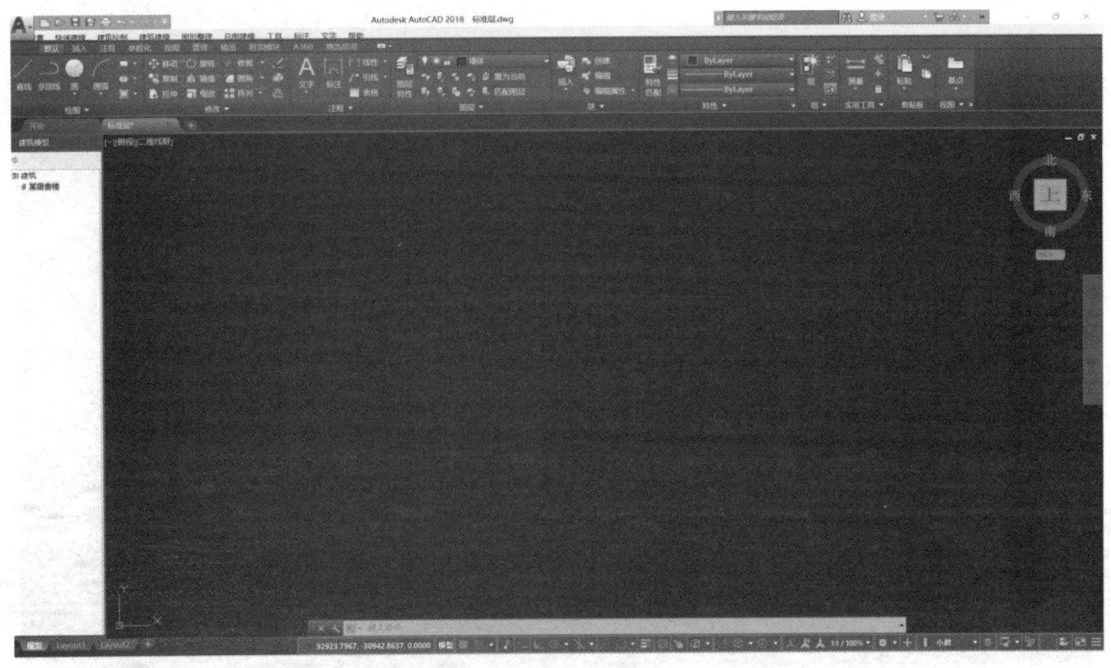

图 5-22　墙体中心线

【第六步】选择"建筑绘制",单击"单线变墙",分别设置内外墙相关参数(包括墙厚、高度和单线变墙),框选所有墙线,右击确认生成墙线,如图5-23所示。

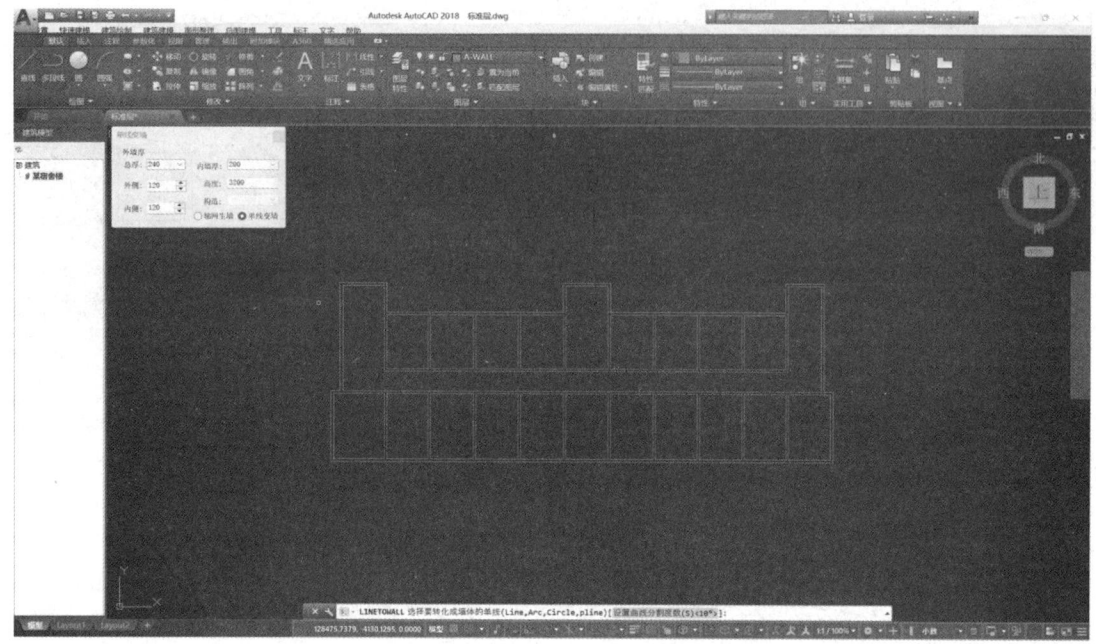

图 5-23　墙体绘制

【第七步】选择"建筑绘制",单击"绘制门窗",分别设置门窗相关参数(包括高和宽等),通过点选绘制在墙体的对应位置上,也可选择设置窗墙比等方式进行门窗的布置,如图5-24所示。

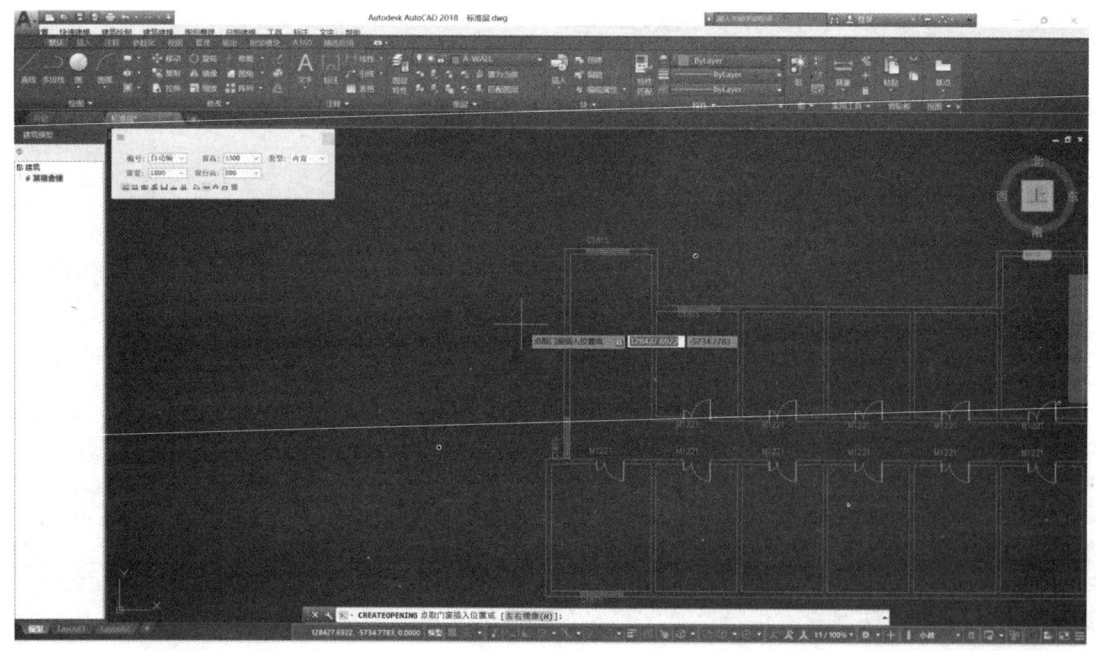

图 5-24　门的绘制

【第八步】单击"文字",根据功能分区给各房间备注名称。选择"建筑建模",单击"生成房间",如图 5-25 所示。点选确定指北针方向后,框选房间各区域,即可自动生成房间。

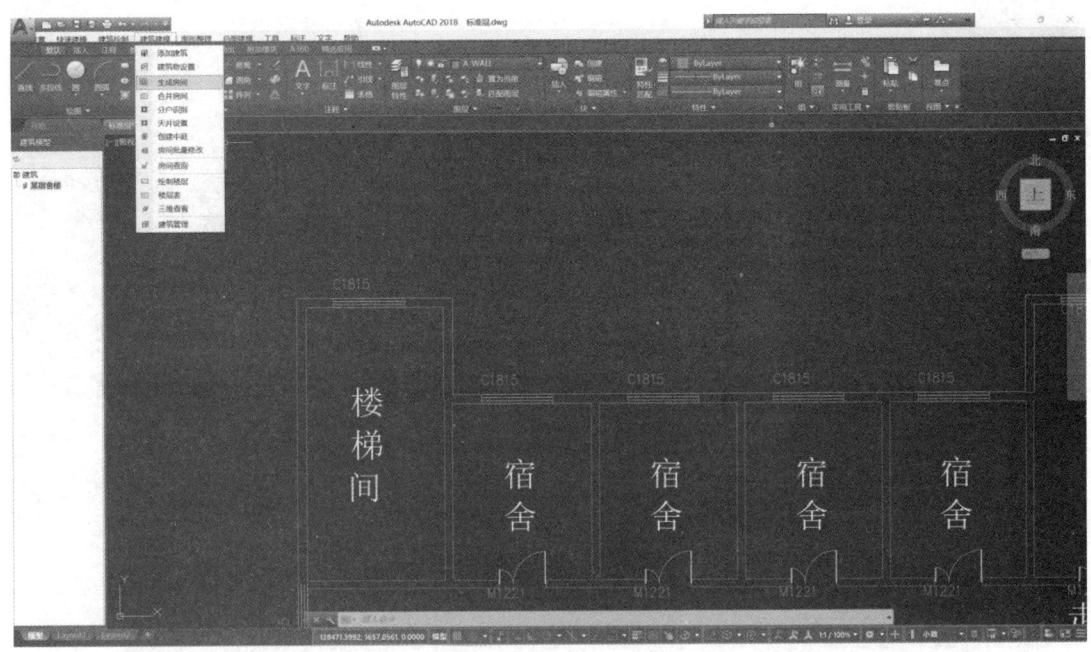

图 5-25　自动生成房间

【第九步】选择"建筑建模",单击"绘制楼层",框选本层全部区域,输入楼层数(某层或某层到某层),并设置层高后单击"确认",如图 5-26 所示。

图 5-26　楼层的绘制

【第十步】根据以上步骤完成各楼层的绘制之后,选择"建筑绘制",单击"创建屋顶"(图 5-27),绘制屋顶边缘线后,先后设置屋顶相关参数(包括斜屋顶、坡度和底标高),如图 5-28 所示。

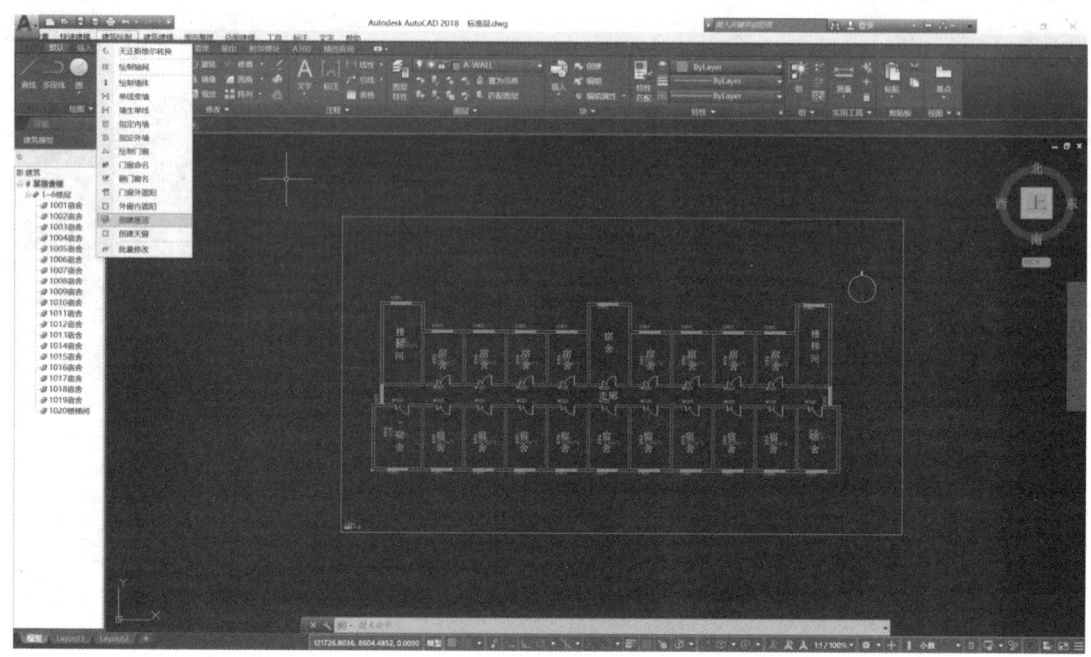

图 5-27 创建屋顶

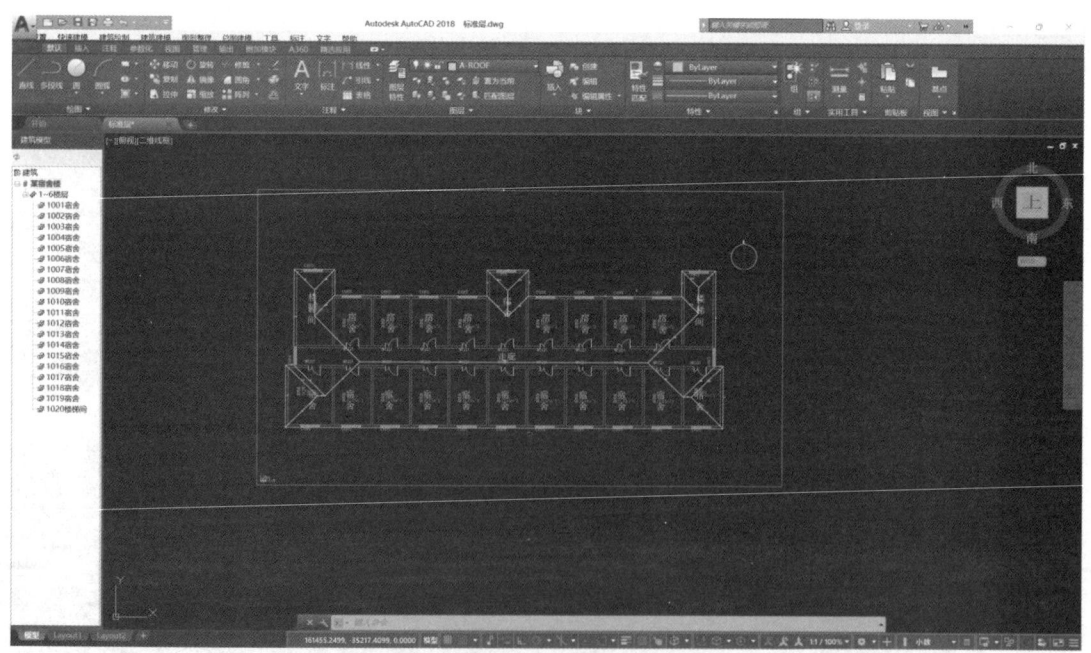

图 5-28 绘制屋顶

【第十一步】选择"建筑建模",单击"三维查看",即可查看该宿舍楼三维模型,如

图 5-29 所示。

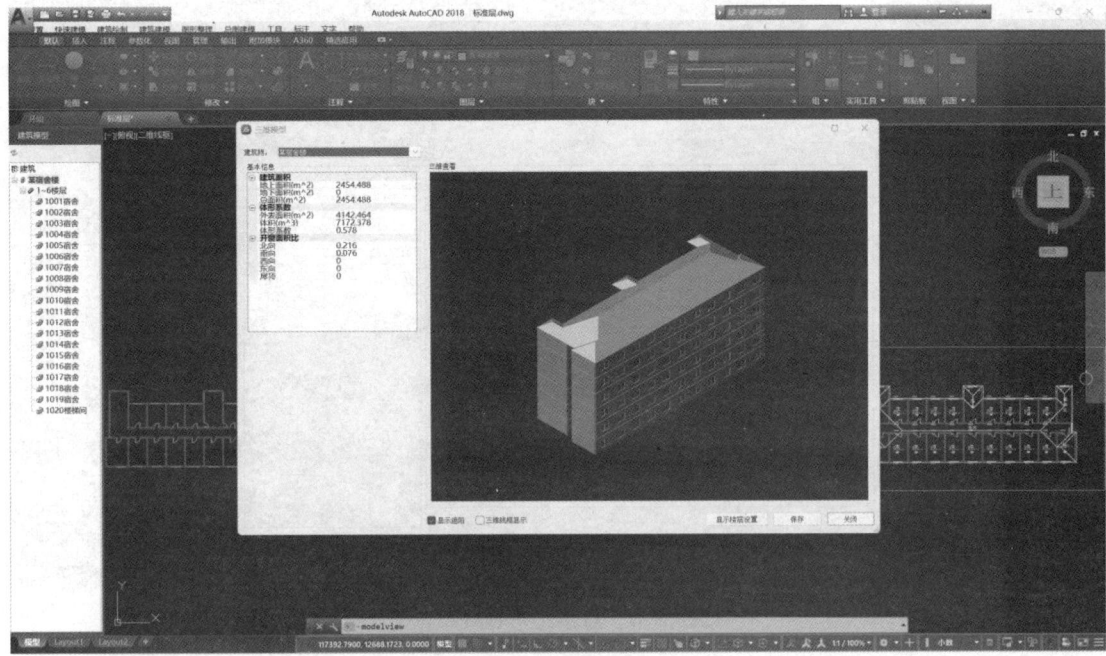

图 5-29 查看三维模型

【第十二步】完成宿舍楼地上建筑模型绘制后，在左侧导航窗格右击"建筑物设置"（图 5-30），更改"底层起始标高"，设置地下室，如图 5-31 所示。

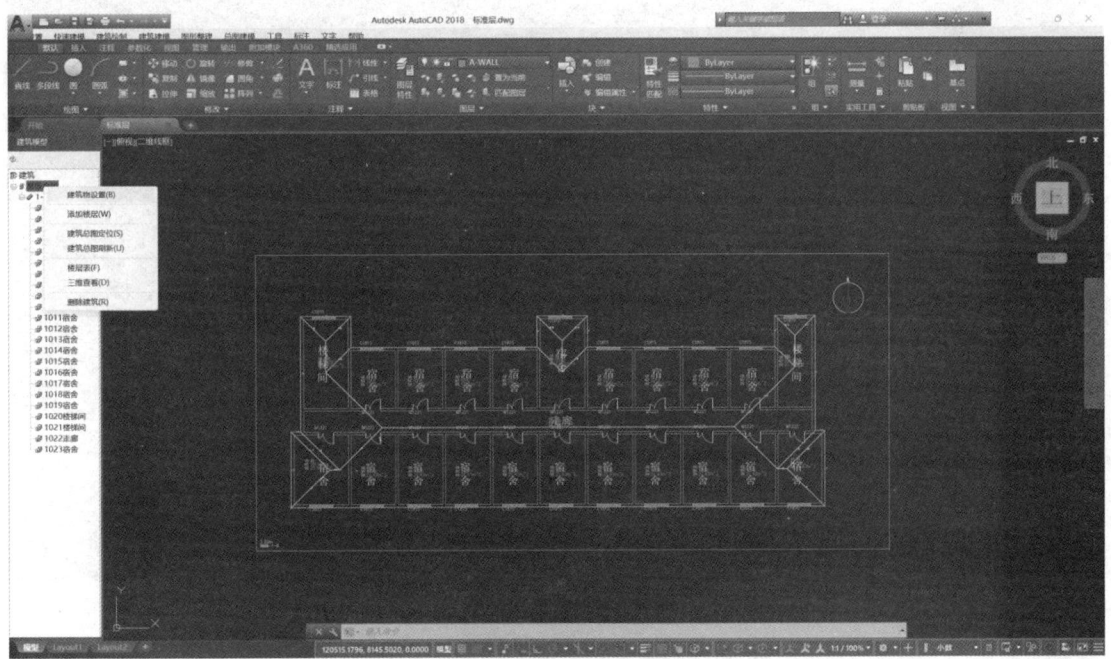

图 5-30 建筑物设置

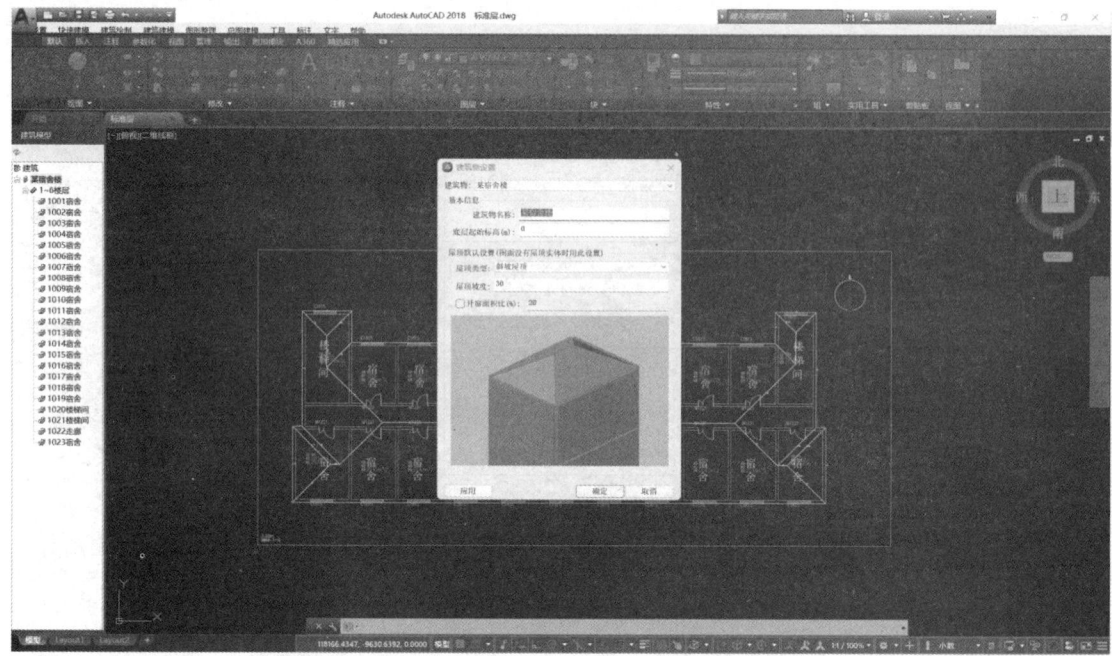

图 5-31 底层起始标高设置

【第十三步】单击"图形整理""模型检查"(图 5-32),进行问题处理,如图 5-33 所示。

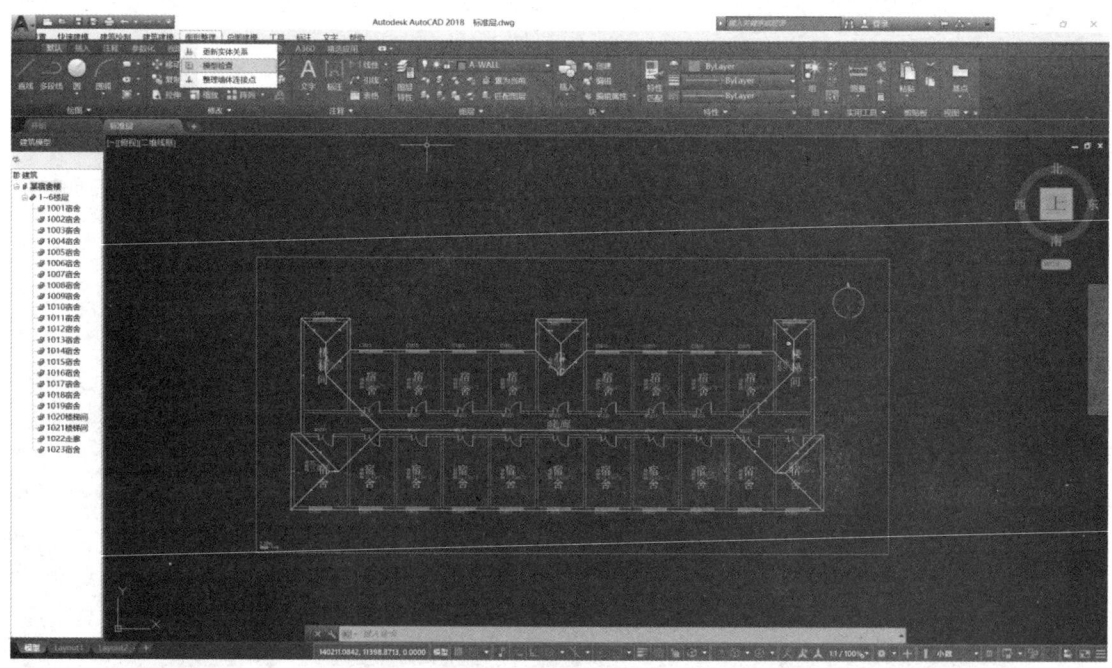

图 5-32 模型检查操作

【第十四步】修改模型之后,选择"图形整理",单击"更新实体关系"(图 5-34),再次选择"建筑建模",单击"生成房间",实现房间的更新,如图 5-35 所示。每次修改均需重复此步骤。

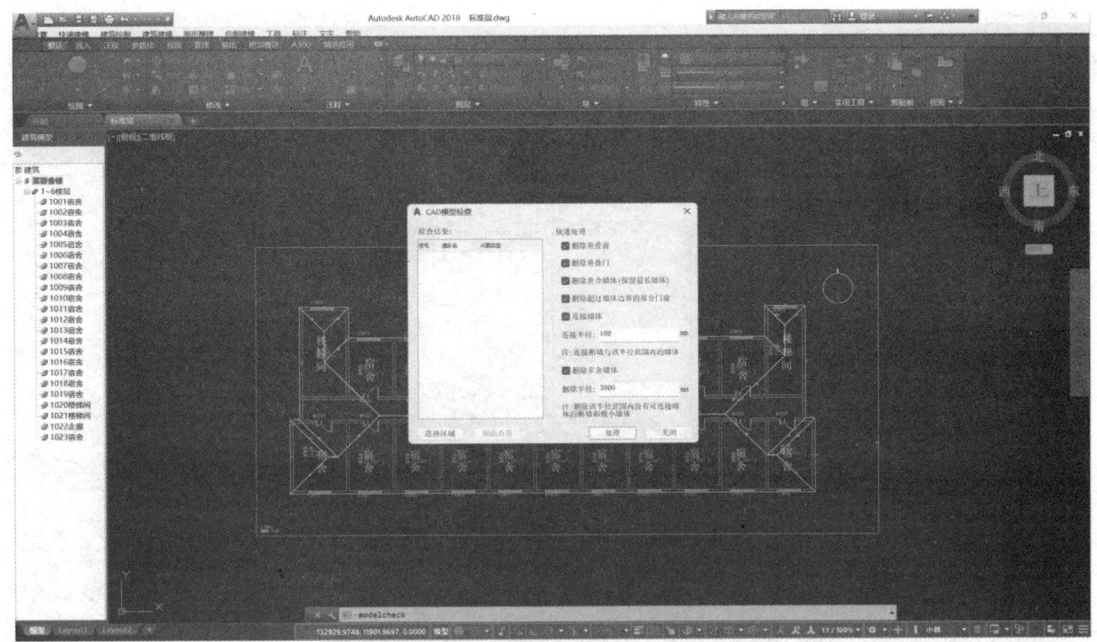

图 5-33 "模型检查"界面

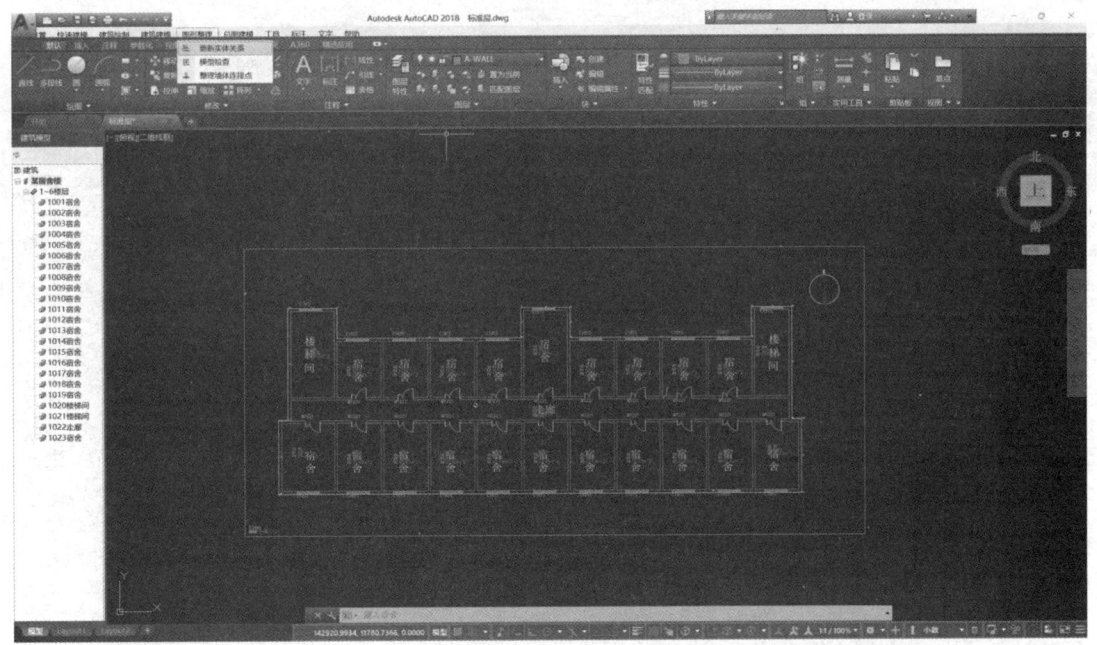

图 5-34 "更新实体关系"操作

2. 总图建模

【第一步】选择"总图建模",单击"绘总图框"(图 5-36)"建筑名称",右击选择

"建筑总图定位"进行总体布局，如图 5-37 所示。

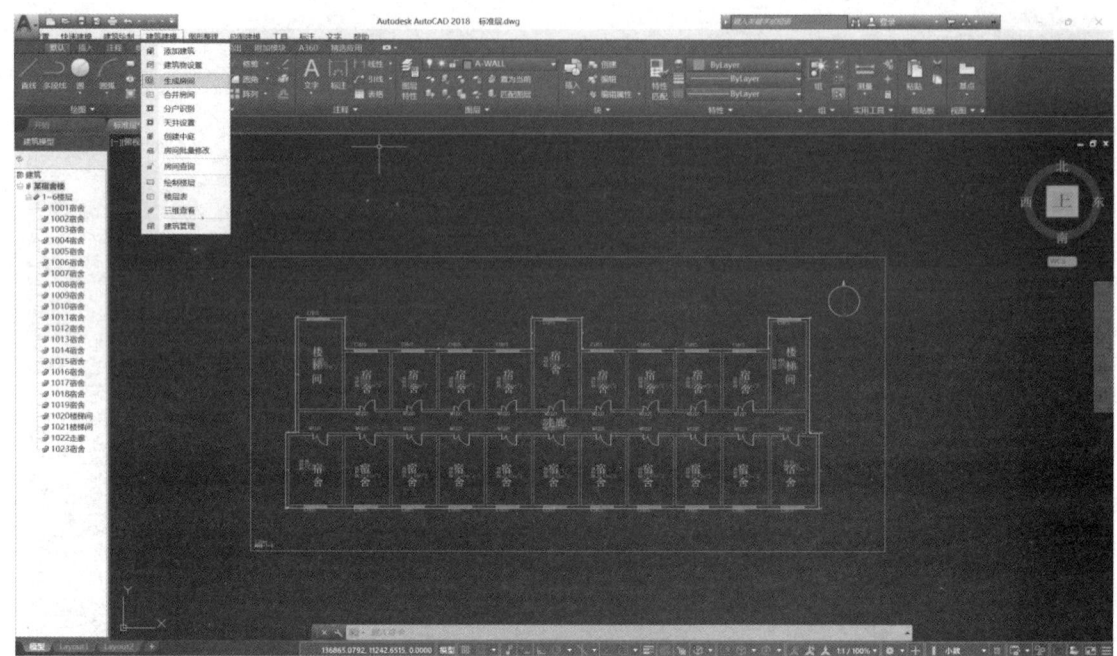

图 5-35　更新后的房间

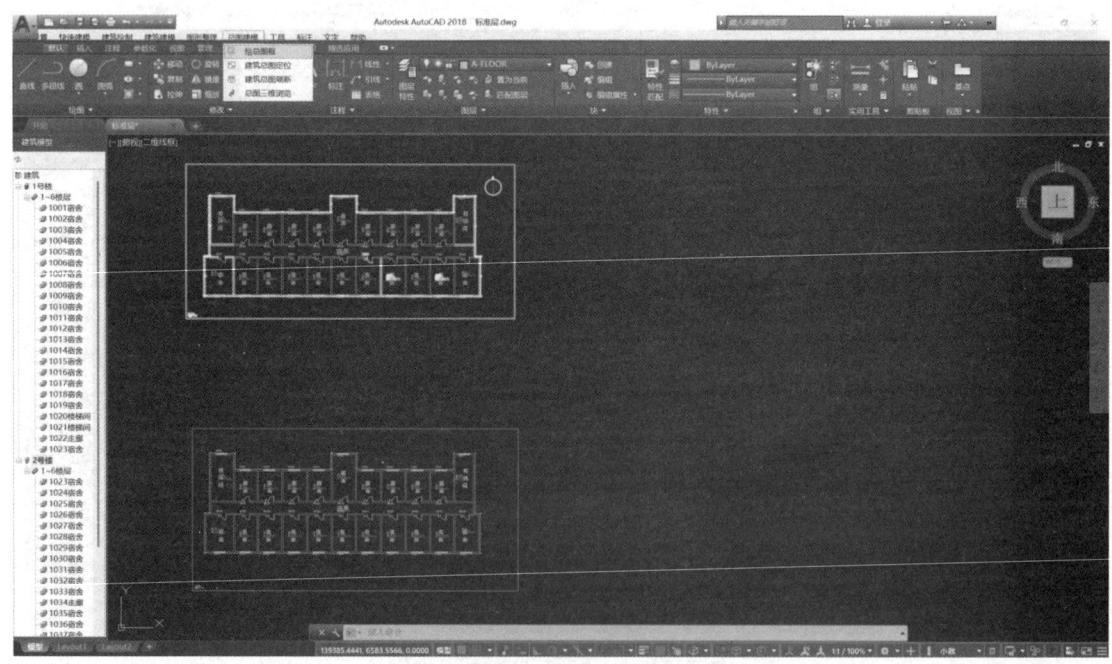

图 5-36　绘总图框

【第二步】通过放置定位点，可定位多栋建筑。选择"总图建模"，单击"总图三维浏览"，即可查看总平面布置下的三维模型，如图 5-38 所示。

第5章 BIM在工程运维阶段的应用

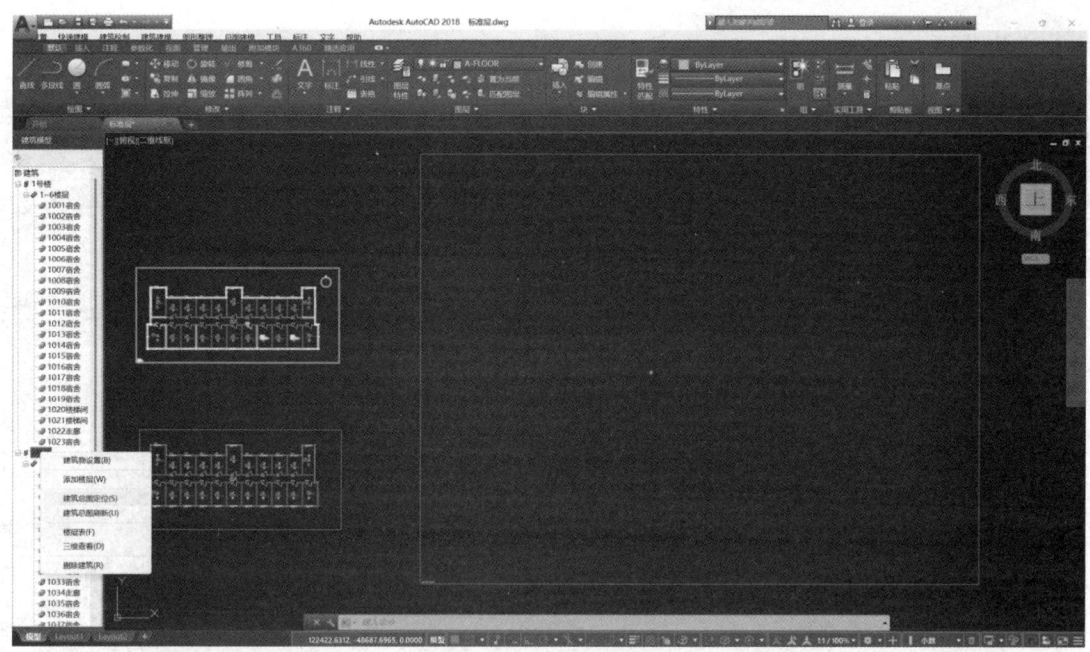

图 5-37　建筑总图定位

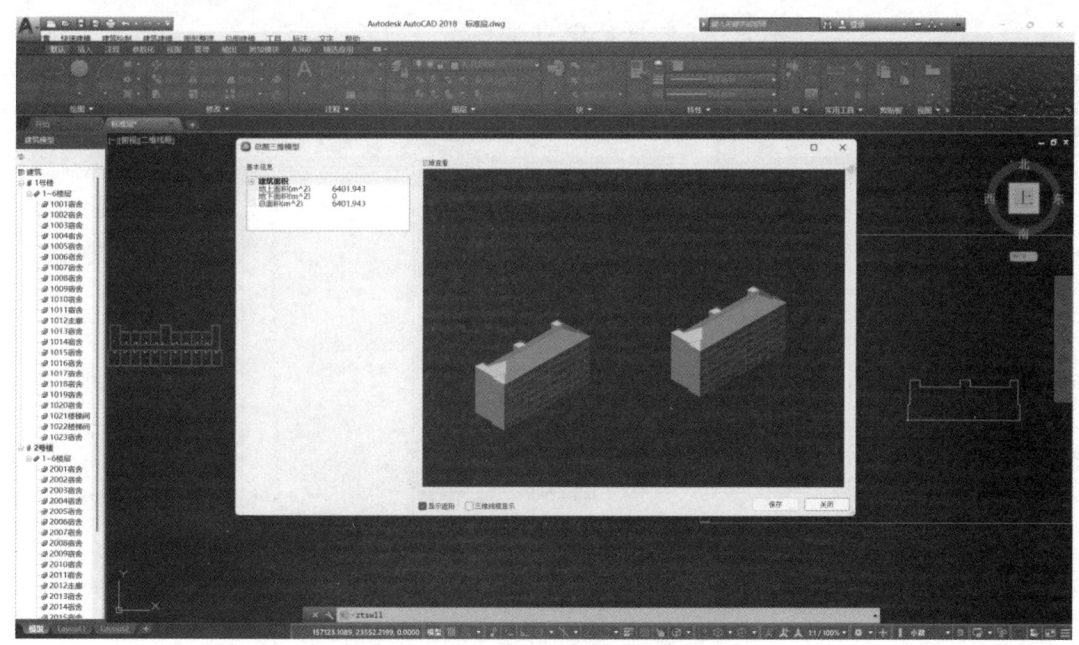

图 5-38　查看总平面布置下的三维模型

【第三步】导出模型。选择"工具",单击"模型导出",对模型进行命名,等待加载完成后导出模型,如图 5-39 所示。

3. 基本参数设置

【第一步】双击"建筑性能分析平台",打开已导出的模型文件,查看并检查三维模型,如图 5-40 所示。

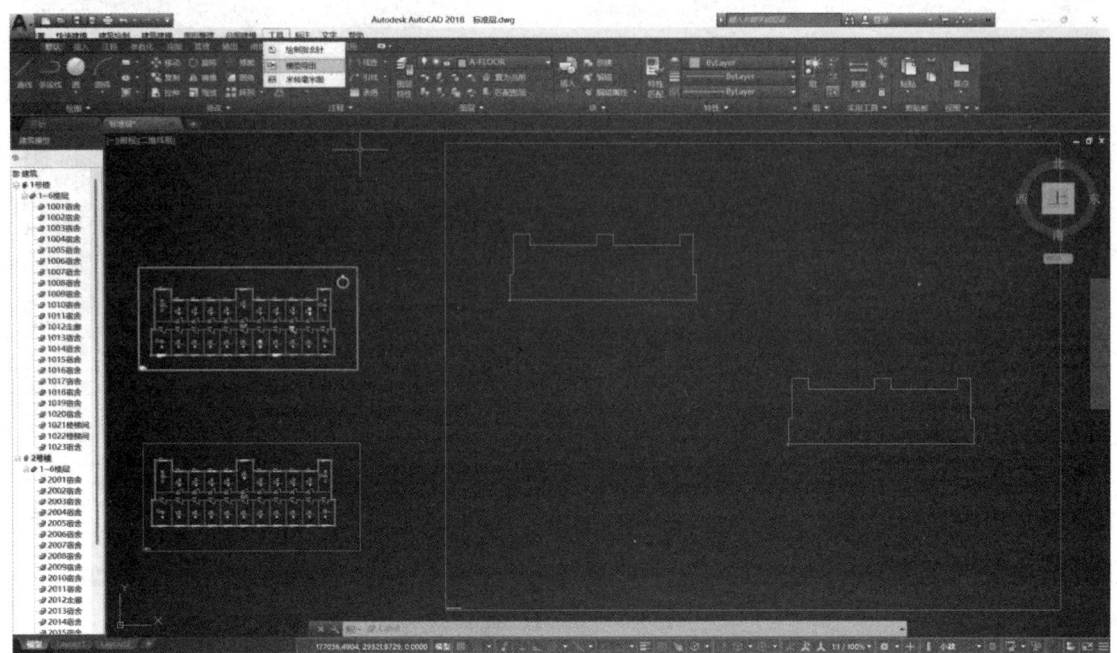

图 5-39 模型导出

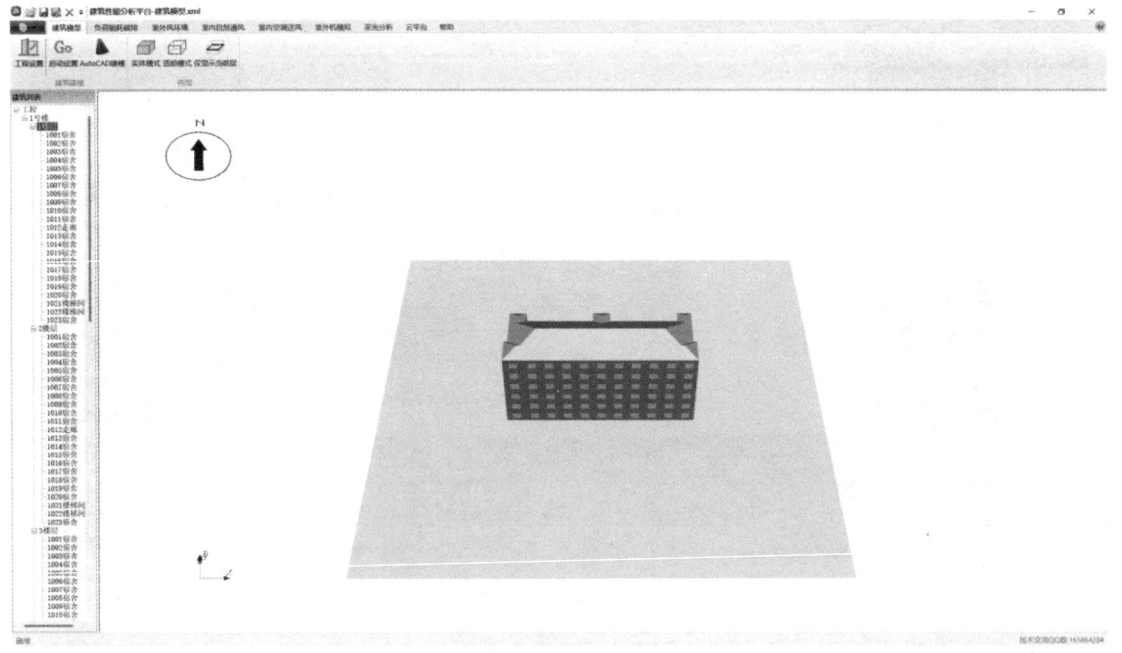

图 5-40 检查三维模型

【第二步】单击"工程设置",根据工程实际情况,完成气象参数及工程信息的设置(图 5-41)。其中,气象参数可针对具体地区进行选择查看(图 5-42),也可手动添加进行具体数值的设置（图 5-43）。

图 5-41 气象参数及工程信息的设置

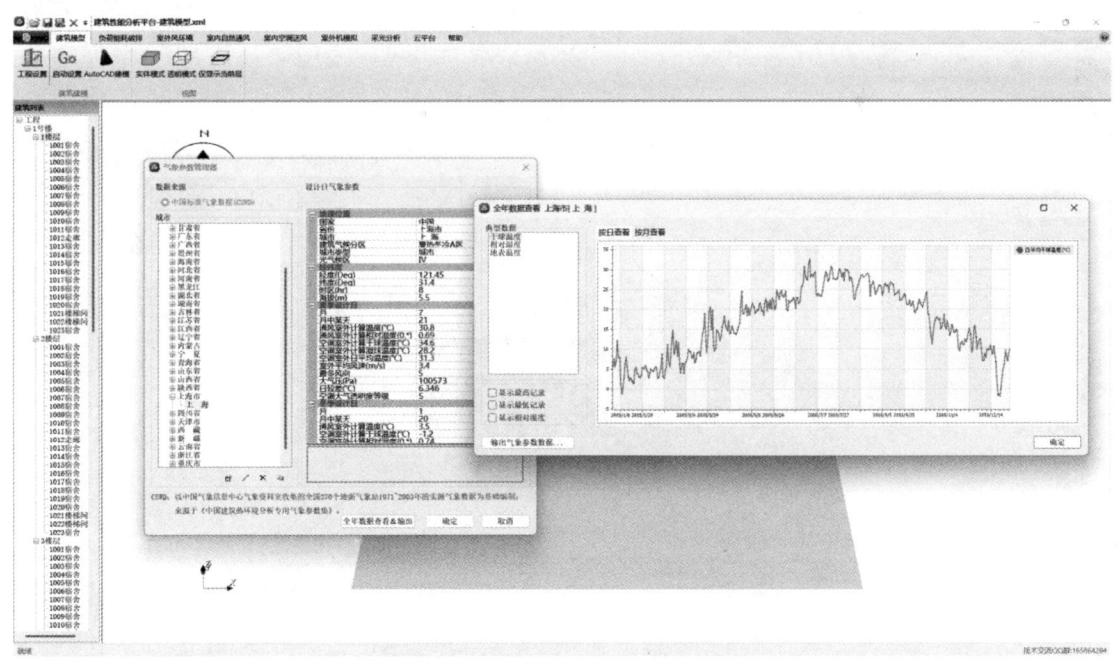

图 5-42 查看具体地区的气象参数

【第三步】在"建筑模型"模块，可分别选择不同视图，浏览"实体模型"（图 5-44）、"透明模型"（图 5-45）和"某一楼层"（图 5-46）的三维模型，具体到某一层选择某一房间时，该房间会着重显示。

图 5-43　手动添加气象参数

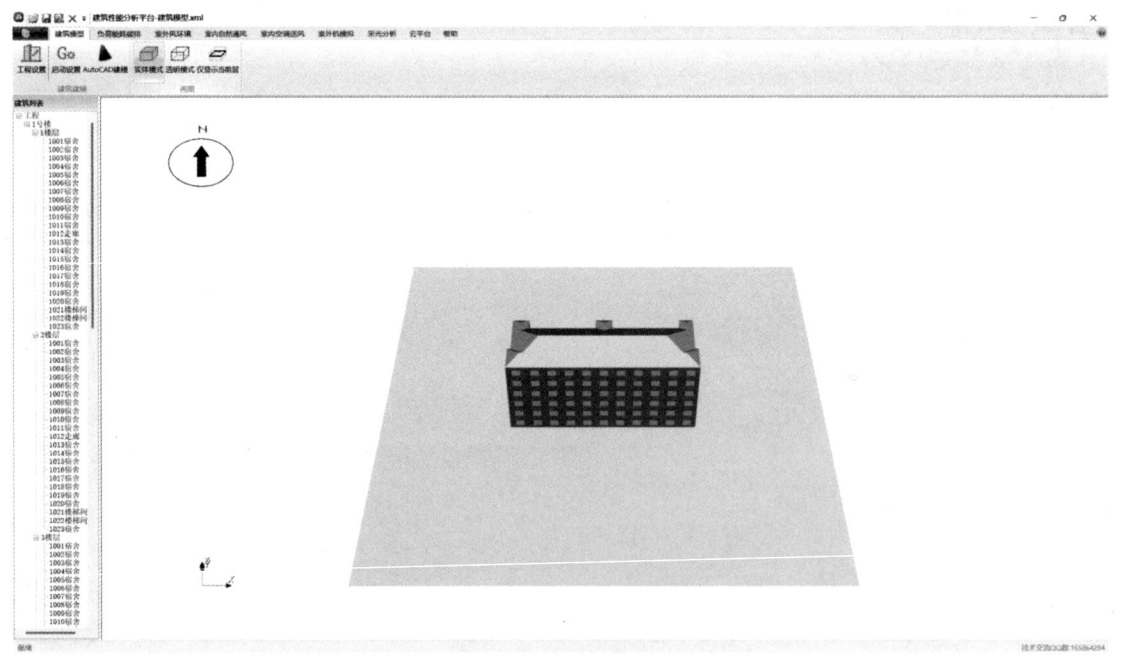

图 5-44　实体模型

【第四步】在导航栏选择某栋建筑，右击"建筑物修改"，可修改"建筑名称"和"建筑类型"，并设置"地坪层"楼层，如图 5-47 所示。

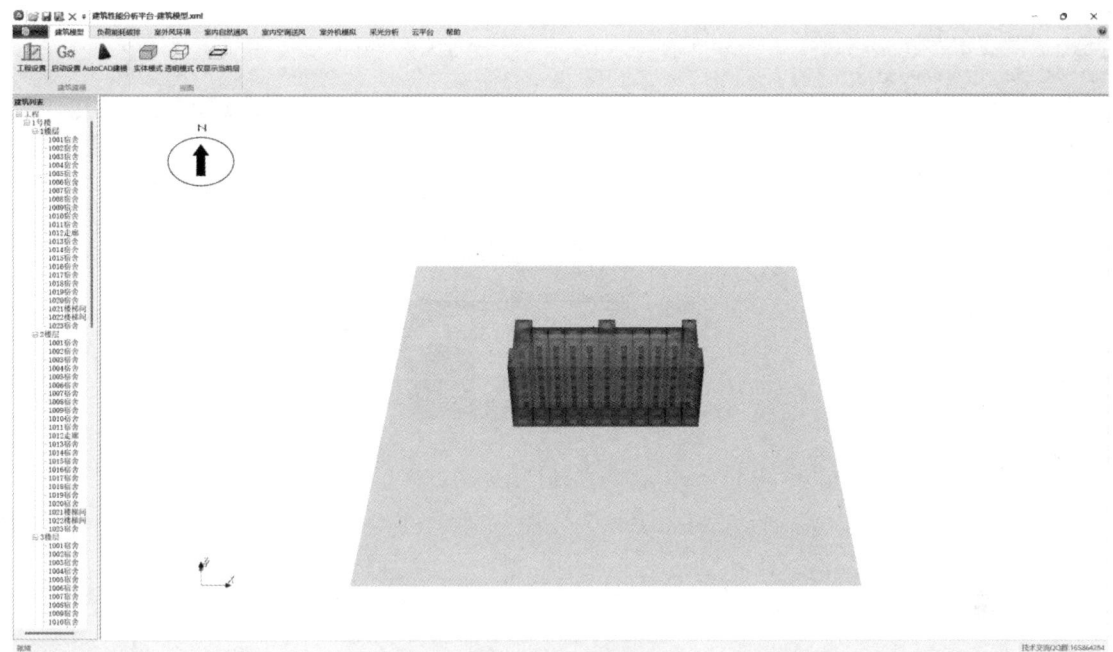

图 5-45　透明模型

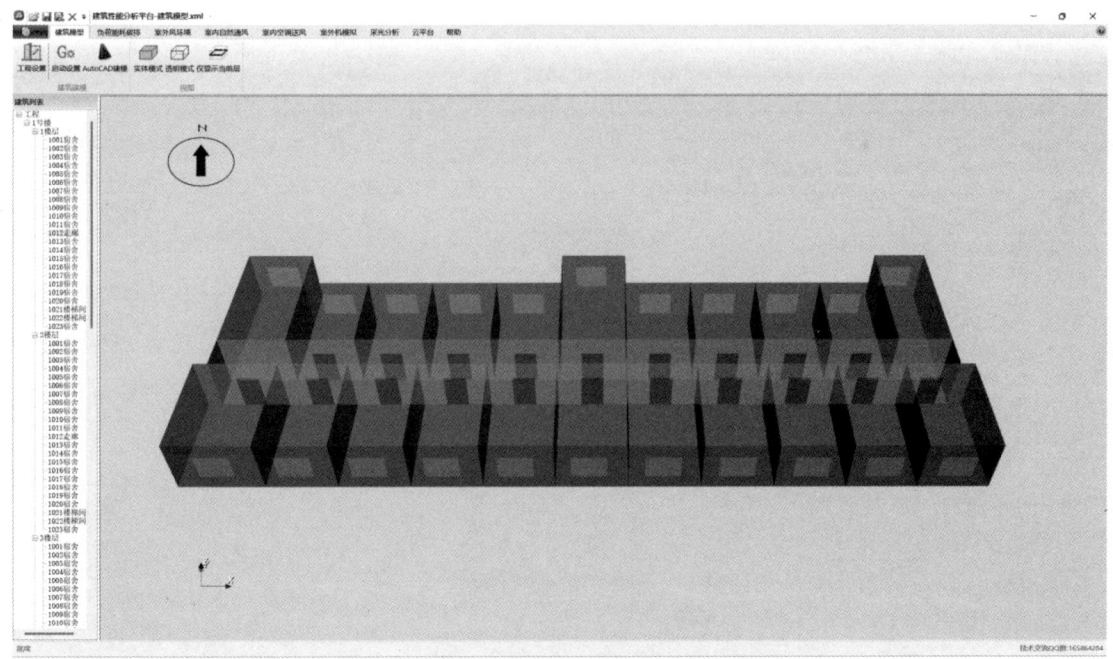

图 5-46　某一楼层的三维模型

4. 建筑能耗分析

【第一步】在"负荷能耗碳排"模块,单击"计算设置",设置"模拟起止日期""模拟步长"等相关参数,如图 5-48 所示。

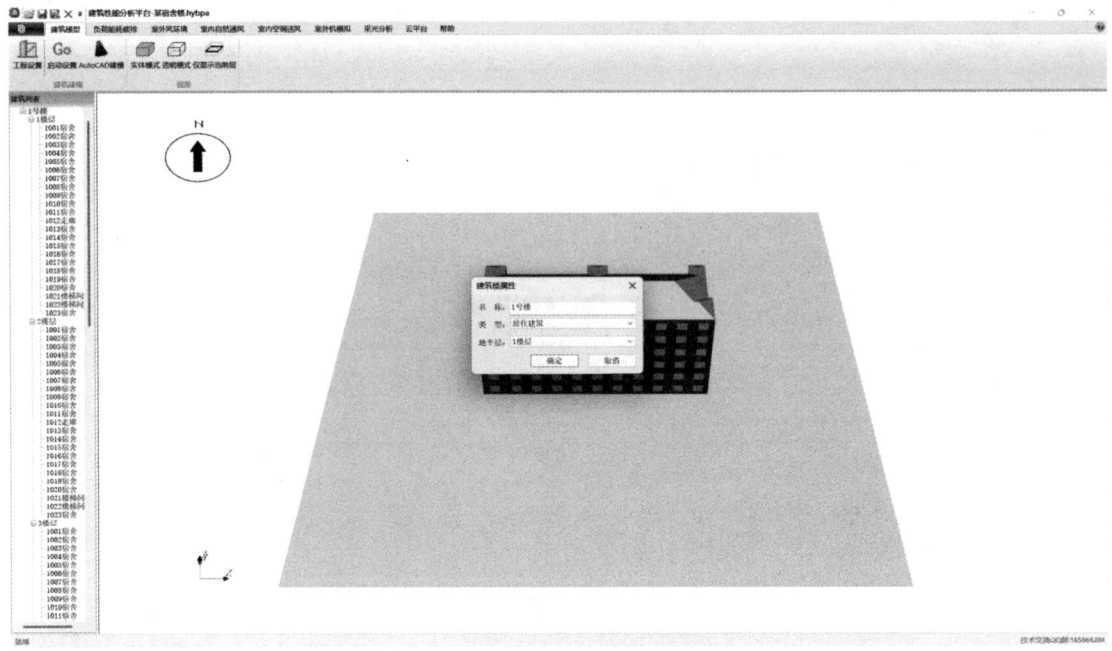

图 5-47　修改建筑物属性

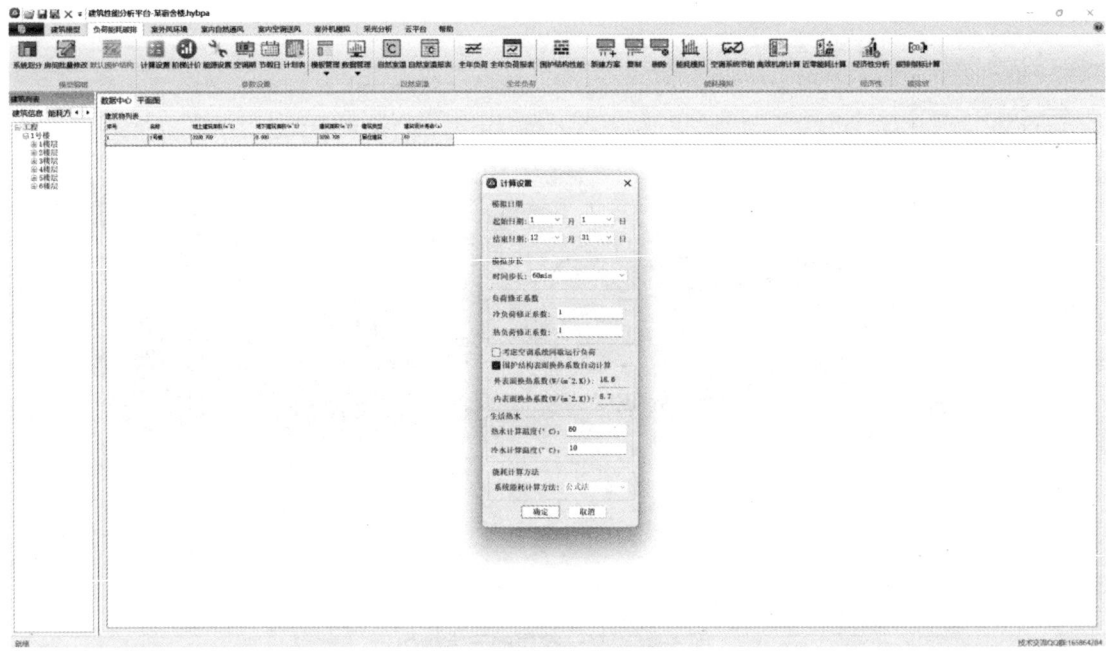

图 5-48　模拟日期设置

【第二步】在建筑物列表，可对"建筑类型"进行选择，本工程为宿舍楼即居住建筑，如图 5-49 所示。

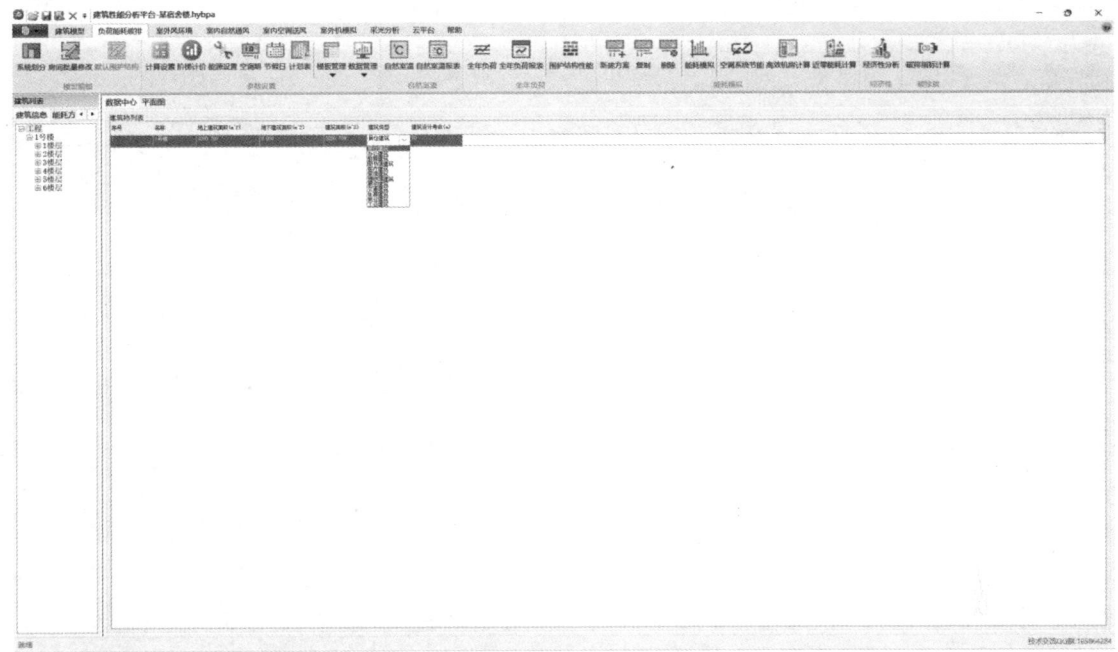

图 5-49 建筑类型选择

【第三步】导航栏选择某栋建筑，可显示该建筑基本信息（包括建筑面积、体形系数和窗墙比的相关参数），以及各楼层信息（包括层高、标高、建筑面积等），如图 5-50 所示。

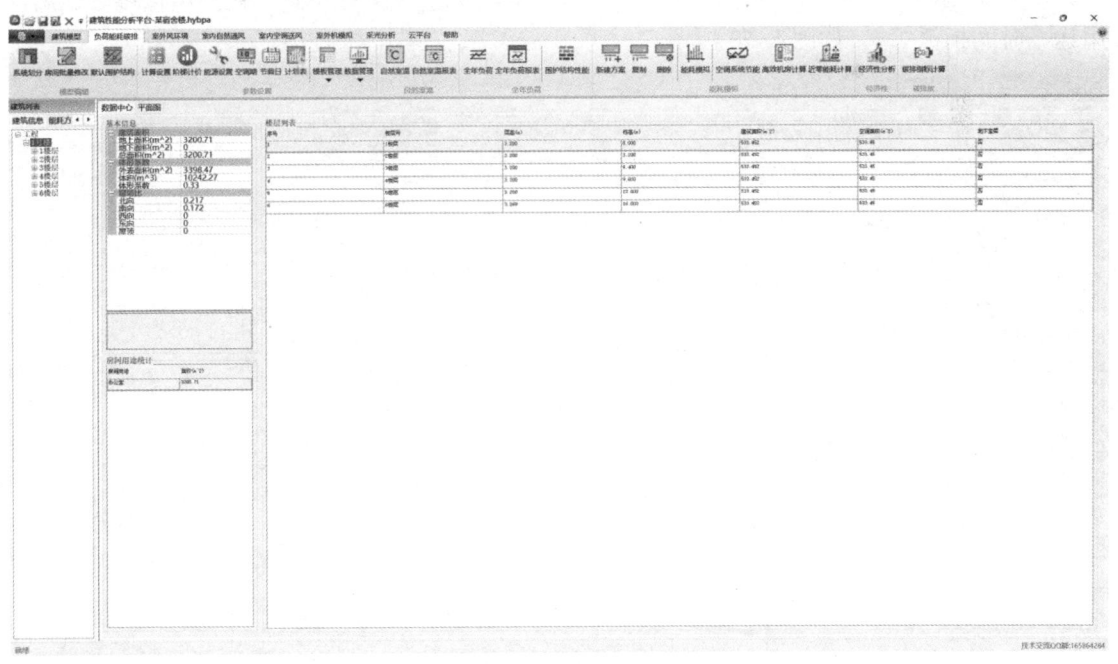

图 5-50 建筑的基本信息查看

导航栏选择某栋建筑的某一楼层，可显示该楼层各房间相关参数（包括编号、名称、面积和用途等），如图 5-51 所示。

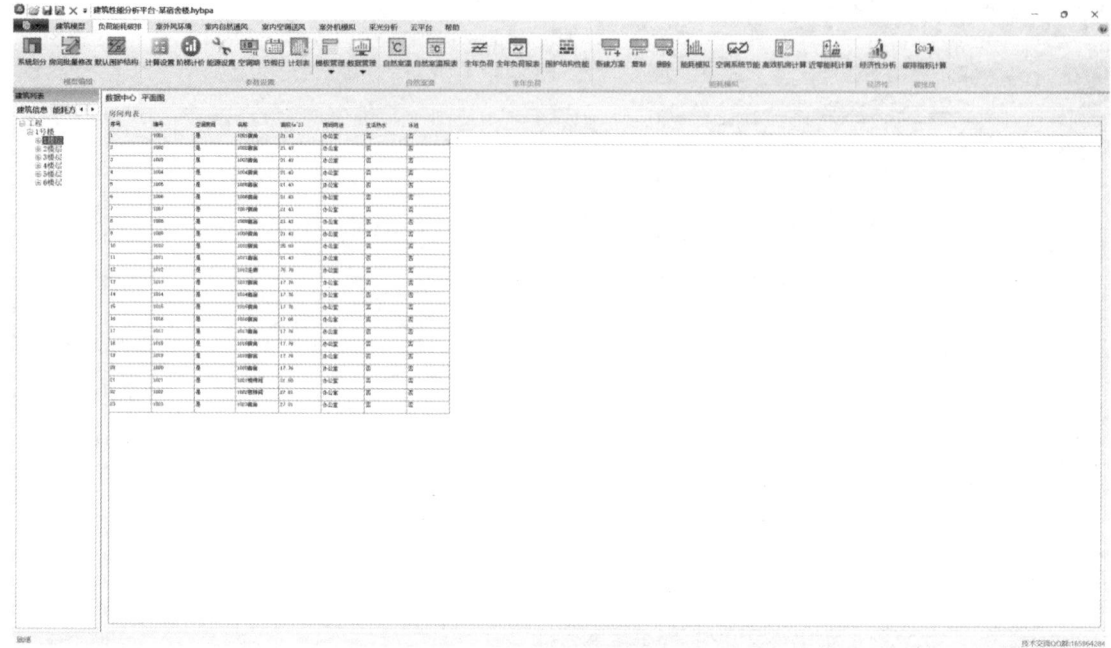

图 5-51　建筑某楼层的基本信息查看

导航栏选择某栋建筑某一楼层的某一房间,可显示该房间的围护结构信息(包括墙、板、门、窗),如图 5-52 所示。其中,基本信息可根据实际情况进行设置(包括用途参数、房间用途、时间指派等),如图 5-53 所示。

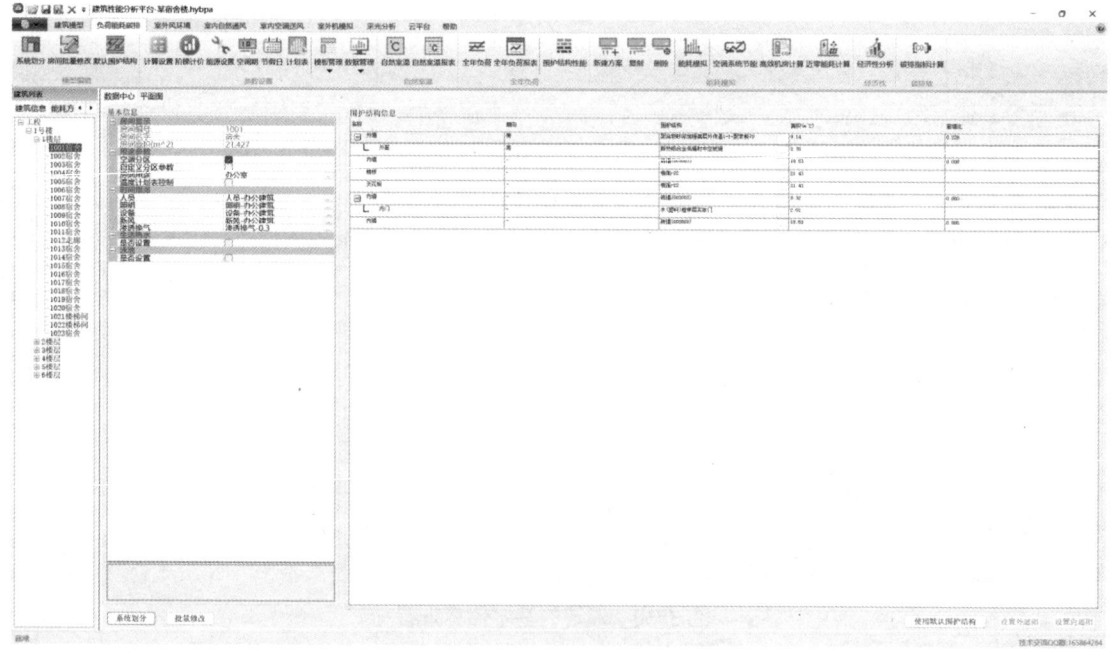

图 5-52　房间的围护结构信息查看

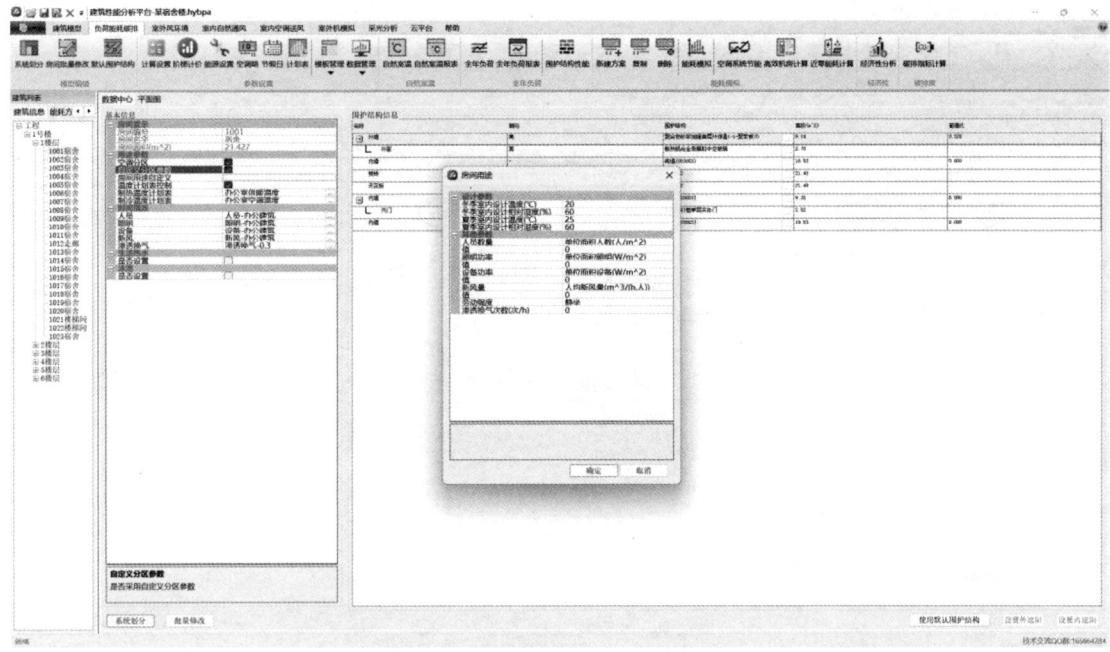

图 5-53　房间的使用信息查看

【第四步】围护结构设置。选择"模块管理",单击"围护结构模板",可进行不同围护结构类型属性的修改和设置,如图 5-54 所示。单击"添加",选择"设为默认值"进行更改,如图 5-55 所示。

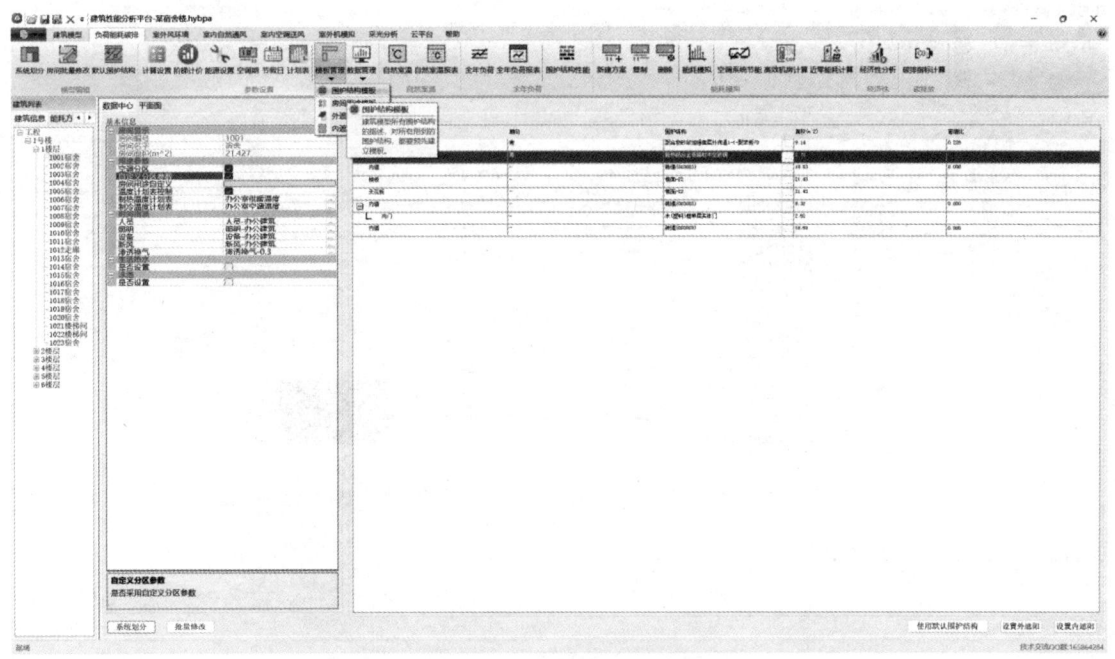

图 5-54　围护结构信息设置

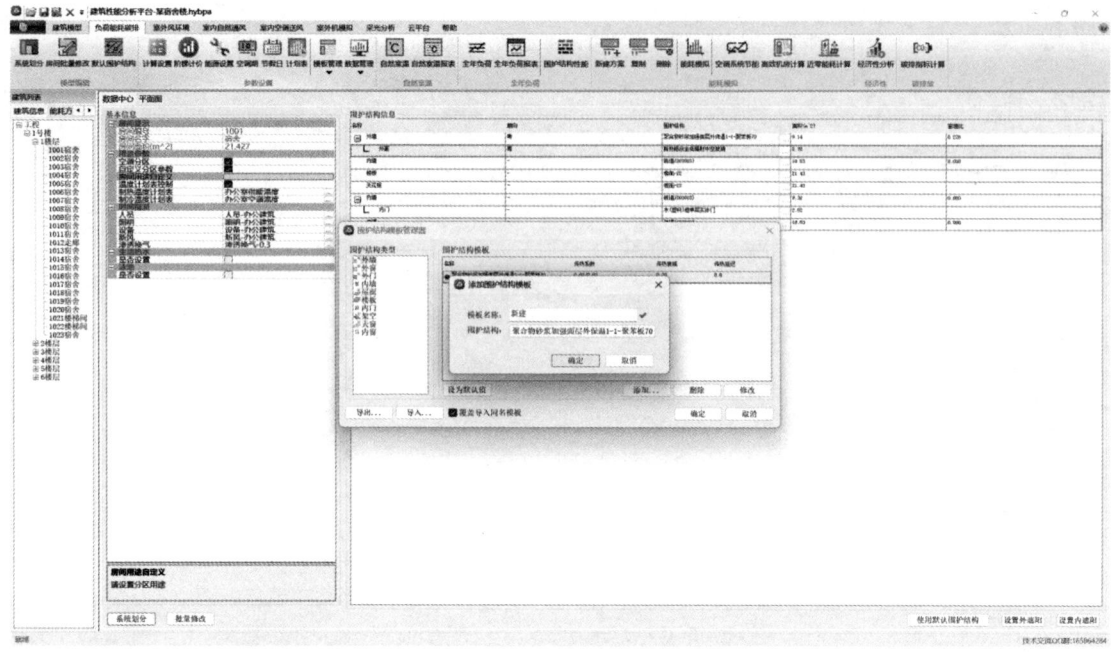

图 5-55　围护结构类型添加

围护结构可根据实际情况，从数据库中选择合适的材料（图 5-56），相关传热系数可进行具体数值设置（图 5-57）。

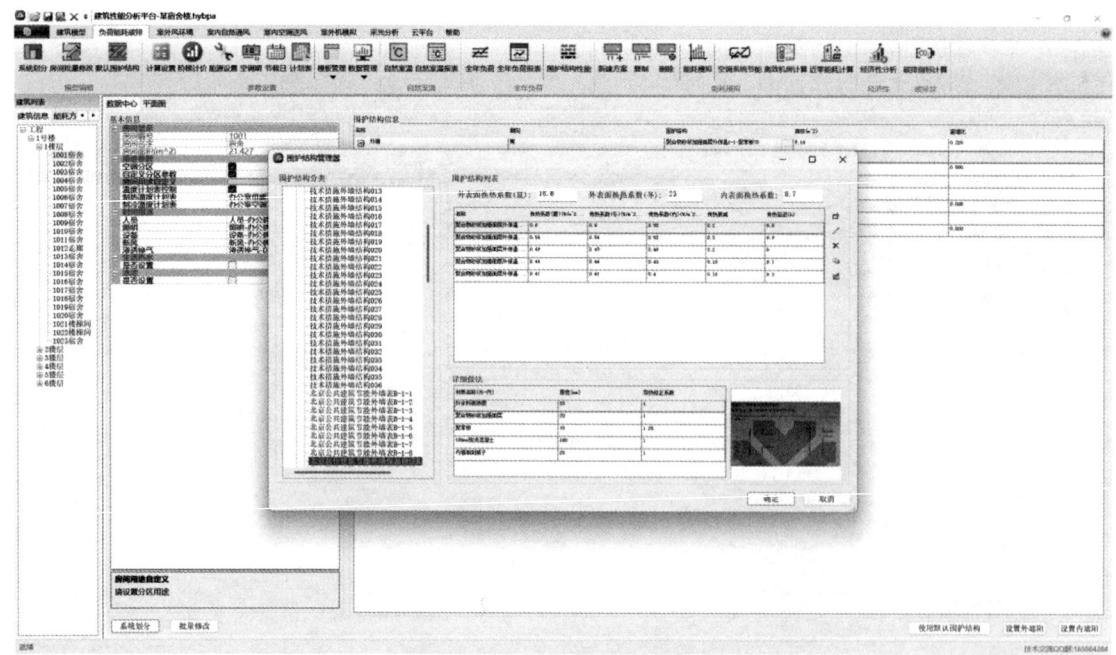

图 5-56　围护结构材料选择

第 5 章 BIM在工程运维阶段的应用

图 5-57 传热系数设置

完成围护结构属性设置后,单击右下角"设置围护默认结构",可选择"当前建筑"或"当前房间"统一设置围护结构信息,如图 5-58 所示。

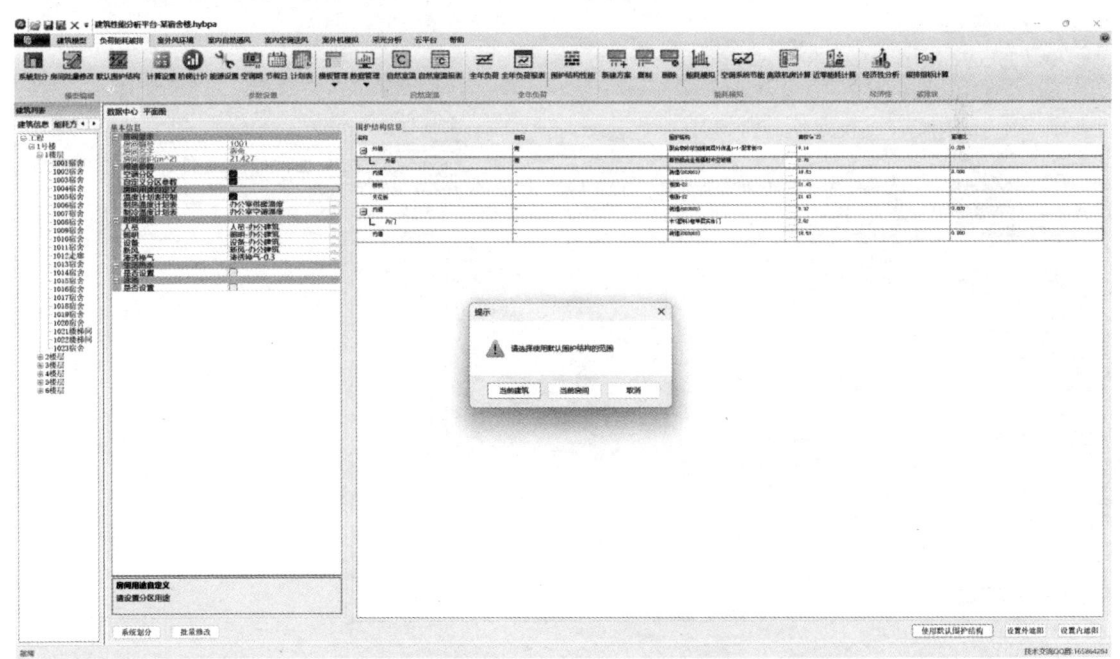

图 5-58 统一设置围护结构信息

【第五步】单击左上角"系统划分""添加",设置"系统名称",选择对应房间,可实现各层的系统划分,如图 5-59 所示。

213

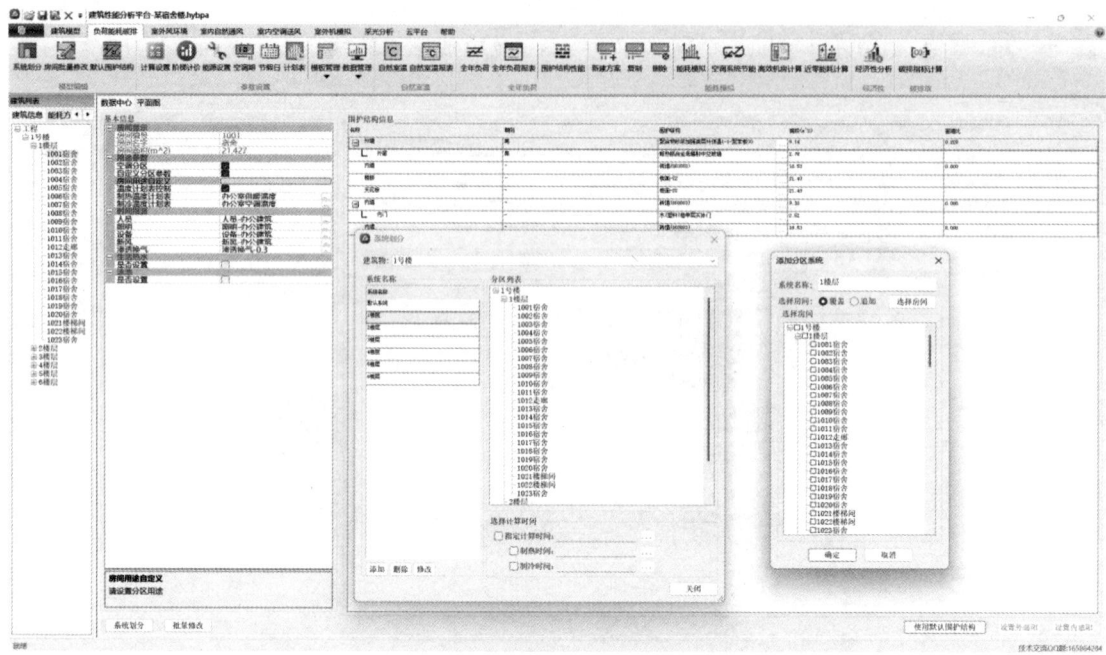

图 5-59 系统划分

【第六步】单击左上角"房间批量修改",可批量选择某一栋楼、某一层或某些房间。单击"批量修改",进行各围护结构"朝向"和"材质"的设置,如图 5-60 所示。

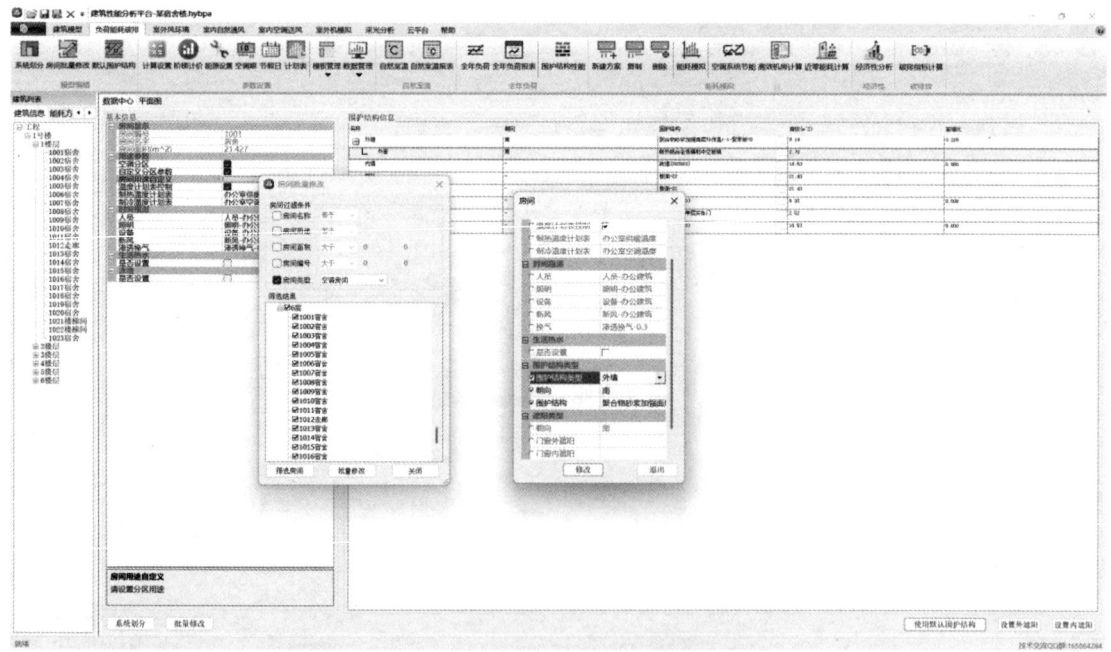

图 5-60 房间的朝向和材质设置

【第七步】在"房间批量修改"中,可针对性设置"房间过滤条件",单击"筛选房间"和"批量修改",进行房间相关参数的设置,如图 5-61 所示。

第5章 BIM在工程运维阶段的应用

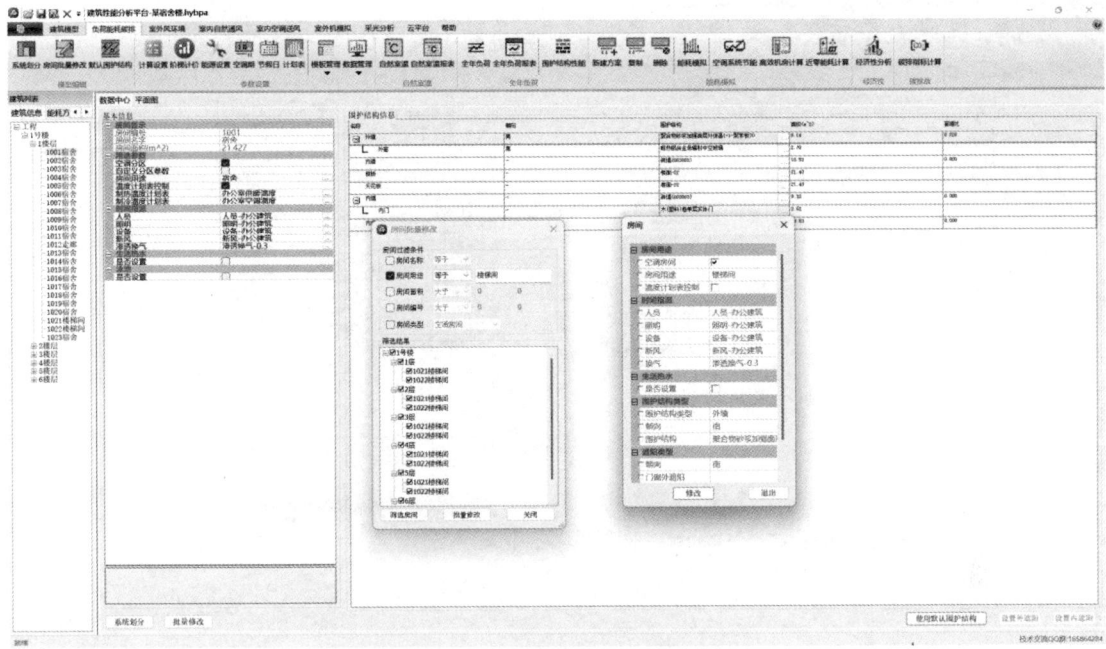

图 5-61 房间信息的批量修改

【第八步】单击"房间用途"后面的"…",可手动添加"房间用途"(图 5-62),并进行房间参数的设置,如图 5-63 所示。

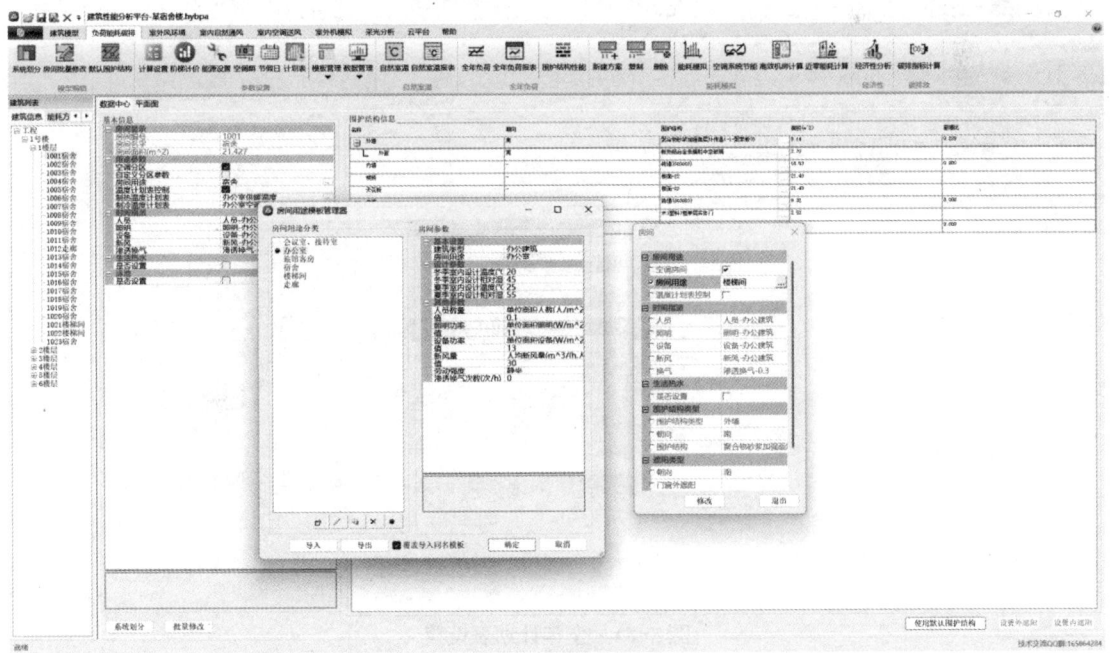

图 5-62 添加房间用途

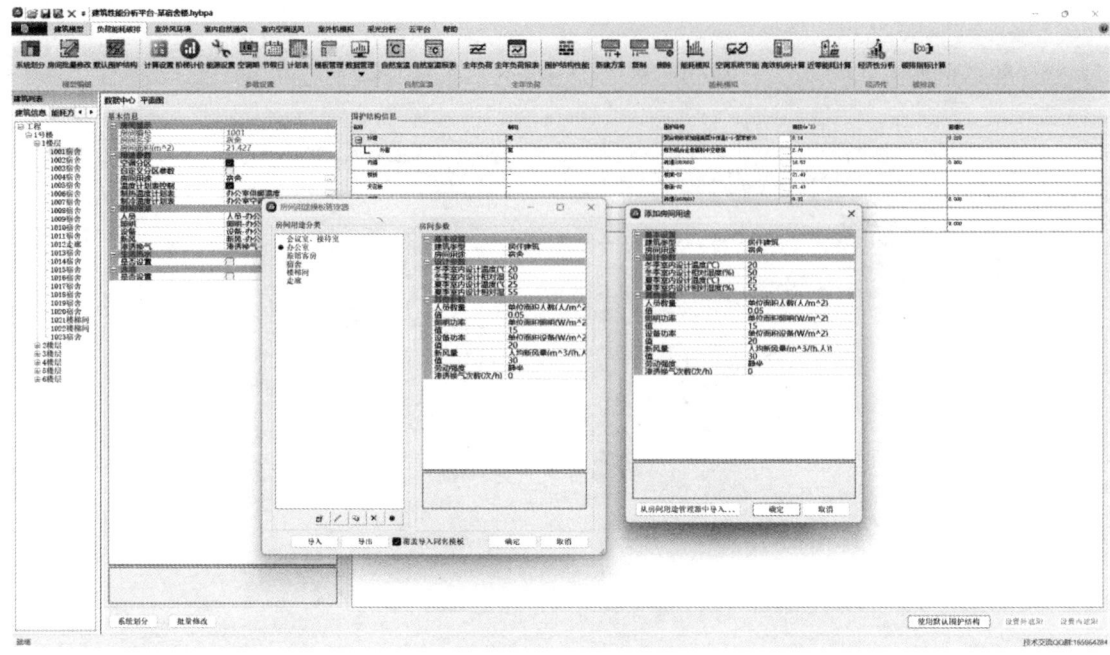

图 5-63 房间参数设置

【第九步】建筑基础信息中"时间指派"部分,单击各参数后的"..."可进行修改。根据建筑类型和用途,选择符合实际情况的全年计划表完成设置,如图 5-64 所示。

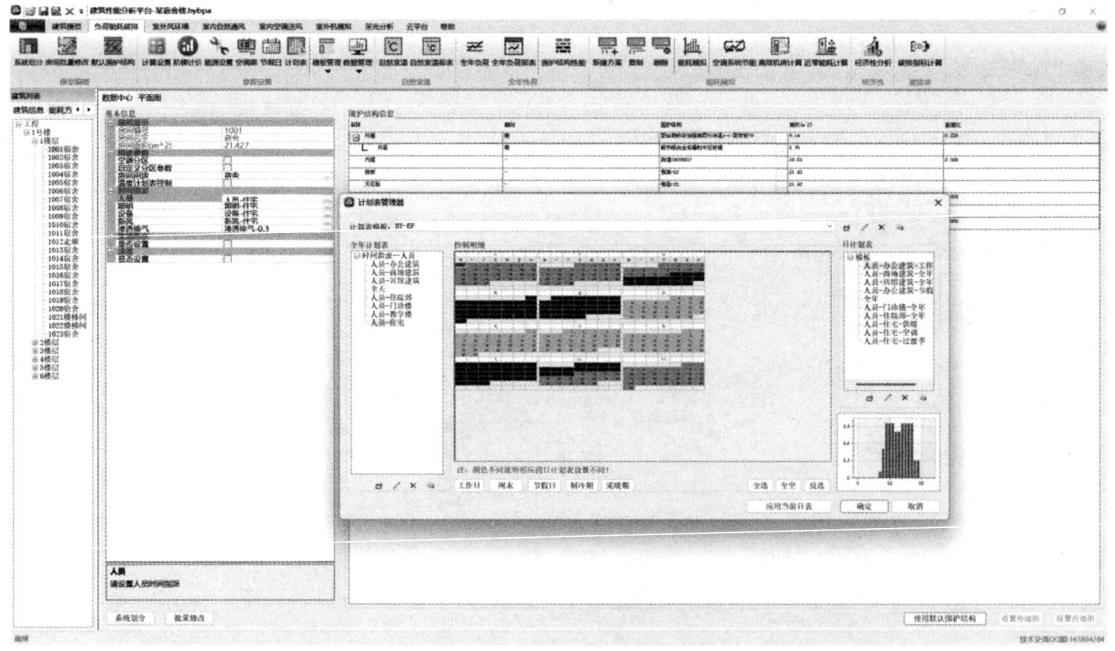

图 5-64 全年计划表设置

【第十步】单击"阶梯计价",根据建筑实际情况,选择"阶梯计价"或"非阶梯计价",单击"计价方案"后的"...",进行"计划表"的选择。重复以上步骤,分别完成"电价方案"和"气价方案"的设置,如图5-65所示。

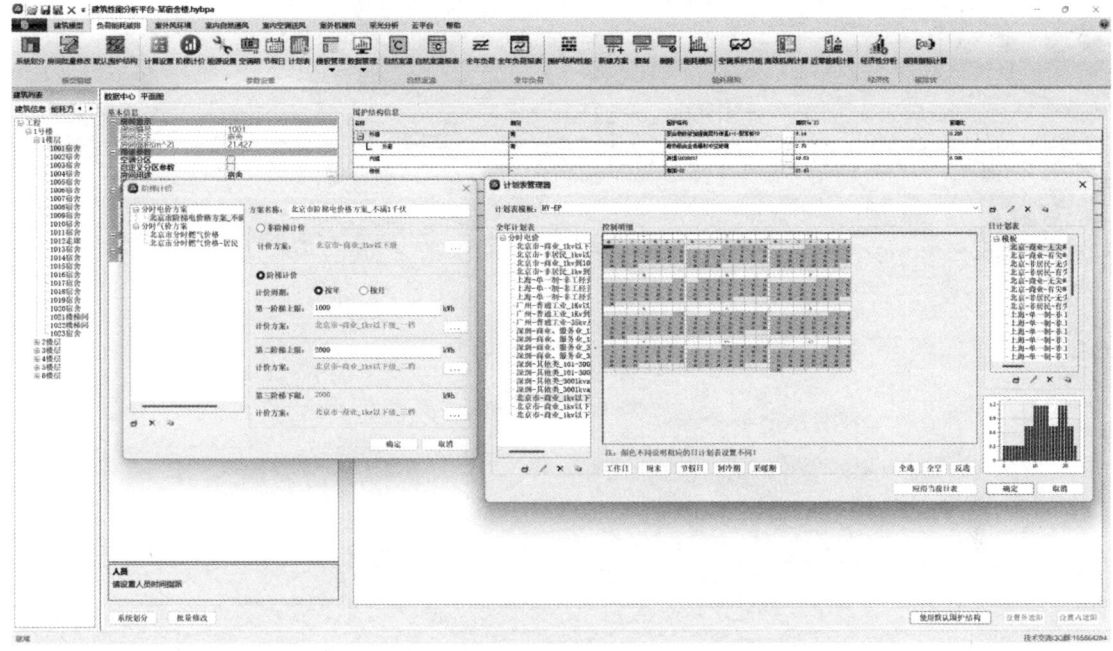

图 5-65 电价方案和气价方案设置

【第十一步】单击"能源计价",分别进行"电价""气价""电网"及各能源参数的设置,如图5-66所示。

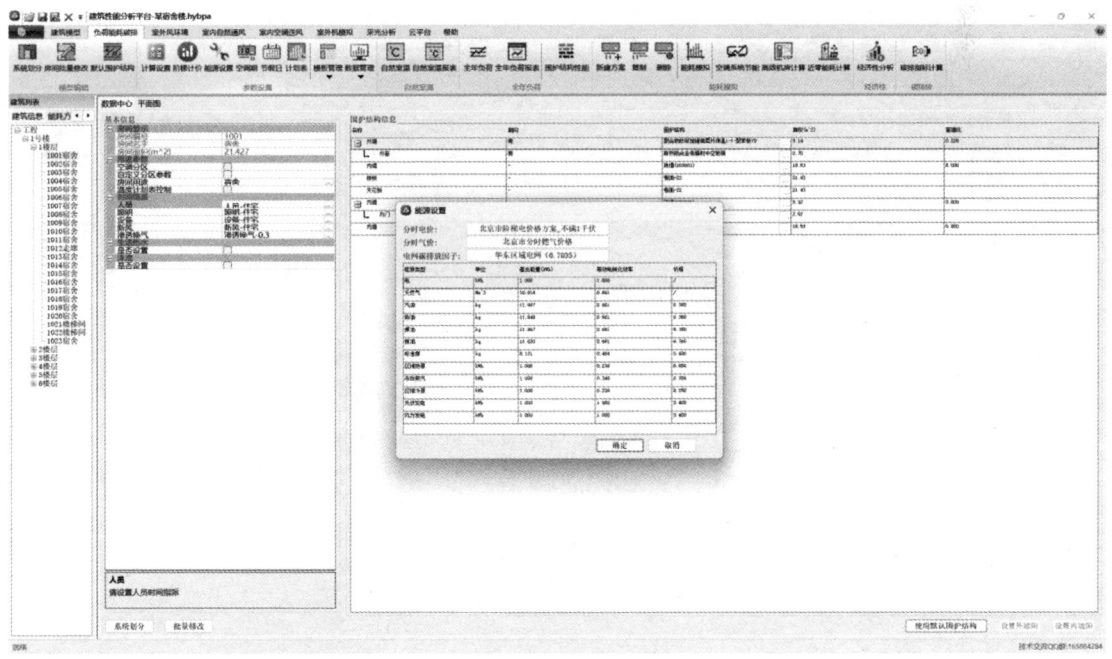

图 5-66 能源设置

【第十二步】单击"空调期",分别进行"制冷期""采暖期"的设定,如图 5-67 所示。

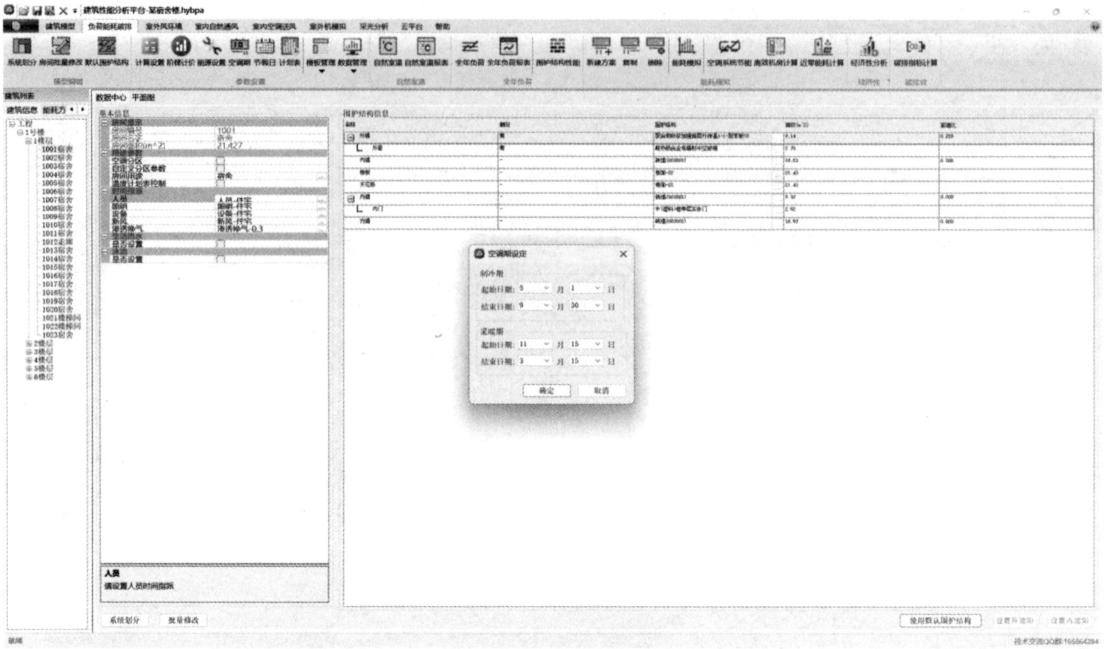

图 5-67 空调期设置

【第十三步】单击"节假日",根据实际情况,单击"添加",进行全年各节假日的设置,如图 5-68 所示。

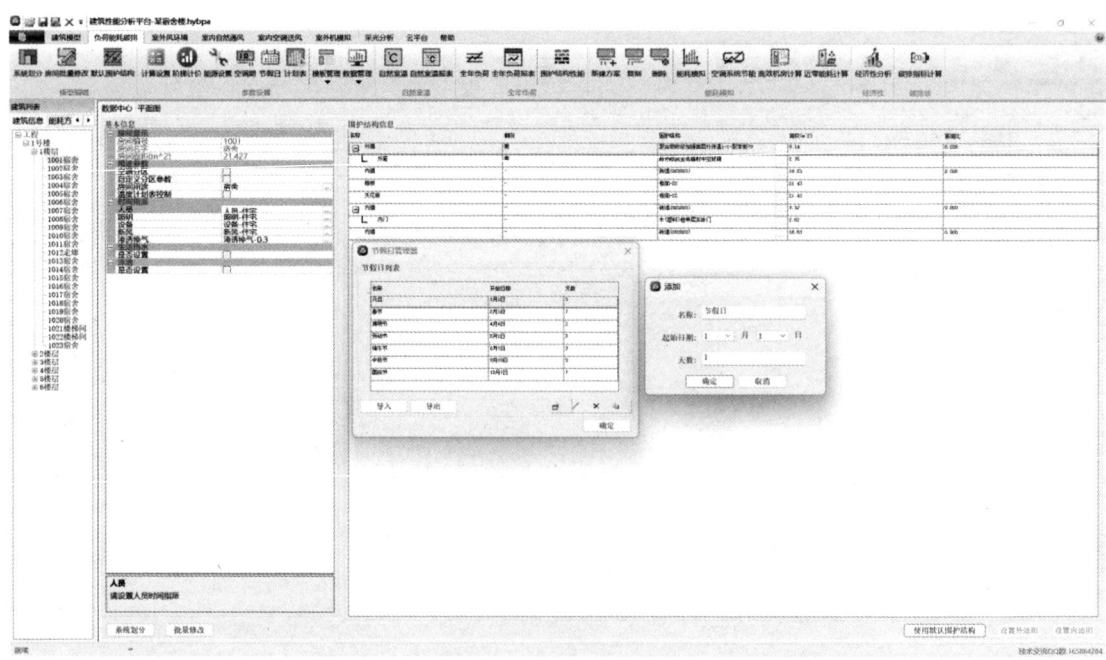

图 5-68 节假日设置

【第十四步】"空调期"和"节假日"的设置均应用于"全年计划表"。单击"全年计划表",进行计划表相关参数的设置,如图5-69所示。

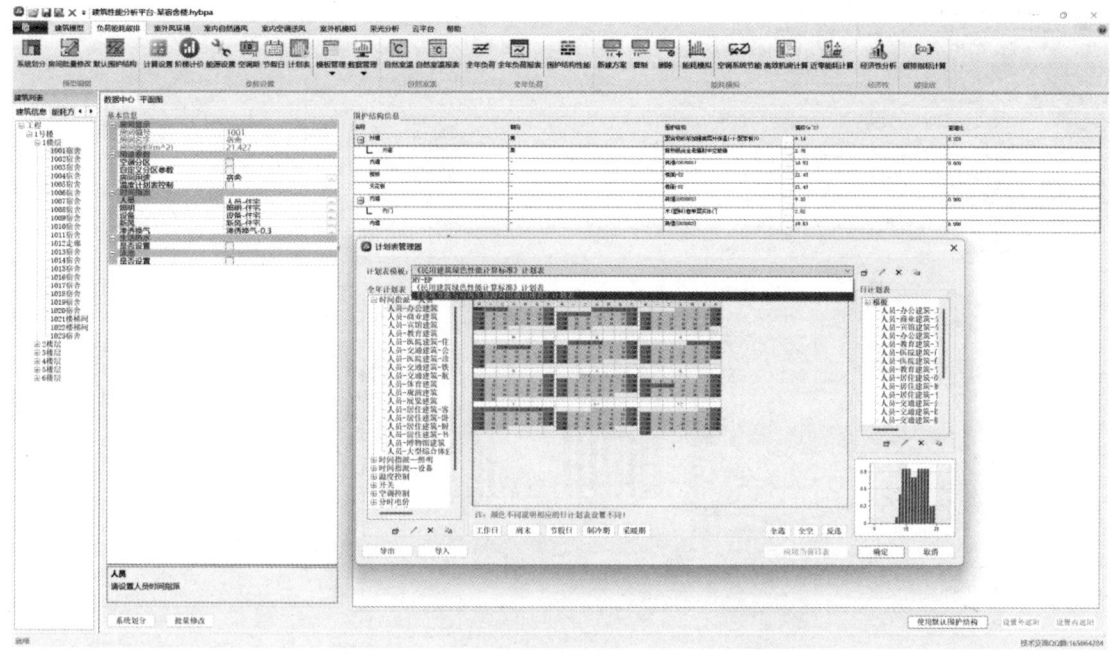

图 5-69　包括空调期和节假日的全年计划表

根据需要选择"计划表模板",新建"全年计划表"和"日计划表",结合实际情况设置"日计划表"各时刻使用率,如图5-70所示。

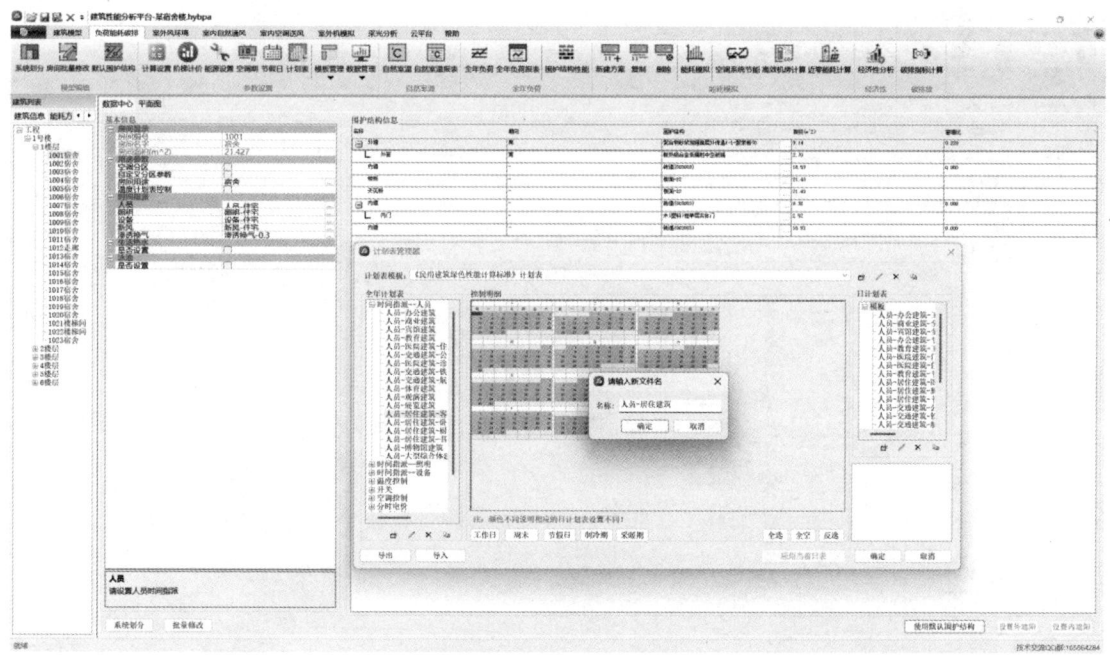

图 5-70　新建日计划表

单击"工作日",选择设置好的工作日的日计划表,单击"应用当前日表"进行设置,如图5-71所示。

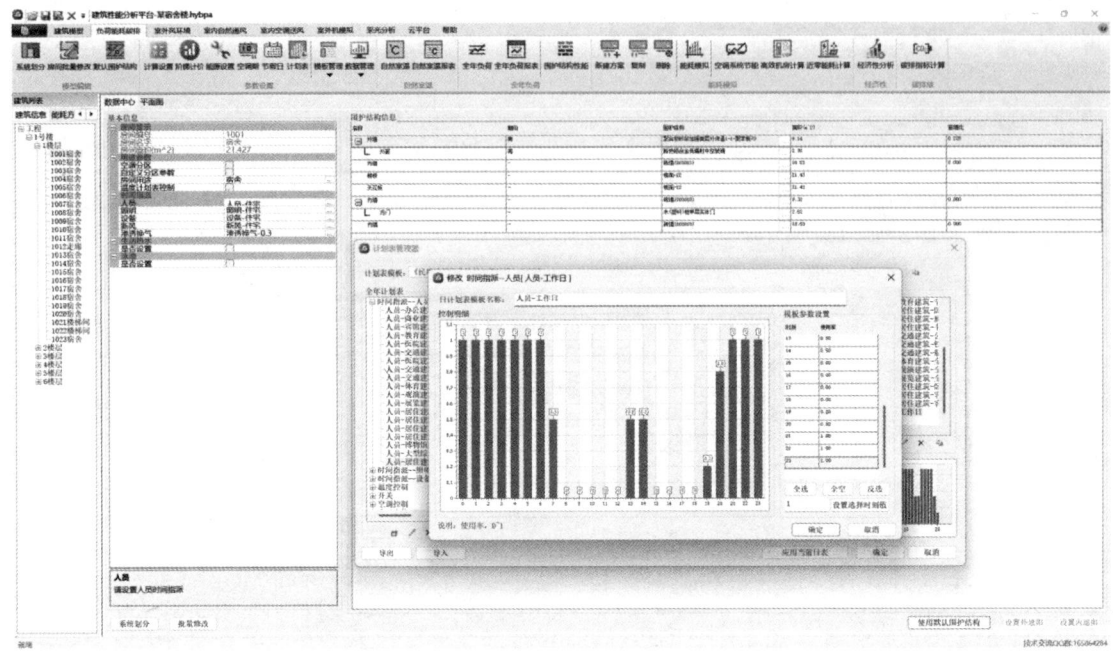

图5-71 工作日设置

单击"周末"或"节假日",选择设置的节假日的日计划表,单击"应用当前日表"进行设置,如图5-72所示。各年的日计划表均重复以上步骤来设置。

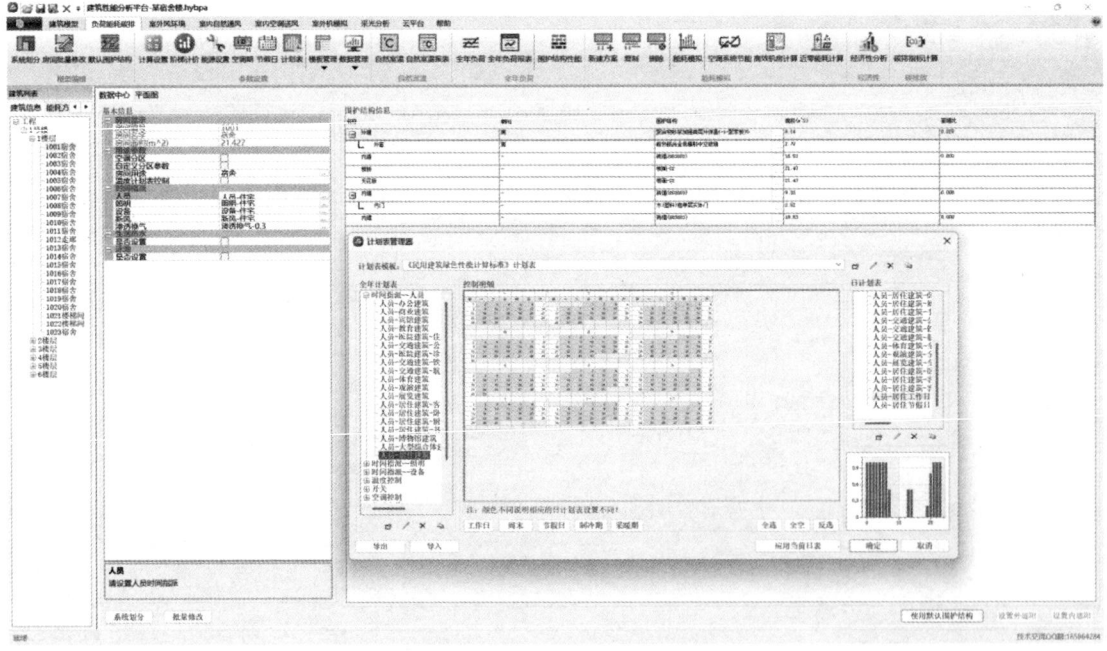

图5-72 周末和节假日设置

【第十五步】单击"自然室温""确认",进行自然室温计算,如图 5-73 所示。计算成功后,单击"自然室温报表",可分层分房间查看各房间的时刻温度,如图 5-74 所示。结果可通过"导出 Excel"进行查看。

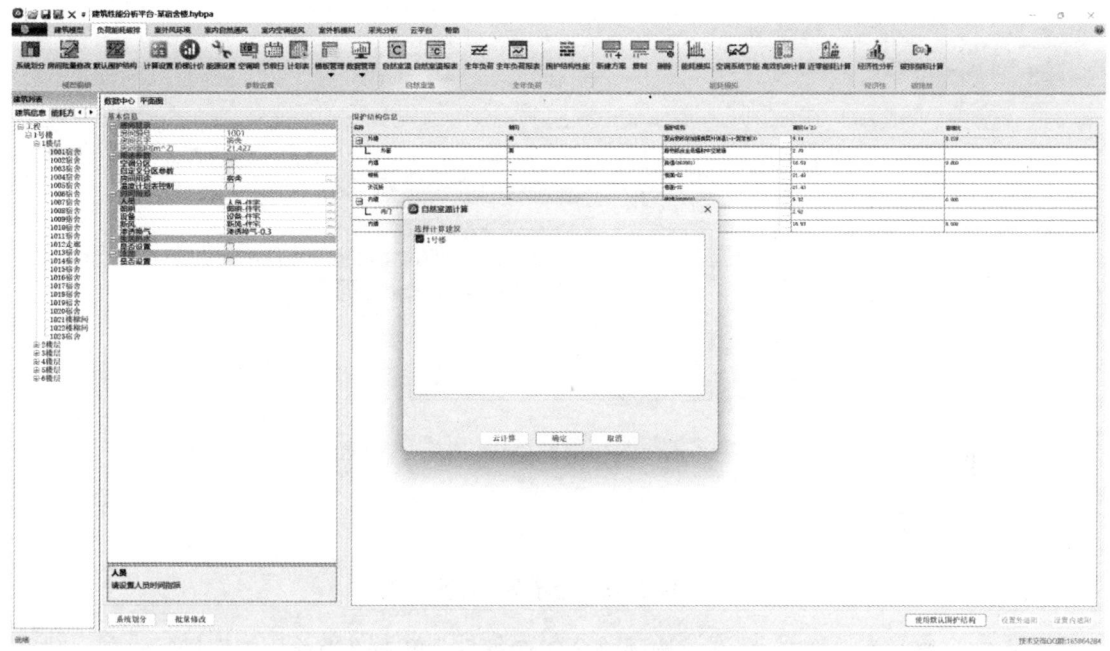

图 5-73 建筑的自然室温计算

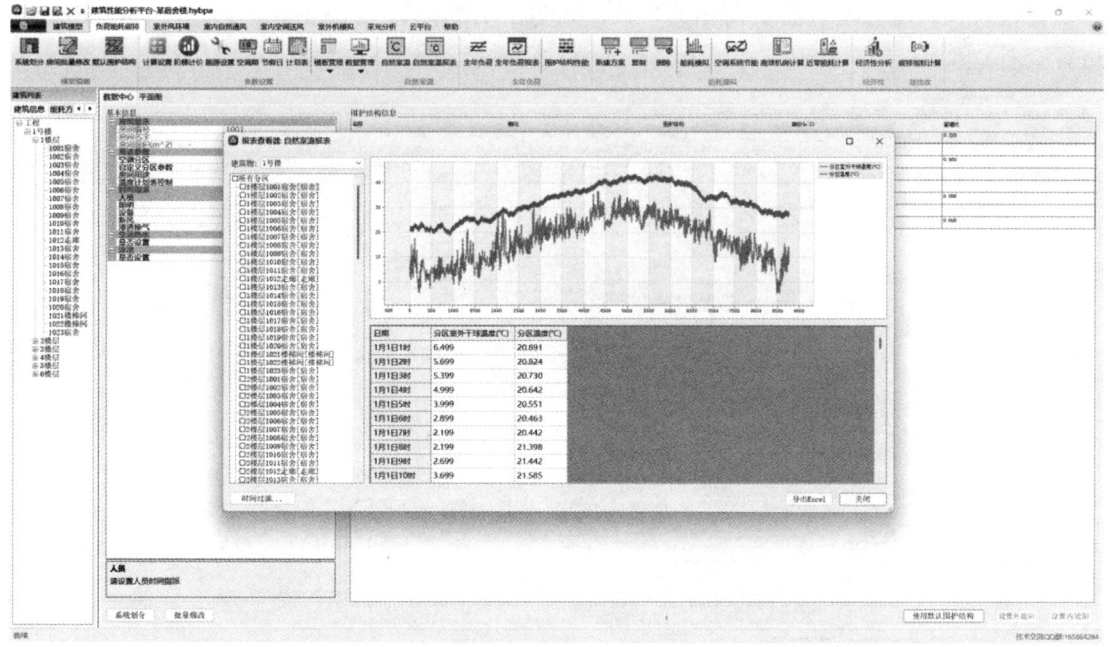

图 5-74 自然室温报表

【第十六步】单击"全年负荷",设置相关参数,再单击"确认",进行全年负荷计算,如图 5-75 所示。

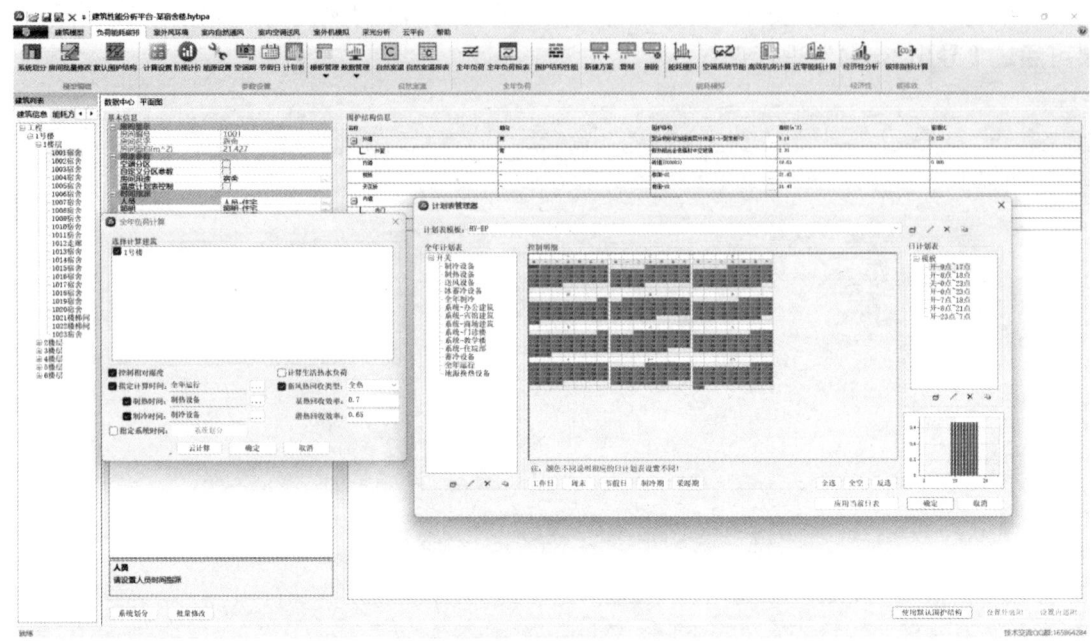

图 5-75　全年负荷计算

可指定计算时间，单击"…"，选择"全年运行"，单击"当前日表"进行设置。同理，"制热时间"对应"制热设备"，"制冷时间"对应"制冷设备"。计算成功后，单击"全年负荷报表"，可分层查看负荷相关参数，如图 5-76 所示。计算结果可通过"导出 Excel"进行查看。

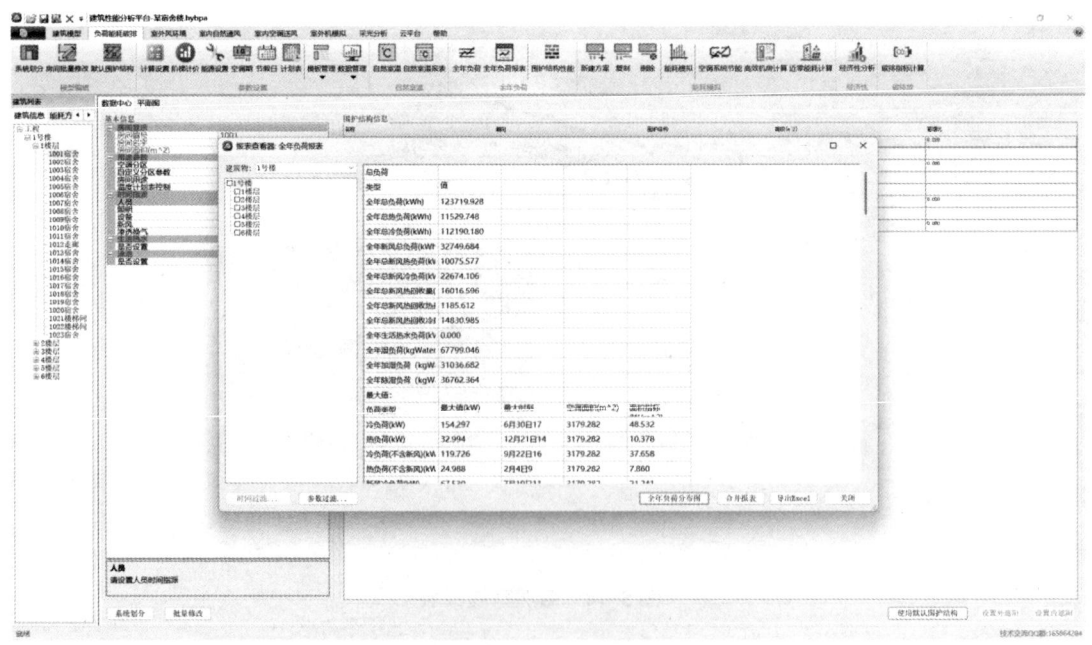

图 5-76　全年负荷报表

单击"全年负荷分布图",可进行"自定义分布区间"。单击"参数过滤",选择"所有对象",单击"确认",即可分房间查看负荷,如图5-77所示。

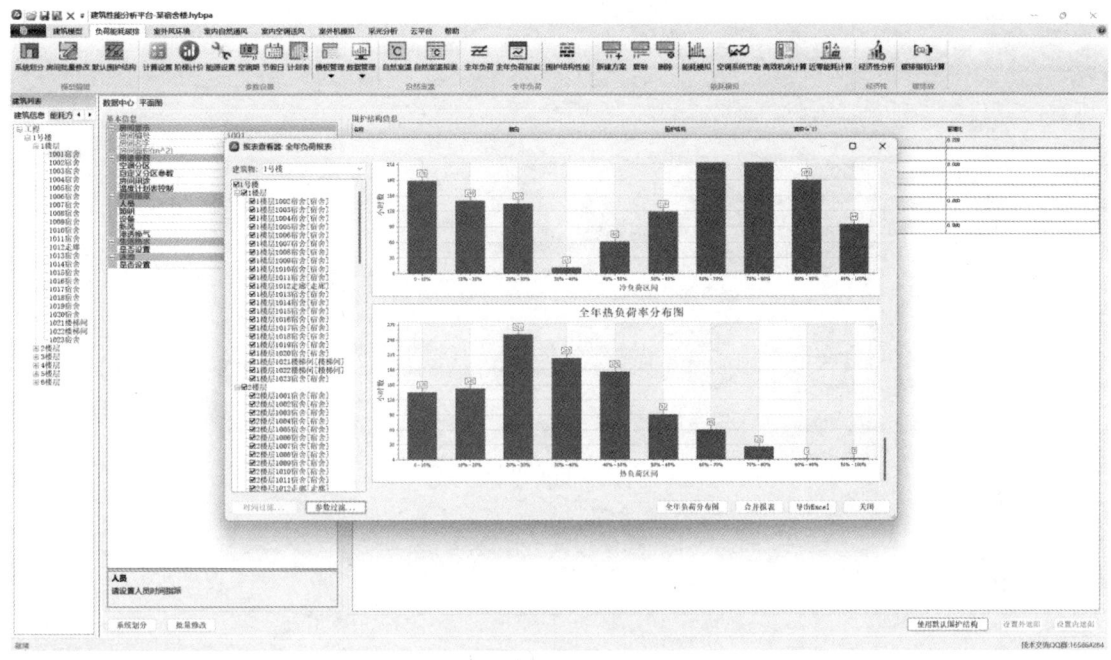

图 5-77　房间负荷查看

【第十七步】单击"围护结构性能",在"参考围护结构模块",结合建筑实际情况,选择对应的"标准"和"参数",如图5-78所示。

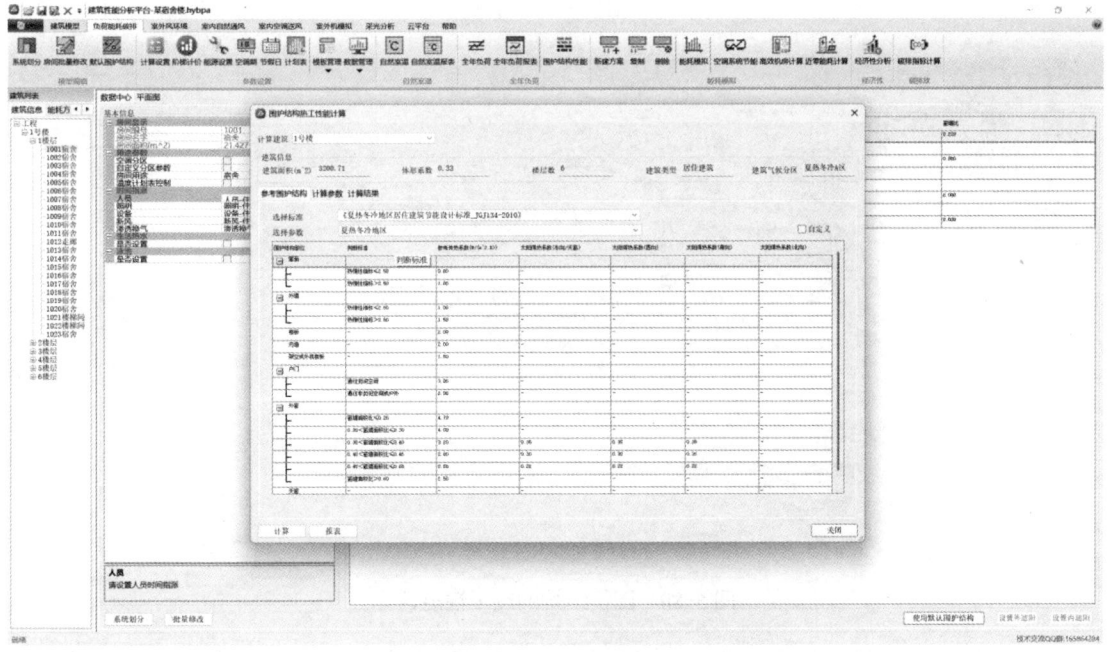

图 5-78　围护结构的标准和参数设置

在"计算参数"模块,可选择"使用设计参数"或"计算参数模板"(图5-79)。选择合适的"计算时间"后,单击"计算",如图5-80所示。

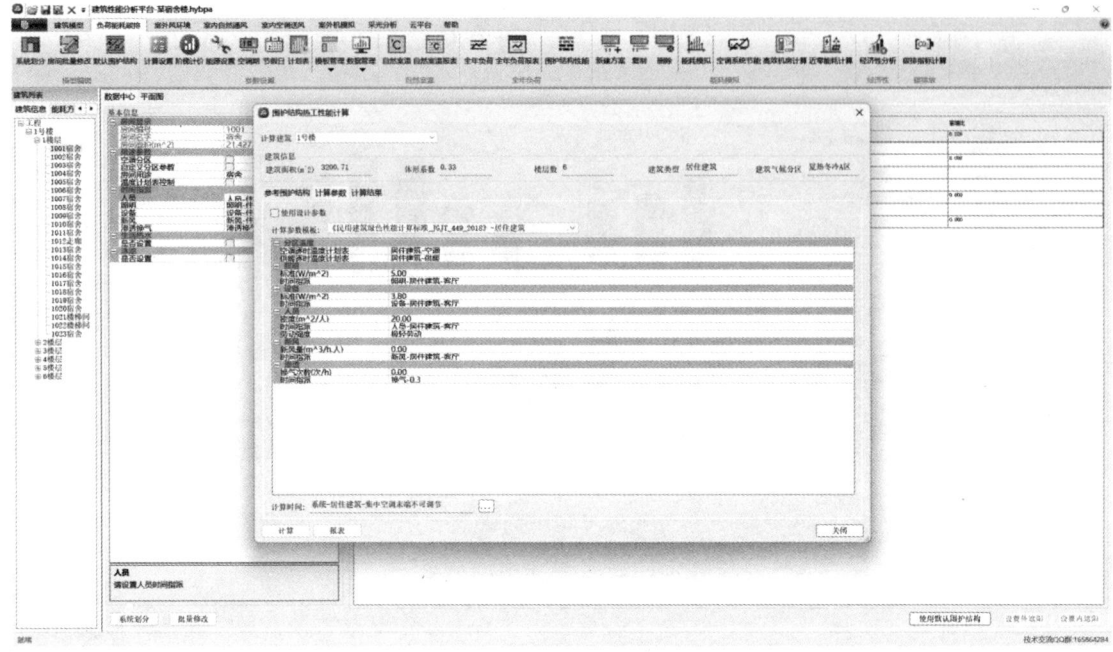

图 5-79　计算参数模板选择

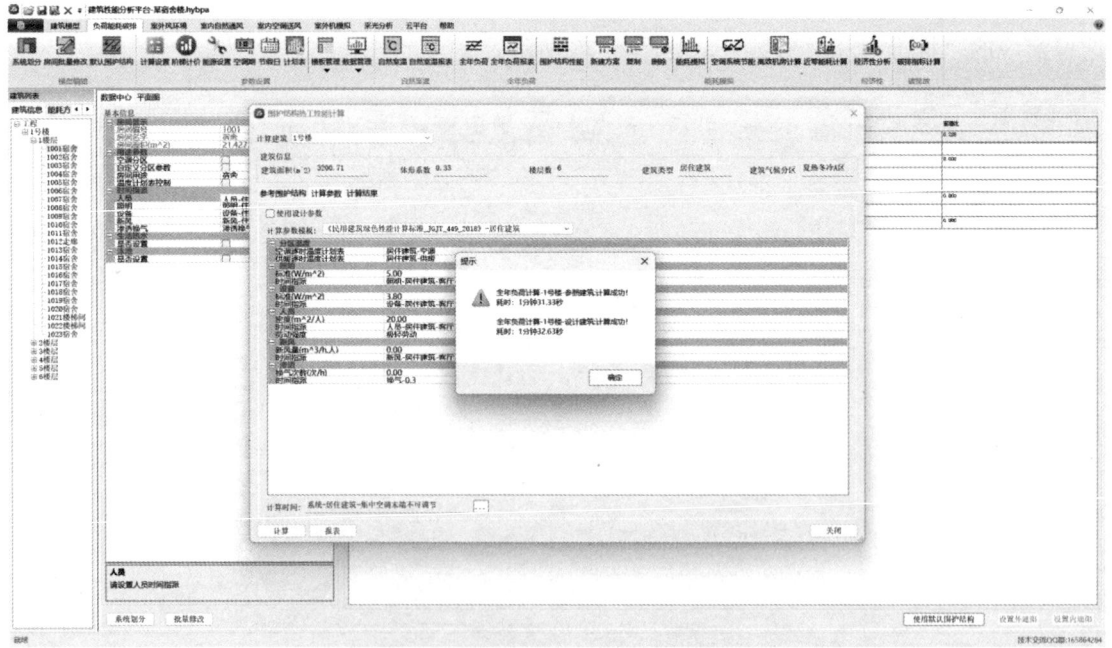

图 5-80　围护结构的热工性能计算

计算完成后,选择不同的"计算标准",查看计算结果,如图5-81和图5-82所示。

第5章 BIM在工程运维阶段的应用

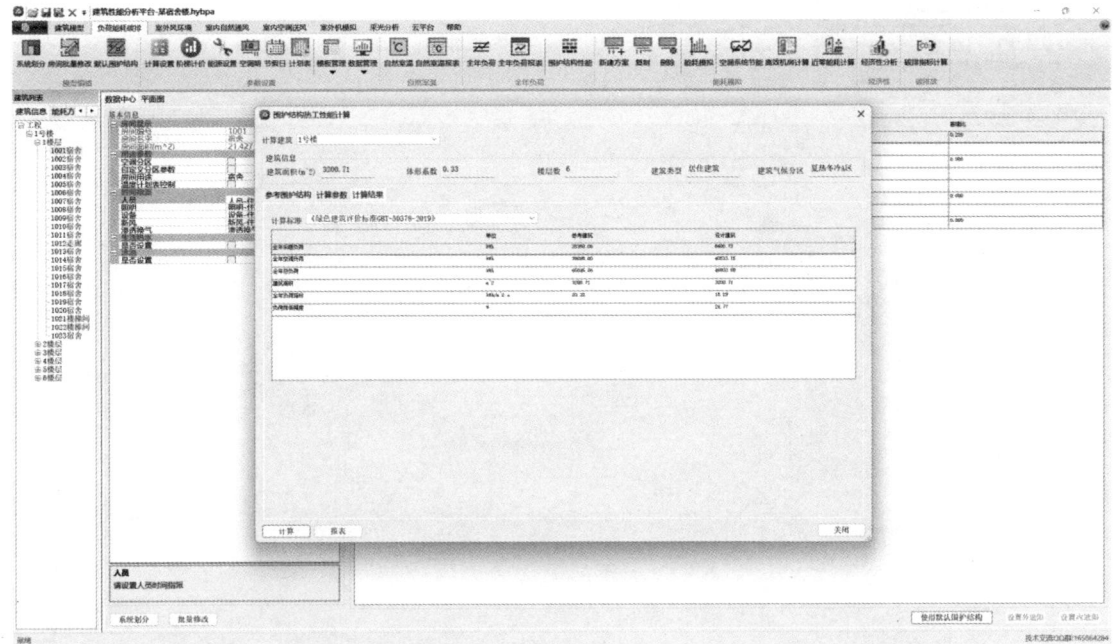

图 5-81 基于《绿色建筑评价标准》（GB/T 50378—2019）的计算结果

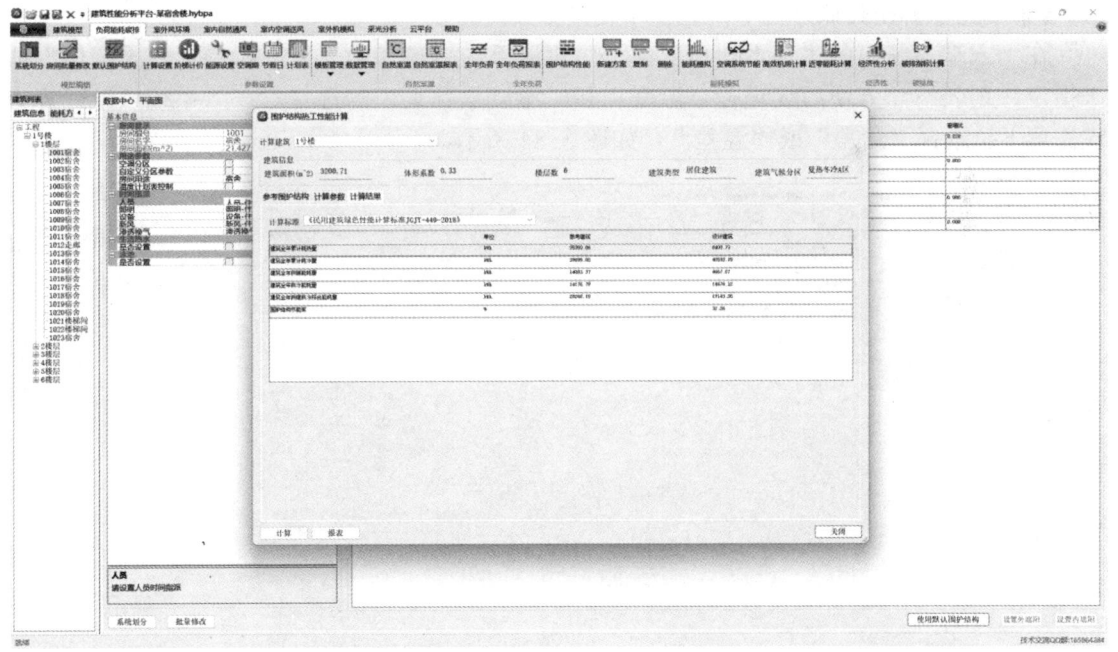

图 5-82 基于《民用建筑绿色性能计算标准》（JGJ/T 449—2018）的计算结果

【第十八步】单击"能耗模拟""新建方案"，依次创建"末端系统""冷源系统"和"热源系统"。"末端系统"具体设置"系统形式""冷热类型"和"承担系统"等相关参数；"冷源系统"具体设置"冷源类型"和"承担末端"；"热源系统"具体设置"热源类型"和"承担末端"，如图 5-83 所示。重复以上操作，可新建多套方案。

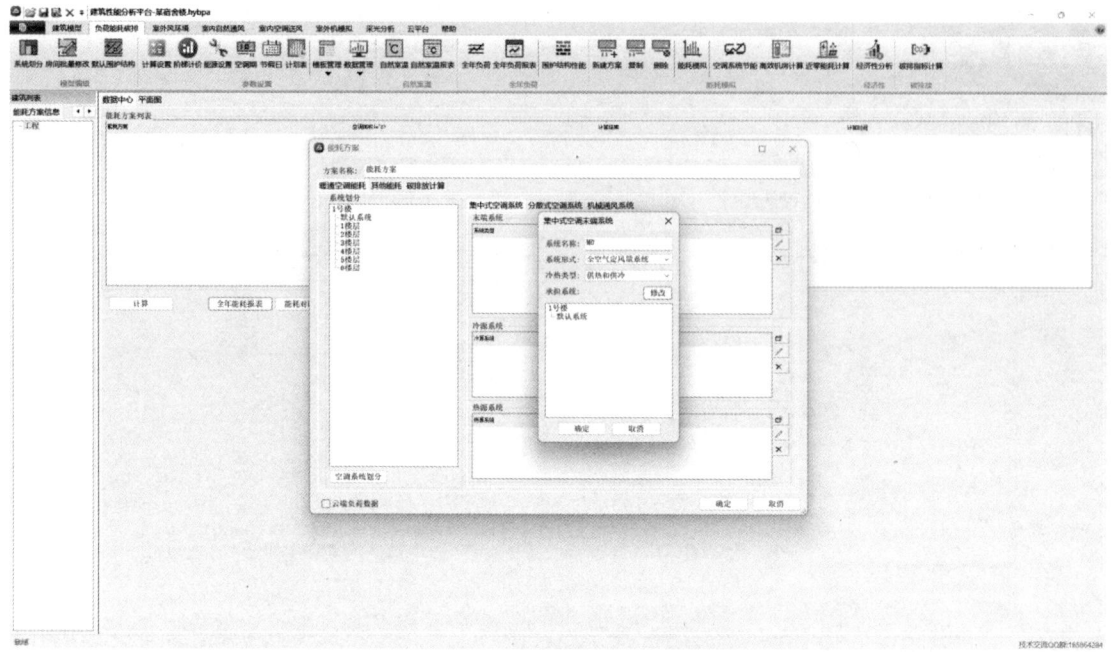

图 5-83　集中式空调末端系统设置

【第十九步】在具体方案中，查看和设置参数。

在"末端系统"的"基本信息"中，"设置系统送风参数"可下拉选择"固定值"或"指定计划表"，方便后续进行"温度"和"湿度"计划表的选择。在"系统风量计算方式"可下拉选择"焓差"或"温差"，如图 5-84 所示。

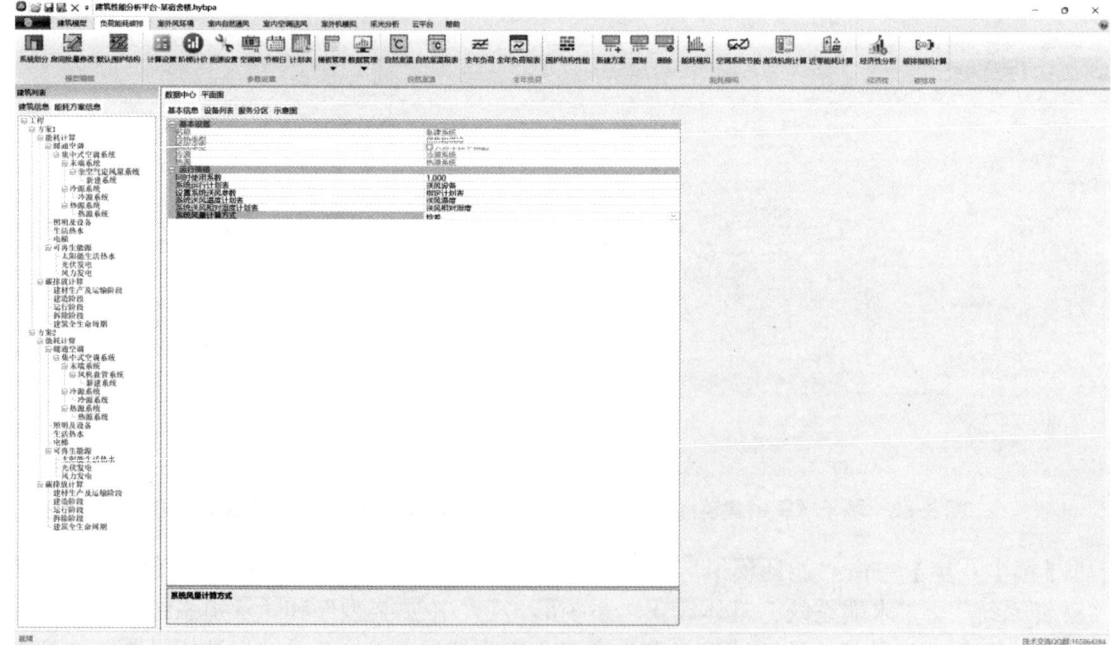

图 5-84　末端系统基本信息设置

在"设备列表""额定风量输入方式"中,可下拉选择"自动计算"或"自定义",如图 5-85 所示。

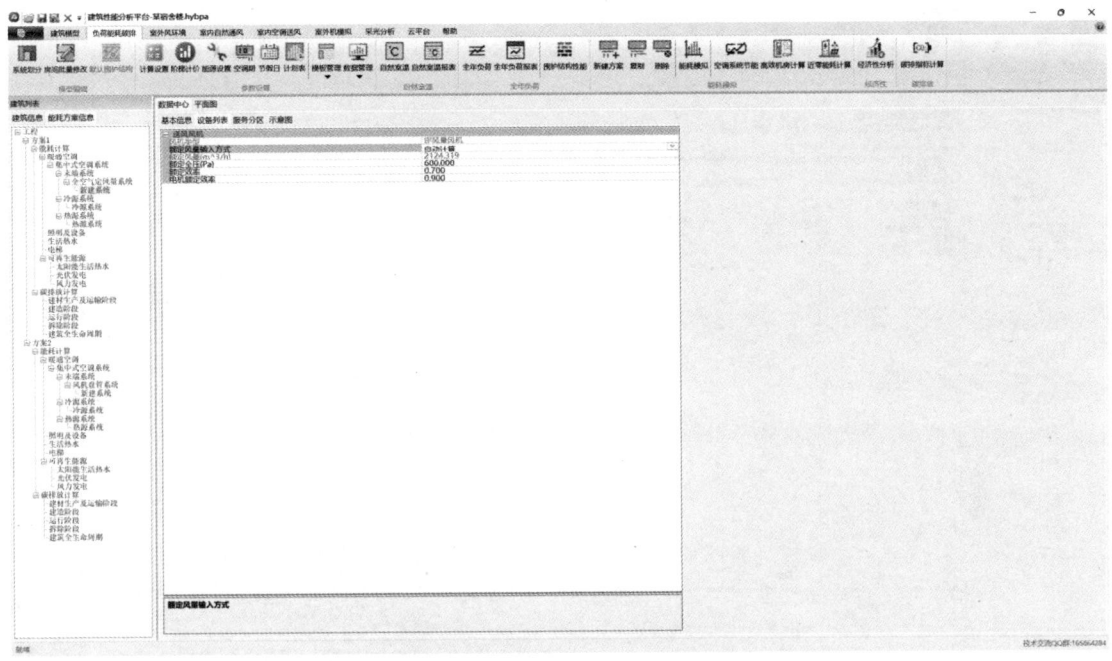

图 5-85　额定风量输入方式设置

在"服务分区"中,显示该末端系统所服务的所有分区(即楼层或房间)。在"分区信息"中,可根据房间划分进行分区设置,如图 5-86 所示。

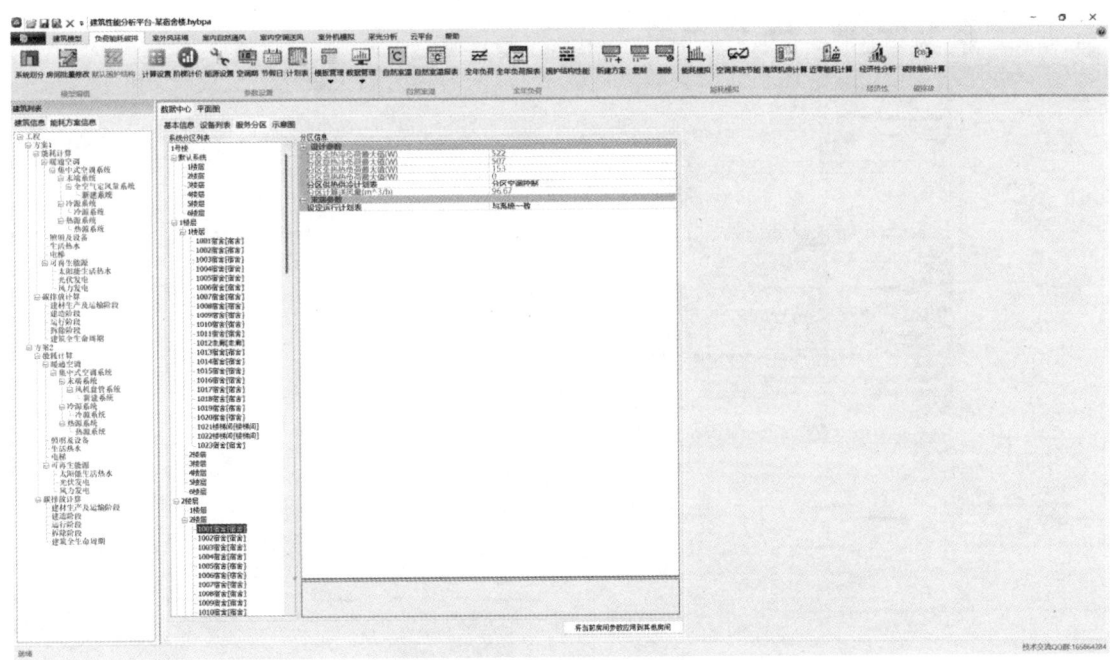

图 5-86　末端系统服务分区设置

在"冷源系统"的"基本信息"中,可进行"设计参数"和"运行策略"相关参数的设置,如图 5-87 所示。

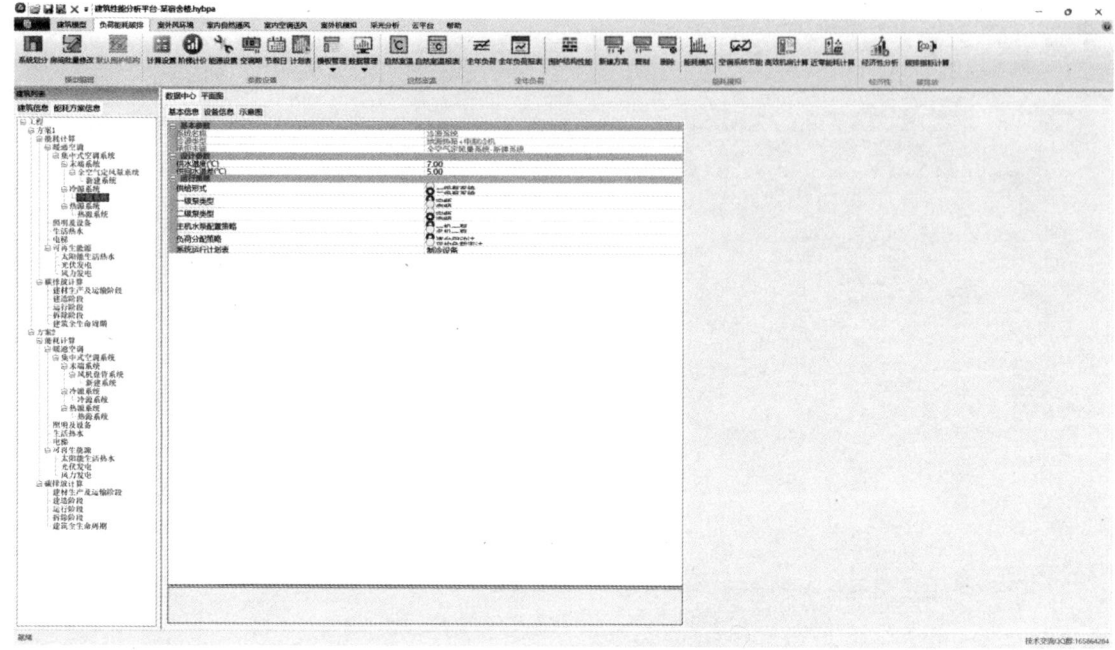

图 5-87　冷源系统的基本信息设置

在"设备信息"中,结合方案设计,添加具体设备(包括地源热泵、电制冷机),调整相关参数,以确保"所有设备总额定制冷量"大于"系统最大冷负荷",如图 5-88 所示。

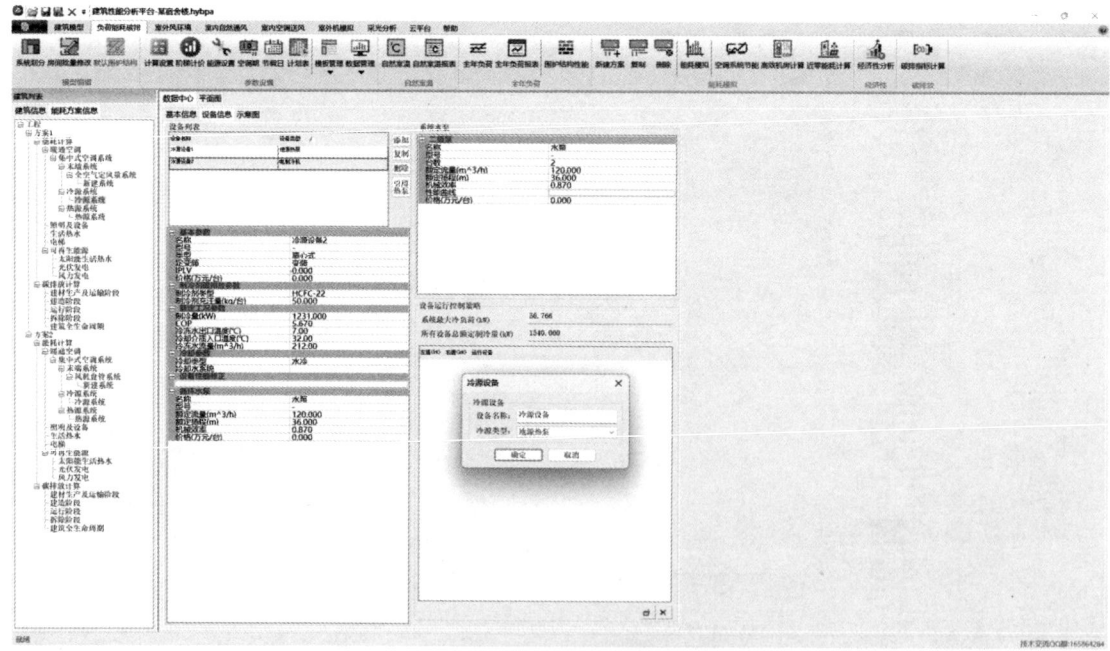

图 5-88　冷源系统中设备信息设置

在右下角方框中输入负荷区间,如图 5-89 所示。针对负荷区间设置运行设备,可单击"箭头"调整设备选择和先后顺序,如图 5-90 所示。

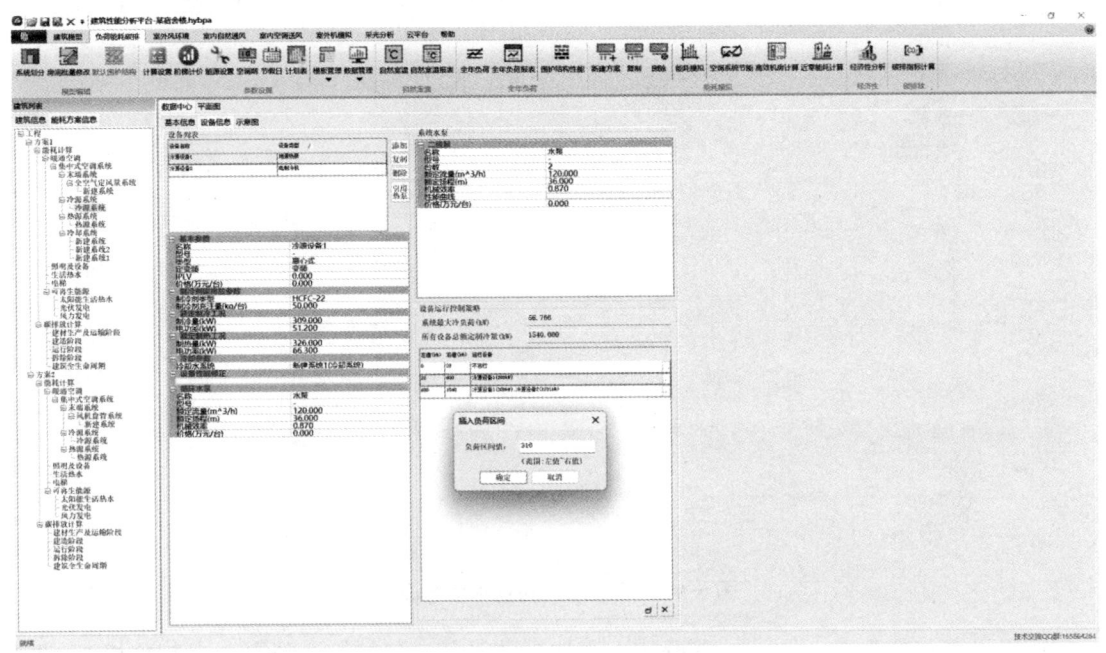

图 5-89 冷源系统中负荷区间设置

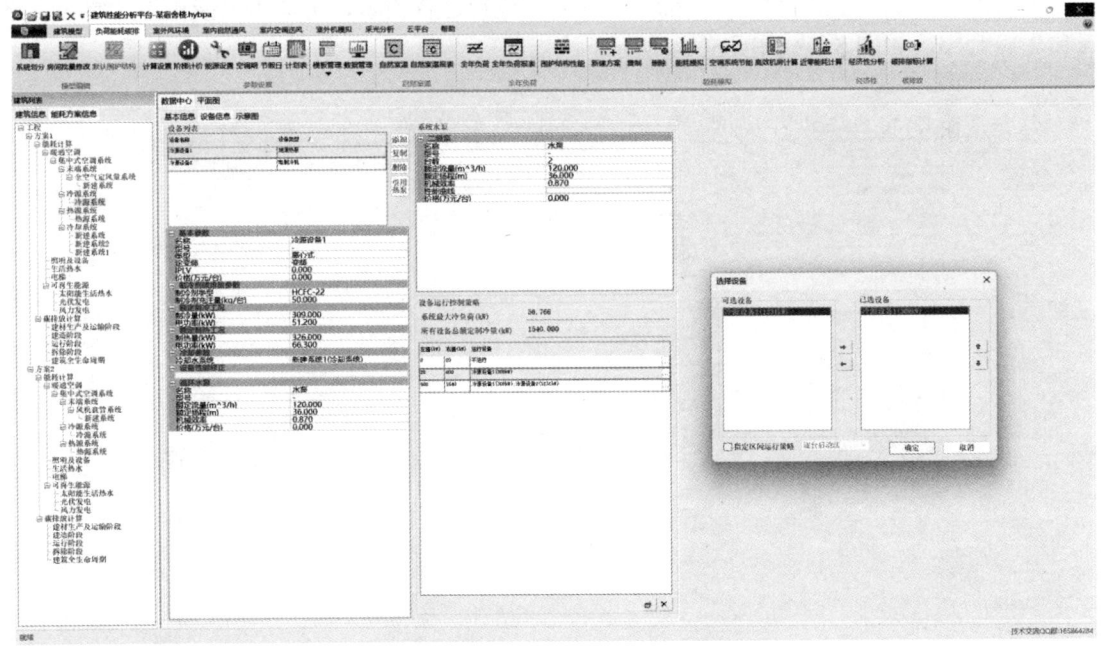

图 5-90 冷源系统中运行设备设置

在"热源系统"的"基本信息"中,可进行"设计参数"和"运行策略"相关参数的设置,如图 5-91 所示。

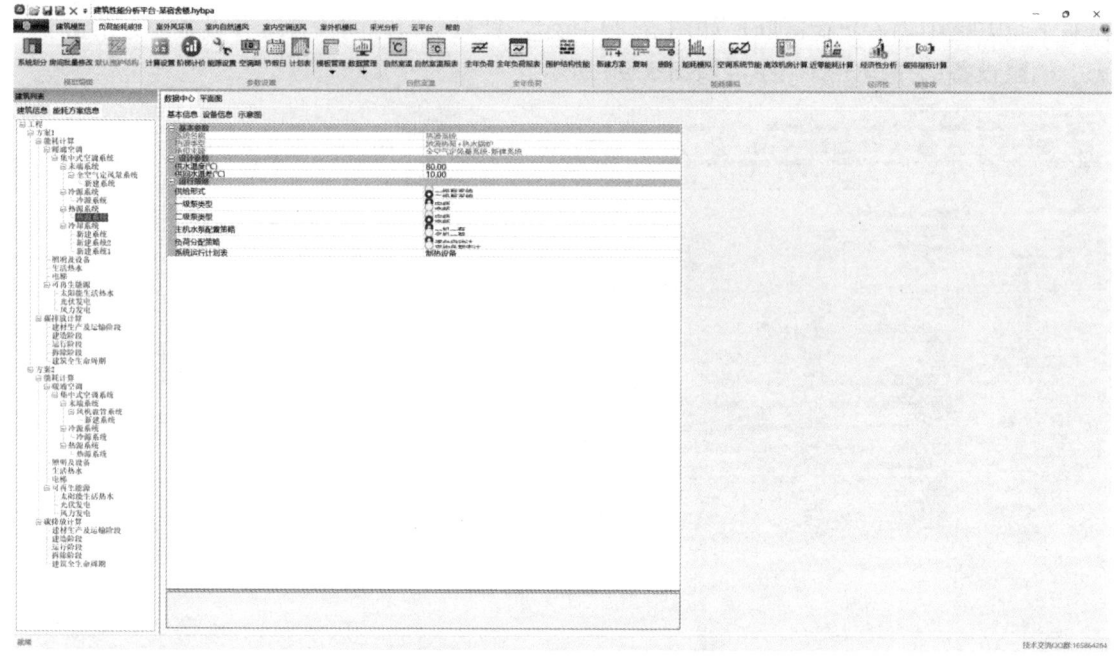

图 5-91 热源系统的基本信息设置

在"设备信息"中,结合方案设计,添加具体设备(包括地源热泵、电制冷机),调整相关参数,以确保"所有设备总额定制热量"大于"系统最大热负荷",如图 5-92 所示。在右下角方框中输入负荷区间,并针对负荷区间设置运行设备,可单击"箭头"调整设备选择和先后顺序,如图 5-93 和图 5-94 所示。

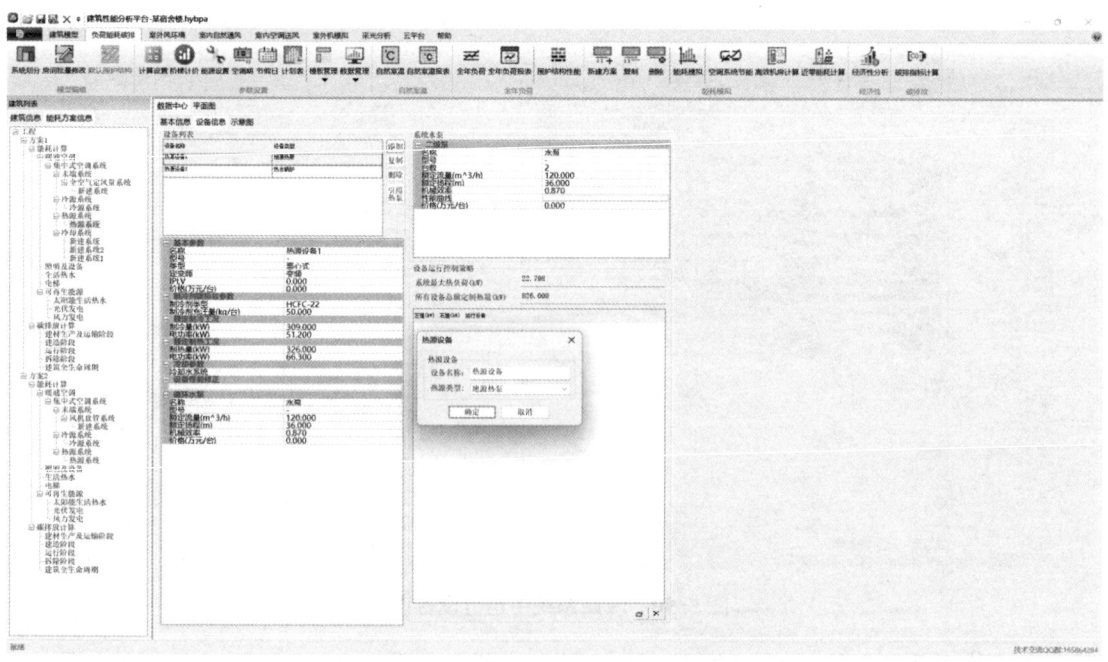

图 5-92 热源系统的基本信息设置

第5章 BIM在工程运维阶段的应用

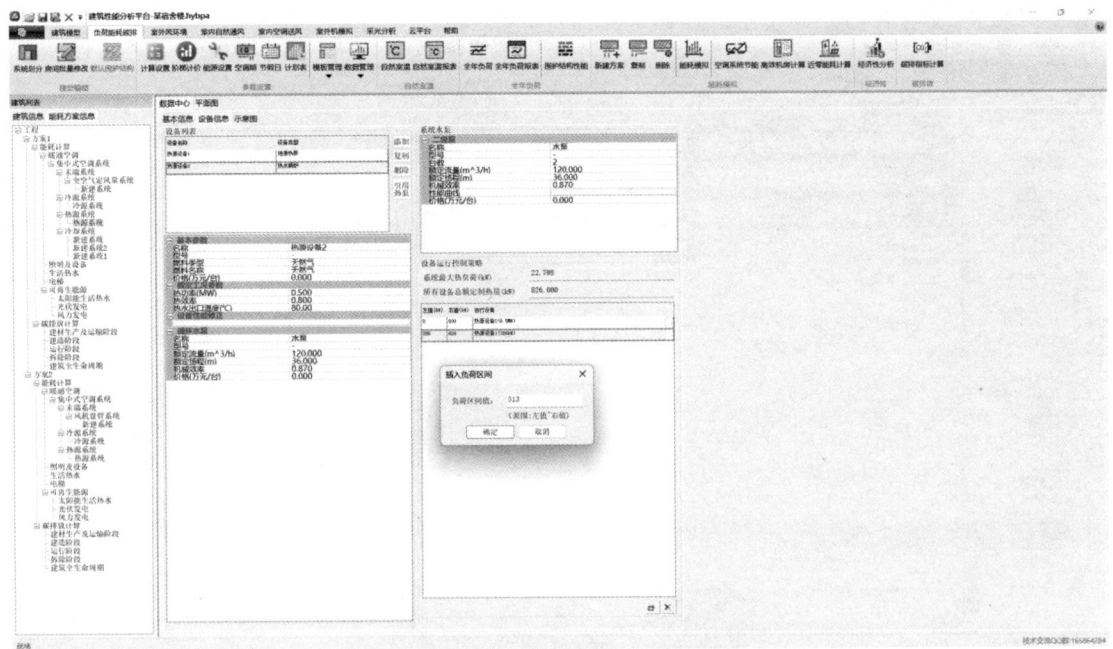

图 5-93 热源系统的负荷区间设置

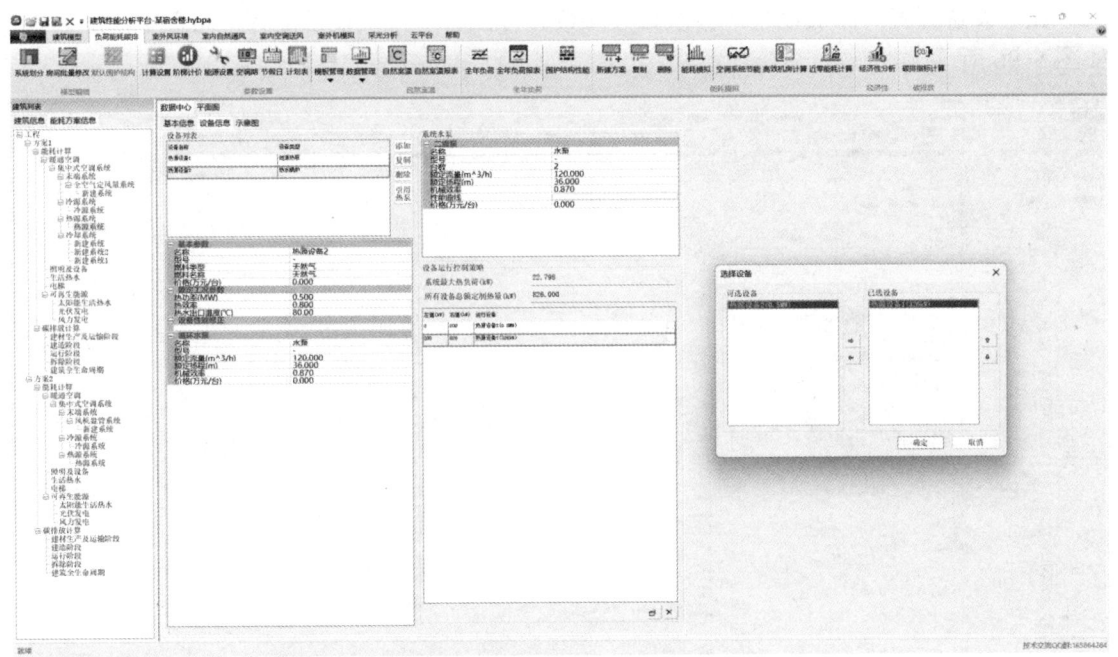

图 5-94 热源系统的运行设备设置

在运行设备"地源热泵"和"电制冷机"中均有"冷却系统"的选择。在"冷却系统"的"基本信息"中,可进行"设计参数"和"运行策略"相关参数的设置。"冷却设备"下拉可选择"冷却塔"或"地源换热器",如图5-95所示。

231

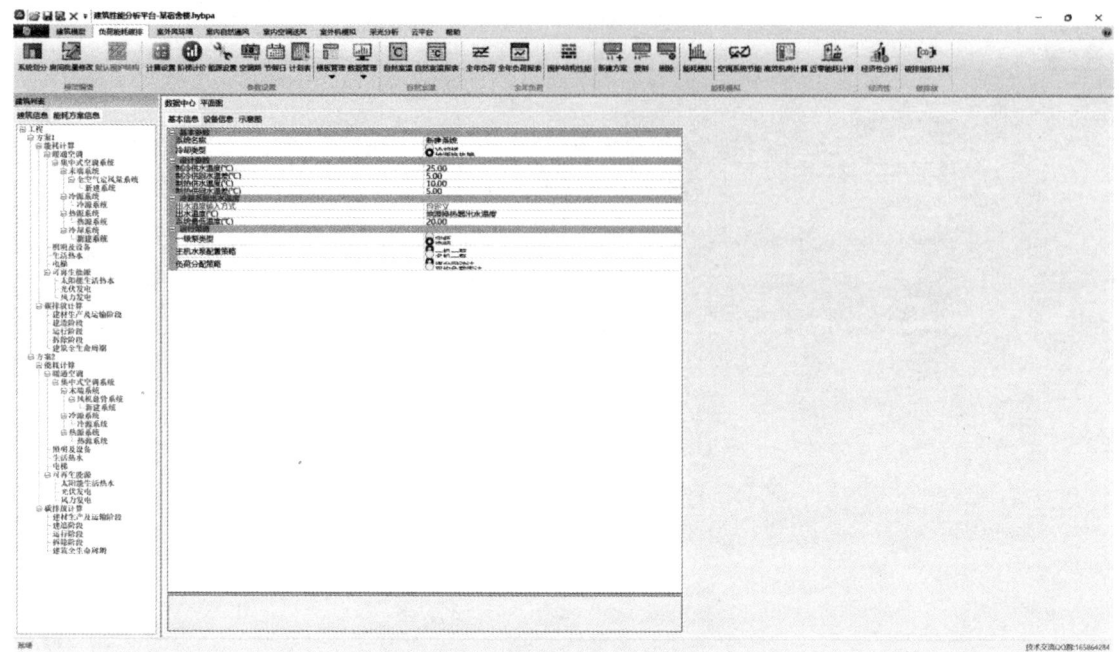

图 5-95 冷却设备的基本信息设置

在"设备列表"添加设备,修改相关参数。可在右下角"设备运行策略"中添加设置,如图 5-96 所示。

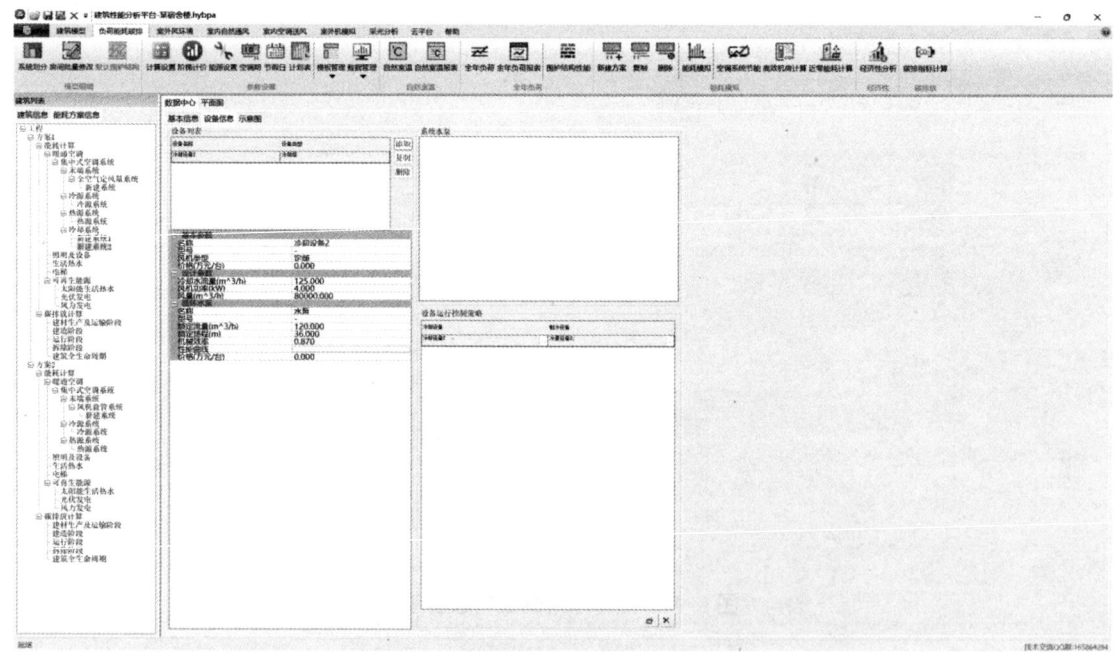

图 5-96 冷却设备的设备运行策略设置

【第二十步】完成方案设置后,勾选具体方案,单击"计算"。计算完成后,选择任意方案,单击"全年能耗报表"查看具体数据,如图 5-97 所示。

第 5 章　BIM在工程运维阶段的应用

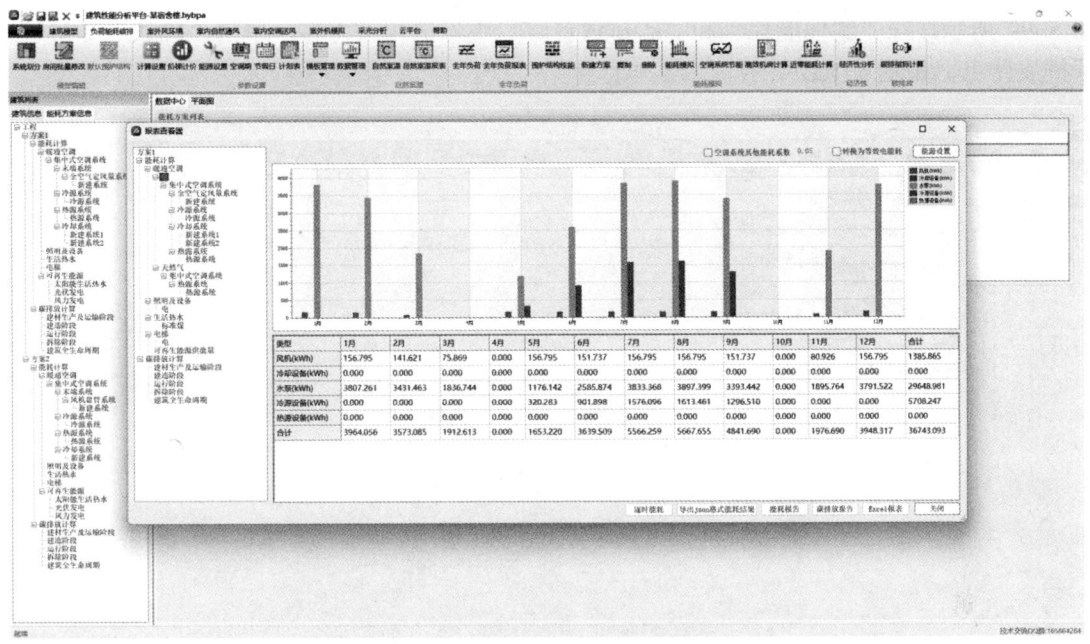

图 5-97　方案 1 的全年能耗报表

【第二十一步】勾选多个方案，单击"能耗对比表"，进行不同方案数据的对比分析，如图 5-98 所示。

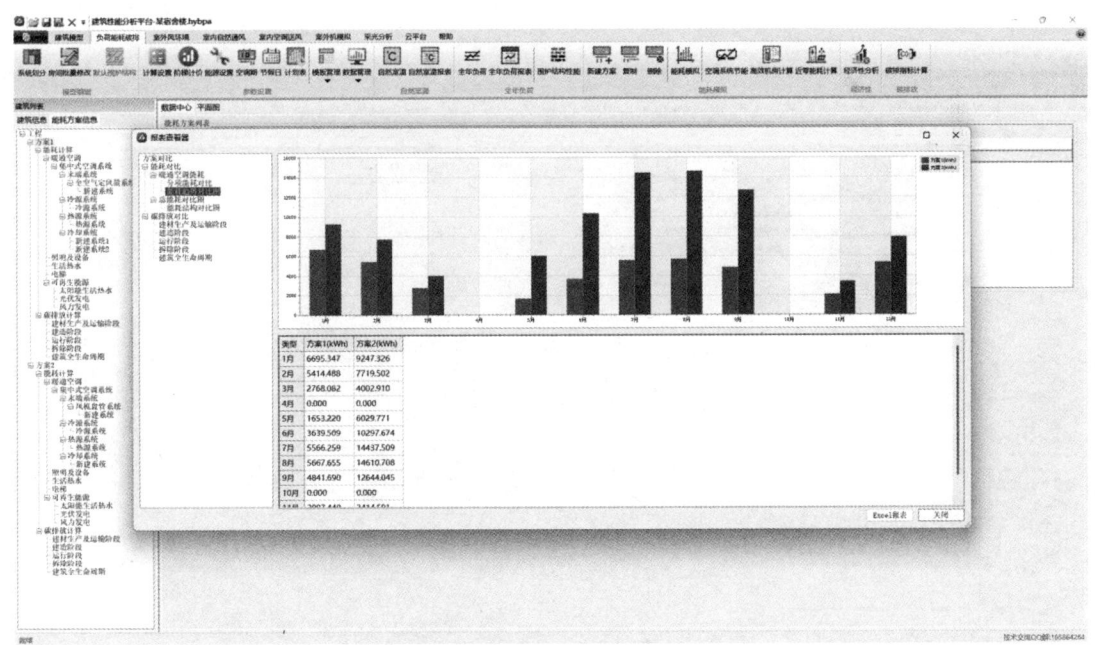

图 5-98　多方案能耗对比表

5. 建筑碳排计算

【第一步】单击"添加方案"，根据实际需要，在"暖通空调能耗"设置具体方案，如

图 5-99 所示。在"其他能耗"和"碳排放计算"中勾选相关内容,单击"确认"即可进行碳排放计算,如图 5-100 所示。

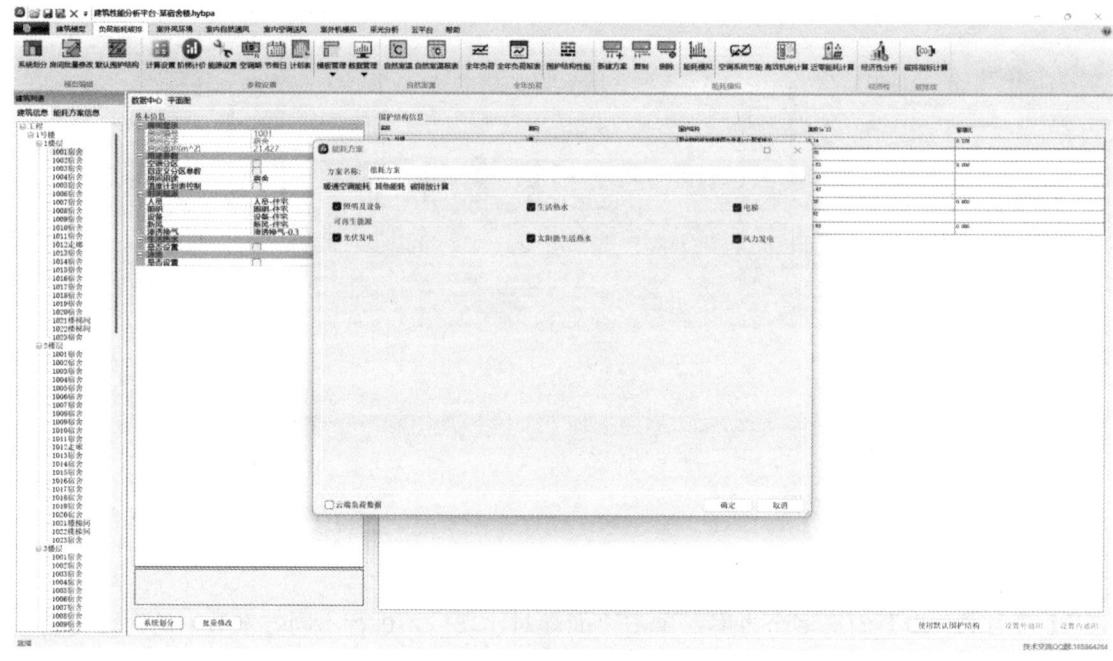

图 5-99　暖通空调能耗设置

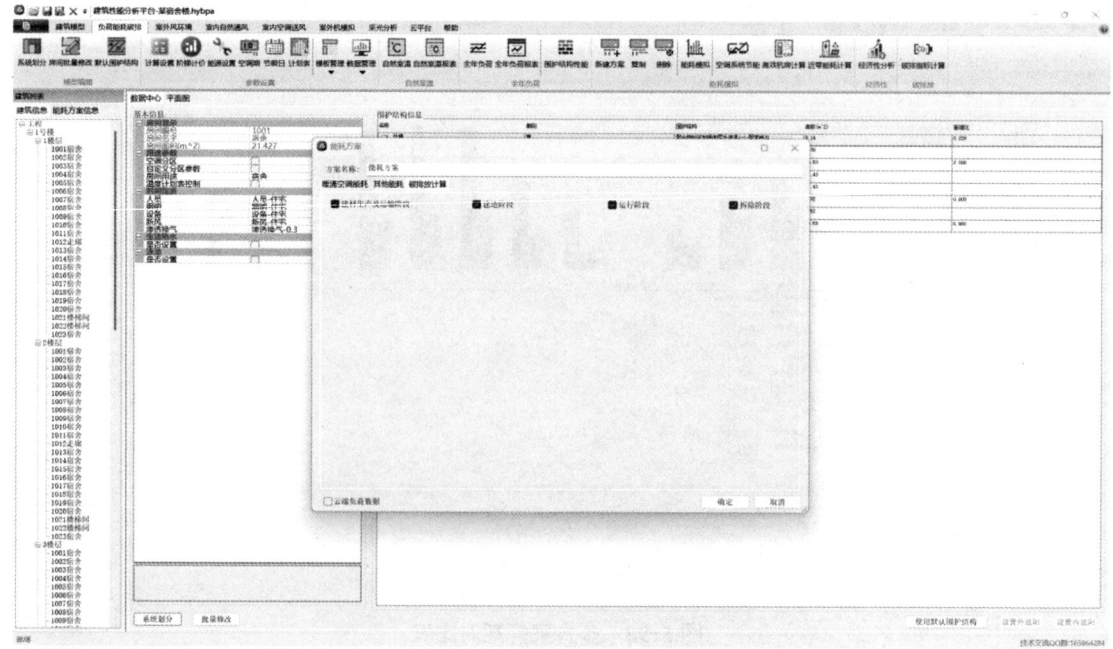

图 5-100　碳排放的计算阶段选择

【第二步】选择某方案,分别查看和修改"照明设备"(图 5-101)、"生活热水"

第5章 BIM在工程运维阶段的应用

（图5-102）、"电梯"（图5-103）和"可再生能源"（图5-104）相关参数。

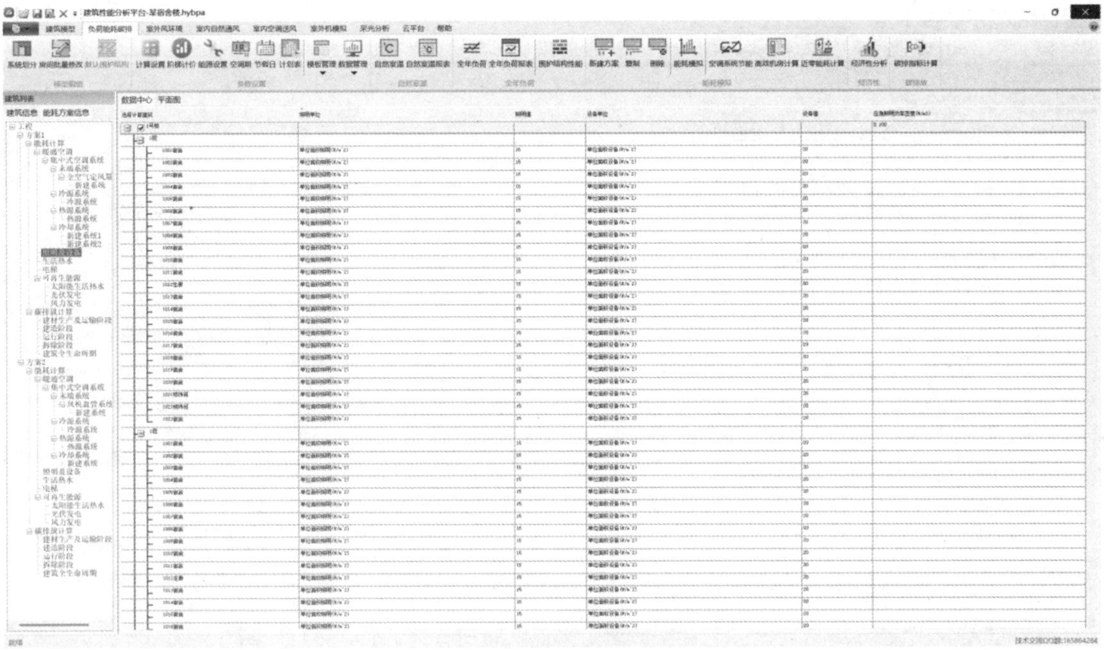

图 5-101 照明设备参数设置

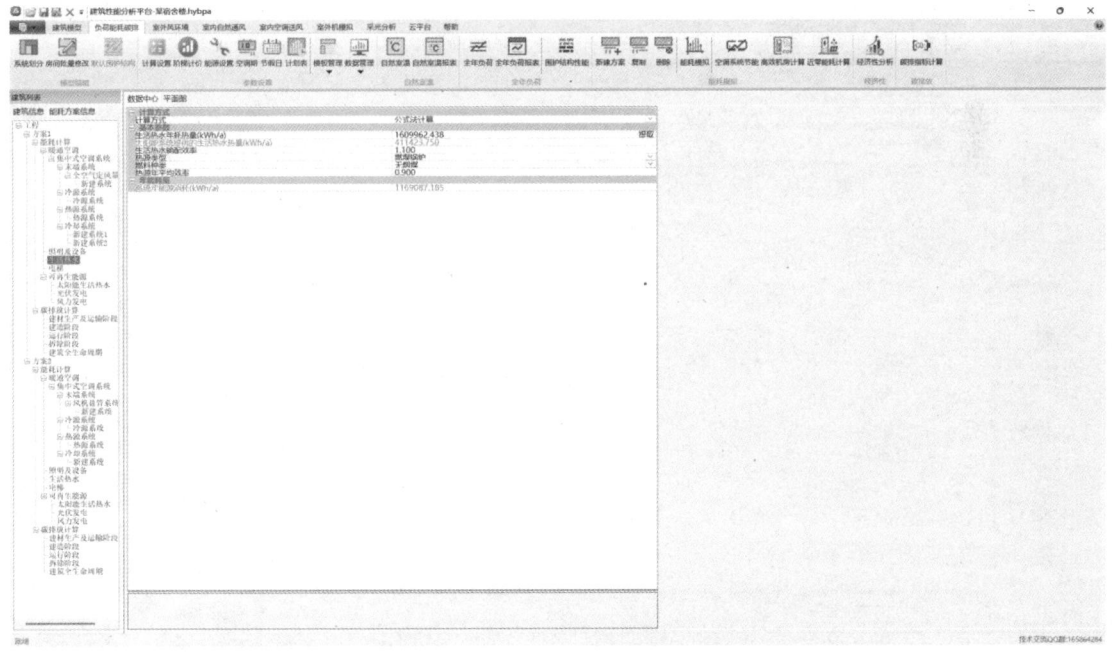

图 5-102 生活热水参数设置

【第三步】在"碳排放计算"的"建材生产与运输阶段"，单击"提取模型建材""自动匹配"以匹配合适的碳排放因子，并结合工程实际需要，修改其他相关参数，如图5-105

235

所示。设置完成后，可选择导出建材报表，已有报表也可直接导出。

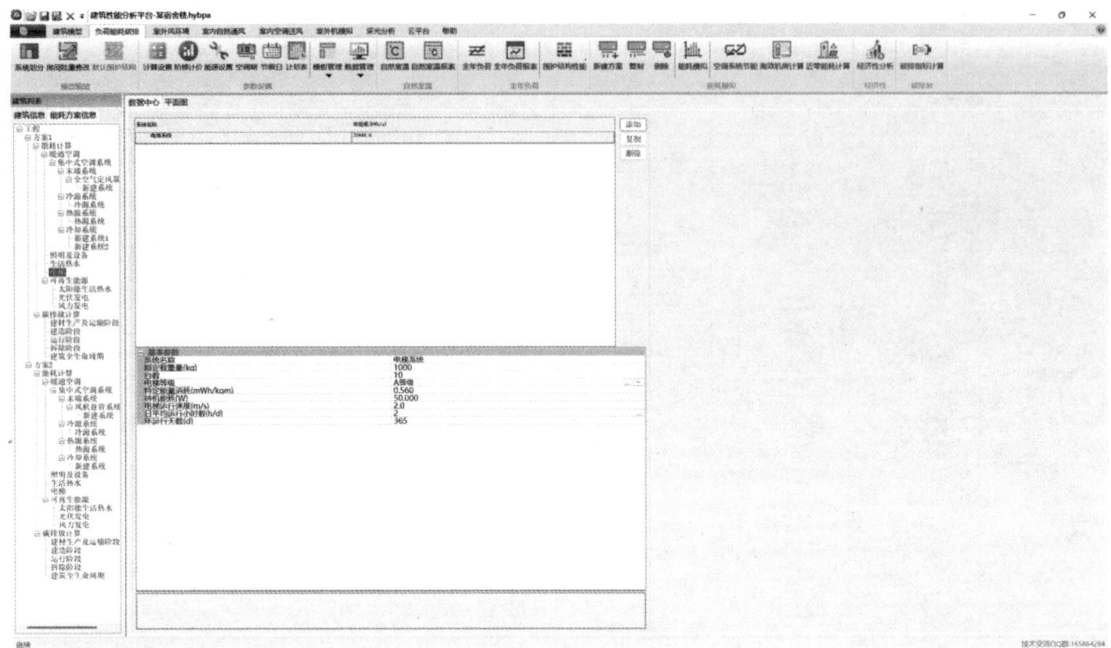

图 5-103　电梯参数设置

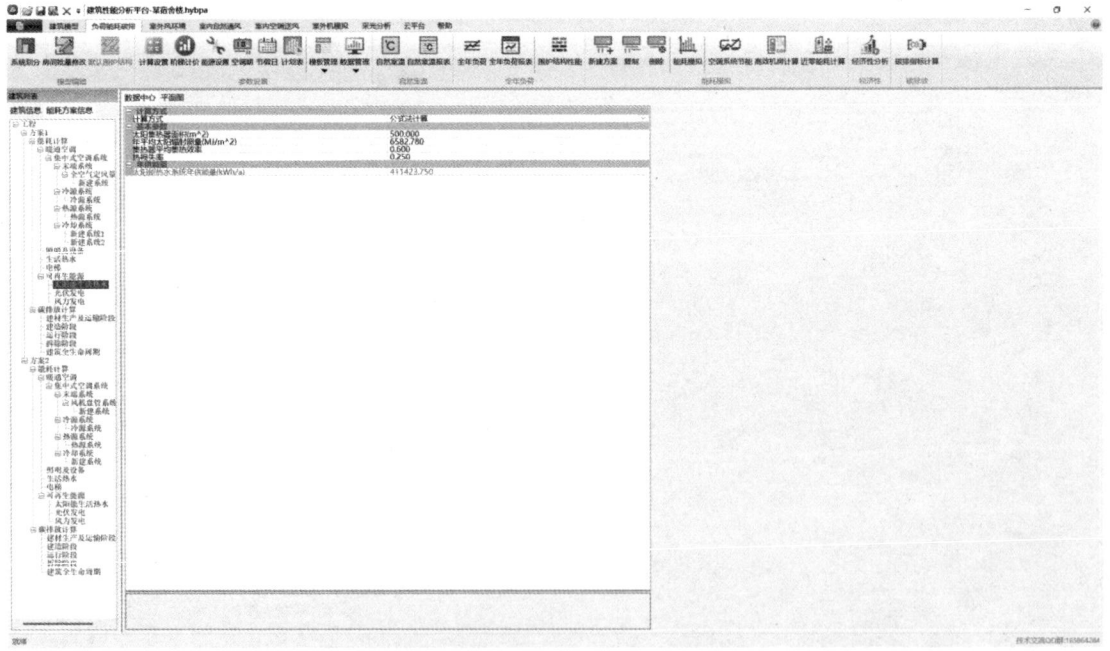

图 5-104　可再生能源参数设置

【第四步】在"碳排放计算"的"建造阶段"，可选择"经验公式法"或"施工能源消耗核算法"。经验公式法根据实际需要修改参数即可进行粗略计算，如图 5-106 所示。施工

第5章 BIM在工程运维阶段的应用

能源消耗核算法需进行工程量计算，分别导入"分部分项工程"和"措施项目"相关工程量，匹配相对应的施工机械进行估算，如图5-107所示。

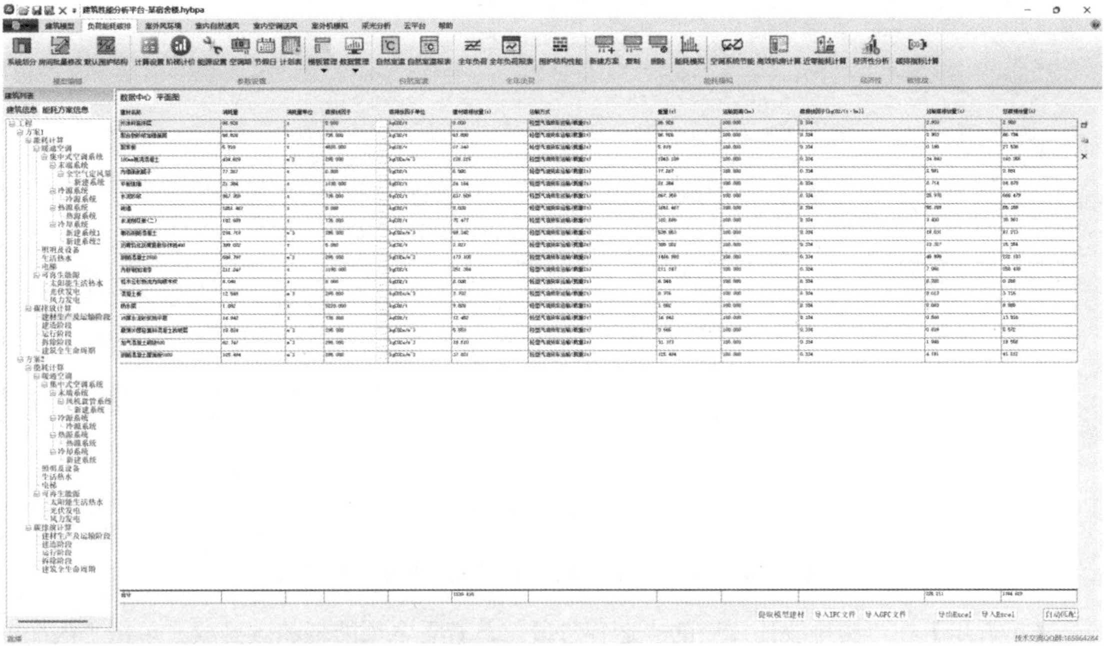

图 5-105 建材生产与运输阶段的参数设置

图 5-106 建造阶段的经验公式法参数设置

图 5-107 建造阶段的施工能源消耗核算法信息导入

【第五步】在"碳排放计算"的"运行阶段",查看多项能耗和碳排放。单击"添加植被",选择合适的植被类型进行碳排放计算,如图 5-108 所示。

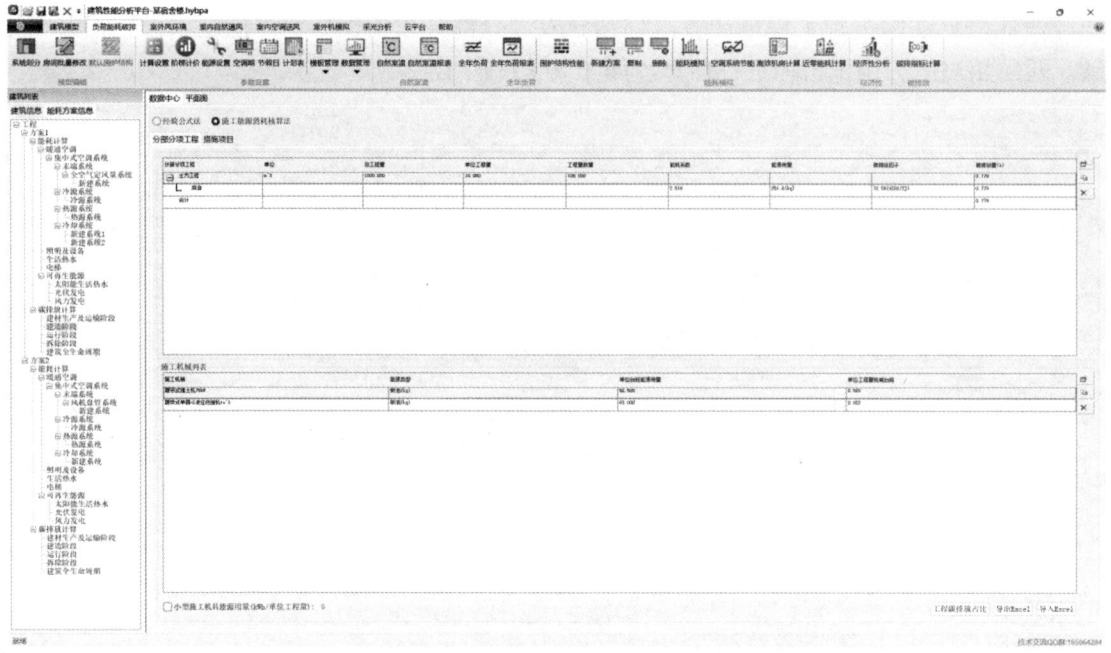

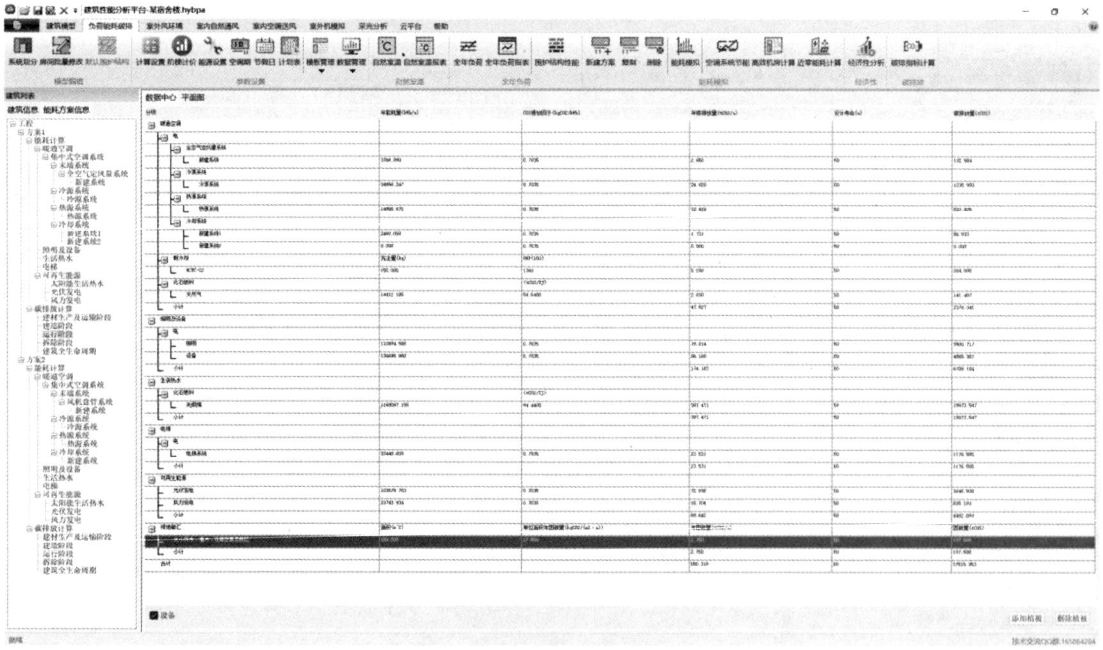

图 5-108 碳排放计算

【第六步】在"碳排放计算"的"拆除阶段",可选择"经验公式法"或"施工能源消耗核算法"。经验公式法根据实际需要修改参数可进行粗略计算,如图 5-109 所示。施工能源消耗核算法需进行工程量计算,分别导入"拆除项目工程"和"垃圾运输"相关工程量,匹配相对应的施工机械进行估算,如图 5-110 所示。

图 5-109 拆除阶段的经验公式法参数设置

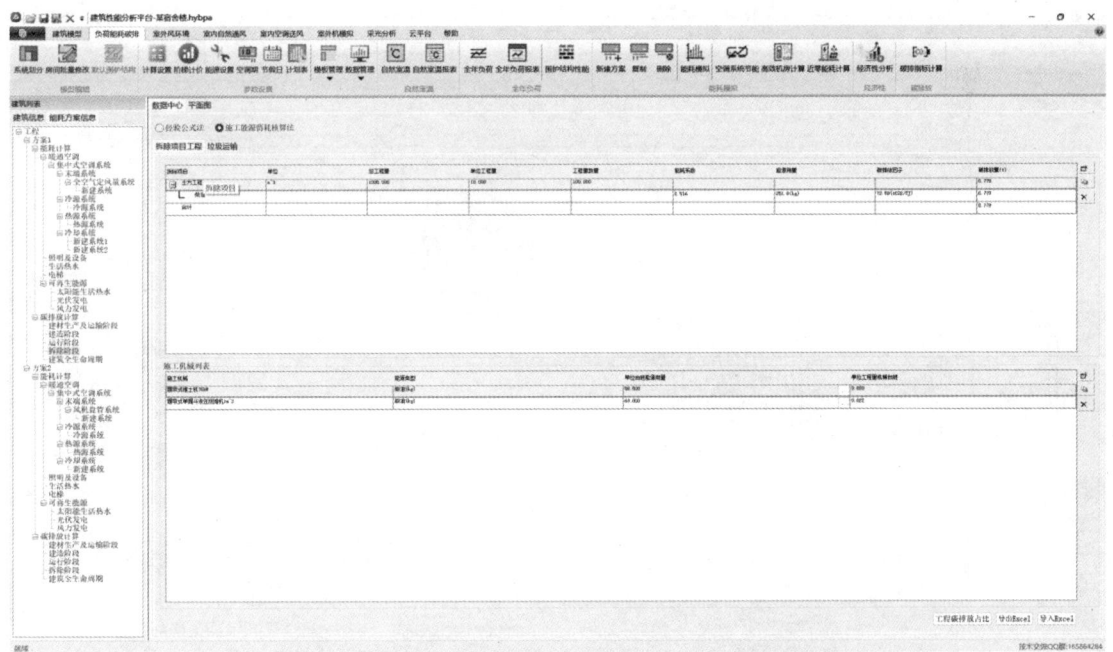

图 5-110 拆除阶段的施工能源消耗核算法导入相关文件

【第七步】单击"建筑全生命周期",可查看各阶段碳排放数据及对比,如图 5-111 所示。重新对方案进行计算,可在"全年能耗报表"和"能耗对比报表"中查看"暖通空调""照明""热水""电梯"和"碳排放计算"相关数据,如图5-112所示。

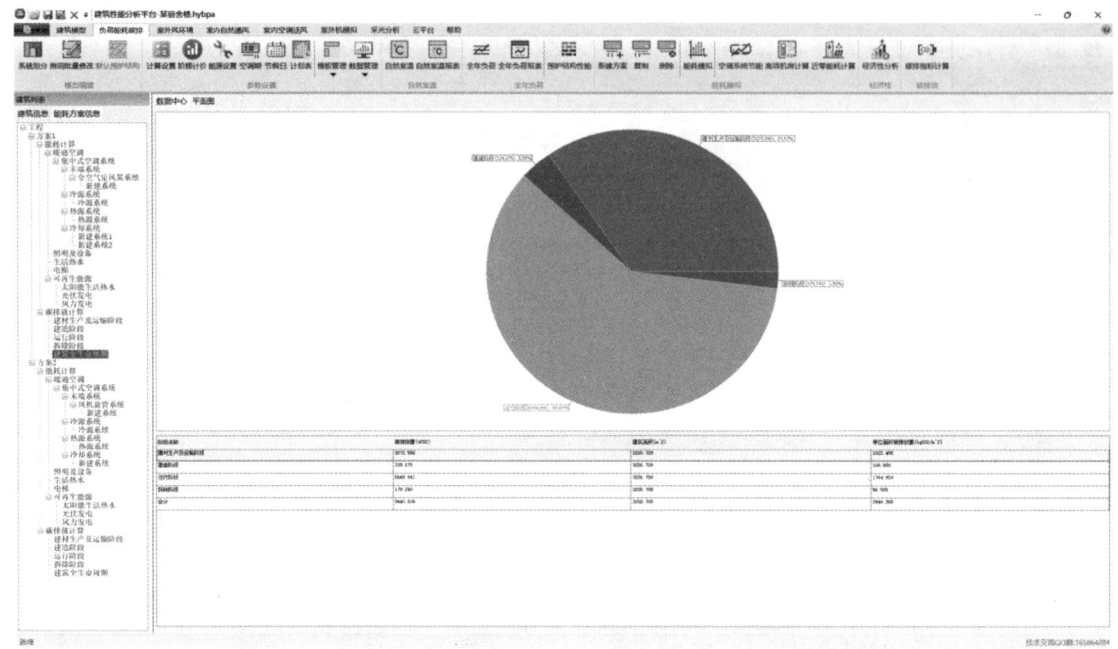

图 5-111　建筑全生命周期建筑碳排放数据

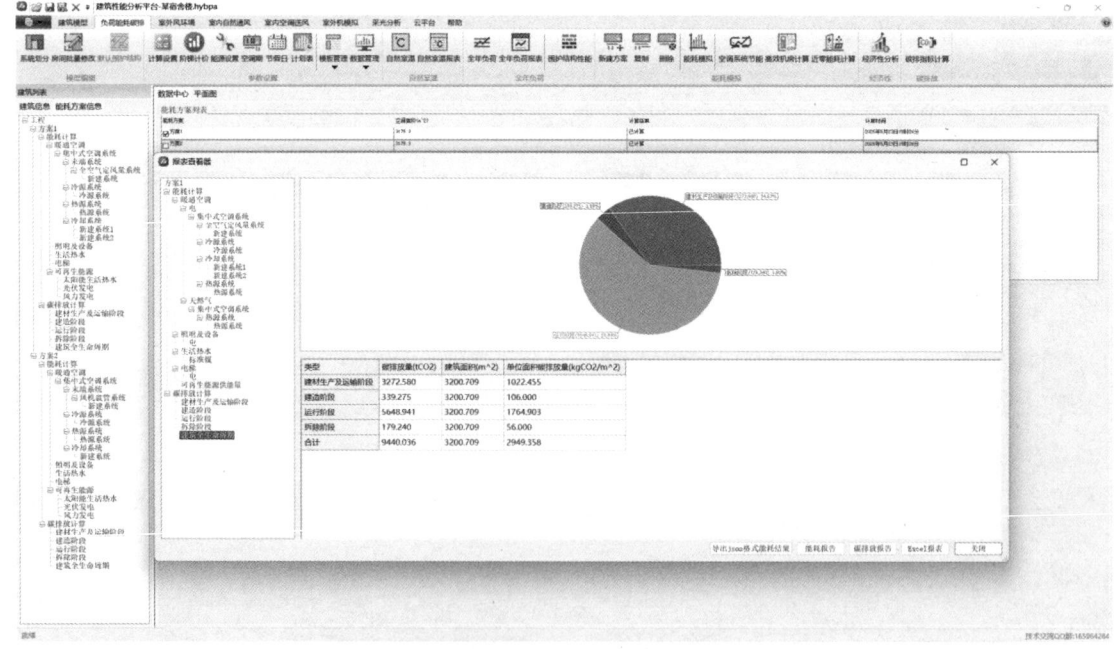

图 5-112　其他方案的建筑全生命周期建筑碳排放数据

【第八步】分别单击"能耗计算报告"和"碳排放计算报告",即可导出对应报告文件,如图5-113和图5-114所示。

第5章 BIM在工程运维阶段的应用

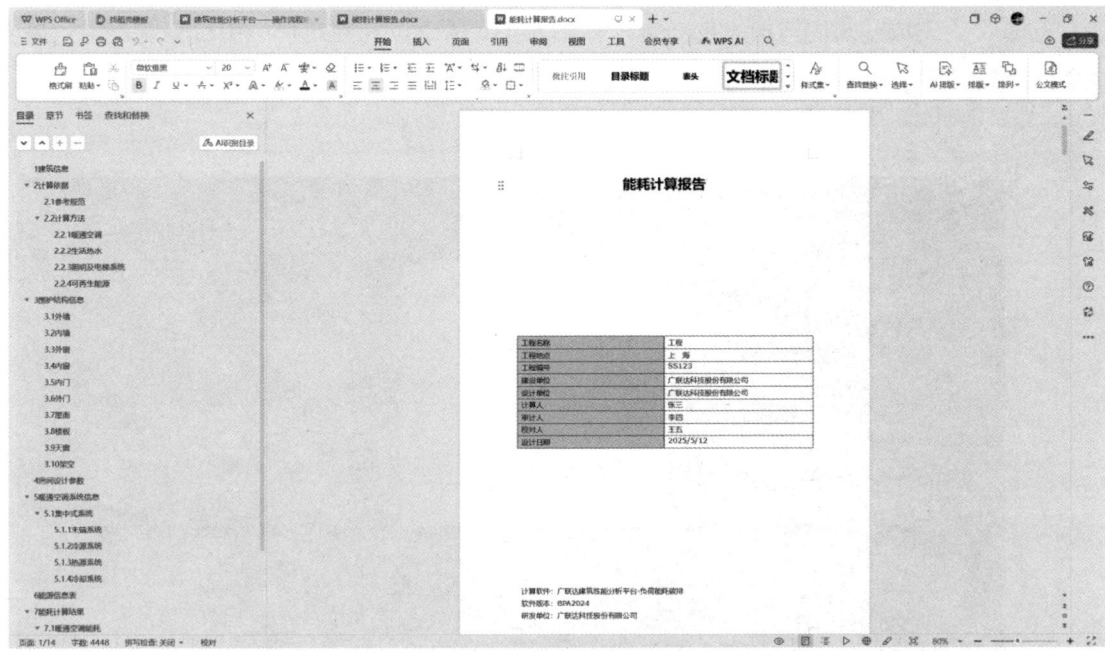

图 5-113　能耗计算报告

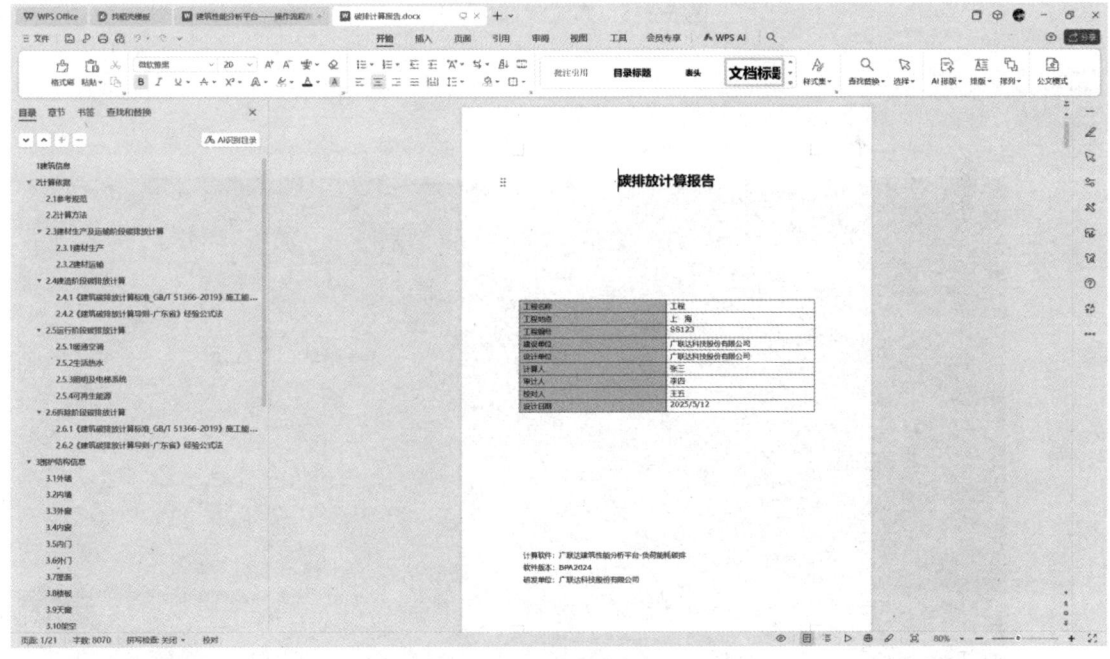

图 5-114　碳排放计算报告

6. 室外风环境分析

【第一步】在"室外风环境"模块，打开模型平面视图，单击"布置树木"，设置相关参数（可点击"…"查看"孔隙率"不同季节的取值），如图 5-115 所示。单击"区域布置"

或"布置",完成建筑周边树木的布置,如图5-116所示。在建筑模型中可查看三维效果。

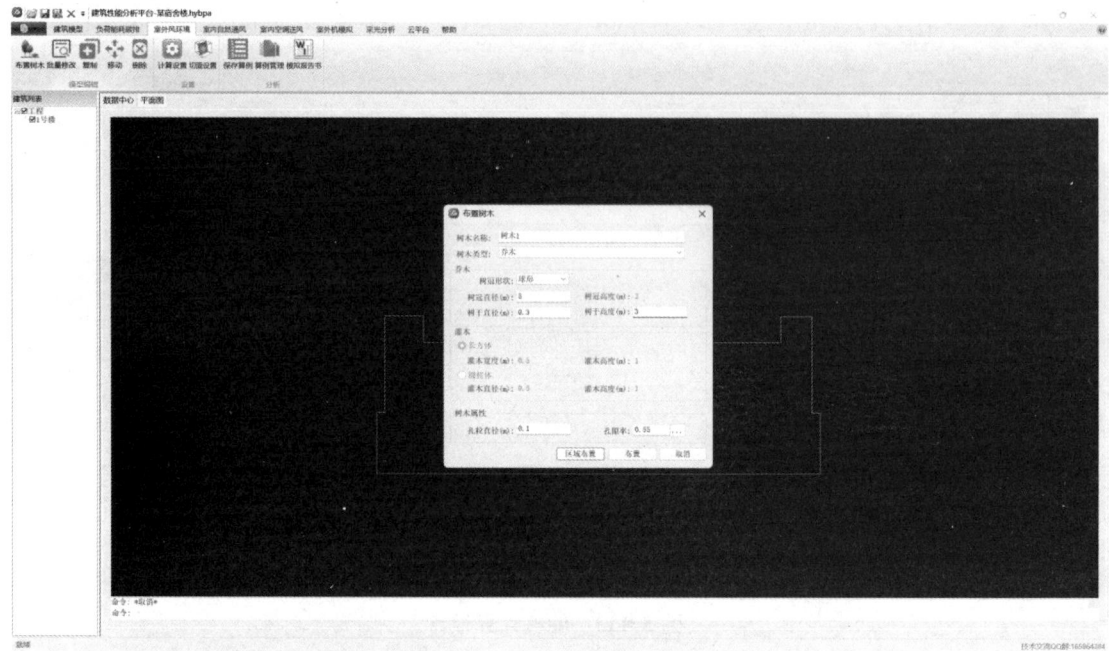

图 5-115　布置树木参数设置

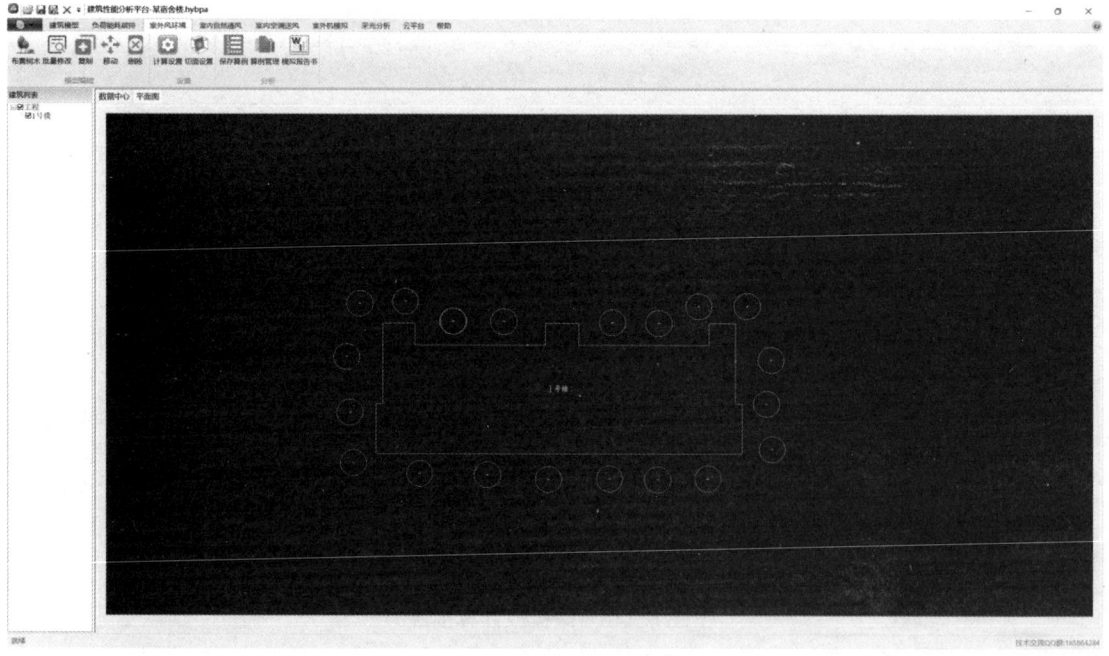

图 5-116　建筑物周围树木布置

【第二步】单击"计算设置",进行参数的设置。

在"模拟工况设置"模块,单击"城市"旁边的"…",选择"中国建筑热环境分析专用气象数据集",如图 5-117 所示,可添加不同季节工况的气象参数,如图 5-118 所示。

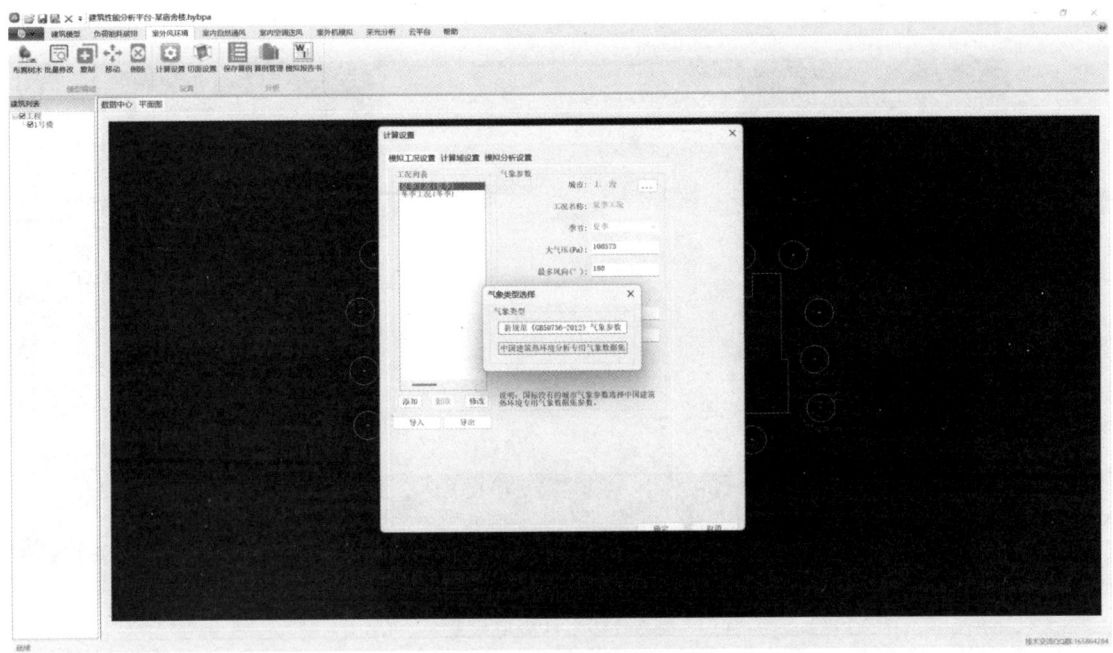

图 5-117　模拟工况设置

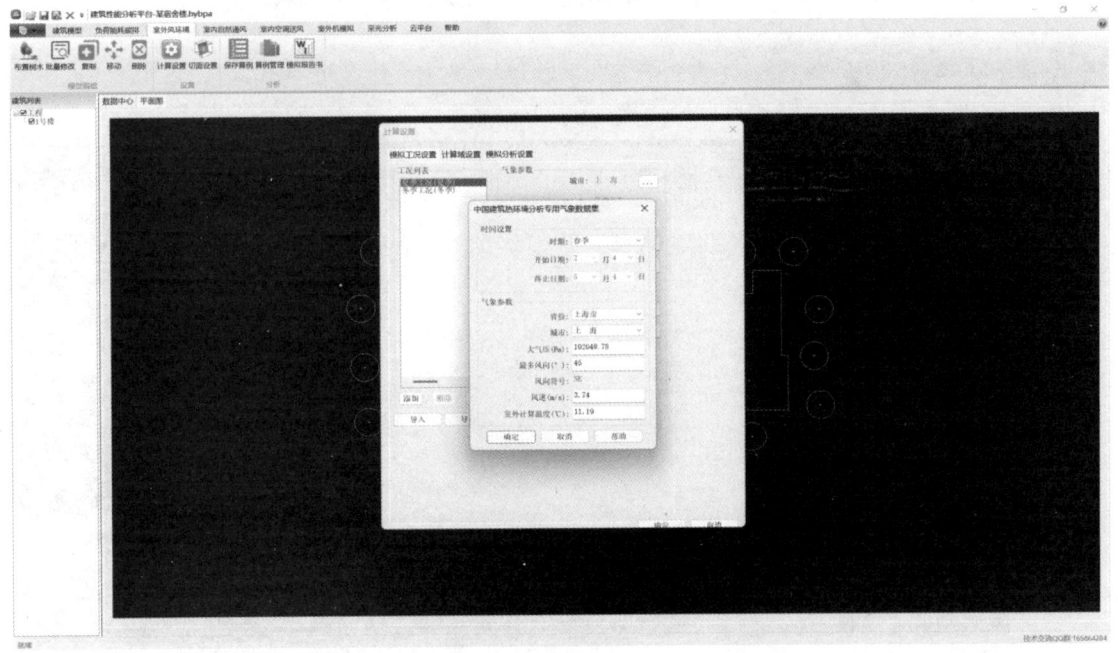

图 5-118　添加不同季节工况的气象参数

在"计算域设置"模块,可修改"特征高度"数据。计算域相关参数是基于特征高度进行调整的,如图 5-119 所示。

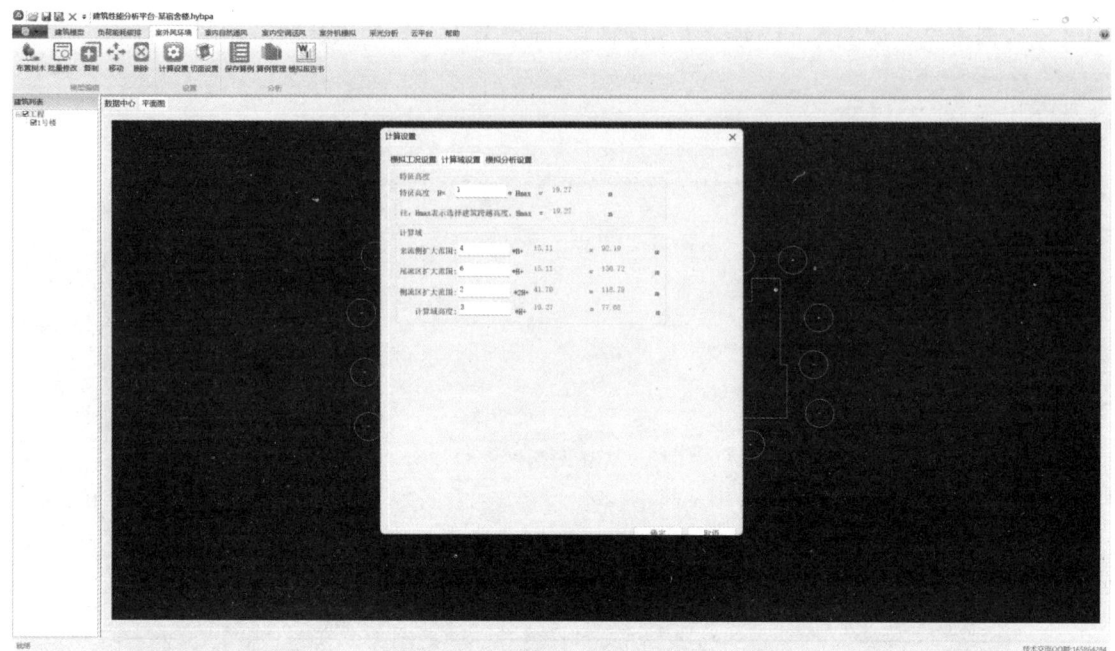

图 5-119　计算域设置

在"模拟分析设置"模块，先后进行"高级设置"（图 5-120）、"并行设置"（图 5-121）、"梯度风设置"和"网络划分设置"等相关参数的设置。

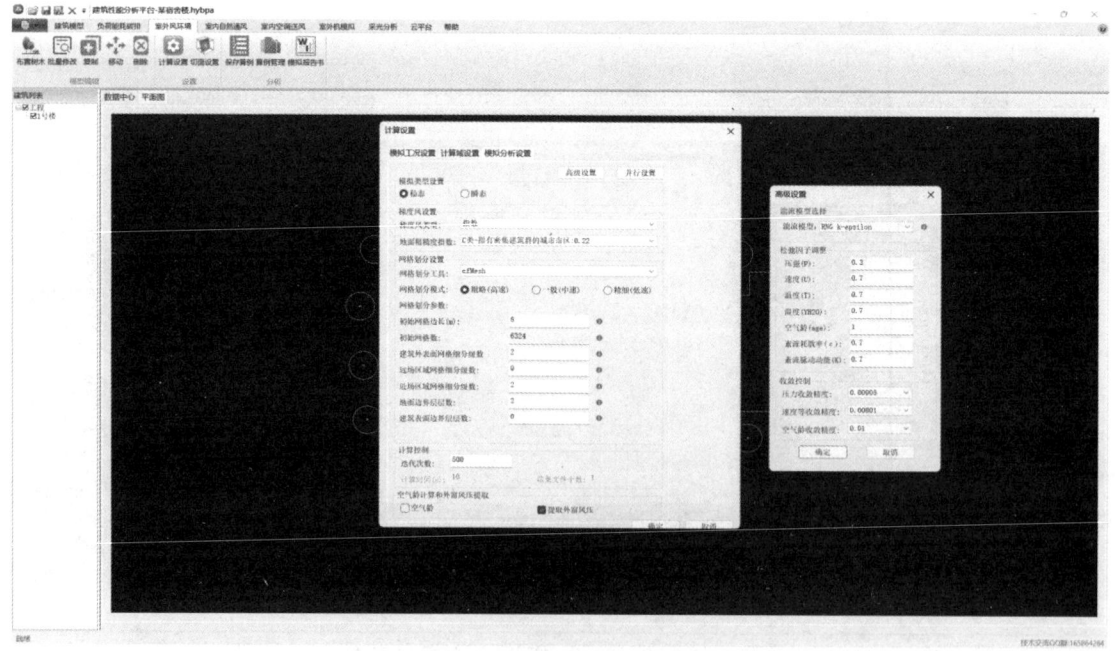

图 5-120　模拟分析模块的高级设置

【第三步】计算设置完成后，单击"保存"，即可保存算例，如图 5-122 所示。单击"切面设置""切面显示"，即可在三维模型中查看绿色切面，如图 5-123 所示。

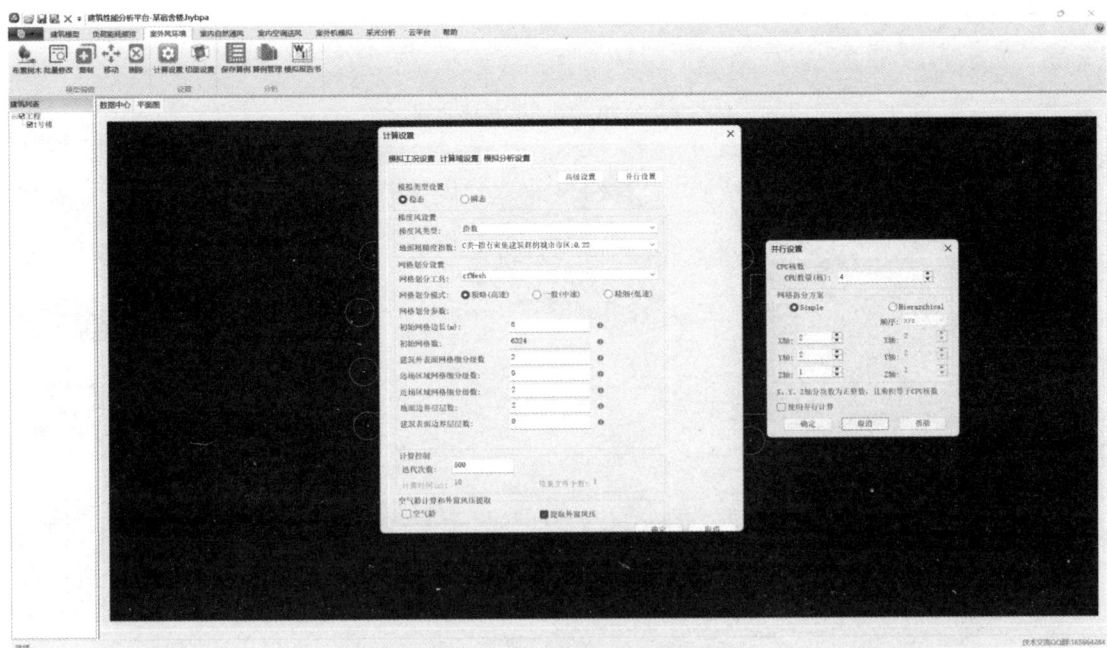

图 5-121　模拟分析模块的并行设置

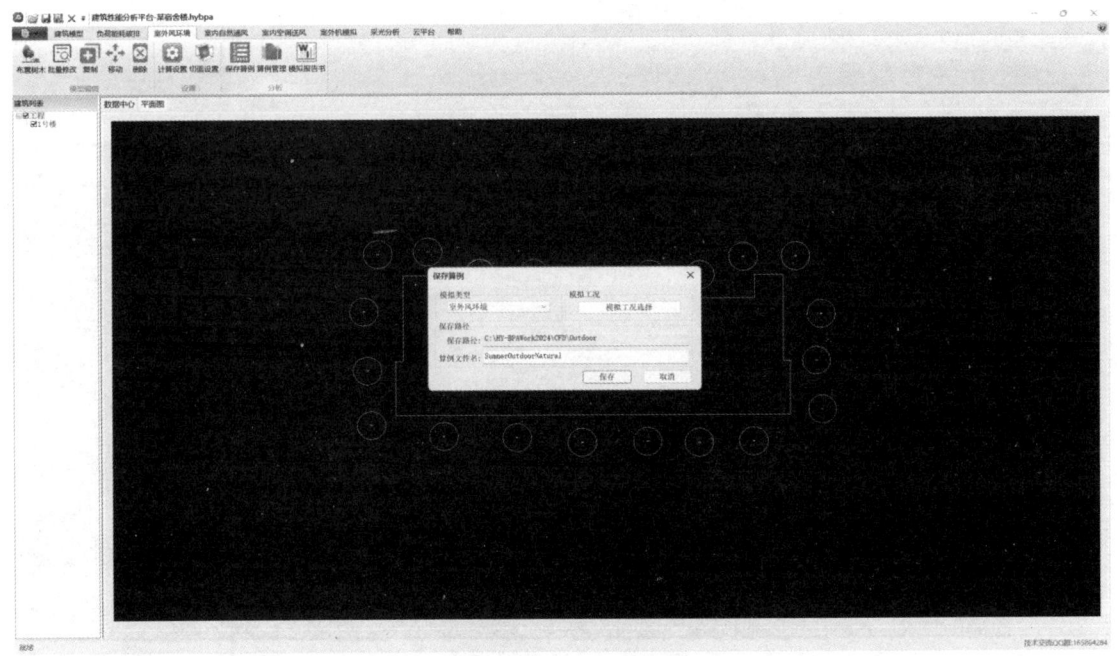

图 5-122　保存算例

【第四步】单击"算例管理",此时为"未计算"状态。单击"本地计算",网格线条趋于零时收敛,则计算完成。单击"结果查看"(图 5-124),即可查看整个建筑及各切面高度处的风压云图,如图 5-125~图 5-127 所示。

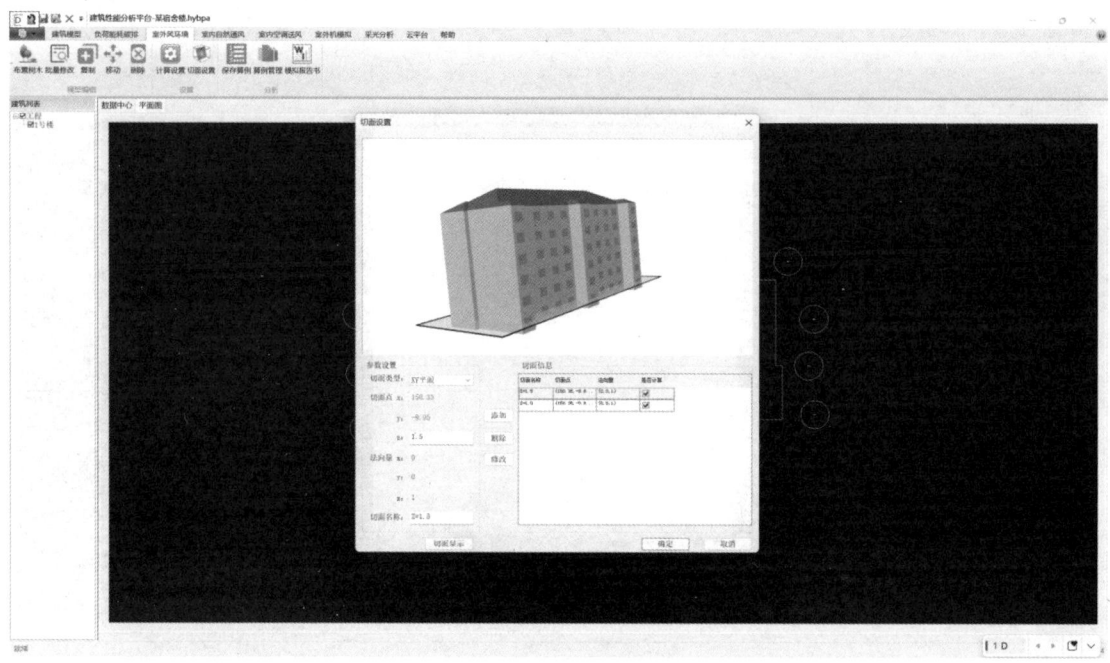

图 5-123 切面设置

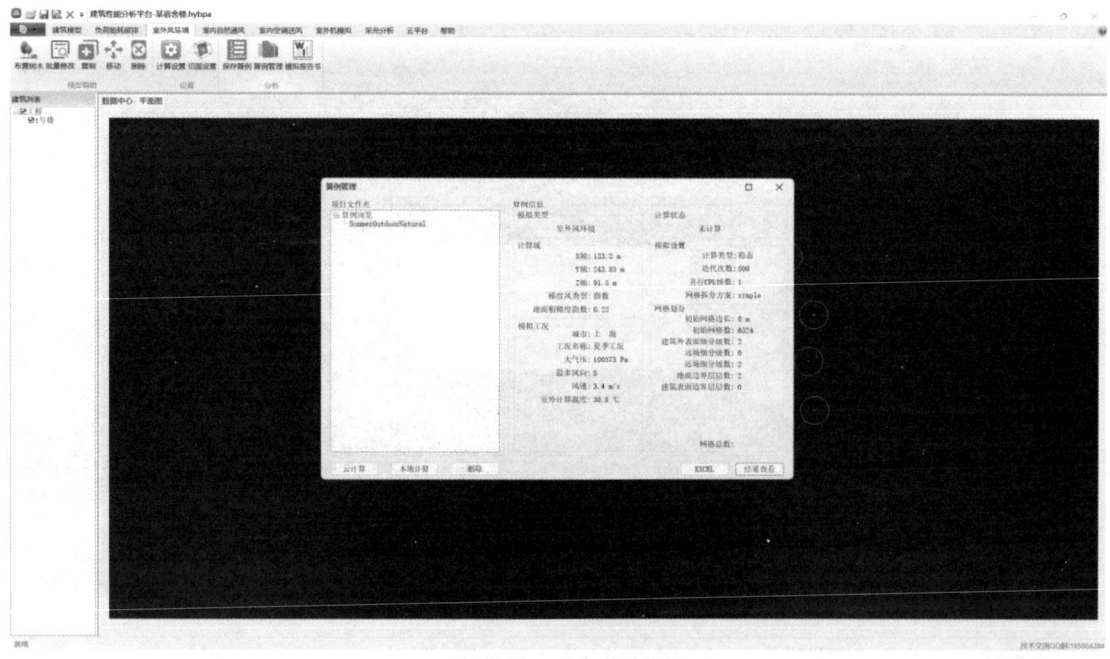

图 5-124 结果查看

【第五步】勾选"切面设置",调整"切面点"Z值,即可建立多个不同标高的纵切面,如图 5-128 所示。修改"法向"X值,手动滑动切面位置,即可建立不同位置的横切面,如图 5-129 所示。

图 5-125 迎风面风压云图

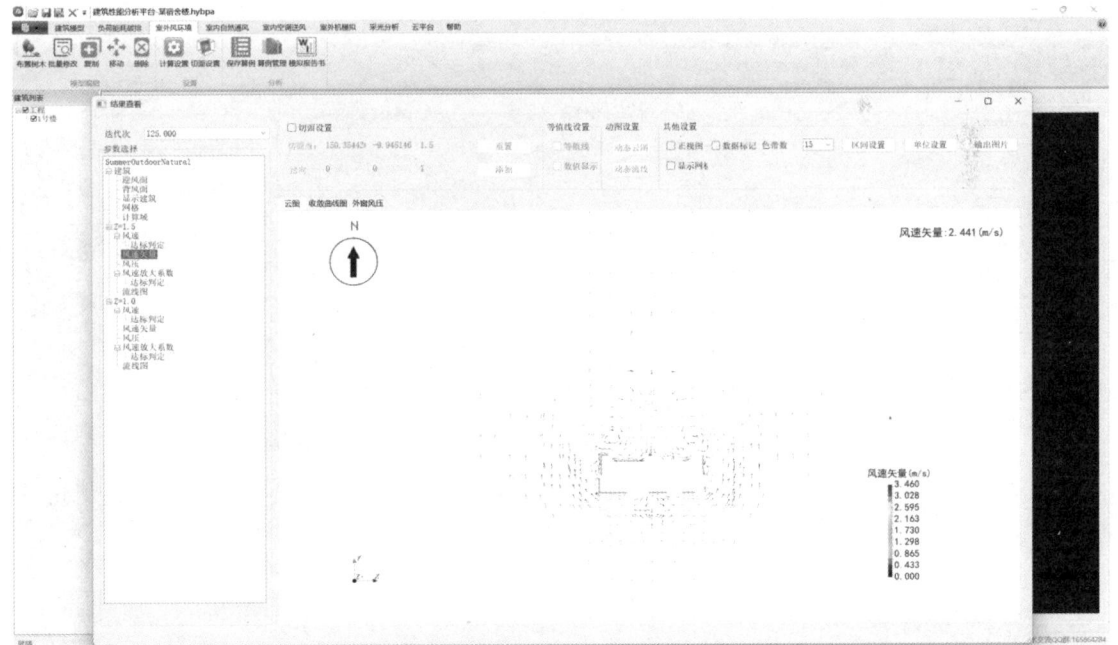

图 5-126 室外风速云图

【第六步】单击"输出图片",可将所有参数图保存至本地,如图 5-130 所示。所有图片可自动插入报告书中。

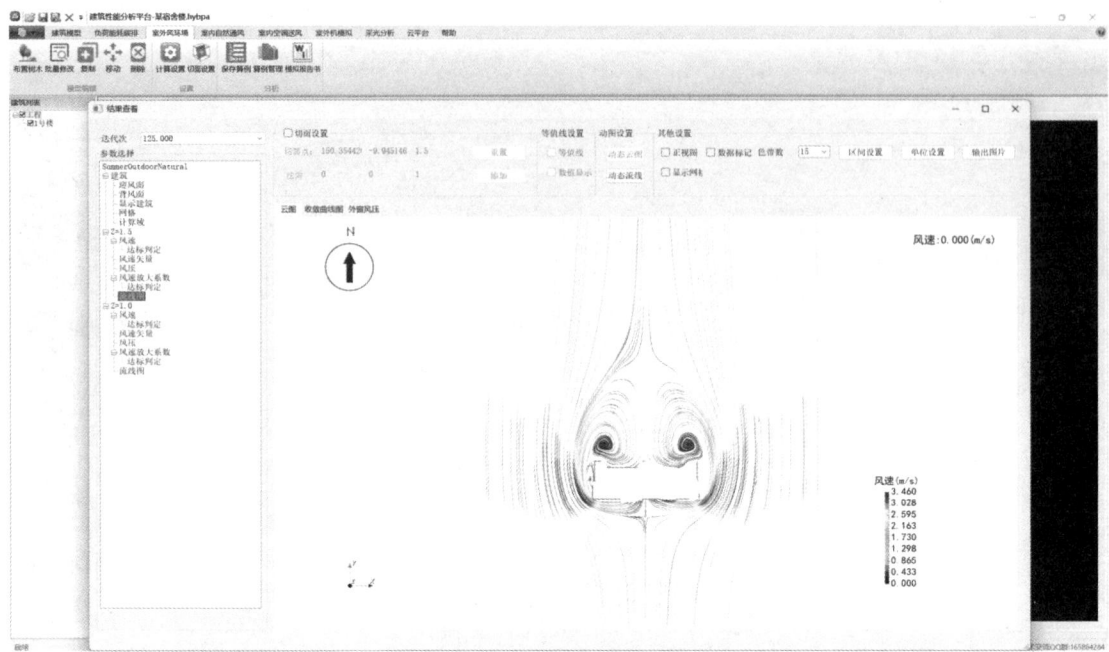

图 5-127　室外风速流线图

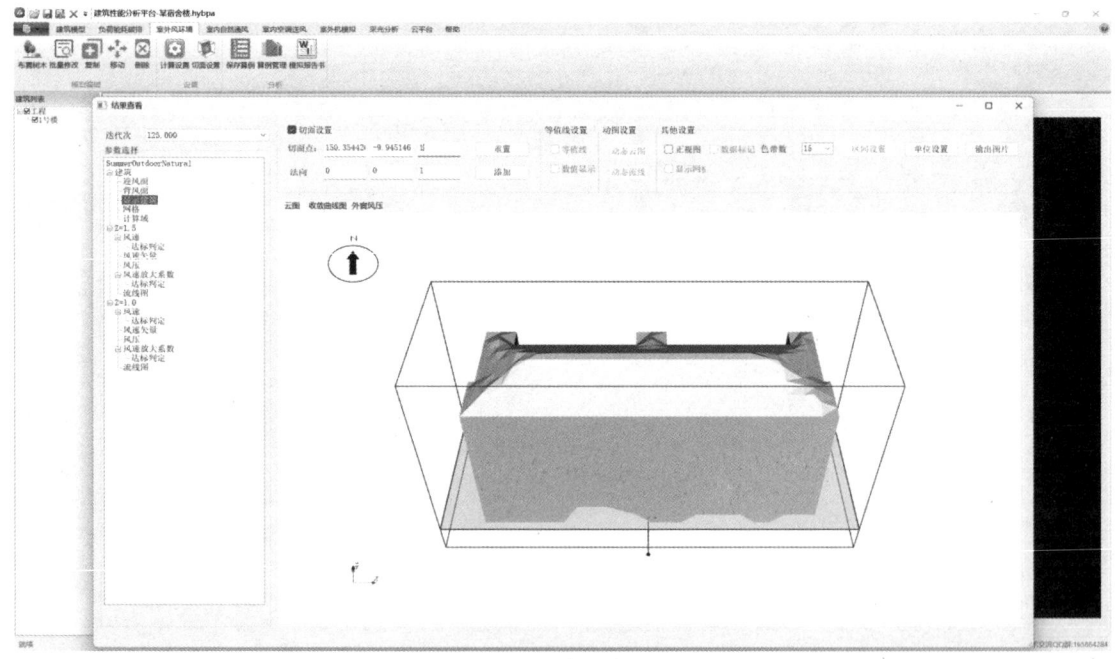

图 5-128　设置纵切面

【第七步】单击"模拟报告书""输出报告书",即可得到室外风环境模拟分析报告,如图 5-131 所示。

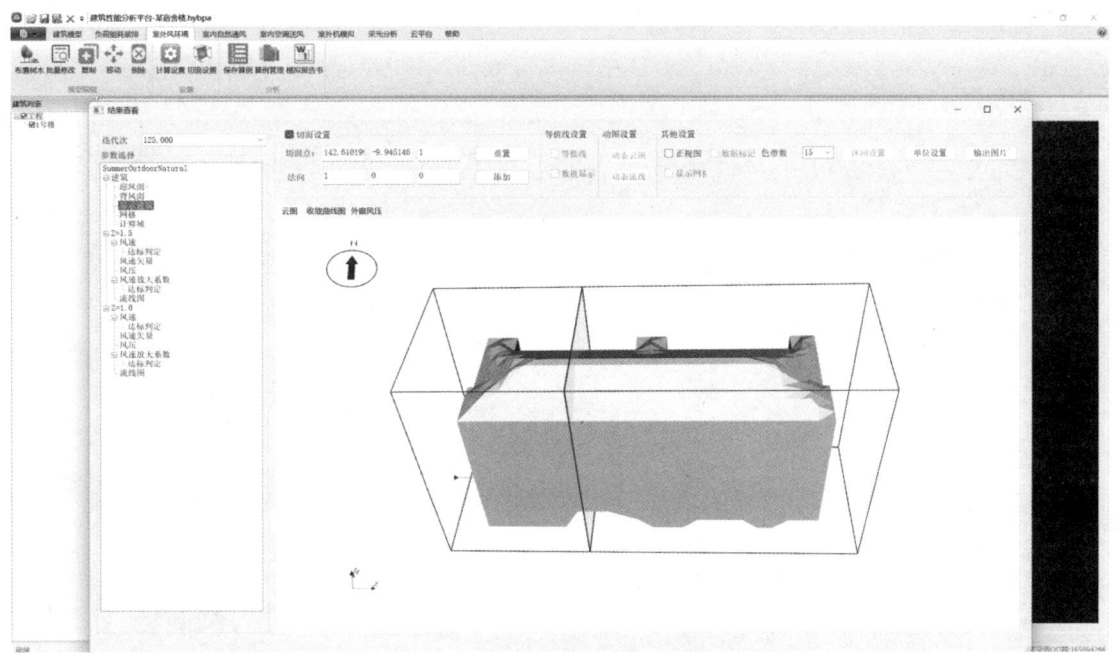

图 5-129　不同位置的横切面

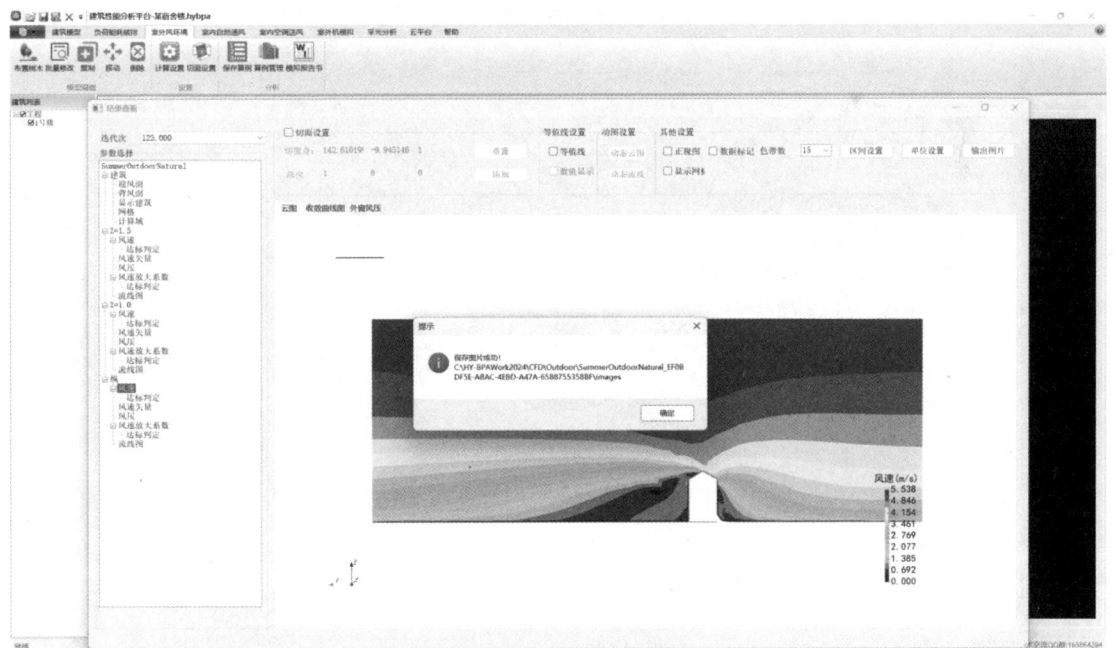

图 5-130　保存图片

7. 室内自然通风模拟

【第一步】在"室内自然通风"模块，单击"批量修改"可修改相关参数。单击"空间"，勾选设置"负荷信息",如图 5-132 所示。单击"门窗",勾选设置"边界条件",如图 5-133 所示。

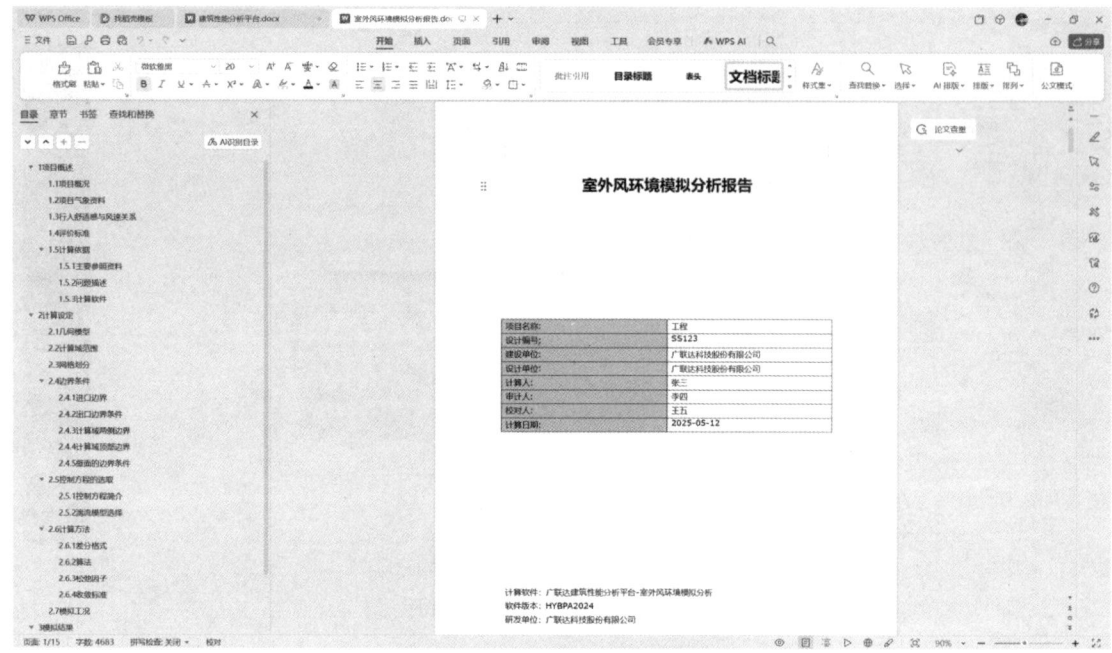

图 5-131　室外风环境模拟分析报告

图 5-132　室内空间自然通风的负荷信息设置

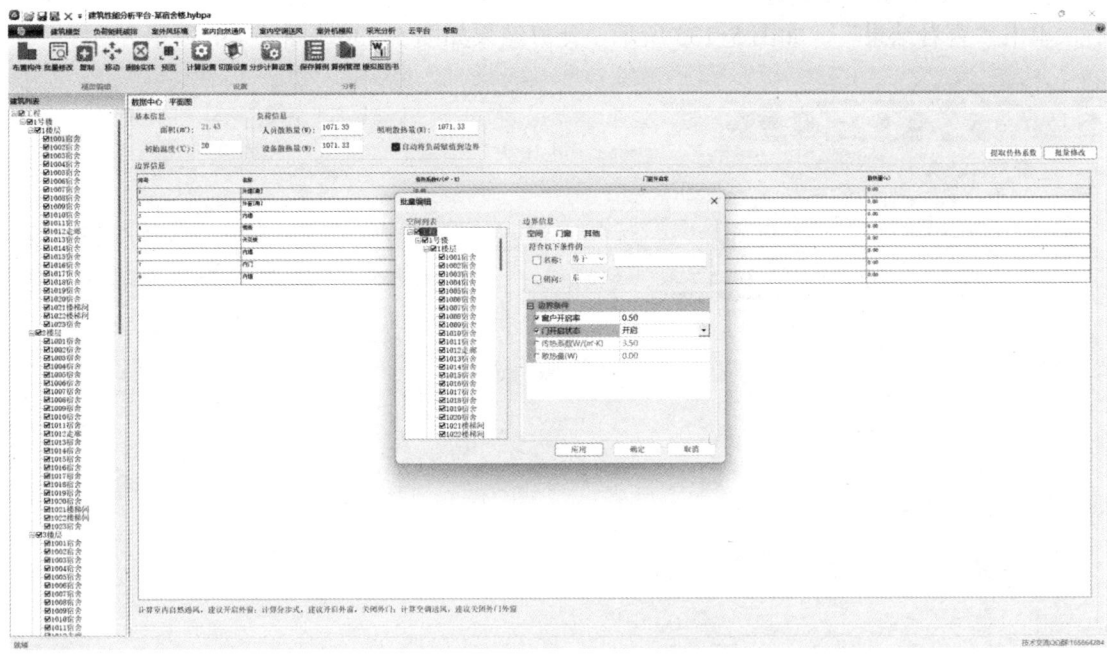

图 5-133 门窗的边界条件设置

【第二步】单击"计算设置",进行参数的合理取值。完成设置后,单击"确定"可保存算例,如图 5-134 所示。

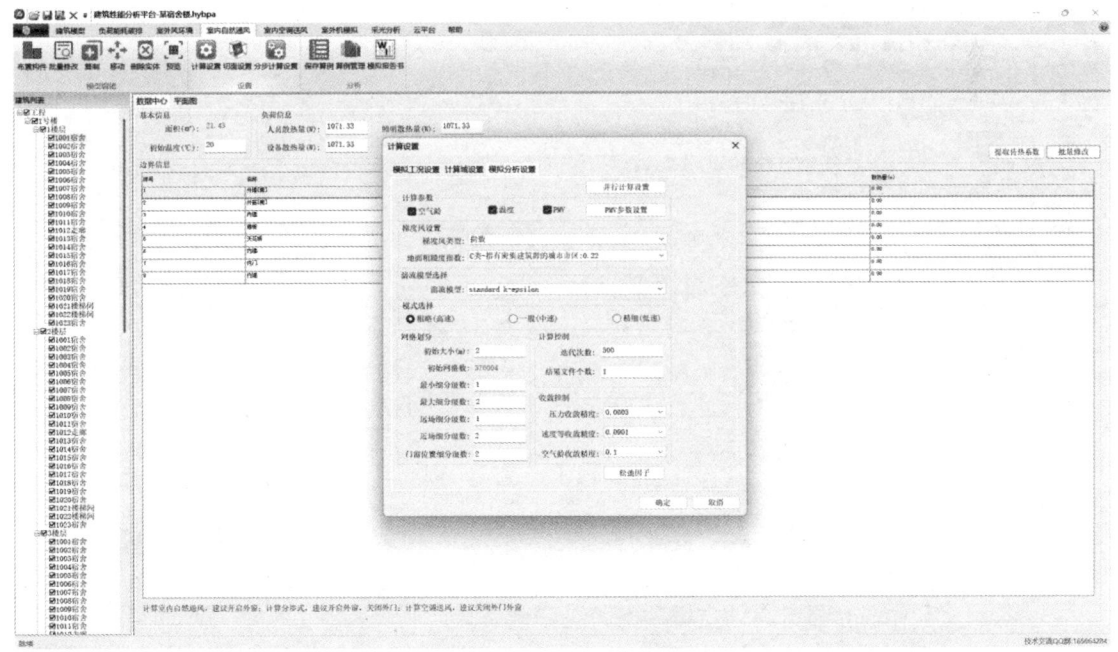

图 5-134 保存设置

【第三步】单击"算例管理""联合模拟""本地计算",可进行相关计算。计算完成后,单击"查看结果",如图 5-135 所示。计算结果如图 5-136～图 5-138 所示。

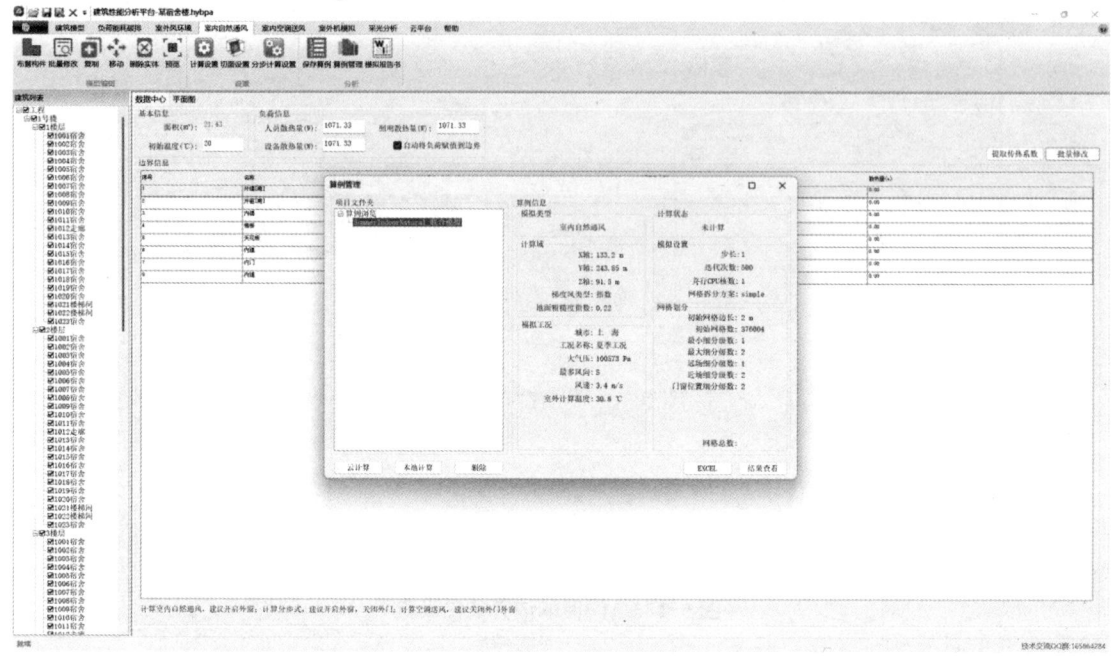

图 5-135　查看结果

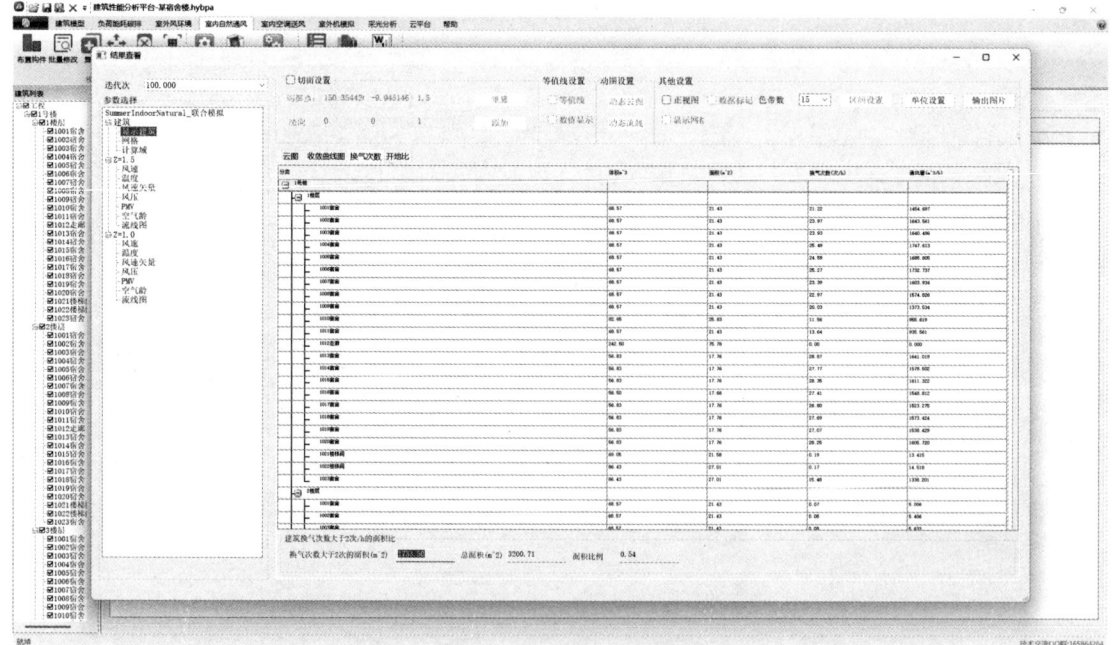

图 5-136　室内自然通风模拟结果数据

第5章 BIM在工程运维阶段的应用

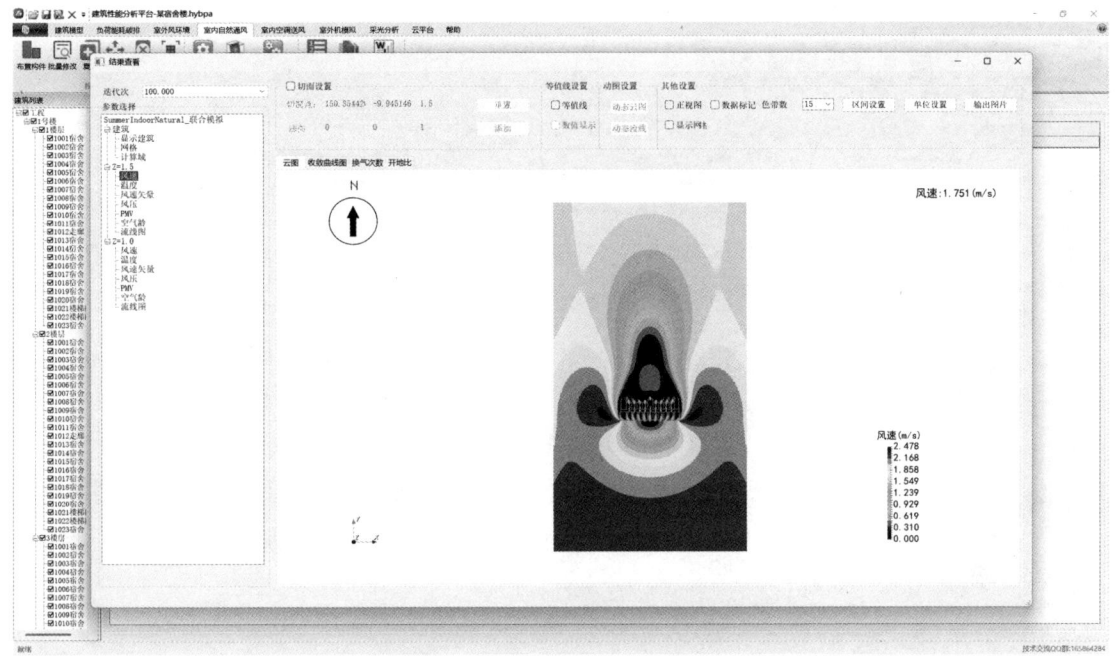

图 5-137 室内自然通风的风速云图

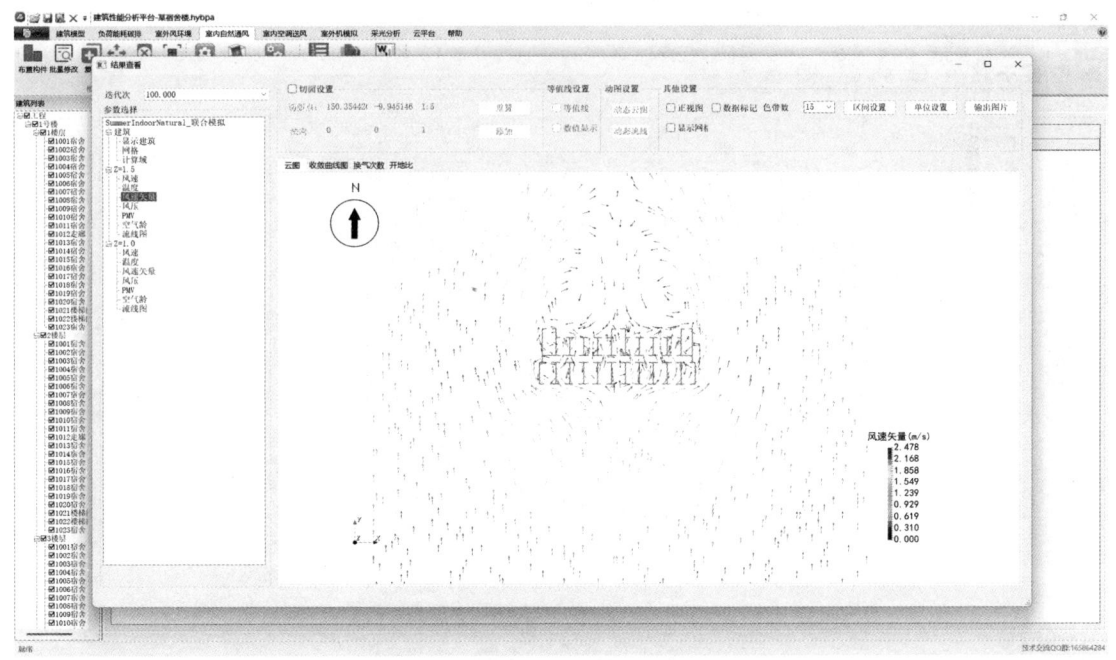

图 5-138 室内自然通风的风速流线图

【第四步】单击"分步计算设置""提取风压""室外算例""显示风压",可查看各房间的风压值,如图 5-139 所示。设置其他相关参数,单击"确定"即可保存算例,如图 5-140 所示。

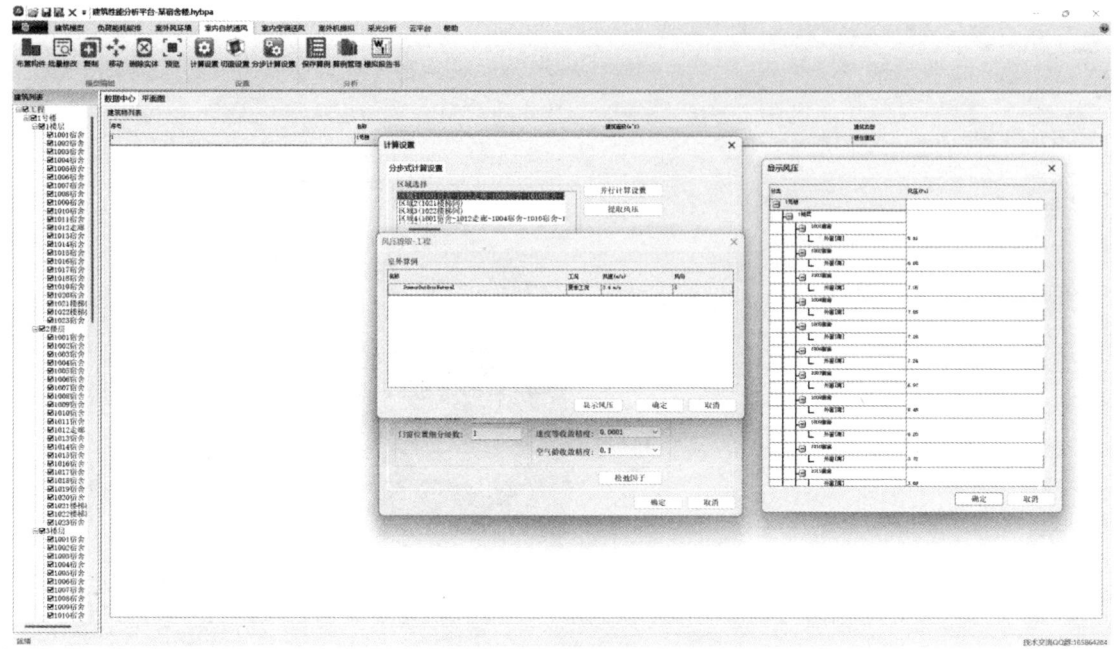

图 5-139　房间风压值

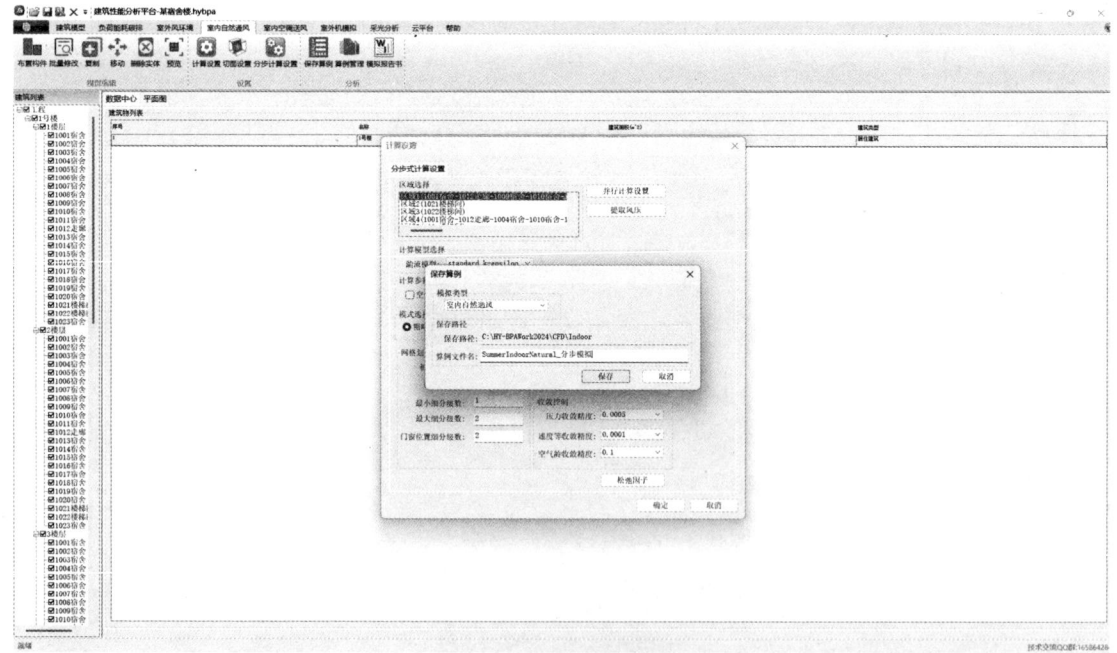

图 5-140　保存算例

【第五步】单击"算例管理""分布模拟""本地计算",即可进行计算。计算完成后,单击"查看结果",如图 5-141 所示。分析结果如图 5-142、图 5-143 所示。

第5章 BIM在工程运维阶段的应用

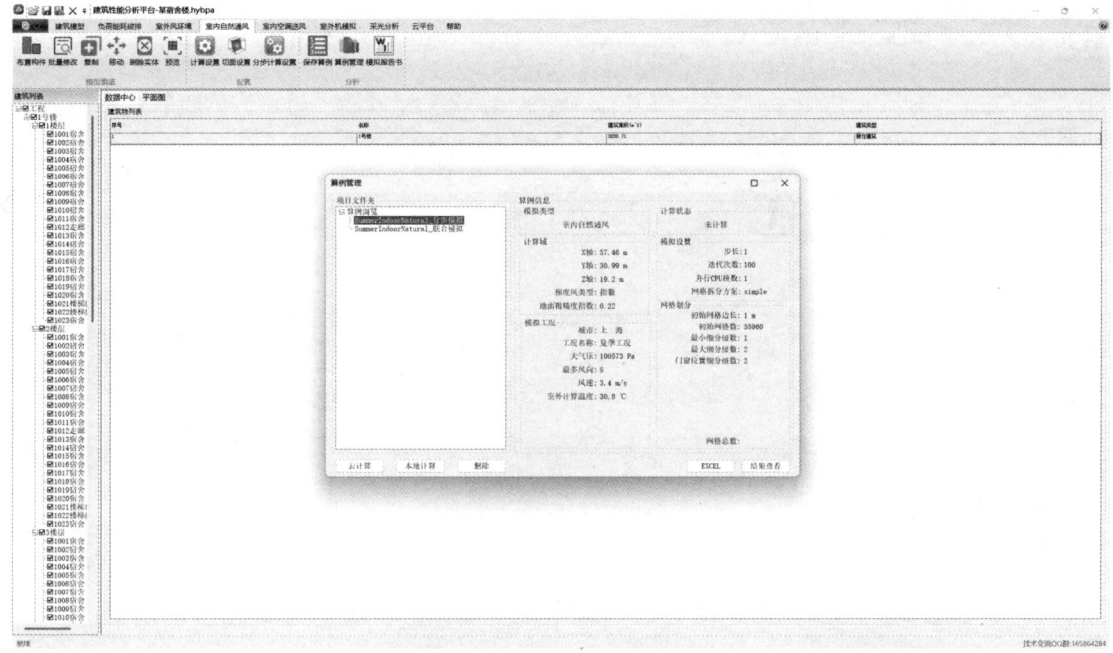

图 5-141 计算并查看结果

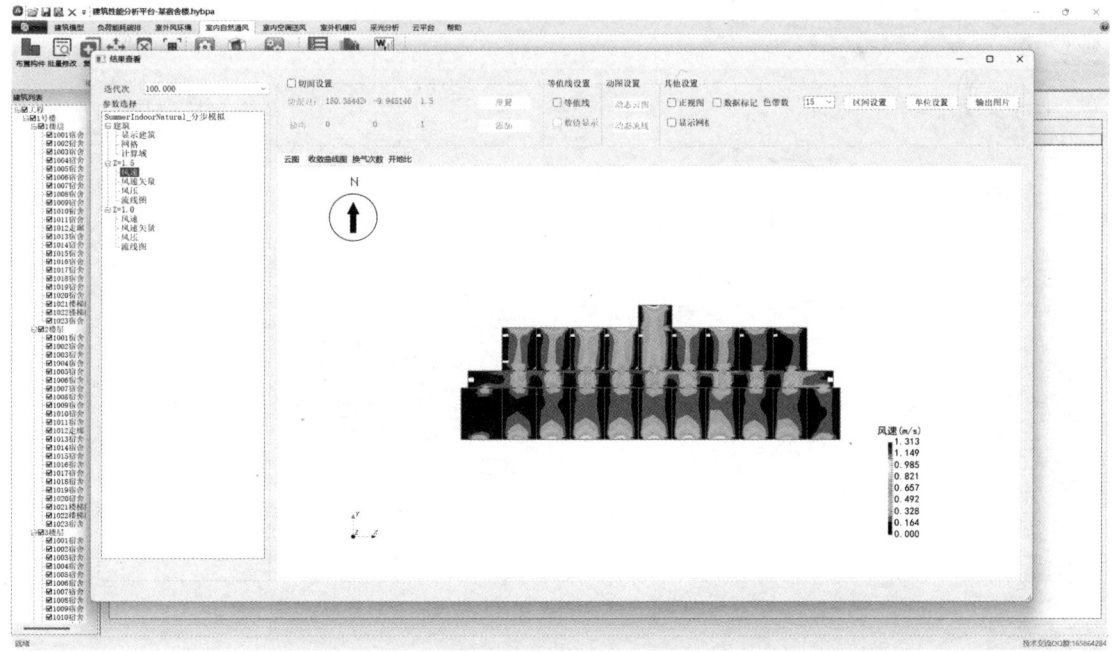

图 5-142 分布模拟的风速云图

【第六步】单击"输出图片",即可将所有参数图保存至本地,如图 5-144 所示。所有图片可自动插入报告书中。

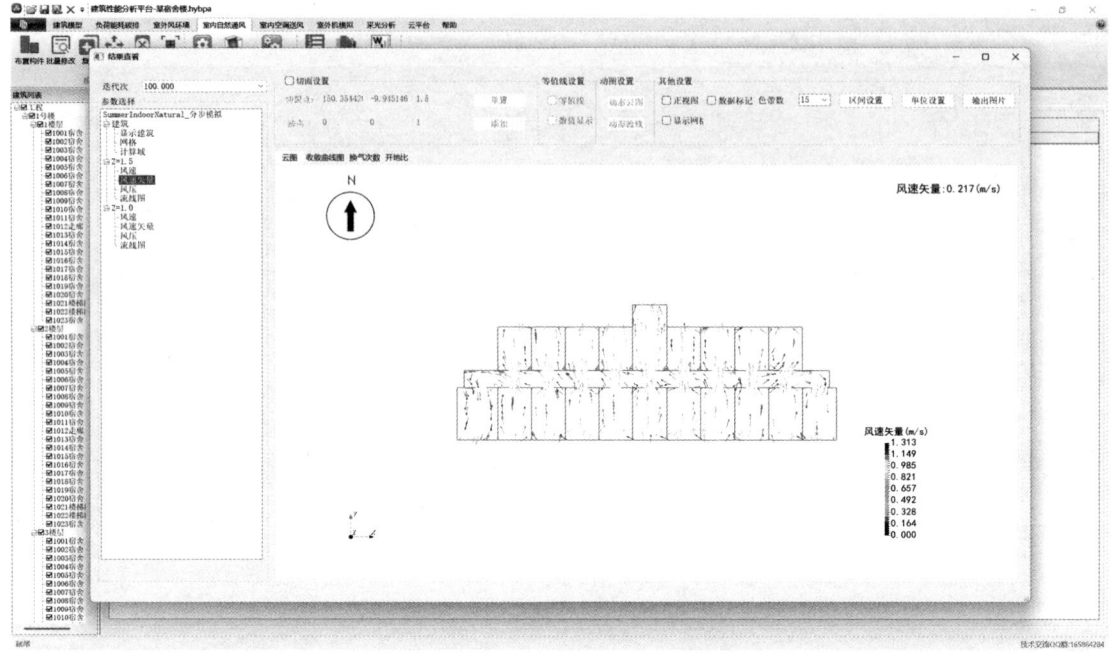

图 5-143 分布模拟的风速流线图

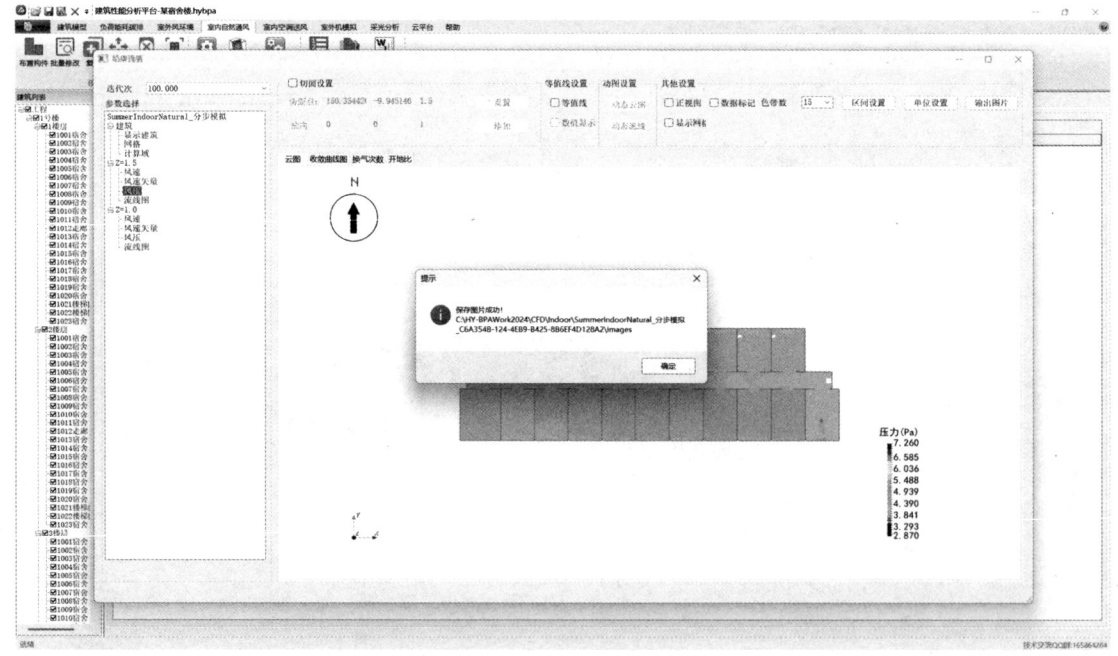

图 5-144 保存图片

【第七步】单击"模拟报告书""计算结果""输出报告书",即可得到室内自然通风模拟分析报告,如图 5-145 所示。

第5章　BIM在工程运维阶段的应用

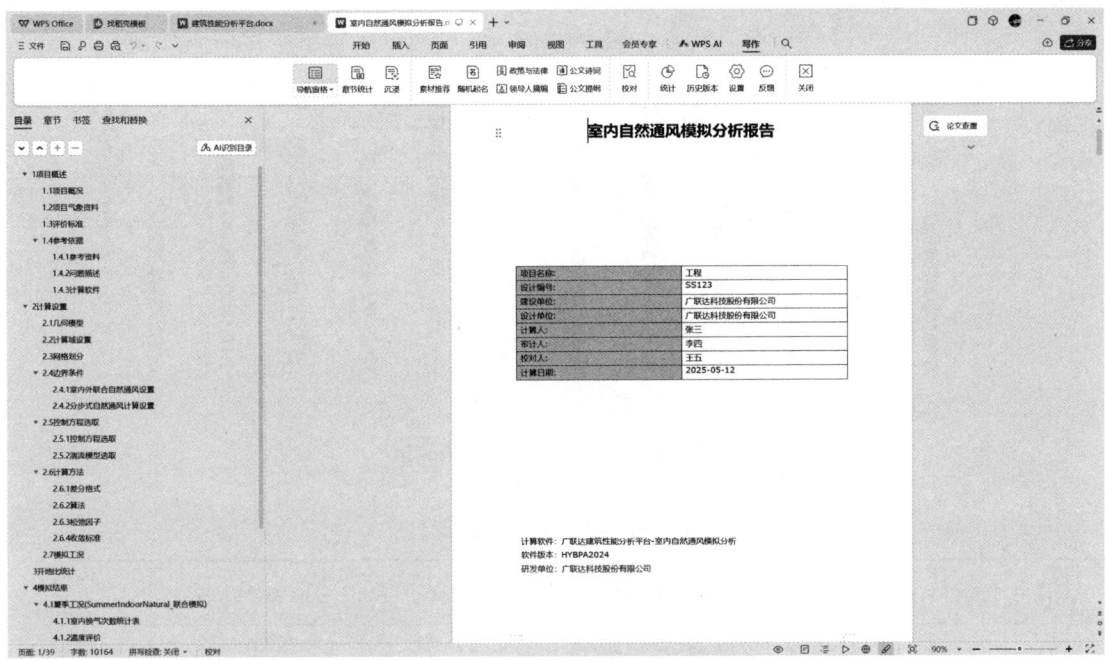

图 5-145　室内自然通风模拟分析报告

5.4.2　基于 CEEB 的建筑碳排放分析

广东深圳某商业楼地上 6 层，地下 1 层，建筑高度 33.6m，总建筑面积 27783m²，地上建筑面积 21087m²，地下建筑面积 6696m²。地上为钢筋混凝土框架结构，基础为筏板基础，地下室为停车场。该楼坐北朝南，建筑设计使用寿命 50 年。外墙太阳辐射吸收系数 0.75，屋顶太阳辐射吸收系数 0.75，全年控温。目前，该项目已竣工，已知所在地区气象情况见图 5-146、图 5-147 和表 5-1，现需进行该建筑碳排放分析。

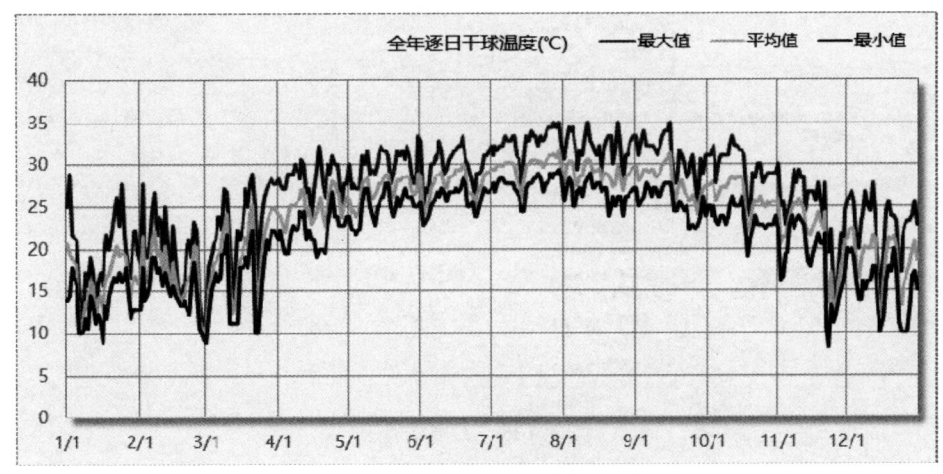

图 5-146　深圳全年逐日干球温度

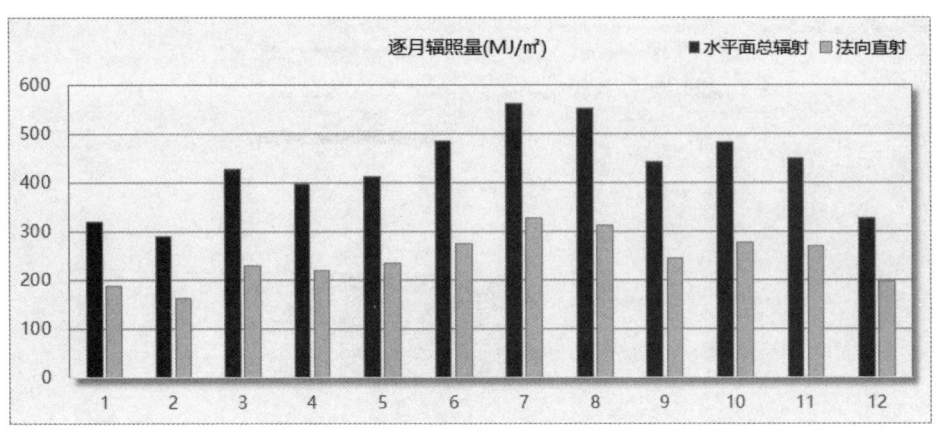

图 5-147　深圳全年逐月辐照量

表 5-1　深圳全年气温峰值工况

气象工况	时刻	干球温度/°C	湿球温度/°C	含湿量/(g/kg)	焓值/(kJ/kg)
最热	07 月 27 日 14 时	35.0	27.2	20.6	88.0
最冷	11 月 22 日 04 时	8.3	5.6	4.3	19.2

1. 准备工程量清单和计价文件

【第一步】利用斯维尔算量软件，汇总计算工程量，如图 5-148 所示。

斯维尔清单计价 TH-BQ2016 大赛版 - [E:\斯维尔\BIM 5D模型\03清单计价文件\斯维尔主体结构.Qdy4]

序号	类型	项目编号	项目名称	项目特征	工程量表达式	工程量	单位	综合单价	最高限价	单价偏差率	合计	单价 人工	材料	机械
	部	0104	砌筑工程								1210057.89	84479.0	961835.	
1	清	0104010030	实心砖墙	1. 砖品种、规格、强度等级："加气砼砌块" 2. 砂浆强度等级、配合比："M5"	517.06	517.06	m3	747.6			386554.06	52.19	594.24	0
2	清	0104010030	实心砖墙	1. 砖品种、规格、强度等级："A5.0蒸压砂加气砼砌块" 2. 砂浆强度等级、配合比："M5"	920.76	920.76	m3	747.6			688360.18	52.19	594.24	0
3	清	0104010030	实心砖墙	1. 砖品种、规格、强度等级："钢板填充防火材料" 2. 砂浆强度等级、配合比："M5"	180.77	180.77	m3	747.6			135143.65	52.19	594.24	0
	部	0105	混凝土及钢筋混凝土工程								2090494.08	139079.	1667917.	609.2
4	清	0105100010	矩形梁	1. 单件体积：<0.5 2. 安装高度：24.45m 3. 混凝土强度等级："C30"	1.19	1.19	m3	7432.52			8844.7	378.76	6047.98	0
5	清	0105050080	雨篷、悬挑板、阳台板	1. 混凝土种类："预拌商品砼" 2. 混凝土强度等级："C30"	35.69	35.69	m3	811.43			28959.94	128.33	573.3	0
6	清	0105020010	矩形柱	1. 混凝土种类："预拌商品砼" 2. 混凝土强度等级："C30"	130.37	130.37	m3	759.02			98953.44	62.29	594.02	0
7	清	0105020010	矩形柱	1. 混凝土种类："预拌商品砼C30" 2. 混凝土强度等级："C30"	246.3	246.3	m3	759.02			186946.63	62.29	594.02	0
8	清	0105030020	矩形梁	1. 混凝土种类："预拌商品砼" 2. 混凝土强度等级："C35"	410.65	410.65	m3	743.25			305215.61	37.88	604.8	0
9	清	0105030020	矩形梁	1. 混凝土种类："预拌商品砼"	466.18	466.18	m3	743.25			346488.29	37.88	604.8	0

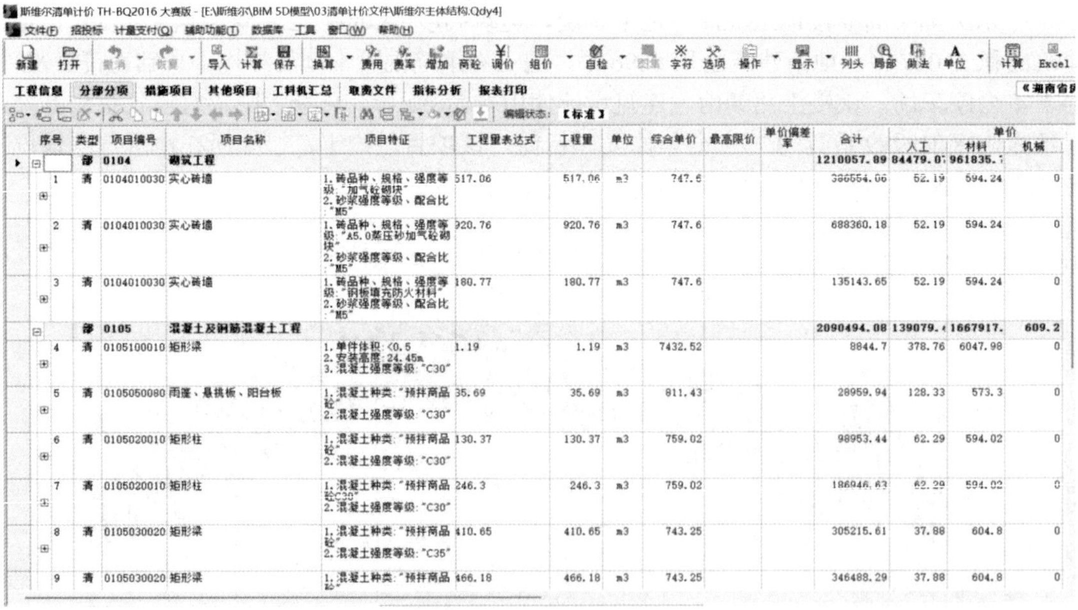

图 5-148　工程量清单

【第二步】在斯维尔计价清单软件中，挂接对应的清单定额，得到工程量清单计价，如图 5-149 所示。

第5章 BIM在工程运维阶段的应用

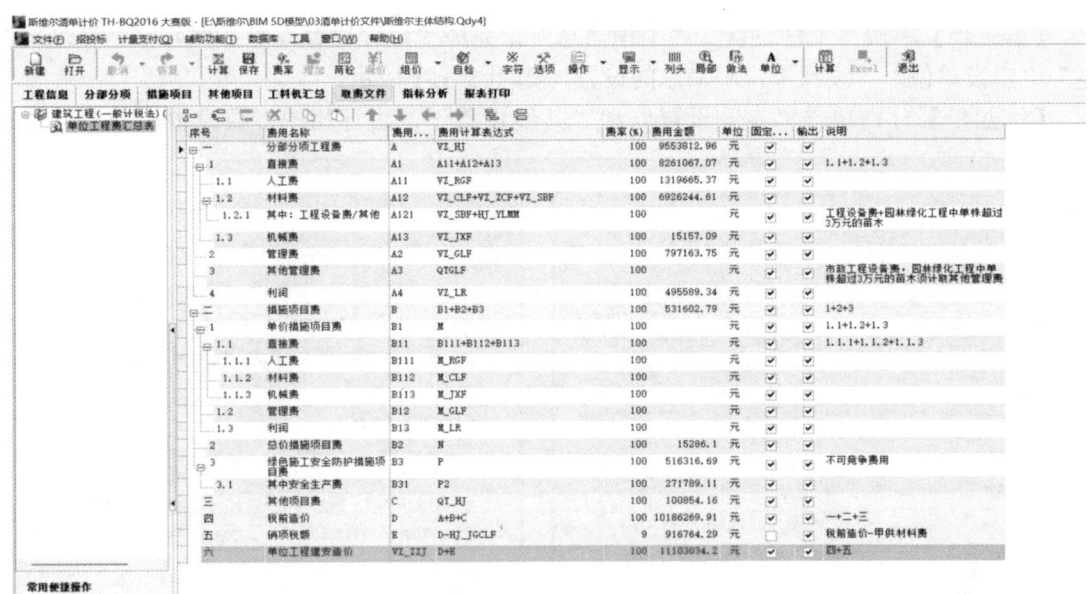

图 5-149　工程量清单计价

2. 新建碳排放项目并载入图纸

【第一步】打开 CEEB2024，新建碳排放项目。

【第二步】载入工程的建筑图纸（DWG 格式），查看建筑模型，如图 5-150 所示。

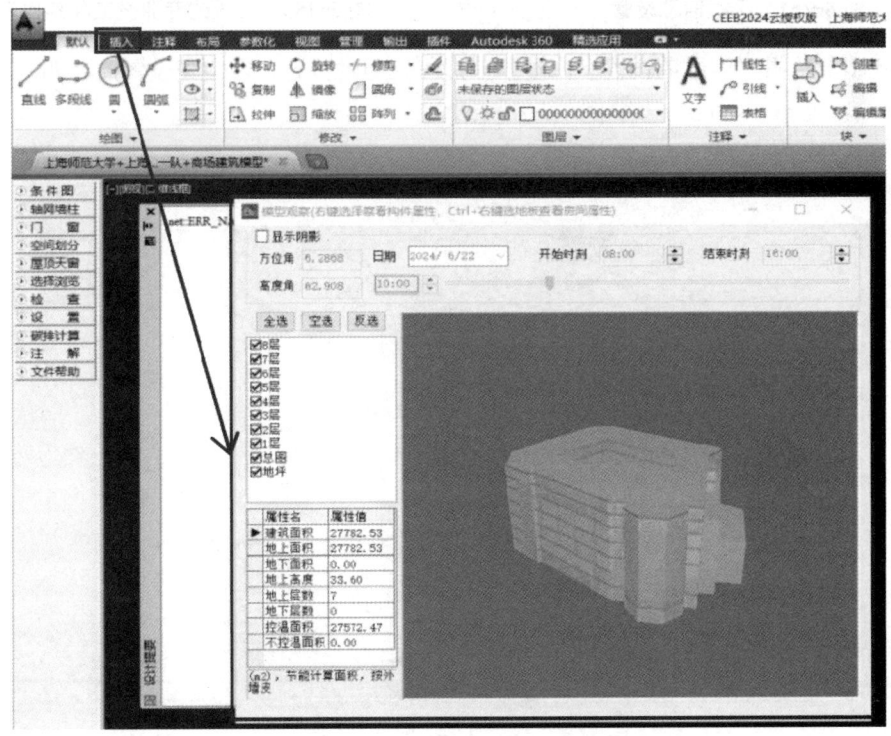

图 5-150　载入工程的建筑图纸

【第三步】单击"工程设置""工程信息",完成"地理位置""工程名称""建筑类型""建设单位""设计单位"信息的设置,如图 5-151 所示。

【第四步】分别单击"专业设置"和"其他设置",进行相关参数设置,如图 5-152 所示。

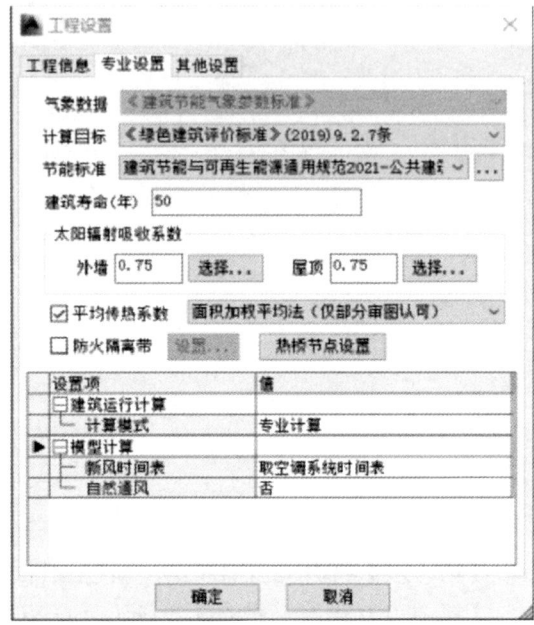

图 5-151　工程信息设置　　　　图 5-152　工程的专业设置和其他设置

【第五步】单击"控温期设置",根据工程所处地理位置,自定义设置控温期,如图 5-153 所示。

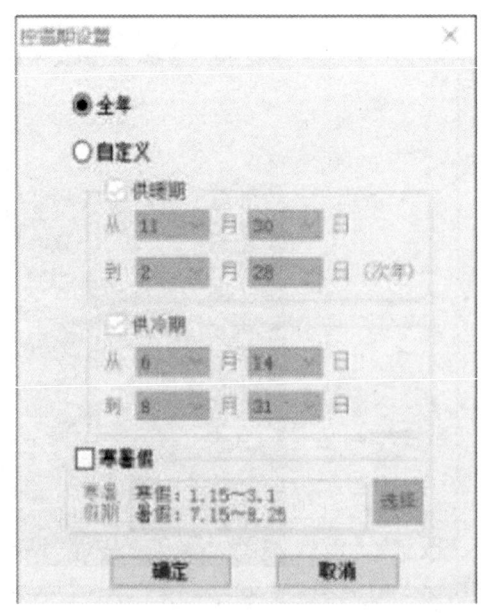

图 5-153　控温期设置

【第六步】单击"空调系统类型",完成"系统参数""时间表"的设置,如图 5-154 和图 5-155 所示。

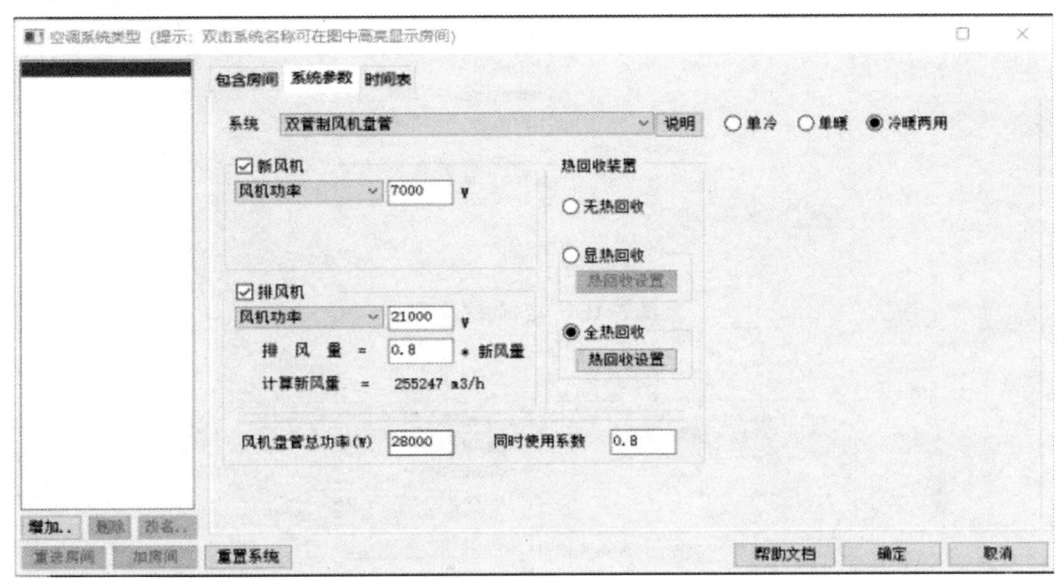

图 5-154 空调系统参数设置

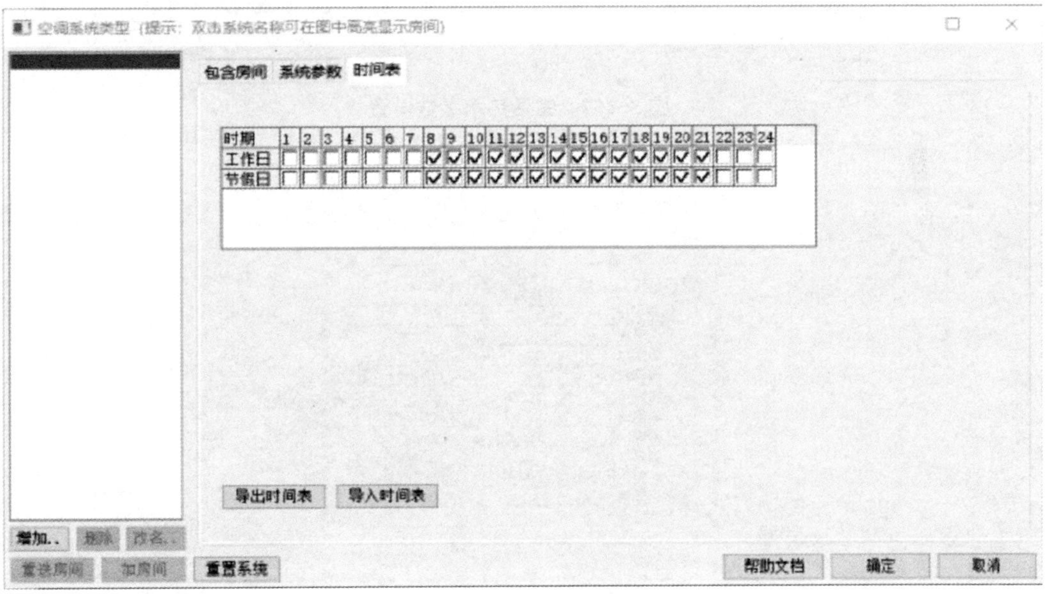

图 5-155 空调时间表设置

【第七步】单击"电梯设置",进行相关参数的设置。本工程设置空调参数为数量 3 台,平均运行时长每天 1.5h,365 天均运行使用,如图 5-156 所示。

【第八步】单击"其他设置",完成"生活热水"和"碳排放因子"相关参数的设置。本工程的生活热水用水定额每人每天 5L,电网平均碳排放因子 $0.5703 kgCO_2/kWh$,如图 5-157 和图 5-158 所示。

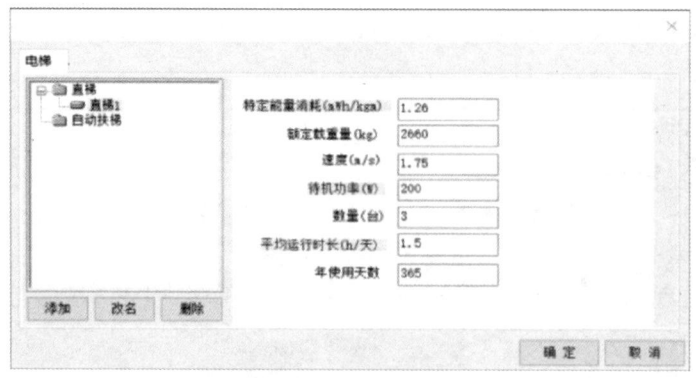

图 5-156　电梯参数设置

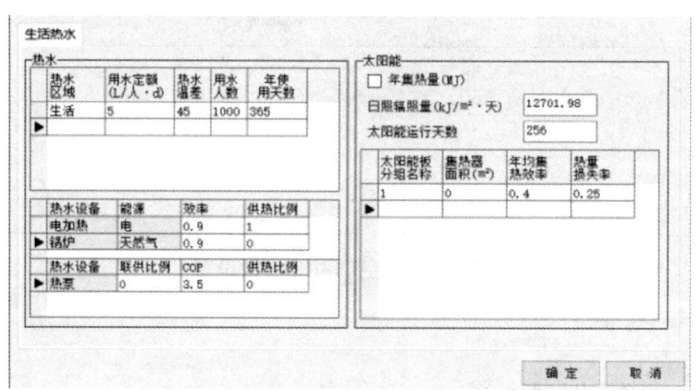

图 5-157　生活热水参数设置

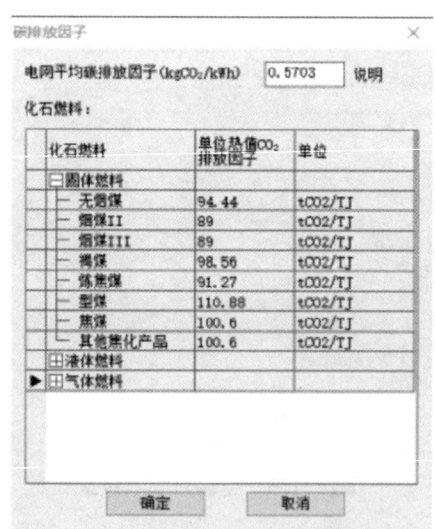

图 5-158　碳排放因子设置

3. 导入工程机械和材料

【第一步】导入上述导出的斯维尔工程计价文件（DQG 格式）。

【第二步】依据工程施工方案和施工机械，设置运输方式，如图 5-159 所示。

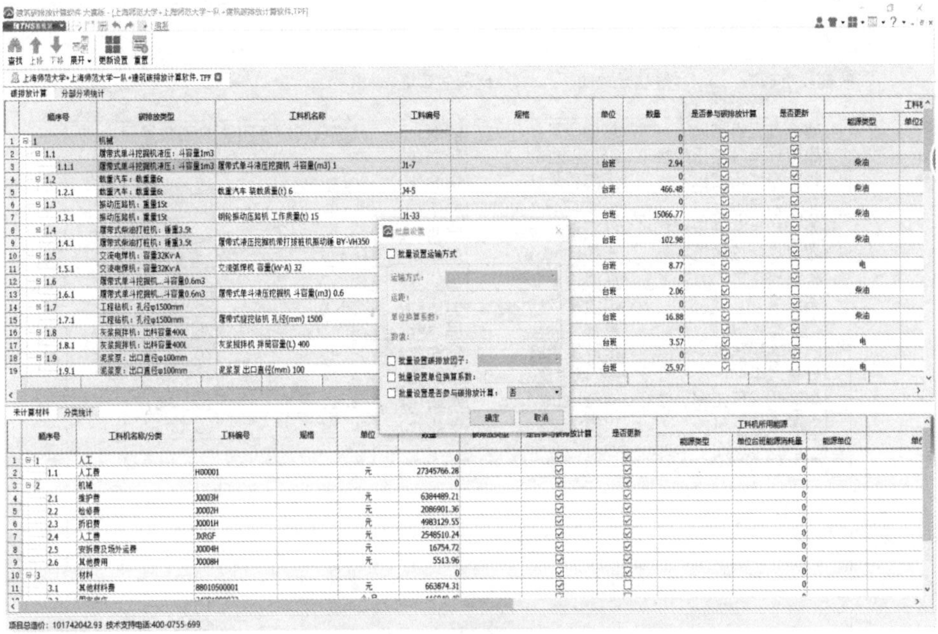

图 5-159　工程运输方式设置

【第三步】导出"汇总计算结果表格"，进行分类汇总，如图 5-160 所示。

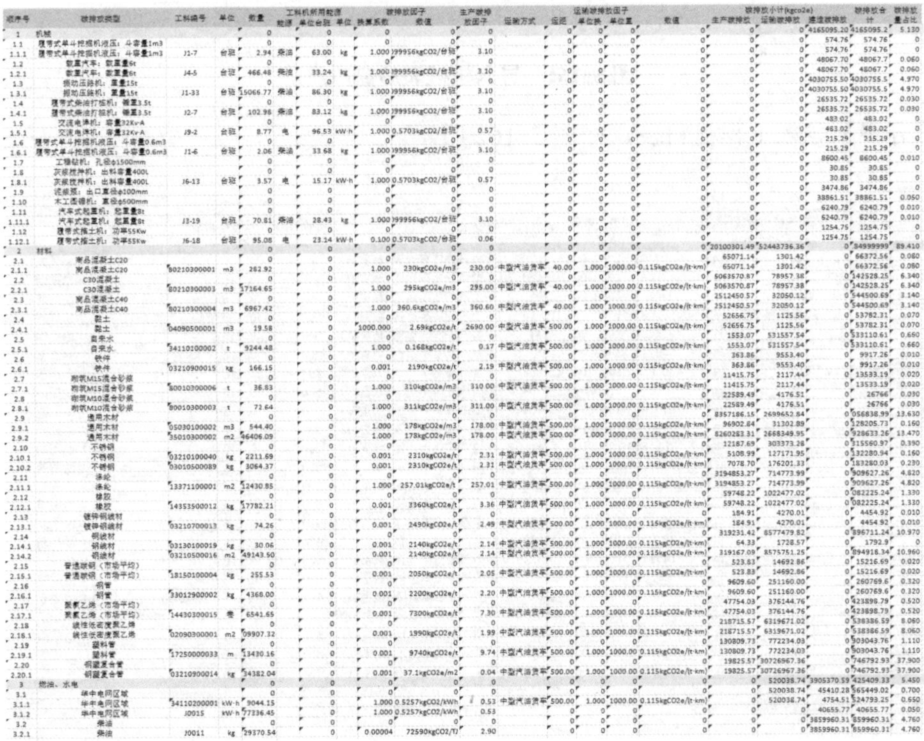

图 5-160　工程机械分类汇总

【第四步】导入工程机械表，如图 5-161 所示。

建造施工机械	规格型号	能源	单位台班能源用量	台班数量
履带式单斗液压挖掘机	斗容量1m3	柴油(kg)	63	2.94
钢轮振动压路机	工作质量15t	柴油(kg)	86.3	15066.8
交流弧焊机	容量32kV·A	电(kWh)	96.53	8.77
履带式单斗液压挖掘机	斗容量0.6m3	柴油(kg)	33.68	2.06
履带式旋挖钻机	孔径1500mm	柴油(kg)	164.32	16.88
灰浆搅拌机	拌筒容量400L	电(kWh)	15.17	3.57
泥浆泵	出口直径100mm	电(kWh)	234.6	25.97
木工圆锯机	直径500mm	电(kWh)	24	2839.26
汽车式起重机	提升质量8t	柴油(kg)	28.43	70.81
载重汽车	装载质量6t	柴油(kg)	33.24	466.48
履带式液压挖掘机带打拔	BY-VH350	柴油(kg)	83.12	102.98
混凝土抹平机	功率5.5kW	电(kWh)	23.14	95.08

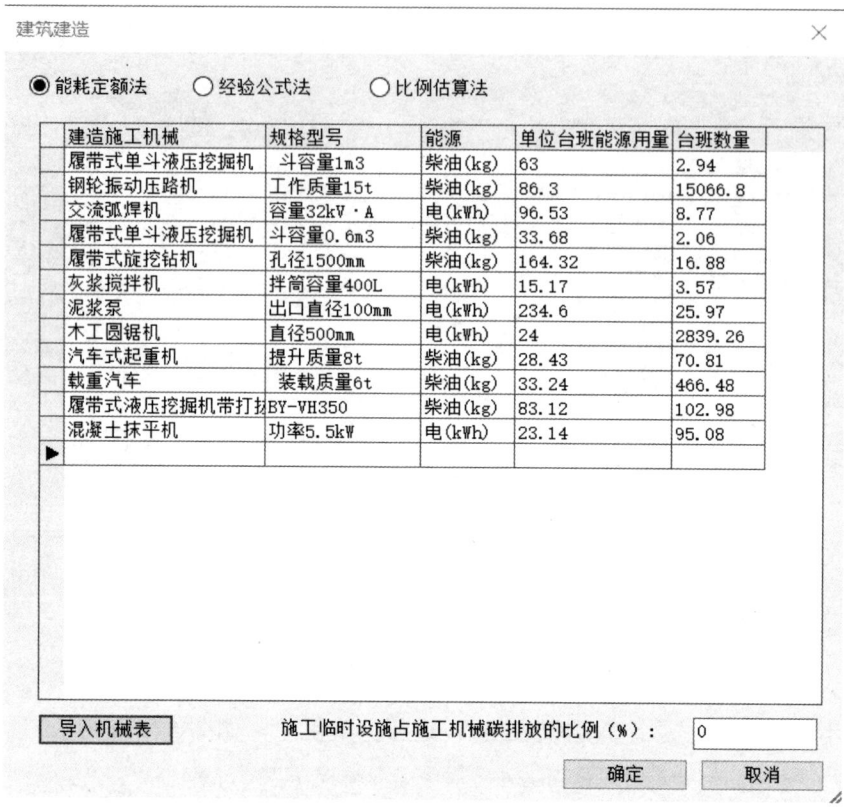

图 5-161　导入机械表后窗口展示

【第五步】导入工程材料表，如图 5-162 所示。

材料	生产碳排放因子(kgCO2e/单位)	单位	用量	单位重量(kg/单位)	重量(t)	运输方式	运输距离(km)	运输碳排放因子(kgCO2e/t.km)	拆除后可回收比例	材料寿命(年)
商品混凝土（碎石） C20	230	m3	282.92	1000.00	282.92	中型汽油货车运输(载重8t)	40	0.115	0	全生命周期
商品混凝土（碎石） C30	295	m3	17164.6	1000.00	17164.70	中型汽油货车运输(载重8t)	40	0.115	0	全生命周期
商品混凝土（碎石） C40	360.6	m3	6967.42	1000.00	6967.42	中型汽油货车运输(载重8t)	40	0.115	0	全生命周期
黏土	2690	m3	19.58	1000.00	19.58	中型汽油货车运输(载重8t)	500	0.115	0	全生命周期
水	0.17	t	9244.48	1000.00	9244.48	中型汽油货车运输(载重8t)	500	0.115	0	全生命周期
铁件 综合	2.19	kg	166.15	1000.00	166.15	中型汽油货车运输(载重8t)	500	0.115	0	全生命周期
预拌干混砌筑砂浆 DMM15.0	310	t	36.83	1000.00	36.83	中型汽油货车运输(载重8t)	500	0.115	0	全生命周期
预拌干混砌筑砂浆 DM M10.	311	t	72.64	1000.00	72.64	中型汽油货车运输(载重8t)	500	0.115	0	全生命周期
杉木锯材	178	m3	544.40	1000.00	544.40	中型汽油货车运输(载重8t)	500	0.115	0	全生命周期
木模板 2440×1220×15	178	m2	46406.0	1000.00	46406.10	中型汽油货车运输(载重8t)	500	0.115	0	全生命周期
圆钉 L50-75	2.31	kg	2211.69	1000.00	2211.69	中型汽油货车运输(载重8t)	500	0.115	0	全生命周期
对拉螺栓	2.31	kg	3064.37	1000.00	3064.37	中型汽油货车运输(载重8t)	500	0.115	0	全生命周期
土工布	257.01	m2	12430.8	1000.00	12430.90	中型汽油货车运输(载重8t)	500	0.115	0	全生命周期
隔离剂	3.36	kg	17782.2	1000.00	17782.20	中型汽油货车运输(载重8t)	500	0.115	0	全生命周期
镀锌铁丝 Φ4.0	2.49	kg	74.26	1000.00	74.26	中型汽油货车运输(载重8t)	500	0.115	0	全生命周期
低碳钢焊条 综合	2.14	kg	30.06	1000.00	30.06	中型汽油货车运输(载重8t)	500	0.115	0	全生命周期
钢丝网 Φ0.8mm	2.14	m2	149143.	1000.00	149144.0	中型汽油货车运输(载重8t)	500	0.115	0	全生命周期
连接件	2.05	kg	255.53	1000.00	255.53	中型汽油货车运输(载重8t)	500	0.115	0	全生命周期
钢护筒	2.2	kg	4368.00	1000.00	4368.00	中型汽油货车运输(载重8t)	500	0.115	0	全生命周期
塑料粘胶带 20mm×50m	7.3	卷	6541.65	1000.00	6541.65	中型汽油货车运输(载重8t)	500	0.115	0	全生命周期
单层养护膜	1.99	m2	109907.	1000.00	109907.0	中型汽油货车运输(载重8t)	500	0.115	0	全生命周期
硬塑料管 DN20	9.74	m	13430.1	1000.00	13430.20	中型汽油货车运输(载重8t)	500	0.115	0	全生命周期
其他铁件 综合	0.04	kg	534382.	1000.00	534382.0	中型汽油货车运输(载重8t)	500	0.115	0	全生命周期

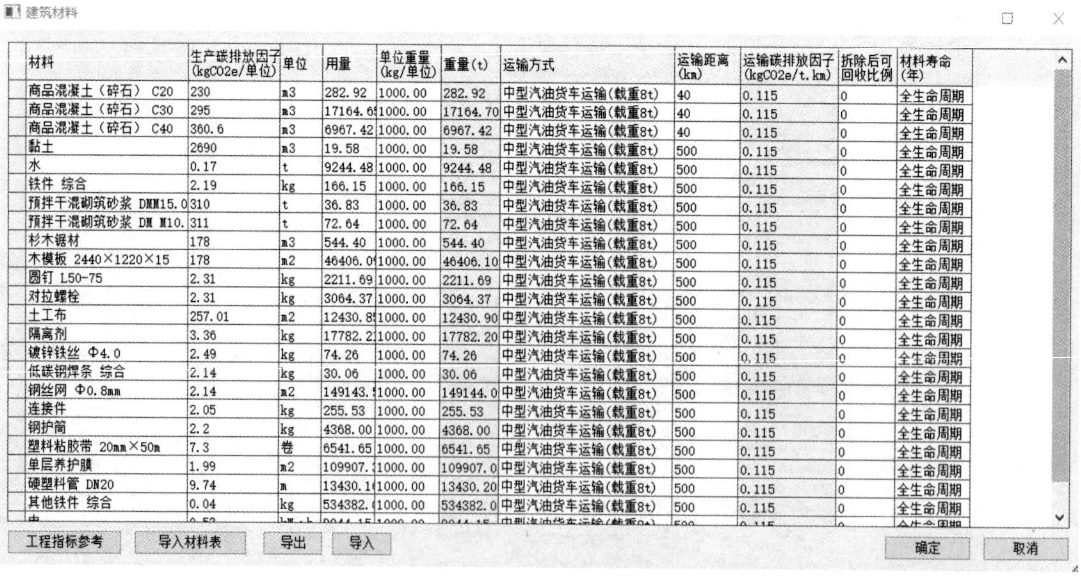

图 5-162　导入工程材料表

4. 计算全寿命周期建筑碳排放量

【第一步】设置碳汇中的植物类型，如图 5-163 所示。

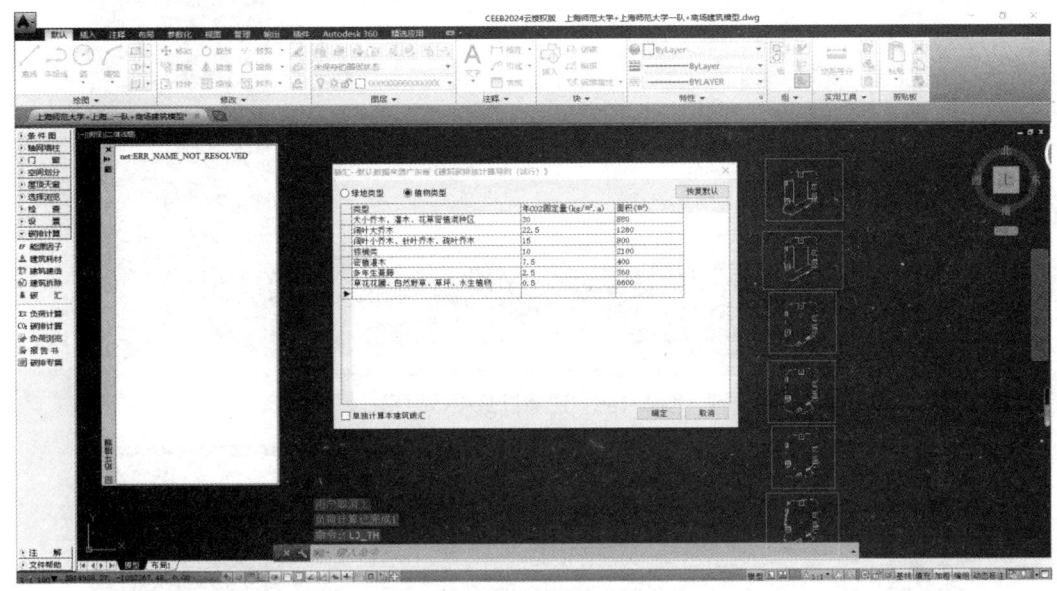

图 5-163　植物类型设置

【第二步】完成碳排放计算和负荷计算，得出碳排放计算结果，如图 5-164～图 5-167 所示。

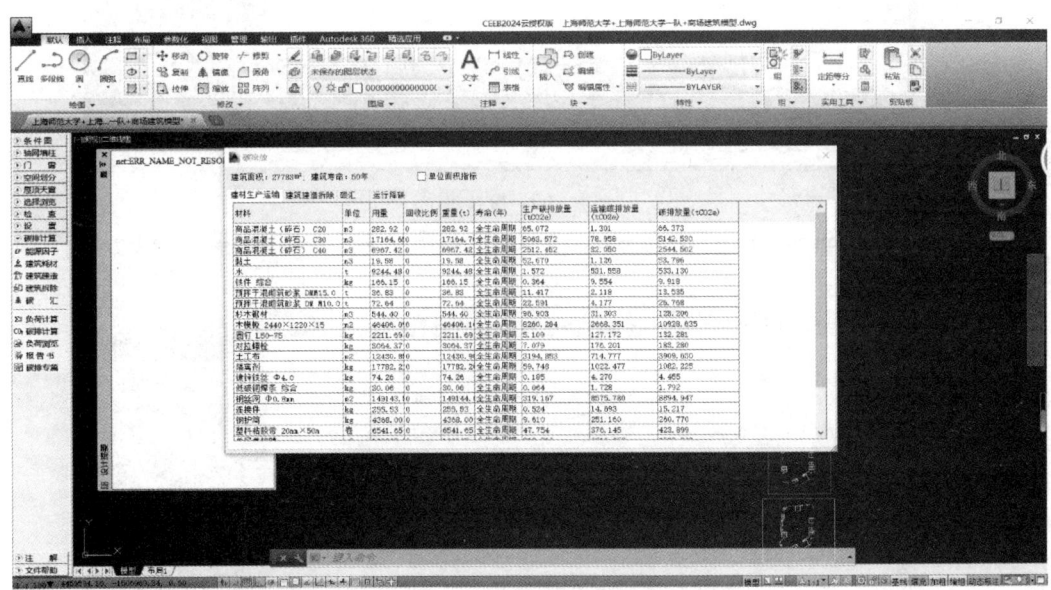

图 5-164　碳排放计算结果

【第三步】导出《绿色建筑降碳措施报告书》，如图 5-168 所示，可查看碳排放对比分析，见表 5-2。

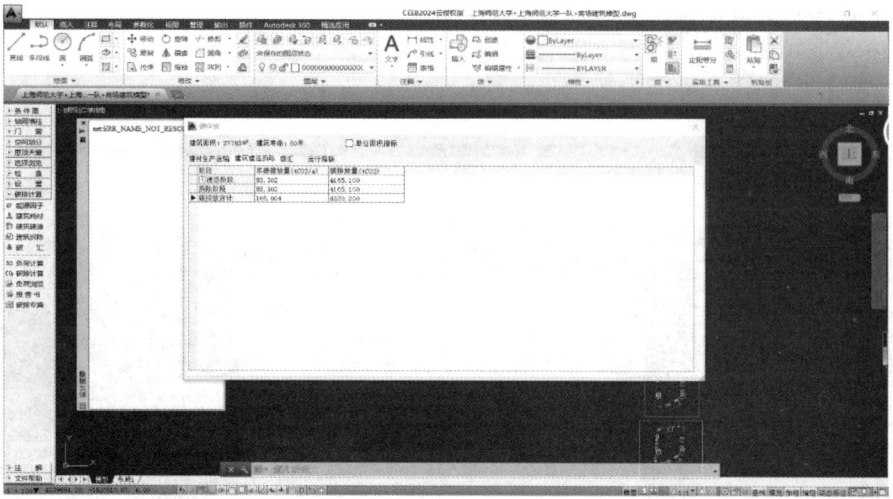

图 5-165　建造拆除碳排放量

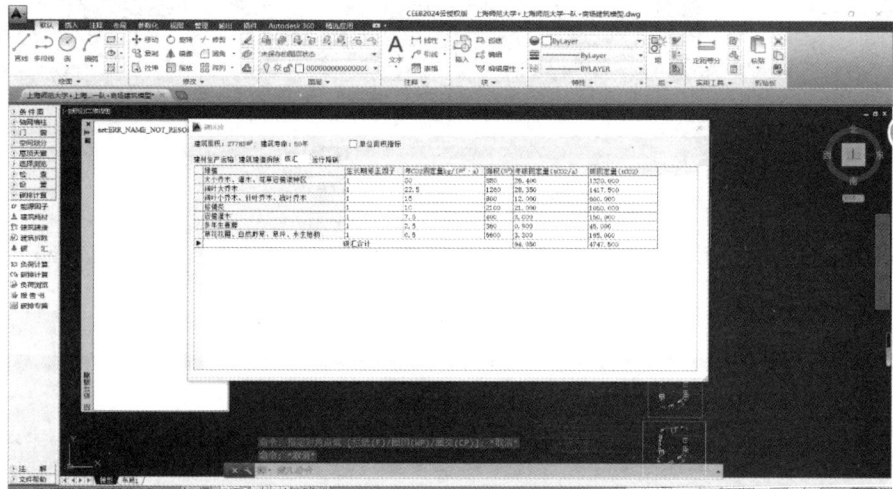

图 5-166　碳汇量

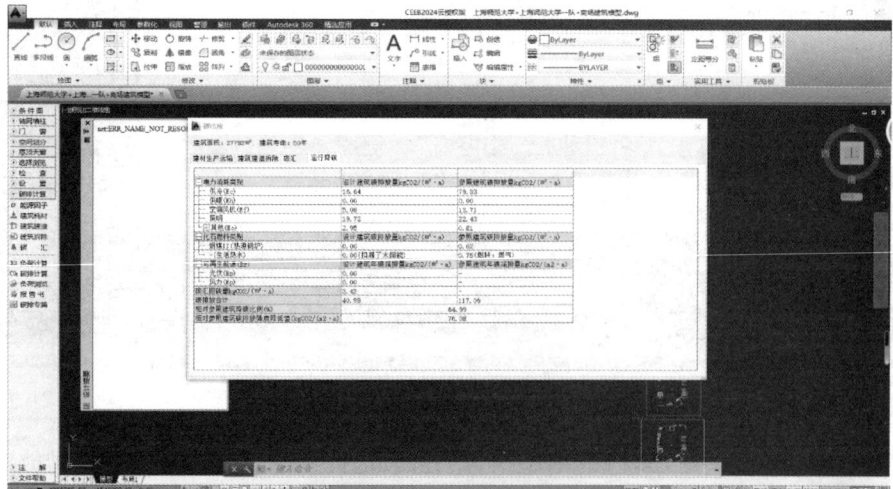

图 5-167　运行降碳量

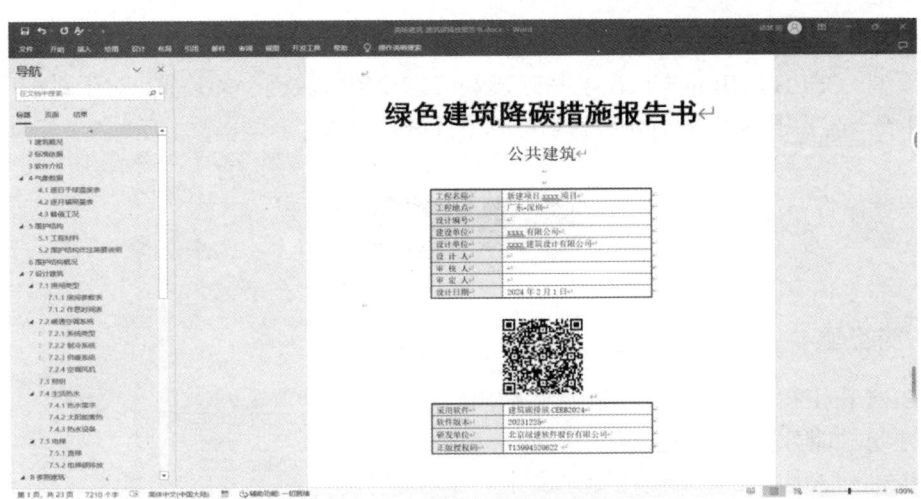

图 5-168 导出的《绿色建筑降碳措施报告书》封面页

表 5-2 碳排放对比分析

电力	类别	设计建筑碳排放量/[kgCO$_2$/(m^2·a)]	参照建筑碳排放量/[kgCO$_2$/(m^2·a)]
	供冷(E_c)	16.64	79.33
	供暖(E_h)	0.00	0.00
	空调风机(E_f)	5.08	13.71
	照明	19.72	22.43
	电梯	0.81	0.81
其他（E_o）	生活热水	2.14（扣减了太阳能）	0.00
	合计	2.95	0.81
化石燃料	所属类别	设计的建筑碳排放量/[kgCO$_2$/(m^2·a)]	参照的建筑碳排放量/[kgCO$_2$/(m^2·a)]
烟煤Ⅱ	供暖：热源锅炉	0.00	0.02
无	生活热水（扣减了太阳能）	0.00	0.75（燃料：燃气）
可再生	类别	设计建筑碳减排量/[kgCO$_2$/(m^2·a)]	参照建筑碳减排量/[kgCO$_2$/(m^2·a)]
可再生能源（E_r）	光伏(E_p)	0.00	—
	风力(E_w)	0.00	—
碳汇固碳量/kgCO$_2$/(m^2·a)		3.42	—
碳排放合计		40.98	117.06
相对参照建筑降碳比例/(%)		64.99	

本章小结

本章介绍了工程运维阶段相关 BIM 软件及其操作流程，并通过工程实例讲解运用建筑性能分析平台进行能耗管理和碳排计算，以及运用 CEEB 进行碳排放分析的操作步骤。

建筑性能分析平台可以通过 CAD 建立单栋建筑和多栋建筑的三维模型，也可以直接导入 BIM 模型。CEEB 应用的难点在于基础建筑信息和碳排放因子的设置。对于系统中没有的碳排放因子，需要根据工程经验或参考其他项目进行设置。

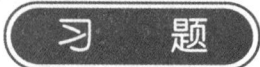

一、简答题

1．BIM 在工程运维阶段主要有哪些应用？
2．建筑性能分析平台具备哪些功能？
3．Ecotect Analysis 建筑能耗管理软件主要功能有哪些？
4．BIM 在应急管理中应用的优势有哪些？
5．CEEB 实操流程包括哪些步骤？

二、实操题

1．参考工程应用案例，将现有 BIM 模型导入建筑性能分析平台，进行能耗分析和碳排量计算。

2．参考工程应用案例，将现有 BIM 模型导入 CEEB，进行能耗分析和碳排量计算。

参 考 文 献

陈珂，丁烈云，2021．我国智能建造关键领域技术发展的战略思考[J]．中国工程科学，23（4）：64-70．
陈淑珍，王妙灵，2022．BIM 建筑工程计量与计价实训[M]．4 版．重庆：重庆大学出版社．
龚剑，2018．工程建设企业 BIM 应用指南[M]．上海：同济大学出版社．
广联达课程委员会，2024．广联达计价应用宝典：基础篇[M]．北京：中国建筑工业出版社．
广联达课程委员会，2024．广联达算量应用宝典：土建篇[M]．2 版．北京：中国建筑工业出版社．
何波，王轶群，杨帆，2016．BIM 多软件实用疑难 200 问[M]．北京：中国建筑工业出版社．
李成金，毛银德，高俊丽，2024．新版广联达算量软件操作从入门到精通[M]．北京：中国建筑工业出版社．
李一叶，2020．BIM 设计软件与制图：基于 Revit 的制图实践[M]．2 版．重庆：重庆大学出版社．
任娟，杨凯钧，2020．BIM 工程造价软件应用[M]．北京：中国建筑工业出版社．
沈巍，2019．计价软件在工程造价中的应用分析[J]．城市建筑，（29）：189-190．
王廷魁，谢尚贤，2023．BIM 与工程管理[M]．重庆：重庆大学出版社．
徐照，2020．BIM 技术理论与实践[M]．北京：机械工业出版社．
徐照，徐春社，袁竞峰，等，2018．BIM 技术与现代化建筑运维管理[M]．南京：东南大学出版社．
许镇，2020．BIM2.0 教程：建筑全生命期综合应用[M]．北京：清华大学出版社．
周建亮，2023．BIM 技术原理与综合应用[M]．北京：机械工业出版社．